普通高等教育"十二五"规划教材

大学计算机基础（第三版）
——基于 Windows 7 和 Office 2010 环境

主　编　何振林　罗　奕

副主编　信伟华　杨　霖　孟　丽　肖　丽　张庆荣

中国水利水电出版社

www.waterpub.com.cn

内 容 提 要

本书是根据教育部提出的改革计算机基础教学的精神，为适应计算机发展的新形势带来的对教学内容的新需求，由具有丰富教学经验的一线教师合作编写而成。教材内容丰富、系统、完整，凝聚了作者多年的教学经验和智慧。

全书分为 9 章，含计算机基础知识、计算机系统、Windows 7 操作系统的使用、文字处理软件 Word 2010、电子表格软件 Excel 2010、演示文稿软件 PowerPoint 2010、多媒体技术简介、计算机网络与应用、Access 数据库技术基础等内容，系统地介绍了大学生应掌握的计算机基础知识。

本书既精辟地讲解了计算机的基础知识，又突出了计算机的实际应用和操作，涵盖了高等院校各专业计算机公共基础课程的基本教学内容，可以满足高校计算机公共基础课教学的基本需要。

本书可用作高等院校各专业计算机公共课的教材，还可作为计算机等级考试培训教材，也可供不同层次从事办公自动化的工作者学习、参考。

为更好地配合任课教师在实验环节上的教学，帮助学生解决在学习过程中的困惑，作者还编写了本书的配套教材《大学计算机基础上机实践教程（第三版）——基于 Windows 7 和 Office 2010 环境》供参考使用。

本书配有电子教案，读者可以到中国水利水电出版社网站和万水书苑上免费下载，网址为 http://www.waterpub.com.cn/softdown/ 和 http://www.wsbookshow.com。

图书在版编目（Ｃ Ｉ Ｐ）数据

大学计算机基础 : 基于Windows 7和Office 2010环
境 / 何振林，罗奕主编. -- 3版. -- 北京 : 中国水利
水电出版社，2014.1（2015.8 重印）
普通高等教育"十二五"规划教材
ISBN 978-7-5170-1373-0

Ⅰ. ①大… Ⅱ. ①何… ②罗… Ⅲ. ①
Windows操作系统－高等学校－教材②办公自动化－应用软
件－高等学校－教材 Ⅳ. ①TP316.7②TP317.1

中国版本图书馆CIP数据核字(2013)第265182号

策划编辑：寇文杰　　　责任编辑：李 炎　　　封面设计：李 佳

书　　名	普通高等教育"十二五"规划教材 大学计算机基础（第三版）——基于 Windows 7 和 Office 2010 环境
作　　者	主 编 何振林 罗 奕 副主编 信伟华 杨 霖 孟 丽 肖 丽 张庆荣
出版发行	中国水利水电出版社 （北京市海淀区玉渊潭南路 1 号 D 座　100038） 网址：www.waterpub.com.cn E-mail: mchannel@263.net（万水） 　　　　 sales@waterpub.com.cn 电话：（010）68367658（发行部）、82562819（万水）
经　　售	北京科水图书销售中心（零售） 电话：（010）88383994、63202643、68545874 全国各地新华书店和相关出版物销售网点
排　　版	北京万水电子信息有限公司
印　　刷	三河市铭浩彩色印装有限公司
规　　格	184mm×260mm　16 开本　28 印张　708 千字
版　　次	2010 年 6 月第 1 版　2010 年 6 月第 1 次印刷 2014 年 1 月第 3 版　2015 年 8 月第 3 次印刷
印　　数	11001—13000 册
定　　价	50.00 元

编 委 会

主　编　何振林　罗奕

副主编　信伟华　杨霖　孟丽　肖丽　张庆荣

参　编　胡绿慧　赵亮　王俊杰　张勇　杨进

　　　　　刘剑波　钱前

前　言

　　计算机信息技术是当今世界上发展最快和应用最广的科学技术之一。许多高校都把大学计算机基础课程作为重点课程进行建设和管理。大学计算机基础教学的任务，就是使学生掌握计算机硬件、软件、网络、多媒体和信息系统中最基本和最重要的概念与知识，了解最普遍和最重要的计算机应用，以便为后续课程利用计算机解决本专业及相关领域中的问题打下坚实的基础。

　　随着计算机软硬件技术的发展，大学计算机基础教学的内容与方法也在不断更新，所以需要不断丰富和完善教学内容。我们根据教育部提出的改革计算机基础教学的精神，为适应计算机发展的新形势带来的对教学内容的新需求，吸收各高校正在开展的课程体系与教学内容的改革经验，以及计算机基础教学的成果，在原书第二版的基础上，精心规划出版了本书。

　　本书的特点如下。

　　（1）内容全面。教材覆盖了大学生必须掌握的计算机信息技术基础，既有基本概念、方法与规范，又有计算机应用开发的工具、环境和实例。

　　（2）信息量大。适当地引入信息技术的最新成果，注重培养学生的科学思维和创新能力，书中所使用的软件全部得到更新。全书由 Windows 7、Office 2010、多媒体、计算机网络应用和 Access 数据库技术基础组成。主要内容包括计算机基础知识、计算机系统、Windows 7 操作系统的使用、文字处理软件 Word 2010、电子表格软件 Excel 2010、演示文稿软件 PowerPoint 2010、多媒体技术简介、计算机网络与应用、Access 数据库技术基础等内容等组成，系统地介绍了大学生应掌握的计算机基础知识。本书既精辟地讲解了计算机的基础知识，又突出了计算机的实际应用和操作，涵盖了高等院校各专业计算机公共基础课的基本教学内容和应用实例，可以满足高等院校非计算机专业基础课教学的基本需要。

　　（3）适应面广。可供高等院校非计算机专业的计算机基础课程教学使用，还可作为计算机等级考试培训教材，也可供不同层次的从事办公自动化的工作者学习、参考。

　　为更好地配合任课教师在实验环节上的教学，帮助学生解决在学习过程中的困惑，补充教材中的知识与例题，作者还编写了本书的配套教材《大学计算机基础上机实践教程（第三版）——基于 Windows 7 和 Office 2010 环境》供参考使用。

　　本书源于大学计算机基础教育的教学实践，凝聚了第一线任课教师的教学经验与科研成果。本书由何振林、罗奕任主编，由信伟华、杨霖、孟丽、肖丽、张庆荣任副主编。参加本书初稿编写的还有胡绿慧、赵亮、王俊杰、张勇、杨进、刘剑波、钱前等。

　　本书在编写过程中，参考了大量的资料，在此对这些资料的作者表示感谢，同时在这里也特别感谢我的同事，他（她）们为本书的写作提供了无私的建议。

　　本书的编写得到了中国水利水电出版社全方位的帮助，以及有关兄弟院校的大力支持，在此一并表示感谢。

　　由于时间仓促及作者的水平有限，虽经多次教学实践和修改，书中难免存在错误和不妥之处，恳请广大读者批评指正。

编　者

2013 年 10 月 1 日于成都·米兰香洲

目　录

第1章 计算机基础知识

计算机的发明是人类文明史上一个具有划时代意义的大事，计算机的应用现今已渗透到人类生活的各个方面，因此人类和计算机息息相关。

本章向读者介绍了计算机的产生、发展、特点与应用，此外还将向读者介绍信息（数据）在计算机中的表示方法以及计算机的安全常识。

1.1 计算机的产生与发展趋势

计算机的应用已经渗透到各个领域，成为人们工作、生活、学习不可或缺的重要组成部分，并由此形成了独特的计算机文化和计算机思维。计算机文化和思维作为当今最具活力的一种崭新的文化形态和思维过程，加快了人类社会前进的步伐，其所产生的思想观念、所带来的物质基础以及计算机文化教育的普及推动了人类社会的进步和发展。

1.1.1 计算机的产生

自从人类文明肇始，人类就不断地追求先进的计算工具。早在古代，人们就为了计数和计算发明了算筹、算盘等，如图 1-1 所示。

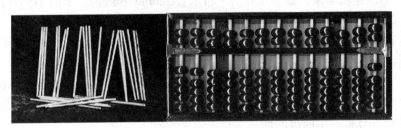

图 1-1 算筹与算盘

17 世纪 30 年代，英国人威廉·奥特瑞发明了计算尺，如图 1-2 所示。法国数学家布莱斯·帕斯卡于 1642 年发明了机械计算器，如图 1-3 所示。机械计算器用纯粹机械代替了人的思考和记录，标志着人类已开始向自动计算工具领域迈进。

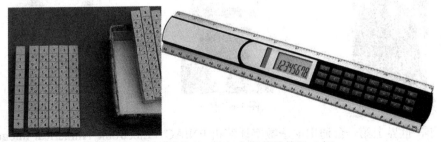

图 1-2 骨片计算尺（左）和现代计算尺（右）

19 世纪初，英国人查尔斯设计了差分机和分析机，如图 1-4 所示，理论上已与现在的电子计算机类似。

图 1-3　帕斯卡机械计算器

图 1-4　差分机和分析机

机械计算机在程序自动控制、系统结构、输入输出和存储等方面为现代计算机的产生奠定了技术基础。

1854 年，英国逻辑学家、数学家乔治·布尔（George Boole），如图 1-5 所示，设计了一套符号，表示逻辑理论中的基本概念，并规定了运算法则，把形式逻辑归结成一种代数运算，从而建立了逻辑代数。应用逻辑代数可以从理论上解决具有两种电状态的电子管作为计算机的逻辑元件问题，为现代计算机采用二进制奠定了理论基础。

1936 年，英国数学家阿兰·麦席森·图灵（Alan Mathison Turing），如图 1-6 所示，发表的论文《论可计算数及其在判定问题的应用》，给出了现代电子数字计算机的数学模型，从理论上论证了通用计算机产生的可能性。

1945 年 6 月，美籍匈牙利数学家约翰·冯·诺依曼（John Von Neumann），如图 1-7 所示，首次提出了在计算机中"存储程序"的概念，奠定了现代计算机的结构理论。

图 1-5　布尔　　　　　　　图 1-6　图灵　　　　　　　图 1-7　诺依曼

1946 年，世界上第一台通用电子数字计算机 ENIAC（Electronic Numerical Integrator And Calculator）在美国的宾夕法尼亚大学研制成功。ENIAC 的研制成功，是计算机发展史上一座里程碑。ENIAC 最初是为了分析和计算炮弹的弹道轨迹而研制的。

在 ENIAC 内部，总共安装了 17468 个电子管，7200 个二极管，70000 多个电阻器，10000 多个电容器和 6000 个继电器，电路的焊接点多达 50 万个；在机器表面，则布满电表、电线和指示灯。机器被安装在一排 2.75 米高的金属柜里，占地面积为 170 平方米左右，总重量达到 30 吨。这台机器还不够完善，比如，它的耗电量超过 174 千瓦；电子管平均每隔 7 分钟就要被烧坏一个，因此 ENIAC 必须不停更换电子管。

尽管如此，ENIAC 的运算速度仍达到每秒钟 5000 次加法，可以在 3/1000 秒时间内做完两个十位数乘法。一条炮弹的轨迹 20 秒钟就能算完，比炮弹本身的飞行速度还要快。ENIAC 标志着电子计算机的问世，人类社会从此大步迈进了计算机时代的门槛，如图 1-8 所示。

图 1-8　ENIAC 计算机

说明：1973 年 10 月 19 日，美国地方法院终审认为：1941 年夏季，衣阿华州立学院（Iowa State College）的约翰.V.阿塔纳索夫（John.V.Atanasoff）和学生克利福特 E.贝瑞（Clifford E.Berry）为第一台计算机的发明人，他们完成了能解线性代数方程的计算机，取名叫 "ABC"（Atanasoff-Berry Computer）。"ABC" 用电容作存储器，用穿孔卡片作辅助存储器，时钟频率是 60Hz，完成一次加法运算用时 1s。

ABC 计算机发明之后，由于衣阿华州立学院没有为该计算机申请专利，导致给电子计算机的发明权问题带来了旷日持久的法律纠纷。

1.1.2 计算机的发展

1. 计算机的发展历程

自从世界上第一台电子计算机问世到现在，计算机技术获得了突飞猛进的发展，在人类科技史上还没有哪一项技术可以与计算机技术的发展速度相提并论。通常根据组成计算机的电子逻辑器件，将计算机的发展分成 5 个阶段。

（1）电子管计算机（1946～1957 年）。其主要特点是采用电子管作为基本电子元器件，体积大、耗电量大、寿命短、可靠性低、成本高；存储器采用水银延迟线。在这个时期，没有系统软件，用机器语言和汇编语言编程，计算机只能在少数尖端领域中得到应用，一般用于科学、军事和财务等方面的计算。

（2）晶体管计算机（1958～1964 年）。其主要特点是采用晶体管（晶体管和它的发明人，如图 1-9 所示）制作基本逻辑部件，体积小、重量减轻、能耗降低、成本下降，计算机的可靠性和运算速度均得到提高；存储器采用磁芯和磁鼓；出现了系统软件（监控程序），提出了操作系统概念，并且出现了高级语言，如 FORTRAN 语言（1954 年由美国人 John W. Backus 提出）等，其应用扩大到数据和事务处理。

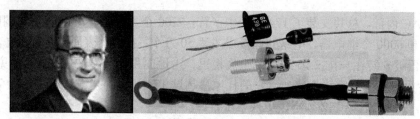

图 1-9   肖克利（W.Shockley）与晶体管

（3）集成电路计算机（1965～1971 年）。其主要特点是采用中、小规模集成电路制作各种逻辑部件，从而使计算机体积更小，重量更轻，耗电更省，寿命更长，成本更低，运算速度有了更大的提高。第一次采用半导体存储器作为主存，取代了原来的磁芯存储器，使存储容量和存取速度有了革命性的突破，增加了系统的处理能力，系统软件有了很大发展，并且出现了多种高级语言，如 BASIC、Pascal、C 语言等。

（4）大规模、超大规模集成电路计算机（1972 年至今）。其主要特点是基于基本逻辑部件，采用大规模、超大规模集成电路，使计算机体积、重量、成本均大幅度降低，计算机的性能空前提高，操作系统和高级语言的功能越来越大，并且出现了微型计算机。主要应用领域有科学计算、数据处理、过程控制，并进入以计算机网络为特征的应用时代。

大规模、超大规模集成电路计算机也称为第四代计算机，是指从 1970 年以后采用大规模集成电路（LSI）和超大规模集成电路（VLSI）为主要电子器件制成的计算机。例如 Intel Pentium Dual 在核心面积只有 $206\,\text{mm}^2$ 的单个芯片上，集成了大约 2.3 亿个晶体管。

（5）第五代计算机（20 世纪 80 年代～将来）

自从 20 世纪 70 年代初第四代计算机问世以来，许多科学家一直预测着第五代计算机将朝哪个方向发展，综合起来大概有以下几个研究方向：

- 人工智能计算机
- 巨型计算机
- 多处理机
- 量子计算机
- 超导计算机
- 生物晶体计算机（DNA 计算机）

第五代计算机将把信息采集、存储、处理、通信和人工智能结合在一起，具有形式推理、联想、学习和解释能力。它的系统结构将突破传统的冯·诺依曼机器的理念，实现高度的并行处理。

第五代计算机又称为人工智能计算机，它具有以下几个方面的功能：

- 处理各种信息的能力，除目前计算机能处理离散数据外，第五代计算机应对声音、文字、图像等形式的信息进行识别处理。
- 学习、联想、推理和解释问题的能力。
- 对人的自然语言的理解处理能力，用自然语言编写程序的能力。即只需把要处理或计算的问题，用自然语言写出要求和说明，计算机就能理解其意，按人的要求进行处理或计算。而不像现在这样，要使用专门的计算机算法语言把处理过程与数据描述出来。对第五代计算机来说，只需告诉它要"做什么"，而不必告诉它"怎么做"。

第五代计算机的体系结构，从理论上和工艺技术上看与前四代计算机有根本的不同，当它问世以后,提供的先进功能以及摆脱掉传统计算机的技术限制,必将为人类进入信息化社会,提供一种强有力的工具。

2. 微处理器和微型计算机的发展

第四代计算机的另一个重要分支是以大规模、超大规模集成电路为基础发展起来的微处理器和微型计算机。微型计算机的发展大致经历了四个阶段:

第一阶段是 1971~1973 年,微处理器有 4004、4040、8008。1971 年 Intel 公司研制出 MCS-4 微型计算机（CPU 为 4040,四位机）。后来又推出以 8008 为核心的 MCS-8 型。

第二阶段是 1974~1977 年,为微型计算机的发展和改进阶段。微处理器有 8080、8085、M6800、Z80。初期产品有 Intel 公司的 MCS-80 型（CPU 为 8080,八位机）。后期有 TRS-80 型（CPU 为 Z80）和 APPLE-II 型（CPU 为 6502）,在 20 世纪 80 年代初期曾一度风靡世界。

第三阶段是 1978~1983 年,为 16 位微型计算机的发展阶段,微处理器有 8086、8088、80186、80286、M68000、Z8000。微型计算机代表产品是 IBM-PC（CPU 为 8086）、APPLE 公司的 Macintosh（1984 年）和 IBM 公司的 PC/AT286（1986 年）。

第四阶段便是从 1983 年开始的 32 位微型计算机的发展阶段。微处理器相继推出 80386、80486。1993 年,Intel 公司推出了 Pentium（奔腾）微处理器,它具有 64 位的内部数据通道。Pentium III 处理器出产在 1999 年,它在 Pentium IV 处理器出现后被迅速淘汰。Pentium IV 在 2000 年 10 月推出。2006 年 7 月 27 日发布的 Intel Core 2 Duo（酷睿 2）是英特尔推出的第八代 X86 架构处理器,标志着 Pentium（奔腾）品牌的终结,也代表着英特尔移动处理器及桌面处理器两个品牌的重新整合。酷睿 2 分为双核、四核、六核和八核,目前酷睿 2 已成为主流产品。

由此可见,微型计算机的性能主要取决于它的核心器件——微处理器（CPU）的性能。

1.1.3 计算机的发展趋势

随着计算机技术的发展以及社会对计算机不同层次的需求,当前计算机正在向巨型化、微型化、网络化和智能化方向发展。

1. 巨型化

巨型化是指计算机的运算速度更快、存储容量更大、功能更强。目前正在研制的巨型计算机运算速度可达每秒千万亿次。

2. 微型化

微型计算机已进入仪器、仪表、家用电器等小型仪器设备中,同时也作为工业控制的心脏,使仪器设备实现"智能化"。随着微电子技术的进一步发展,笔记本型、掌上型等微型计算机必将以更优的性价比受到人们的欢迎。

3. 网络化

随着计算机应用的深入,特别是家用计算机越来越普及,一方面希望众多用户能共享信息资源,另一方面也希望各计算机之间能互相传递信息进行通信。

计算机网络是现代通信技术与计算机技术相结合的产物。计算机网络已在现代企业的管理中发挥着越来越重要的作用,如银行系统、商业系统、教育系统、交通运输系统等。人们通过网络能更好地传送数据、文本资料、声音、图形和图像,可随时随地在全世界范围拨打可视电话或收看任意国家的电视和电影。

4. 智能化

计算机人工智能的研究是建立在现代科学基础之上的。智能化是计算机发展的一个重要方向，新一代计算机，将可以模拟人的感觉行为和思维过程的机理，进行"看"、"听"、"说"、"想"、"做"，具有逻辑推理、学习与证明的能力。

1.1.4　计算机的分类

电子计算机通常按其结构原理、用途、型体和功能、字长四种方式分类。

1.　按结构原理分类

（1）数字电子计算机。是以电脉冲的个数或电位的阶变形式来实现计算机内部的数值计算和逻辑判断，输出量仍是数值。目前广泛应用的都是数字电子计算机，简称计算机。

（2）模拟电子计算机。是对电压、电流等连续的物理量进行处理的计算机。输出量仍是连续的物理量。它的精确度较低，应用范围有限。

2.　按用途分类

（1）通用计算机。目前广泛应用的计算机，其结构复杂，但用途广泛，可用于解决各种类型的问题。它是计算机技术的先导，是现代社会中具有战略性意义的重要工具。通用计算机广泛应用于科学和工程计算、信息加工处理、企事业单位的事务处理等方面。目前通用计算机已由千万次运算向数亿次发展，而且正在不断地扩充功能。

（2）专用电子计算机。为某种特定目的所设计制造的计算机，其适用范围窄，但结构简单、价格便宜、工作效率高。

3.　按型体和功能分类

（1）巨型计算机。巨型机运算速度高，存储容量大，外部设备多，功能完善，能处理大量复杂的数据信息。它是当代运算速度最高，存储容量最大，通道速率最快，处理能力最强，工艺技术性能最先进的通用超级计算机。

巨型机主要用于复杂的科学和工程计算，如天气预报、飞行器的设计以及科学研究等特殊领域。目前巨型机的处理速度已达到每秒数千亿次。巨型机的发展通常代表了一个国家的科学技术发展水平，如图 1-10 所示为我国国防科技大学研制的"天河二号"，它以峰值计算速度每秒 5.49 亿亿次、持续计算速度每秒 3.39 亿亿次双精度浮点运算的优异性能位居榜首，成为全球最快超级计算机。

图 1-10　"天河"二号巨型计算机

衡量计算机运行速度的一个主要指标是每秒百万条指令，简称 MIPS。

（2）大中型计算机。大型机体积庞大、速度快并且非常昂贵，一般用于为企业或政府的大量数据提供集中的存储、处理和管理。

大型机规模次于巨型机，有比较完善的指令和丰富的外部设备，主要用于计算机网络和大型计算中心。大型机一般用于大型企业、大专院校和科研机构。不过随着微机与网络的迅速发展，大型机正在走下坡路，许多计算中心的大型机正在被高档微机群取代。

（3）小型计算机。小型机可以为多个用户执行任务，通常是一个多用户系统。其结构简单、设计周期短，便于采用先进工艺，并且对运行环境要求低，易于操作和维护。小型机目前多为高档微机所替代。

（4）微型计算机。微型机具有体积小，价格低，功能较全，可靠性高，操作方便等突出优点，现已进入社会生活的各个领域。微型机每秒运算速度在 100 亿次以下，微型机的普及程度代表了一个国家的计算机应用水平。

微型机也可按系统规模划分，分为单片机、单板机、便携式微机、个人计算机、微机工作站等几种类型。

1）单片机。把微处理器、一定容量的存储器以及输入/输出接口电路等集成在一个芯片上，就构成了单片计算机（Single Chip Computer）。可见单片机仅是一片特殊的、具有计算机功能的集成电路芯片。

单片机的特点是体积小、功耗低、使用方便、便于维护和修理，缺点是存储器容量较小，一般用来做专用机或智能化的一个部件，例如，用来控制高级仪表、家用电器等。

2）单板机。把微处理器、存储器、输入/输出接口电路安装在一块印刷电路板上，就成为单板计算机（Single Board Computer）。一般在这块板上还有简易键盘、液晶或数码管显示器、盒式磁带机接口，只要再外加上电源便可直接使用，极为方便。

单板机广泛应用于工业控制、微型机教学和实验，或作为计算机控制网络的前端执行机。它不但价格低廉，而且非常容易扩展，用户买来这类机器后主要的工作是根据现场的需要编制相应的应用程序并配备相应的接口。

3）个人计算机（PC）。个人计算机就是通常所说的 PC 机，是现在用得最多的一种微型计算机。个人计算机配置有显示器、键盘、软磁盘驱动器、硬磁盘、打印机，以及一个紧凑的机箱和某些可扩展的插槽。个人计算机主要用于事务处理，包括财务处理、电子数据表格分析、字处理、数据库管理等。如果把它连入一个公共计算机网络，就能获得电子邮件及其他一些通信能力。目前最常见的是以 Intel Pentium（奔腾）系列 CPU 芯片作为处理器的各种 PC 机，如图 1-11 所示。

4）便携式微机。便携式微机是为事务旅行或从家庭到办公室之间携带而设计的，它可以用电池直接供电，具备便携性、灵活性。便携式微机大体上可分为笔记本计算机、袖珍型笔记本计算机、手提式计算机和个人数字助理（PDA）等，如图 1-12 所示。

图 1-11　台式个人计算机（PC 机）

图 1-12　便携式微机

未来便携式微机将会逐步取代台式个人计算机。

5）多用户微机。这类计算机的主要设计目的是为非专业的群体服务。一台主机带有多个终端，可供几人到几十人同时使用。终端不能独立工作，每个终端输入的作业都集中到主机进行处理。微机系统分时地为各个用户服务。这种分时系统在 20 世纪 90 年代之前十分盛行，20 世纪 90 年代之后，微机系统的价格急剧下降，许多人共用一台微机已没有多大意义，所以目前使用的微机主要是个人计算机。

6）工作站。工作站和 PC 机的技术特点是有共同点的。常被看作是高档的 PC 机。工作站采用高分辨图形显示器以显示复杂资料，并有一个窗口驱动的用户环境，它的另一个特点是便于应用的联网技术。与网络相连的资源被认为是计算机中的部分资源，用户可以随时采用。

典型工作站的特点包括：用户透明的联网；高分辨率图形显示；可利用网络资源；多窗口图形用户接口等。例如有名的 Sun 工作站，就有非常强的图形处理能力，如图 1-13 所示。

7）服务器。随着计算机网络的日益推广和普及，一种可供网络用户共享的、商业性能突出的计算机应运而生，这就是服务器。服务器一般具有大容量的存储设备和丰富的外部设备，其上运行网络操作系统，要求较高的运行速度，为此很多服务器都配置了双 CPU。服务器上的资源可供网络用户共享。如图 1-14 所示的是一般的服务器。

图 1-13　工作站

图 1-14　服务器

4. 按字长分类

在计算机中，字长的位数是衡量计算机性能的主要指标之一。一般巨型机的字长在 64 位以上，微型机的字长在 16～64 位之间，可分为 8 位机、16 位机、32 位机和 64 位机。

另外还可按其工作模式分为服务器和工作站。

1.2　计算机的特点和应用

计算机最初的主要目的是用于复杂的数值计算，"计算机"也因此得名，但随着计算机技术的迅猛发展，它的应用范围不断扩大，不再局限于数值计算，而是广泛地应用于自动控制、信息处理、智能模拟等各个领域。

1.2.1　计算机的特点

计算机凭借传统信息处理工具所不具备的特征，深入到了社会生活的各个方面，而且它的应用领域正在变得越来越广泛，主要具备以下几个方面的特点。

1. 记忆能力强

在计算机中有容量很大的存储装置，它不仅可以长久性地存储大量的文字、图形、图像、声音等信息资料，还可以存储指挥计算机工作的程序。

2. 计算精度高与逻辑判断准确

它具有人类望尘莫及的高精度控制或高速操作能力，也具有可靠的判断能力，以实现计算机工作的自动化，从而保证计算机控制的判断可靠、反应迅速、控制灵敏。

3. 高速的处理能力

它具有神奇的运算速度，其速度已达到每秒几十亿次乃至上百万亿次。例如，为了将圆周率π的近似值计算到 707 位，一位数学家曾为此花了十几年的时间，而如果用现代的计算机来计算，可能瞬间就能完成，同时可达到小数点后 200 万位。

4. 能自动完成各种操作

计算机是由内部控制和操作的，只要将事先编制好的应用程序输入计算机，计算机就能自动按照程序规定的步骤完成预定的处理任务。

5. 具有一定的智能化

目前第四代计算机正向第五代计算机发展，具有一定的人工智能能力。

1.2.2 计算机的应用

目前，计算机的应用可概括为以下几个方面。

1. 科学计算（或称为数值计算）

早期的计算机主要用于科学计算（也称数值计算）。目前，科学计算仍然是计算机应用的一个重要领域。如高能物理、工程设计、地震预测、气象预报、航天技术等。由于计算机具有高运算速度和精度以及逻辑判断能力，因此出现了计算力学、计算物理、计算化学、生物控制论等新的学科。

（1）四色猜想的提出来自英国。1852 年，毕业于伦敦大学的弗朗西斯·格思里（Francis Guthrie）来到一家科研单位搞地图着色工作时，发现了一个有趣的现象："看来，每幅地图都可以用四种颜色着色，使得有共同边界的国家着上不同的颜色。"

电子计算机问世以后，由于运算速度迅速提高，加之人机对话的出现，大大加快了对四色猜想证明的进程。1976 年，在 J.Koch 算法的支持下，美国数学家阿佩尔（Kenneth Appert）与哈肯（Wolfgang Haken）在美国伊利诺斯大学的两台不同的电子计算机上，用了 1200 个小时，作了 100 亿个判断，终于完成了四色猜想的证明。

（2）300 多年以前，法国数学家费马（Pierre de Fermat）在一本书的空白处写下了一个定理："设 n 是大于 2 的正整数，则不定方程 $x^n+y^n=z^n$，没有非零整数解"。费马宣称他发现了这个定理的一个真正奇妙的证明，但因书上空白太小，写不下他的证明。300 多年过去了，不知有多少专业数学家和业余数学爱好者绞尽脑汁企图证明它，但不是无功而返就是进展甚微。这就是纯数学中最著名的定理——费马大定理，在 20 世纪 80 年代中期，也被计算机加以证明。

（3）吴文俊与数学机械化——可以让电脑代替人脑去进行几何定理的证明。

吴文俊，如图 1-15 所示，建立了多项式组特征列的概念。并以此概念为核心，提出了多项式组的"整序原理"，创立了几何定理机器证明的"吴方法"，首次实现了高效的几何定理的机器证明。把非机械化的几何定理证明转化为多项式方程的处理，从而实现了几何定理的机器证明。

图 1-15 吴文俊教授

2. 过程检测与控制

利用计算机对工业生产过程中的某些信号自动进行检测，并把检测到的数据存入计算机，再根据需要对这些数据进行处理，这样的系统称为计算机检测系统。特别是仪器仪表引进计算机技术后所构成的智能化仪器仪表，将工业自动化推向了一个更高的水平。

3. 信息管理（数据处理）

信息管理是目前计算机应用最广泛的一个领域。利用计算机可加工、管理与操作任何形式的数据资料，如企业管理、物资管理、报表统计、账目计算、信息情报检索等。近年来，国内许多机构纷纷建设自己的管理信息系统（MIS）；生产企业也开始采用制造资源规划软件（MRP），商业流通领域则逐步使用电子信息交换系统（EDI），即所谓无纸贸易。

4. 计算机辅助系统

（1）计算机辅助设计（CAD）。是指利用计算机来帮助设计人员进行工程设计，以提高设计工作的自动化程度，节省人力和物力。目前，此技术已经在电路、机械、土木建筑、服装等设计中得到了广泛的应用。

（2）计算机辅助制造（CAM）。是指利用计算机进行生产设备的管理、控制与操作，从而提高产品质量、降低生产成本，缩短生产周期，并且还大大改善了制造人员的工作条件。

（3）计算机辅助测试（CAT）。是指利用计算机进行复杂而大量的测试工作。

（4）计算机辅助教学（CAI）。是指利用计算机帮助教师讲授课程和帮助学生学习的自动化系统，学生能够轻松自如地从中学到所需要的知识。

（5）其他计算机辅助系统。如利用计算机作为工具对学生进行授课、训练和对教学事务进行管理的计算机辅助教学系统（CAE）；利用计算机对文字、图像等信息进行处理、编辑、排版的计算机辅助出版系统（CAP）；以及计算机辅助医疗诊断系统（CAMPS）等。

5. 通信与网络

随着信息社会的发展，特别是计算机网络的迅速发展，使得计算机在通信领域的作用越来越大，目前遍布全球的因特网（Internet）已把不同地域、不同行业、不同组织的人们联系在一起，缩短了人们之间的距离，也改变了人们的生活和工作方式。

远程教学，就是人们利用计算机辅助教学和计算机网络在家里学习来代替学校、课堂这种传统教学方式，已经变成现实。

通过网络，人们坐在家中通过计算机便可以预订飞机票、购物，从而改变了传统服务业、商业单一的经营方式。利用网络，人们还可以与远在异国他乡的亲人、朋友实时地传递信息。

6. 计算机模拟

在传统的工业生产中，常使用"模拟"对产品或工程进行分析和设计。20 世纪后期，人们尝试利用计算机程序代替实物模型进行模拟试验，并为此开发了一系列通用模拟语言。事实证明，计算机容易实现仿真环境、器件的模拟，特别是破坏性试验模拟，更能突出计算机模拟的优势，从而被科研部门广泛采用，例如模拟核爆炸实验。目前，计算机模拟广泛应用于飞机和汽车等产品设计、危险或代价很高的人体试验和环境试验、人员训练、"虚拟现实"技术，以及社会科学等领域。

除此以外，计算机在多媒体应用、嵌入式系统、电子商务、电子政务等领域的应用也得到了快速的发展。

1.3 信息在计算机内部的表示与存储

数据信息是计算机加工处理的对象，可分为数值数据和非数值数据。数值数据有确定的值，并在数轴上有对应的点，非数值数据一般用来表示符号或文字，没有确定的值。

在计算机中，无论是数值数据还是非数值数据都是以二进制的形式存储的，即无论是参与运算的数值数据，还是文字、图形、声音、动画等非数值数据，都是以 0 和 1 组成的二进制代码表示的。

计算机之所以能区分这些不同的信息，是因为它们采用不同的编码规则。

1.3.1 数制的概念

数制是指用一组固定的符号和统一的规则来计数的方法。

1．进位计数制

计数是数的记写和命名，各种不同的记写和命名方法构成计数制。按进位的方式计数的数制，称为进位计数制，简称进位制。在日常生活中通常使用十进制数，除此之外，还使用其他进制数。例如，一年有 12 个月，为十二进制；一天 24 小时，为二十四进制；1 小时等于 60 分钟，为六十进制。

数据无论采用哪种进位制表示，都涉及两个基本概念：基数和权。如十进制有 0，1，2，…，9 共 10 个数码，二进制有 0，1 两个数码，通常把数码的个数称为基数。十进制数的基数为 10，进位原则是"逢十进一"；二进制数的基数为 2，进位原则是"逢二进一"。一般进制简称为 R 进制，进位原则是"逢 R 进一"，其中 R 是基数。在进位计数制中，一个数可以由有限个数码排列在一起构成，数码所在数位不同，其代表的数值也不同，这个数码所表示的数值等于该数码本身乘以一个与它所在数位有关的常数，这个常数称为"位权"，简称"权"。如十进制数 345，由 3、4 和 5 三个数码排列而成，3 在百位，代表 300（3×10^2），4 在十位，代表 40（4×10^1）；5 在个位，代表 5（5×10^0），它们分别具有不同的位权，3 所在数位的位权为 10^2，4 所在数位的位权为 10^1，5 所在数位的位权为 10^0。明显地，权是基数的幂。

2．计算机内部采用二进制的原因

（1）易于物理实现。具有两种稳定状态的物理器件容易实现，如电压的高和低、电灯的亮和灭、开关的通和断，这样的两种状态恰好可以表示二进制数中的"0"和"1"。计算机中若采用十进制，则需要具有 10 种稳定状态的物理器件，制造出这样的器件是很困难的。

（2）运算规则简单。二进制的加法和乘法运算规则各有 3 条，而十进制的加法和乘法运算规则各有 55 条，从而简化了运算器等物理器件的设计。

（3）工作稳定性高。由于电压的高低、电流的有无两种状态分明，因此采用二进制的数学信号可以提高信号的抗干扰能力，可靠性和稳定性高。

（4）适合逻辑运算。二进制的"0"和"1"两种状态，可以表示逻辑值的"真（True）"和"假（False）"，因此采用二进制数进行逻辑运算非常方便。

3．计算机中常用的数制

计算机内部采用二进制，但二进制数在表达一个具体的数字时，位数可能很长，书写烦琐，不易识别。因此，在书写时经常用到八进制数、十进制数和十六进制数。常见进位计数制的基数和数码如表 1-1 所示。

表 1-1　常见进位计数制的基数和数码表

进位制	基数	数码	标识
二进制	2	0，1	B
八进制	8	0，1，2，3，4，5，6，7	O 或 Q
十进制	10	0，1，2，3，4，5，6，7，8，9	D
十六进制	16	0，1，2，3，4，5，6，7，8，9，A，B，C，D，E，F	H

为了区分不同计数制的数，还采用括号外面加数字下标的表示方法，或在数字后面加上相应的英文字母来表示。如十进制数的 321 可表示为$(321)_{10}$ 或 321D。

任何一种进位数都可以表示成按位权展开的多项式之和的形式。

$$(X)_R = D_{n-1}R^{n-1} + D_{n-2}R^{n-2} + \cdots + D_0R^0 + D_{-1}R^{-1} + D_{-2}R^{-2} + \cdots + D_{-m}R^{-m}$$

其中：X 为 R 进制数，D 为数码，R 为基数，n 是整数位数，m 是小数位数，下标表示位置，上标表示幂的次数。

例如，十进制数$(321.45)_{10}$ 可以表示为：

$$(321.45)_{10} = 3 \times 10^2 + 2 \times 10^1 + 1 \times 10^0 + 4 \times 10^{-1} + 5 \times 10^{-2}$$

八进制数$(321.45)_8$ 可以表示为：

$$(321.45)_8 = 3 \times 8^2 + 2 \times 8^1 + 1 \times 8^0 + 4 \times 8^{-1} + 5 \times 8^{-2}$$

同理，十六进制数$(C32.45D)_{16}$ 可以表示为：

$$(C32.45D)_{16} = 12 \times 16^2 + 3 \times 16^1 + 2 \times 16^0 + 4 \times 16^{-1} + 5 \times 16^{-2} + 13 \times 16^{-3}$$

1.3.2　数制转换

1. 将 R 进制数转换为十进制数

将一个 R 进制数转换为十进制数的方法是：按权展开，然后按十进制运算法则将数值相加。

【例 1-1】将二进制数$(10110.011)_2$ 转换为十进制数。

$$(10110.011)_2 = 1 \times 2^4 + 0 \times 2^3 + 1 \times 2^2 + 1 \times 2^1 + 0 \times 2^0 + 0 \times 2^{-1} + 1 \times 2^{-2} + 1 \times 2^{-3}$$
$$= 16 + 0 + 4 + 2 + 0 + 0 + 0.25 + 0.125$$
$$= (22.375)_{10}$$

【例 1-2】将八进制数转换为十进制数。

$$(345.67)_8 = 3 \times 8^2 + 4 \times 8^1 + 5 \times 8^0 + 6 \times 8^{-1} + 7 \times 8^{-2}$$
$$= 192 + 32 + 5 + 0.75 + 0.109375$$
$$= (229.859375)_{10}$$

【例 1-3】将十六进制数转换为十进制数。

$$(8AB.9C)_{16} = 8 \times 16^2 + 10 \times 16^1 + 11 \times 16^0 + 9 \times 16^{-1} + 12 \times 16^{-2}$$
$$= 2048 + 160 + 11 + 0.5625 + 0.046875$$
$$= (2219.609375)_{10}$$

2. 将十进制数转换成 R 进制数

将十进制数转换成 R 进制数时，应将整数部分和小数部分分别转换，然后再相加起来即可得到结果。整数部分采用"除 R 取余"的方法，即将十进制数除以 R，得到一个商和余数，再将商除以 R，又得到一个商和一个余数，如此继续下去，直到商为 0 为止，将每次得到的余数按照得到的顺序逆序排列（即最后得到的余数写到整数的左侧，最先得到的余数写到整数的右侧），即为 R 进制的整数部分；小数部分采用"乘 R 取整"的方法，即将小数部分连续地乘以 R，保留每次相乘的整数部分，直到小数部分为 0 或达到精度要求的倍数为止，将得到的整数部分按照得到的数排列，即为 R 进制的小数部分。

【例 1-4】将十进制数$(39.625)_{10}$转换为二进制数。

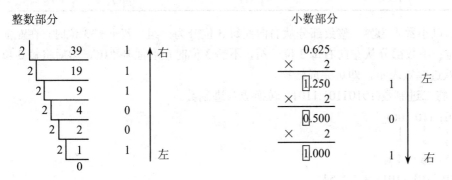

结果为$(39.625)_{10}=(100111.101)_2$

【例 1-5】将十进制数$(678.325)_{10}$转换为八进制数（小数部分保留两位有效数字）。

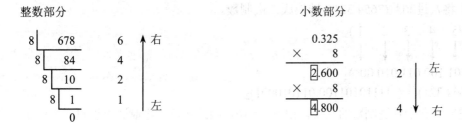

结果为$(678.325)_{10}=(1246.24)_8$

【例 1-6】将十进制数$(2006.585)_{10}$转换为十六进制数（小数部分保留三位有效数字）。

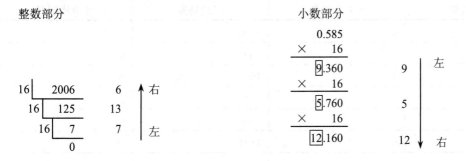

结果为$(2006.585)_{10}=(7D6.95C)_{16}$

3. 二、八与十六进制数的相互转换

（1）二进制数和八进制数的互换。由于$2^3=8$。因此 3 位二进制数可以对应 1 位八进制数，如表 1-2 所示，利用这种对应关系，可以方便地实现二进制数和八进制数的相互转换。

表1-2　二进制数与八进制数相互转换对照表

二进制数	八进制数	二进制数	八进制数
000	0	100	4
001	1	101	5
010	2	110	6
011	3	111	7

转换方法：以小数点为界，整数部分从右向左每3位分为一组，若不够3位时，在左面补"0"，补足3位；小数部分从左向右每3位一组，不够3位时在右面补"0"，然后将每3位二进制数用1位八进制数表示，即可完成转换。

【例1-7】将二进制数$(10101101.1101)_2$转换成八进制数。

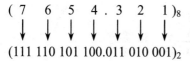

$(010\ 101\ 101.110\ 100)_2$

$(\ 2\quad 5\quad 5\ .\ 6\quad 4\ )_8$

结果为$(10101101.1101)_2=(255.64)_8$

反过来，将八进制数转换成二进制数的方法是：将每位八进制数用3位二进制数替换，按照原有的顺序排列，即可完成转换。

【例1-8】将八进制数$(7654.321)_8$转换成二进制数。

$(\ 7\quad 6\quad 5\quad 4\ .\ 3\quad 2\quad 1\ )_8$

$(111\ 110\ 101\ 100.011\ 010\ 001)_2$

结果为$(7654.321)_8=(111110101100.011010001)_2$

（2）二进制数和十六进制数的互换。由于$2^4=16$。因此4位二进制数可以对应1位十六进制数，如表1-3所示，利用这种对应关系，可以方便地实现二进制数和十六进制数的相互转换。

表1-3　二进制数与十六进制数相互转换对照表

二进制数	十六进制数	二进制数	十六进制数
0000	0	1000	8
0001	1	1001	9
0010	2	1010	A
0011	3	1011	B
0100	4	1100	C
0101	5	1101	D
0110	6	1110	E
0111	7	1111	F

转换方法：以小数点为界，整数部分从右向左每4位一组，若不够4位时，在左面补"0"，补足4位；小数部分从左向右每4位一组，不够4位时在右面补"0"，然后将每4位二进制数用1位十六进制数表示，即可完成转换。

【例1-9】将二进制数$(1101101.101110)_2$转换成十六进制数。

$(0110\ 1101.1011\ 1000)_2$

$\downarrow\qquad\downarrow\qquad\downarrow\qquad\downarrow$

$(\ 6\quad\ \ D\ .\ B\quad\ 8\ )_{16}$

结果为$(1101101.101110)_2 =(6D.B8)_{16}$

反过来,将十六进制数转换成二进制数的方法是:将每位十六进制数用 4 位二进制数替换,按照原有的顺序排列,即可完成转换。

【例 1-10】将十六进制数$(1E2F.3D)_{16}$转换成二进制数。

$(\ 1\quad\ E\quad 2\quad\ F\ .\ 3\quad\ D\ )_{16}$

$\downarrow\quad\ \downarrow\quad\ \downarrow\quad\ \downarrow\quad\ \downarrow\quad\ \downarrow$

$(0001\ 1110\ 0010\ 1111.0011\ 1101)_2$

结果为$(1E2F.3D)_{16} =(1111000101111.00111101)_2$

八进制数和十六进制数一般利用二进制数作为中间媒介进行转换。

4.　二进制数的算术和逻辑运算

二进制数的运算包括算术和逻辑运算。算术运算即四则运算,而逻辑运算主要是对逻辑数据进行处理。

（1）二进制数的算术运算。二进制数的算术运算非常简单,它的基本运算是加法。而引入了补码表示后,加上一些控制逻辑,利用加法就可以实现二进制的减法、乘法和除法运算。

● 　二进制数的加法运算规则

0+0=0；0+1=1+0=1；1+1=10（向高位进位）

● 　二进制数的减法运算规则

0-0=1-1=0；1-0=1；0-1=1（向高位借位）

● 　二进制数的乘法运算规则

$0×0=0$；$1×0=0×1=0$；$1×1=1$

● 　二进制数的除法运算规则

0÷1=0（1÷0 无意义）；1÷1=1

【例 1-11】设有二进制数 $A=(11001)_2$ 和 $B=(101)_2$,分别求 A+B,A-B,A×B 和 A÷B。

```
    A+B              A-B                A×B                    A÷B
                                                                    101
                                       11001              101 √ 11001
                                  ×     101                     101
                                       11001                    101
                                                                101
       11001            11001                                    0
    +    101          -   101          11001
       11110            10100         1111101
```

（2）二进制数的逻辑运算。现代计算机经常处理逻辑数据,这些逻辑数据之间的运算称为逻辑运算。二进制数 1 和 0,在逻辑上可以代表"真（True）"与"假（False）"、"是"与"否"。计算机的逻辑运算与算术运算的主要区别是逻辑运算是按位进行的,位与位之间不像加减运算那样有进位或借位的关系。

逻辑运算主要有:"或"运算、"与"运算、"非"运算和"异或"运算。

● 　"或"运算

又称逻辑加,常用∨、+或 OR 等符号表示,两个数进行逻辑或就是按位求它们的或。运算规则是：0∨0=0；0∨1=1∨0=1；1∨1=1。

● "与"运算

又称逻辑乘，常用∧或 AND 等符号表示，两个数进行逻辑与就是按位求它们的与。运算规则是：0∧0=0；0∧1=1∧0=0；1∧1=1。

● "非"运算

又称求反，例如数 A 的非记为 $\overline{A}$，或 NOT A。对某数进行逻辑非，就是按位求反。

● "异或"运算

常用∞或⊕符号表示，运算规则是：0∞0=0；0∞1=1∞0=1；1∞1=0。从运算规则中可以看出，当两个逻辑量相异时，结果才为 1。

【例 1-12】设 A=1101，B=1011，求：A∧B、A∨B、A∞B、$\overline{A}$ 。

$$
\begin{array}{llll}
\text{A}\wedge\text{B} & \text{A}\vee\text{B} & \text{A}\infty\text{B} & \overline{A} \\
\quad 1101 & \quad 1101 & \quad 1101 & \overline{1101}=0010 \\
\wedge\ 1011 & \vee\ 1011 & \infty\ 1011 & \\
\hline
\quad 1001 & \quad 1111 & \quad 0110 &
\end{array}
$$

1.3.3 计算机中的编码

广义上的数据是指表达现实世界中各种信息的一组可以记录和识别的标记或符号，它是信息的载体，是信息在计算机中的具体表现形式，狭义的数据是指能够被计算机处理的数字、字母和符号等信息的集合。

计算机除了用于数值计算之外，还用于大量的非数值数据的处理，但各种信息都是以二进制编码的形式存在的。计算机中的编码主要分为数值型数据编码和非数值型数据编码。

1. 计算机中数据的存储单位

● 位（bit）

计算机中最小的数据单位是二进制中的一个数位，简称位（比特），1 位二进制数取值为 0 或 1。

● 字节（byte）

字节是计算机中存储信息的基本单位。规定将 8 位二进制数称为 1 个字节，单位是 B，（1B=8bit）。常用来衡量存储容量的不同单位之间的换算规则如下。

1KB=1024B=2^{10}B   1MB=1024KB=2^{20}B

1GB=1024MB=2^{30}B   1TB=1024GB=2^{40}B

另外用于表示存储容量的单位还有 1PB（=1024TB=2^{50}B）、1EB、1ZB、1YB、1DB 和 1NB 等。

● 字（word）

计算机同时存储、加工和传递时一次性读取信息的长度。字的长度通常是字节的偶数倍，如 2、4、8 倍等。字的长度越长，相应的计算机配套软、硬件越丰富，计算机的性能越高，因此字是反映计算机硬件性能的一个指标。

在计算机中通常用"字长"表示数据和信息的长度，如 8 位字长与 16 位字长表示数的范围是不一样的。这样的机器通常称为某某字长计算机。

2. 计算机中数值型数据的编码

（1）原码。二进制数在计算机中的表示形式称为机器数，也称为数的原码表示法，原码是一种直观的二进制机器数表示的形式。机器数具有两个特点：

- 机器数的位数固定，能表示的数值范围受到位数限制。如某 8 位计算机，能表示的无符号整数的范围为 0～255。
- 机器数的正负用 0 和 1 表示。通常是把最高位作为符号位，其余位作为数值位，并规定 0 表示正数，1 表示负数。如：+71D=01000111B，-71D=11000111B。

（2）机器数的表示有定点和浮点两种方法。

在计算机中，由于所要处理的数值数据可能带有小数，根据小数点的位置是否固定，数值的格式分为定点数和浮点数两种。定点数是指在计算机中小数点的位置不变的数，主要分为定点整数和定点小数两种。应用浮点数的主要目的是为了扩大实数的表示范围。

- 定点数（fixed-point number）表示法

所谓定点格式，即约定机器中所有数据的小数点位置是固定不变的。在计算机中通常采用两种简单的约定：将小数点的位置固定在数据的最高位之前，或者是固定在最低位之后。一般常称前者为定点小数，后者为定点整数。

定点小数是纯小数，约定的小数点位置在符号位之后、有效数值部分最高位之前。若数据 x 的形式为 $x = x_0.x_1x_2...x_n$（其中 x_0 为符号位，$x_1 \sim x_n$ 是数值的有效部分，也称为尾数，x_1 为最高有效位），则在计算机中的表示形式为：

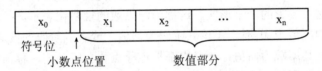

一般说来，如果最末位 $x_n = 1$，前面各位都为 0，则数的绝对值最小，即 $|x|_{min} = 2^{-n}$。如果各位均为 1，则数的绝对值最大，即 $|x|_{max} = 1-2^{-n}$。所以定点小数的表示范围是：$2^{-n} \leq |x| \leq 1-2^{-n}$。

定点整数是纯整数，约定的小数点位置在有效数值部分最低位之后。若数据 x 的形式为 $x=x_0x_1x_2...x_n$（其中 x_0 为符号位，$x_1 \sim x_n$ 是尾数，x_n 为最低有效位），则在计算机中的表示形式为：

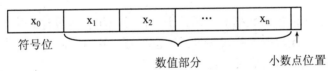

定点整数的表示范围是：$1 \leq |x| \leq 2^n-1$。

当数据小于定点数能表示的最小值时，计算机将它们作为 0 处理，称为下溢；当数据大于定点数能表示的最大值时，计算机将无法表示，称为上溢，上溢和下溢统称为溢出。

计算机采用定点数表示时，对于既有整数又有小数的原始数据，需要设定一个比例因子，数据按其缩小成定点小数或扩大成定点整数再参加运算，运算结果根据比例因子还原成实际数值。若比例因子选择不当，往往会使运算结果产生溢出或降低数据的有效精度。

用定点数进行运算处理的计算机被称为定点机。

- 浮点数（floating-point number）表示法

与科学计数法相似，任意一个 R 进制数 N，总可以写成如下形式：

$$N = \pm M \times R^{\pm E}$$

式中 M 称为数 N 的尾数（mantissa），是一个纯小数；E 为数 N 的阶码（exponent），是一个整数，R 称为比例因子 R^E 的底数；数 M 和 E 前面的"±"符号表示正负数，取值为 0 时表示正数，取值为 1 时表示负数。这种表示方法相当于数的小数点位置随比例因子的不同而在一定范围内可以自由浮动，所以称为浮点表示法。

　　底数是事先约定好的（常取 2），在计算机中不出现。在机器中表示一个浮点数时，一是要给出尾数，用定点小数形式表示。尾数部分给出有效数字的位数，因而决定了浮点数的表示精度。二是要给出阶码，用整数形式表示，阶码指明小数点在数据中的位置，因而决定了浮点数的表示范围。浮点数也要有符号位。因此一个机器浮点数应当由阶码和尾数及其符号位组成：

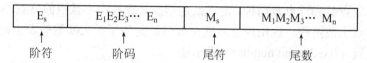

E_s	$E_1E_2E_3\cdots E_n$	M_s	$M_1M_2M_3\cdots M_n$
阶符	阶码	尾符	尾数

　　其中 E_s 表示阶码的符号，占一位，$E_1\sim E_n$ 为阶码值，占 n 位，尾符是数 N 的符号，也要占一位。当底数取 2 时，二进制数 N 的小数点每右移一位，阶码减小 1，相应尾数右移一位；反之，小数点每左移一位，阶码加 1，相应尾数左移一位。

　　若不对浮点数的表示作出明确规定，同一个浮点数的表示就不是唯一的。例如 11.01 可以表示成 0.01101×2^{-3}，0.1101×2^{-2} 等。为了提高数据的表示精度，当尾数的值不为 0 时，其绝对值应大于等于 0.5，即尾数域的最高有效位应为 1，否则要以修改阶码同时左右移小数点的方法，使其变成符合这一要求的表示形式，这称为浮点数的规格化表示。

　　当一个浮点数的尾数为 0 时，不论其阶码为何值，或者当阶码的值遇到比它所能表示的最小值还小时，不管其尾数为何值，计算机都把该浮点数看成 0 值，称为机器零。

　　浮点数所表示的范围比定点数大。假设机器中的数由 8 位二进制数表示（包括符号位），在定点机中这 8 位全部用来表示有效数字（包括符号）；在浮点机中若阶符、阶码占 3 位，尾符、尾数占 5 位，在此情况下，若只考虑正数值，定点机表示的小数范围是 0.0000000～0.1111111，相当于十进制数的 0 到 127/128，而浮点机所能表示的小数范围则是 $2^{-11}\times 0.0001$～$2^{11}\times 0.1111$，相当于十进制数的 1/128 到 7.5。显然，都用 8 位，浮点机能表示的数的范围比定点机大得多。

　　尽管浮点表示能扩大数据的表示范围，但浮点机在运算过程中，仍会出现溢出现象。下面以阶码占 3 位，尾数占 5 位（各包括 1 位符号位）为例，来讨论这个问题。图 1-16 给出了相应的规格化浮点数的数值表示范围。

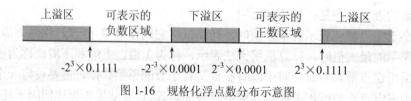

$-2^3\times 0.1111$　　　$-2^{-3}\times 0.0001$　$2^{-3}\times 0.0001$　　$2^3\times 0.1111$

图 1-16　规格化浮点数分布示意图

　　图 1-16 中，"可表示的负数区域"和"可表示的正数区域"及"0"，是机器可表示的数据区域；上溢区是数据绝对值太大，机器无法表示的区域；下溢区是数据绝对值太小，机器无法表示的区域。若运算结果落在上溢区，就产生了溢出错误，使得结果不能被正确表示，要停止机器运行，进行溢出处理。若运算结果落在下溢区，也不能正确表示其结果，机器当 0 处理，称为机器零。

　　一般来说，增加尾数的位数，将增加可表示区域数据点的密度，从而提高数据的精度；

增加阶码的位数，能增大可表示的数据区域。

【例 1-13】用浮点表示法表示数 $(110.011)_2$。

$$(110.011)_2 = 1.10011 \times 2^{+10} = 11001.1 \times 2^{-10} = 0.110011 \times 2^{+11}$$

（3）反码。反码是一种中间过渡的编码，采用它的主要原因是为了计算补码。编码规则是：正数的反码与其原码相同，负数的反码是该数的绝对值所对应的二进制数按位求反。例如，设机器的字长为 8 位，则 $(+100)_{10}$ 的二进制反码为 $(01100100)_2$，$(-100)_{10}=(10011011)_2$。

（4）补码。在计算机中，机器数的补码规则是：正数的补码是它的原码，而负数的补码为该数的反码再加 1，如 $(+100)_{10}$ 的二进制补码为 $(01100100)_2$，$(-100)_{10}=(10011011)_2+1$ $=(10011100)_2$。

3. BCD 码

计算机中使用的是二进制数，而人们习惯使用的是十进制数，因此，输入到计算机中的十进制数需要转换成二进制数；数据输出时，应将二进制数转换成十进制数。为了方便，大多数通用性较强的计算机需要能直接处理十进制形式表示的数据。为此，在计算机中还设计了一种中间数字编码形式，它把每一位十进制数用 4 位二进制编码表示，称为二进制编码的十进制表示形式，简称 BCD 码（Binary Coded Decimal），又称为二—十进制数。

4 位二进制数码，可编码组合成 16 种不同的状态，而十进制数只有 0，1，…，9 这 10 个数码，因此选择其中的 10 种状态作 BCD 码的方案有许多种，如 8421BCD 码、格雷码、余 3 码等，编码方案如表 1-4 所示。

表 1-4　用 BCD 码表示的十进制数

十进制数	8421 码	2421 码	5211 码	余 3 码	格雷码
0	0000	0000	0000	0011	0000
1	0001	0001	0001	0100	0001
2	0010	0010	0011	0101	0011
3	0011	0011	0101	0110	0010
4	0100	0100	0111	0111	0110
5	0101	1011	1000	1000	1110
6	0110	1100	1010	1001	1010
7	0111	1101	1100	1010	1000
8	1000	1110	1110	1011	1100
9	1001	1111	1111	1100	0100

最常用的 BCD 码是 8421BCD 码。8421BCD 码选取 4 位二进制数的前 10 个代码分别对应表示十进制数的 10 个数码，1010～1111 这 6 个编码未被使用。从表中可以看到这种编码是有权码。四个二进制位的位权从高向低分别为 8、4、2 和 1，若按权求和，和数就等于该代码所对应的十进制数。例如，$0110=2^2+2^1=6$。

把一个十进制数变成它的 8421BCD 码数串，仅对十进制数的每一位单独进行即可。例如变 1986 为相应的 8421BCD 码表示，结果为 0001 1001 1000 0110。反转换过程也类似，例如变 0101 1001 0011 0111 为十进制数，结果应为 5937。

8421BCD 码的编码值与字符 0～9 的 ASCII 码的低 4 位相同，有利于简化输入输出过程中从字符→BCD 和从 BCD→字符的转换操作，是实现人机联系时比较好的中间表示。需要译码时，译码电路也比较简单。

8421BCD 码的主要缺点是实现加减运算的规则比较复杂，在某些情况下，需要对运算结果进行修正。

4. 计算机中非数值型数据的编码

计算机中数据的概念是广义的，除了有数值的信息之外，还有数字、字母、通用符号、控制符号等字符信息，有逻辑信息、图形、图像、语音等信息，这些信息进入计算机都转变成 0、1 表示的编码，所以称为非数值型数据。

（1）字符的表示方法。字符主要指数字、字母、通用符号、控制符号等，在计算机内它们都被变换成计算机能够识别的十进制编码形式。字符编码方式有很多种，国际上广泛采用的是美国国家信息交换标准代码（American Standard Code for Information Interchange），简称 ASCII 码。

ASCII 码诞生于 1963 年，首先由 IBM 公司研制成功，后来被接受为美国国家标准。ASCII 码是一种比较完整的字符编码，现已成为国际通用的标准编码，已广泛用于计算机与外设的通信。每个 ASCII 码以 1 个字节（Byte）存储，0～127 代表不同的常用符号，例如大写 A 的 ASCII 码是十进制数 65，小写 a 则是十进制数 97。标准 ASCII 码使用 7 个二进制位对字符进行编码。标准的 ASCII 码字符集共有 128 个字符，其中有 94 个可打印字符，包括常用的字母、数字、标点符号等，又称为显示字符；另外还有 34 个控制字符，主要表示一个动作。标准 ASCII 码如表 1-5 所示。

表 1-5　标准 ASCII 字符编码表

L ＼ H	000	001	010	011	100	101	110	111
0000	NUL	DEL	SP	0	@	P	`	p
0001	SOH	DC1	!	1	A	Q	a	q
0010	STX	DC2	"	2	B	R	b	r
0011	ETX	DC3	#	3	C	S	c	s
0100	EOT	DC4	$	4	D	T	d	t
0101	ENQ	NAK	%	5	E	U	e	u
0110	ACK	SYN	&	6	F	V	f	v
0111	DEL	ETB	'	7	G	W	g	w
1000	BS	CAN	(	8	H	X	h	x
1001	HT	EM	)	9	I	Y	i	y
1010	LF	SUB	*	:	J	Z	j	z
1011	VT	ESC	+	;	K	[	k	{
1100	FF	FS	,	<	L	\	l		
1101	CR	GS	-	=	M	]	m	}
1110	SO	RS	.	>	N	^	n	~
1111	SI	US	/	?	O	_	o	DEL

ASCII 码规定每个字符用 7 位二进制编码表示，表 1-5 中横坐标是第 6、5、4 位的二进制编码值，纵坐标是第 3、2、1、0 位的十进制编码值，两坐标交点则是指定的字符。7 位二进制可以给出 128 个编码，表示 128 个常用的字符。其中 94 个编码，对应着计算机终端能敲入并且可以显示的 94 个字符，打印机设备也能打印这 94 个字符，如大小写各 26 个英文字母，0～9 这 10 个数字，通用的运算符和标点符号=、-、*、/、<、>、,、:、.、? 、。、( )、{、} 等；34 个字符不能显示，称为控制字符，表示一个动作。

标准 ASCII 码只用了字符的低七位，最高位并不使用。后来为了扩充 ASCII 码（Extended ASCII）码，将最高的一位也编入这套编码中，成为八位的 ASCII 码，这套编码加上了许多外文和表格等特殊符号，成为目前的常用编码。对应的标准为 ISO646，这套编码的最高位如果为 0，则表示出来的字符为标准的 ASCII 码，如果为 1，则表示出来的字符为扩充的 ASCII 码，因此最高位又称为校验位。

【例 1-14】查表写出字母 A，数字 1 的 ASCII 码。

查表 1-5 得知字母 A 在第 2 行第 5 列的位置。行指示 ASCII 码第 3、2、1、0 位的状态，列指示第 6、5、4 位的状态，因此字母 A 的 ASCII 码是$(1000001)_2$=41H。同理可以查到数字 1 的 ASCII 码是$(0110001)_2$=31H。

（2）汉字的表示方法。

1）国标码和区位码。为了适应中文信息处理的需要，1981 年国家标准局公布了 GB2312-80《信息交换用汉字编码字符集——基本集》，又称为国标码。在国标码中共收集了常用汉字 6763 个，并给这些汉字分配了代码。

在国家标准 GB2312-80 方案中，规定用两个字节的 16 位二进制表示一个汉字，每个字节都使用低 7 位（与 ASCII 码相同），即有 128×128=16384 种状态。由于 ASCII 码的 34 个控制代码在汉字系统中也要使用，为了不至于发生冲突，因此不能作为汉字编码，所以汉字编码表中共有 94（区）×94（位）=8836 个编码，用以表示国标码规定的 7445 个汉字和图形符号。

每个汉字或图形符号分别用两位的十进制区码（行码）和两位的十进制位码（列码）表示，不足的地方补 0，组合起来就是区位码。将区位码按一定的规则转换成二进制代码叫做信息交换码（简称国标区位码）。国标码共有汉字 6763 个（一级汉字，最常用的汉字，按汉语拼音字母顺序排列，共 3755 个；二级汉字，属于次常用汉字，按偏旁部首的笔画顺序排列，共 3008 个），数字、字母、符号等 682 个，共 7445 个。汉字的区位编码，如图 1-17 所示。

用计算机进行汉字信息处理，首先必须将汉字代码化，即对汉字进行编码，称为汉字输入码。汉字输入码送入计算机后还必须转换成汉字内部码，才能进行信息处理。处理完毕之后，再把汉字内部码转换成汉字字形码，才能在显示器或打印机输出。因此汉字的编码有输入码、内码、字形码三种。

2）汉字的内码。同一个汉字以不同输入方式进入计算机时，编码长度以及 0、1 组合顺序差别很大，使汉字信息进一步存取、使用、交流十分不方便，必须转换成长度一致、且与汉字唯一对应的能在各种计算机系统内通用的编码，满足这种规则的编码叫汉字内码。

汉字内码是用于汉字信息的存储、交换检索等操作的机内代码，一般采用两个字节表示。英文字符的机内代码是七位的 ASCII 码，当用一个字节表示时，最高位为 "0"。为了与英文字符能够区别，汉字机内代码中两个字节的最高位均规定为 "1"。

第二字节		位	1	2	3	4	5	6	7	8	9	10	11	12
b6			0	0	0	0	0	0	0	0	0	0	0	0
b5			1	1	1	1	1	1	1	1	1	1	1	1
b4			0	0	0	0	0	0	0	0	0	0	0	0
b3			0	0	0	0	0	0	1	1	1	1	1	1
b2			0	0	0	0	1	1	0	0	0	0	0	1
b1			0	1	1	1	0	0	0	0	0	0	1	1
b0			1	0	1	0	1	0	1	0	1	0	1	0

第一字节																	
a6	a5	a4	a3	a2	a1	a0	区										
0	1	0	0	0	0	1	1	SP	、	。	‵	―	ˇ	¨	〃	々	—	～	‖
0	1	0	0	0	1	0	2	i	ii	iii	iv	v	vi	vii	viii	ix	x		
0	1	0	0	0	1	1	3	!	"	#	￥	%	&	'	(	)	＊	＋	，
…	…	…	…	…	…	…	…				…			…					
0	1	1	0	0	0	0	16	啊	阿	埃	挨	哎	唉	哀	皑	癌	蔼	矮	艾
0	1	1	0	0	0	1	17	薄	雹	保	堡	饱	宝	抱	报	暴	豹	鲍	爆
…	…	…	…	…	…	…	…			…			…					
1	1	1	0	1	1	1	87	鳌	鳍	鳎	鳏	鳐	鳓	鳔	鳕	鳗	鳘	鳙	鳜

图 1-17　汉字区位编码表（部分）

汉字机内码=汉字国标码+8080H

3）汉字字形码。存储在计算机内的汉字在屏幕上显示或在打印机上输出时，需要知道汉字的字形信息，汉字内码并不能直接反映汉字的字形，而要采用专门的字形码。

目前的汉字处理系统中，字形信息的表示大体上有两类形式：一类是用活字或文字版的母体字形形式，另一类是用点阵表示法、矢量表示法等形式，其中最基本的，也是大多数字形库采用的，便是以点阵的形式存储汉字字形编码的方法。

点阵字形又称为字模，是将字符的字形分解成若干"点"组成的点阵，将此点阵置于一个网格上，每一小方格是点阵中的一个"点"，点阵中的每一个点可以有黑白两种颜色，有字形笔画的点用黑色，反之用白色，这样就能描写出汉字字形了。

图 1-18 是汉字"次"的点阵，如果用十进制的"1"表示黑色点，用"0"表示没有笔画的白色点，每一行 16 个点用两字节表示，则需 32 个字节描述一个汉字的字形，即一个字形码占 32 个字节。

计算机汉字处理系统常配有宋体、仿宋、黑体、楷体等多种字体。同一个汉字不同字体的字形编码是不相同的。

根据汉字输出的要求不同，点阵的多少也不同。一般情况下，西文字符显示用 7×9 点阵，汉字显示用 16×16 点阵，所以汉字占两个西文字符显示的宽度。汉字在打印时可使用 16×16、24×24、32×32 点阵，甚至更高。点阵越大，描述的字形越细致美观，质量越高，所占存储空间也越大。汉字点阵的信息量是很大的，以 16×16 点阵为例，每个汉字要占用 32 个字节，国标两级汉字要占用 256K 字节。因此字模点阵只能用来构成汉字库，而不能用于机内存储。

通常，计算机中所有汉字的字形码集合起来组成汉字库（或称为字模库）存放在计算机里，当汉字输出时由专门的字形检索程序根据这个汉字的内码从汉字库里检索出对应的字形码，由字形码再控制输出设备输出汉字。汉字点阵字形的汉字库结构简单，但是当需要对汉字进行放大、缩小、平移、倾斜、旋转、投影等变换时，汉字的字形效果不好，若使用矢量汉字库、曲线字库的汉字，其字形用直线或曲线表示，能产生高质量的输出字形。

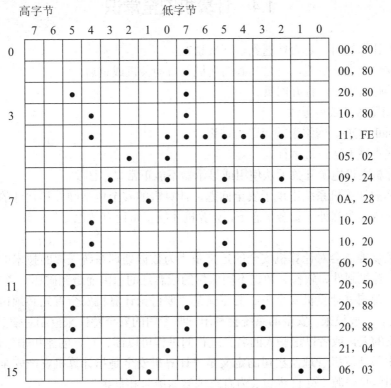

图 1-18　汉字的字形点阵及编码

4）汉字的输入码。目前，计算机一般是使用西文标准键盘输入的，为了能直接使用西文标准键盘输入汉字，必须给汉字设计相应的输入编码方法。汉字的编码方案有很多种，主要分为三类：数字编码、拼音码和字形编码。

● 数字编码

常用的是国标区位码，用数字串将一个汉字输入。区位码是将国家标准局公布的 6763 个两级汉字分为 94 个区，每个区分 94 位，实际上把汉字表示成二维数组，每个汉字在数组中的下标就是区位码。区码和位码各两位十进制数字，因此输入一个汉字需按键四次。例如"中"字位于第 54 区 48 位，区位码为 5448。数字编码输入的优点是无重码，输入码与内部编码的转换比较方便，缺点是代码难以记忆。

● 拼音码

拼音码是以汉语拼音为基础的输入方法。凡掌握汉语拼音的人，不需训练和记忆，即可使用，但汉字同音字太多，输入重码率很高，因此按拼音输入后还必须进行同音字选择，影响了输入速度。常用拼音码有全拼、智能 ABC 输入法等。

● 字形编码

字形编码是依据汉字形状进行的编码。汉字总数虽多，但都是由一笔一划组成，全部汉字的部件和各行其实是有限的。因此，把汉字的笔划部分用字母或数字进行编码，按笔划的顺序依次输入，就能表示一个汉字了。例如五笔字型编码是最有影响的一种字形编码方法。

综上所述，从送入计算机到输出显示，汉字信息编码形式不尽相同。汉字的输入编码、汉字内码、字形码是计算机中用于输入、内部处理、输出三种不同用途的编码，不要混为一谈。

1.4　计算机安全常识

你在使用计算机时，是否曾遇到以下情景？
- 电脑速度突然变慢，莫名其妙的死机，自动关机或重启。
- 自动弹出窗口，打开网页。
- IE 浏览器参数被更改。
- E-mail、QQ、网络游戏等账号被盗。
- 一些程序无法正常运行。
- 计算机主机电源开关无法使用或显示器不能正常显示图文。

这说明你的计算机系统出现了安全问题，计算机的安全包括硬件和软件的安全，只有计算机系统在这两方面都处于安全状态下，计算机才能正常而有效地工作。那么，什么是计算机的安全呢？

国际标准化委员会对计算机安全的定义是"为数据处理系统采取的技术的和管理的安全保护，保护计算机硬件、软件、数据不因偶然的或恶意的原因而遭到破坏、更改、显露。"

美国国防部国家计算机安全中心的定义是"要讨论计算机安全首先必须讨论对安全需求的陈述，……。一般说来，安全的系统会利用一些专门的安全特性来控制对信息的访问，只有经过适当授权的人，或者以这些人的名义进行的进程可以读、写、创建和删除这些信息"。

我国公安部计算机管理监察司的定义是"计算机安全是指计算机资产安全，即计算机信息系统资源和信息资源不受自然和人为有害因素的威胁和危害"。

1.4.1　计算机的硬件安全

计算机的安全，除了人们关心的病毒、特洛伊木马和其他涉及到的软件方面的威胁，还有计算机的硬件安全。硬件安全是指系统设备及相关设施受到物理保护，免于破坏、丢失等。

安装好一台计算机后，难免会出现这样或那样的故障，这些故障可能是硬件的故障，也可能是软件的故障。一般情况下，刚刚安装的机器出现硬件故障的可能性较大，机器运行一段时间后，其故障率相对降低。对于硬件故障，我们只要了解各种配件的特性及常见故障的发生，就能逐个排除。

（1）接触不良的故障。接触不良一般出现在各种插卡、内存、CPU 等与主板的接触不良，或电源线、数据线、音频线等的连接不良。其中各种适配卡、内存与主板接触不良的现象比较常见，通常只要更换相应的插槽位置或用沙擦胶擦一擦金手指，就可排除故障。

（2）未正确设置参数。CMOS 参数的设置主要有硬盘、软驱、内存的类型，以及口令、机器启动顺序、病毒警告开关等。由于参数没有设置或没有正确设置，系统都会提示出错。如病毒警告开关打开，则有可能无法成功安装其他软件。

（3）硬件本身故障。硬件出现故障，除了本身的质量问题外，也可能是负荷太大或其他原因引起的，如电源的功率不足或 CPU 超频使用等，都有可能引起机器的故障。

磁盘和磁带机等存储设备也应妥善保管，像能抵抗火灾和水灾的保险箱就是个不错的选择。在某些情况下，对软驱和光驱加锁能有效防止人们利用软盘或光盘启动机器从而绕开系统的安全设置。

硬盘保养。一般正品硬盘没什么大问题，但有些水货硬盘就没那么好的运气了，对此，如果你的电脑由于种种原因时常断电或非正常重启，那就应尽快进行硬盘扫描，及时修复磁盘的错误，尽量避免坏道的产生。同时，给自己的机器配个好点的电源。当然，由于病毒等种种原因，作者建议你最好给你的硬盘备份好分区表，这样一旦出现问题，也可以减小数据的损失。

计算机周围环境，如保证合适的温度和湿度，避免热源，并给予计算机充分的空气流通，绝不能把机器安置在有潜在水、烟、灰尘或火患的地方。

最后要注意的一点就是正确使用电源。

1.4.2　计算机的软件安全

目前，随着计算机的应用进一步扩展，影响计算机安全的主要因素是计算机的软件安全，尤其是计算机病毒的流行成为计算机安全的最大隐患。

1. 计算机病毒的定义

计算机病毒（Virus）是一个程序，一段可执行代码，可对计算机的正常使用进行破坏，使得电脑无法正常使用甚至整个操作系统或者电脑硬盘损坏。就像生物病毒一样，计算机病毒有独特的复制能力，因此可以很快地蔓延，又常常难以根除。它们能把自身附着在各种类型的文件上。当文件被复制或从一个用户传送到另一个用户时，它们就随同文件一起蔓延开来。病毒程序不是独立存在的，它隐蔽在其他可执行的程序之中，既有破坏性，又有传染性和潜伏性。轻则影响机器运行速度，使机器不能正常运行；重则使机器处于瘫痪，给用户带来不可估量的损失。通常把这种具有破坏作用的程序称为计算机病毒。

除复制能力外，某些计算机病毒还有其他一些共同特性：一个被污染的程序能够传送病毒载体。当你看到病毒载体似乎仅仅表现在文字和图像上时，它们可能已经毁坏了文件、将硬盘驱动格式化或引发其他类型的灾害。病毒可能并不寄生于一个污染程序，它能通过占据存储空间给你带来麻烦，并降低你的计算机的全部性能。

2. 计算机病毒的特性

计算机病毒具有以下几个特点。

（1）破坏性和危害性。计算机病毒程序从本质上来说，是一个逻辑炸弹。一旦满足条件要求而被激活并发起攻击就会迅速扩散，使整个计算机系统无法正常运行，所以它具有极大的破坏性和危害性。

（2）传染性。计算机病毒不但本身具有破坏性，更有害的是具有传染性，一旦病毒被复制或产生变种，其速度之快往往令人难以预防。所谓传染性，是指病毒具有极强的再生和扩散能力，潜伏在计算机系统中的病毒，可以不断进行病毒体的再生和扩散，从而使其很快扩散到磁盘存储器和整个计算机系统。

（3）隐蔽性。计算机病毒程序是人为制造的小巧玲珑的经过精心炮制的程序，这就是病毒的源病毒。源病毒是一个独立的程序体，经过扩散生成的再生病毒，往往采用附加或插入的方式隐蔽在可执行程序或数据文件中，可以在几周或几个月内不被人发现，这就是所谓的隐蔽性。

（4）潜伏性和激发性。有些病毒像定时炸弹一样，让它什么时间发作是预先设定好的。比如黑色星期五病毒，不到预定时间一点都觉察不出来，等到条件具备的时候一下子就爆发开来，对系统进行破坏。

而所谓病毒的激发性，是指系统病毒在一定条件下受外界刺激，使病毒程序迅速活跃起来的特性。

（5）针对性。计算机病毒总是针对特定的信息设备、软件系统而编写，例如，有针对 IBM PC 机及其兼容机的，有针对 Apple 公司的 Macintosh 的，还有针对 UNIX 操作系统的。例如小球病毒是针对 IBM PC 机及其兼容机上的 DOS 操作系统的；又如 CIH 病毒是专门针对某一类主板进行破坏和攻击的，"美丽莎"病毒是针对 Microsoft Office 软件的。

（6）寄生性。计算机病毒寄生在其他程序之中，当执行这个程序时，病毒就起破坏作用，而在未启动这个程序之前，它是不易被人发觉的。

（7）病毒的不可预见性。从对病毒的检测方面来看，病毒还有不可预见性。不同种类的病毒，它们的代码千差万别，但有些操作是共有的（如驻内存，改中断）。有些人利用病毒的这种共性，制作了声称可查所有病毒的程序。这种程序的确可查出一些新病毒，但由于目前的软件种类极其丰富，并且某些正常程序也使用了类似病毒的操作手法甚至借鉴了某些病毒的技术。使用这种方法对病毒进行检测势必会造成较多的误报情况。而且病毒的制作技术也在不断地提高，病毒对反病毒软件永远是超前的。新一代计算机病毒甚至连一些基本的特征都隐藏了，有时可通过观察文件长度的变化来判别。然而更新的病毒也可以在这个问题上蒙蔽用户，它们利用文件中的空隙来存放自身代码，使文件长度不变。许多新病毒则采用变形来逃避检查，这也成为新一代计算机病毒的基本特征。

（8）病毒的衍生性。这种特性为一些病毒制造者提供了一种创造新病毒的捷径。计算机病毒传的破坏部分反映了设计者的设计思想和设计目的。但是，这可以被其他掌握原理的人以其个人的企图进行任意改动，从而又衍生出一种不同于原版本的新的计算机病毒（又称为变种）。这种变种病毒造成的后果可能比源病毒严重得多。这就是计算机病毒的衍生性。

3．计算机病毒的症状和表现形式

计算机受到病毒感染后，会表现出不同的症状，下边把一些经常碰到的现象列出来，供用户参考。

（1）机器不能正常启动。加电后机器根本不能启动，或者可以启动，但所需要的时间比原来的启动时间变长了。有时会突然出现黑屏现象。

（2）运行速度降低。如果发现在运行某个程序时，读取数据的时间比原来长，存储文件或调用文件的时间都增加了，那就可能是由于病毒造成的。

（3）磁盘空间迅速变小。由于病毒程序要进驻内存，而且又能繁殖，因此使内存空间变小甚至变为"0"，导致用户什么信息也存储不进去。

（4）文件内容和长度有所改变。一个文件存入磁盘后，本来它的长度和内容都不会改变，可是由于病毒的干扰，文件长度可能改变，文件内容也可能出现乱码。有时文件内容无法显示或显示后又消失了。

（5）经常出现"死机"现象。正常的操作是不会造成死机现象的，即使是初学者，命令输入不对也不会死机。如果计算机经常死机，那可能是由于系统被病毒感染了。

（6）外部设备工作异常。因为外部设备受系统的控制，如果机器中有病毒，外部设备在工作时可能会出现一些异常情况，出现一些用理论或经验说不清道不明的现象。

4．计算机病毒的传播途径

计算机病毒的主要传播途径包括软盘、光盘、硬盘、BBS 以及网络等。其中病毒通过网络传播是最主要的形式，且有日益扩大的趋势。

当前，Internet 病毒的最新趋势是：

（1）不法分子或好事之徒制作的匿名个人网页直接提供了下载大批病毒活样本的便利途径。

（2）出于学术研究的病毒样本提供机构同样可以成为别有用心的人使用的工具。

（3）由于网络匿名登录成为可能，一些关于病毒制作研究讨论的学术性质的电子论文、期刊、杂志及相关的网上学术交流活动，如病毒制造协会年会等，就有可能成为国内外任何想成为新的病毒制造者的人学习、借鉴、盗用、抄袭的目标与对象。

（4）常见于网站上的大批病毒制作工具、向导、程序等，使得无编程经验和基础的人制造新病毒成为可能。

（5）新技术、新病毒使得几乎所有人在不知情时无意中成为病毒扩散的载体或传播者。

1.4.3　计算机病毒的分类

按照计算机病毒的特点，计算机病毒的分类方法有许多种。同时，同一种病毒可能有多种不同的分类方法。

1. 按照计算机病毒的链接方式分类

由于计算机病毒本身必须有一个攻击对象以实现对计算机系统的攻击，而计算机病毒所攻击的对象是计算机系统可执行的部分。

（1）源码型病毒。该病毒攻击高级语言编写的程序，其在高级语言所编写的程序编译前插入到源程序中，经编译成为合法程序的一部分。

（2）嵌入型病毒。这种病毒是将自身嵌入到现有程序中，把计算机病毒的主体程序与其攻击的对象以插入的方式链接。这种计算机病毒是难以编写的，一旦侵入程序后也较难消除。如果同时采用多态性病毒技术、超级病毒技术和隐蔽性病毒技术，将给当前的反病毒技术带来严峻的挑战。

（3）外壳型病毒。外壳型病毒将其自身包围在主程序的四周，对原来的程序不作修改。这种病毒最为常见，易于编写，也易于发现，一般测试文件的大小即可得知。

（4）入侵病毒。侵入到现有程序中，实际上是把病毒插入到程序之中，并替换主程序中部分不常用的功能模块。

（5）操作系统型病毒。这种病毒在运行时，用自己的逻辑部分取代操作系统的合法程序模块，根据病毒自身的特点和被替代的操作系统中合法程序模块在操作系统中运行的地位与作用等，对操作系统进行破坏，具有很强的破坏力，可以导致整个系统的瘫痪。圆点病毒和大麻病毒就是典型的操作系统型病毒。

2. 按照计算机病毒的破坏情况分类

按照计算机病毒的破坏情况可分两类。

（1）良性计算机病毒。良性病毒是指不包含有立即对计算机系统产生直接破坏作用的代码。这类病毒为了表现其存在，只是不停地进行扩散，从一台计算机传染到另一台，并不破坏计算机内的数据。

（2）恶性计算机病毒。恶性病毒就是指在其代码中包含有损伤和破坏计算机系统的操作，在其传染或发作时会对系统产生直接的破坏作用。因此，这类恶性病毒是最危险的。

3. 按照计算机病毒的寄生部位或传染对象分类

传染性是计算机病毒的本质属性，根据寄生部位或传染对象分类，即根据计算机病毒传染方式进行分类，有以下几种：

（1）磁盘引导区传染的计算机病毒。磁盘引导区传染的病毒主要是用病毒的全部或部分逻辑取代正常的引导记录，而将正常的引导记录隐藏在磁盘的其他地方。

（2）操作系统传染的计算机病毒。操作系统传染的计算机病毒就是利用操作系统中所提供的一些程序及程序模块寄生并传染的。通常，这类病毒作为操作系统的一部分，只要计算机开始工作，病毒就处在随时被触发的状态，操作系统传染的病毒目前已广泛存在。

（3）可执行程序传染的计算机病毒。可执行程序传染的病毒通常寄生在可执行程序中，一旦程序被执行，病毒也就被激活，病毒程序首先被执行，并将自身驻留内存，然后设置触发条件，进行传染。

对于以上三种类型的病毒，实际上可以归纳为两大类：一类是引导扇区型传染的计算机病毒；另一类是可执行文件型传染的计算机病毒。

4. 按照计算机病毒激活的时间分类

按照计算机病毒激活的时间可分为定时的和随机的。定时病毒仅在某一特定时间才发作，而随机病毒一般不是由时钟来激活的。

5. 按表现形式分类

（1）逻辑炸弹（Logic Bombs）。逻辑炸弹是由写程序的人有意设置的，是一种经过一定时间或将某项特定事务处理的输入作为触发信号而引爆的炸弹，会造成系统中数据的破坏。

（2）陷阱入口（Trap Entrance）。陷阱入口也是程序开发者有意安排的，当程序开发完毕并在计算机里实际运行后，只有他自己掌握操作的秘密，使程序完成某种事情，而其他人使用这一程序，则会进入死循环或其他路径。

（3）特洛伊木马（Trojan Horse，简称木马），表示某些有意骗人犯错误的程序，它由程序开发者制造出一个表面上很有魅力而显得可靠的程序，可当使用一定时间或一定次数后，便会出现巨大的故障或各种问题，从功能上看，与逻辑炸弹有相同之处。

6. 按寄生方式和传染途径分类

人们习惯将计算机病毒按寄生方式和传染途径来分类。计算机病毒按其寄生方式大致可分为两类，一是引导型病毒，二是文件型病毒。

引导型病毒会去改写（即一般所说的"感染"）磁盘上的引导扇区（BOOT SECTOR）的内容，软盘或硬盘都有可能感染病毒。再不然就是改写硬盘上的分区表（FAT）。如果用已感染病毒的软盘来启动的话，则会感染硬盘。

大多数的文件型病毒都会把它们自己的程序码复制到其宿主的开头或结尾处。这会造成已感染病毒文件的长度变长。大多数文件型病毒都是常驻内存中的。

随着微软公司 Word 文字处理软件的广泛使用和计算机网络，尤其是 Internet 的推广普及，病毒家族又出现一种新成员，这就是宏病毒。宏病毒是一种寄存于文档或模板的宏中的计算机病毒。一旦打开这样的文档，宏病毒就会被激活，转移到计算机上，并驻留在 Normal 模板上。从此以后，所有自动保存的文档都会"感染"上这种宏病毒，而且如果其他用户打开了感染病毒的文档，宏病毒又会转移到其他的计算机上。

此外，病毒还可以按以下几种方法进行分类：

（1）按照计算机病毒攻击的系统分类，可分为攻击 DOS 系统的病毒、攻击 Windows 系统的病毒、攻击 UNIX 系统的病毒、攻击 OS/2 系统的病毒。

（2）按照病毒的攻击机型分类，分为攻击微型计算机的病毒、攻击小型机的计算机病毒、攻击工作站的计算机病毒等。

（3）按照传播媒介分类，可分为单机病毒和网络病毒。

1.4.4　计算机病毒的发展趋势

随着计算机技术的发展，计算机病毒也在不断发展，计算机病毒与反病毒技术就像敌我双方一样在相互牵制的过程中使自身不断发展壮大，而且从目前的情况来看，计算机病毒总是主动的一方，我们处在被动防御和抵抗中。

1. 计算机网络（互联网、局域网）成为计算机病毒的主要传播途径

计算机病毒最早只通过文件拷贝传播，当时最常见的传播媒介是软盘和盗版光盘。随着计算机网络的发展，目前计算机病毒可通过计算机网络利用多种方式（电子邮件、网页、即时通信软件等）进行传播。计算机网络的发展使计算机病毒的传播速度大大提高，感染的范围也越来越广。可以说，网络化带来了计算机病毒传染的高效率。这一点以"冲击波"和"震荡波"的表现最为突出。

2. 计算机病毒变形（变种）的速度极快并向混合型、多样化发展

当前计算机病毒向混合型、多样化发展，如红色代码（Code Red）病毒就是综合了文件型、蠕虫型病毒的特性，这种发展趋势会造成反病毒工作更加困难。又如 2004 年 1 月 27 日，一种新型蠕虫病毒"小邮差变种"在企业电子邮件系统中传播，导致邮件数量暴增，从而阻塞网络。该病毒采用的是病毒和垃圾邮件相结合的少见战术，传播速度更快。

3. 运行方式和传播方式的隐蔽性

现在，病毒在运行方式和传播方式上更加隐蔽，如"图片病毒"，可通过以下形式发作：①群发邮件，附带有病毒的 JPG 图片文件；②采用恶意网页形式，浏览网页中的 JPG 文件、甚至网页上自带的图片即可被病毒感染；③通过即时通信软件（如 QQ、MSN 等）的自带头像等图片或者发送图片文件进行传播。

此外像"蓝盒子（Worm.Lehs）"、"V 宝贝（Win32.Worm.BabyV）"病毒等，可以将自己伪装成微软公司的补丁程序来进行传播，这些伪装令人防不胜防。此外，还有一些感染 QQ、MSN 等即时通信软件的计算机病毒会给你一个十分吸引人的网址，只要你浏览这个网址的网页，计算机病毒就会入侵。

4. 利用操作系统漏洞传播

操作系统是个复杂的工程，出现漏洞及错误是难免的，任何操作系统都是在修补漏洞和改正错误的过程中逐步趋向成熟和完善，但这些漏洞和错误却给了计算机病毒和黑客一个很好的表演舞台。目前应用最为广泛的是 Windows 系列的操作系统，也是如此的遭遇。

5. 计算机病毒技术与黑客技术将日益融合

随着计算机病毒技术与黑客技术的发展，病毒编写者最终将会把这两种技术进行融合。如 Mydoom 蠕虫病毒是通过电子邮件附件进行传播的，当用户打开并运行附件内的蠕虫程序后，蠕虫就会立即以用户邮箱内的电子邮件地址为目标向外发送大量带有蠕虫附件的欺骗性邮件，同时在用户主机上留下可以上传并执行任意代码的后门。2006 年底和 2007 年初，出现的一种木马病毒"熊猫烧香"，更是给计算机用户带来了极大的危害，也将计算机病毒技术与黑客技术的融合达到极致。

1.4.5　计算机病毒的剖析和实用防范方法

对于个人用户来说，计算机病毒的主要防范措施有以下几方面。

（1）留心邮件的附件、不要盲目转发信件。对于邮件附件要尽可能小心，需安装一套杀毒软件，在你打开邮件之前对附件进行预扫描。因为有的病毒邮件恶毒之极，只要你将鼠标移至邮件上，哪怕并不打开附件，它也会自动执行。更不要打开陌生人来信中的附件文件，当你收到陌生人寄来的一些自称是"不可不看"的有趣东西时，千万不要不假思索地打开它，尤其对于一些".exe"之类的可执行程序文件，更要慎之又慎。收到自认为有趣的邮件时，也不要盲目转发。

（2）注意文件扩展名。Windows 允许用户在文件命名时使用多个扩展名，而许多电子邮件程序只显示第一个扩展名，因此会造成一些假相。所以我们可以在"文件夹选项"中，设置显示文件的扩展名，这样一些有害文件，如 VBS 文件就会原形毕露。注意千万别打开扩展名为 VBS、SHS 和 PIF 的邮件附件，因为一般情况下，这些扩展名的文件几乎不会在正常附件中使用，但它们经常被病毒和蠕虫使用。例如，你看到的邮件附件名称是 wow.jpg，而它的全名实际是 wow.jpg.vbs，打开这个附件意味着运行一个恶意的 VBScript 病毒，而不是你的 JPG 查看器。

（3）不要轻易运行程序。对于一般人寄来的程序，都不要运行，就算是比较熟悉、了解的朋友寄来的信件，如果其信中夹带了程序附件，但是他却没有在信中提及或是说明，也不要轻易运行。因为有些病毒是偷偷地附着上去的——也许他的电脑已经染毒，可他自己却不知道。比如"happy 99"就是这样的病毒，它会自我复制，跟着你的邮件走。当你收到邮件广告或者商家主动提供的电子邮件时，尽量也不要打开附件以及它提供的链接。

（4）堵住系统漏洞。现在很多网络病毒都是利用了微软的 IE 和 Outlook 的漏洞进行传播的，因此大家需要特别注意微软网站提供的补丁，很多网络病毒可以通过下载和安装补丁文件或安装升级版本来消除阻止它们。

（5）禁止 Windows Scripting Host。对于通过脚本"工作"的病毒，可以采用在浏览器中禁止 Java 或 ActiveX 运行的方法来阻止病毒的发作。禁止 Windows Scripting Host（WSH）运行各种类型的文本，但基本都是 VBScript 或 Jscript。许多病毒/蠕虫，如 Bubbleboy 和 KAK.worm 就是使用 Windows Scripting Host，无需用户单击附件，就可自动打开一个被感染的附件。这时应该把浏览器的隐私设置设为"高"。

（6）注意共享权限。一般情况下勿将磁盘上的目录设为共享，如果确有必要，请将权限设置为只读，写操作则需指定口令，也不要用共享的软盘安装软件，或者是复制共享的软盘，因为这是导致病毒从一台机器传播到另一台机器的常见方式。

（7）不要随便接受附件。尽量不要从在线聊天系统的陌生人那里接受附件，比如 ICQ 或 QQ 中传来的东西。有些人通过在 QQ 聊天中取得你的信任之后，会给你发一些附有病毒的文件，所以对附件中的文件不要打开，先保存在特定目录中，然后用杀毒软件进行检查，确认无病毒后再打开。

（8）从正规网站下载软件。不要从任何不可靠的渠道下载软件，因为通常我们无法判断什么是不可靠的渠道，所以比较保险的办法是对安全下载的软件在安装前先做病毒扫描。

（9）多做自动病毒检查。确保计算机对插入的软盘、光盘和其他的可插拔介质，以及对电子邮件和互联网文件都会做自动的病毒检查。

（10）使用最新杀毒软件。养成用最新杀毒软件及时查毒的好习惯。但是千万不要以为安装了杀毒软件就可以高枕无忧了，一定要及时更新病毒库，否则杀毒软件就会形同虚设；另外要正确设置杀毒软件的各项功能，以充分发挥它的功效。

1.4.6　计算机安全技术

计算机应用系统迅猛发展的同时，也面临着各种各样的威胁。计算机系统安全技术涉及面广，首先需要搞清其基本范畴、基本概念及分类，认识计算机犯罪的由来与计算机系统应该采取的安全对策及措施。对一般用户而言，可以采取如下几方面的措施。

1. 数据备份与恢复

可以使用 Norton Partition Magic 对计算机中的硬盘进行分区。分区的好处是可以将系统文件和其他的数据文件分区保护，便于以后进行数据恢复。

2. 硬盘数据备份与恢复

硬盘分区以后，如果要进行数据备份，用户可以使用 Ghost 或类似 Ghost 功能的一键还原精灵等免费软件来备份或恢复系统文件或数据文件。

3. 备份注册表

平时操作系统出现的一些问题，如系统无法启动、应用程序无法运行、系统不稳定等情况，很多是因为注册表出现错误而造成的，通过修改相应的数据就能解决这些问题。因此应将系统使用的注册表信息进行备份。

4. 数据加密

现在网上的活动日益增多，如聊天、网上支付、网上炒股等，这些活动经常和用户的账号、密码相关，如果相关的信息被盗取或公开，则损失不可估量。为此可以采用数据加密技术来进行保护。常用的数据加密技术如下。

（1）信息隐藏技术和数字水印（Digital Watermarking）。信息隐藏和数字水印技术都是指将特定的信息经过一系列运算处理后，存储在另一种媒介（如文本文件、图像文件或视频文件等）中，只不过两者针对的对象不同。信息隐藏是为了保护特定的信息，而数字水印是为了保护文本文件、图像文件或视频文件的版权，与钞票水印相类似，是在数据中藏匿版权信息。数字水印技术是一种横跨信号处理、数字通信、密码学、计算机网络等多学科的新技术，有广阔的市场环境。

（2）数字签名。数字签名在 ISO7498-2 标准中定义为："附加在数据单元上的一些数据，或是对数据单元所做的密码变换，这种数据和密码变换允许数据单元的接收者用以确认数据单元的来源和数据单元的完整性，并保护数据，防止被人（例如接收者）伪造"。数字签名技术是实现交易安全的核心技术之一。

5. 反病毒软件使用

常用的反病毒软件有瑞星、卡巴斯基、金山杀毒、360 杀毒等。利用这些杀毒软件可抵御一些常见病毒的入侵。

6. 防火墙技术

防火墙是在用户和网络之间、网络与网络之间建立起来的一道安全屏障，是提供信息安全服务，实现网络和信息安全的重要基础设施，主要用于限制被保护的对象和外部网络之间进行的信息存取、信息传递等操作。

常见的防火墙有两种类型：包过滤防火墙和代理服务器防火墙。

（1）包过滤（Packet Filter）防火墙。包过滤技术是所有防火墙中的核心功能，是在网络层对数据包进行选择，选择的依据是系统设置的过滤机制，被称为访问控制列表（Access Control List，ACL）。通过检查数据流中每个数据包的源地址、目的地址、所用的端口号、协议状态等因素来确定是否允许该数据包通过。

（2）代理服务器防火墙。代理（Proxy）技术是面向应用级防火墙的一种常用技术，它提供代理服务器功能的主体对象必须是有能力访问 Internet 的主机，才能为那些无权访问 Internet 的主机作代理，使得那些无法访问 Internet 的主机通过代理也可以完成访问 Internet。

个人常用的防火墙软件有：瑞星防火墙和天网防火墙等。

习题 1

一、单选题

1．计算机科学的奠基人是（　　）。
  A．查尔斯·巴贝奇 B．图灵　　　　　C．阿塔诺索夫　　　　D．冯·诺依曼

2．当今计算机的基本结构和工作原理是由冯·诺依曼提出的，其主要思想是（　　）。
  A．存储程序　　　　B．二进制数　　　C．CPU 控制原理　　D．开关电路

3．计算机最早的应用领域是（　　）。
  A．科学计算　　　　B．数据处理　　　C．过程控制　　　　D．CAD\CAM\CIMS

4．计算机辅助制造的简称是（　　）。
  A．CAD　　　　　　B．CAM　　　　　C．CAE　　　　　　D．UNIVAC

5．CAE/CAI 是目前发展迅速的应用领域之一，其含义是（　　）。
  A．计算机辅助设计　　　　　　　　B．计算机辅助教育
  C．计算机辅助工程　　　　　　　　D．计算机辅助制造

6．计算机内部，信息用（　　）表示。
  A．模拟数字　　　　B．十进制数　　　C．二进制数　　　　D．抽象数字

7．计算机字长是指（　　）位数。
  A．二进制　　　　　B．八进制　　　　C．十进制　　　　　D．十六进制

8．字节是计算机中存储容量的单位，1 个字节由（　　）位二进制序列组成。
  A．4　　　　　　　B．8　　　　　　　C．10　　　　　　　D．16

9．存储在计算机内部的一个西文字符占 1 个字节，1 个汉字占（　　）个字节。
  A．1　　　　　　　B．2　　　　　　　C．4　　　　　　　D．8

10．二进制数 101101 转换为十进制数是（　　）。
  A．46　　　　　　B．65　　　　　　C．77　　　　　　D．45

11．二进制数 1110111.11 转换成十六进制数是（　　）。
  A．77.C　　　　　B．77.3　　　　　C．E7.C　　　　　D．E7.3

12．十六进制数 2B4 转换为二进制数是（　　）。
  A．10101100　　　B．1010110100　　C．10001011100　　D．1010111000

13．下列不同进制的 4 个数中，最小数是（　　）。
  A．$(11011001)_2$　B．$(37)_8$　　　C．$(75)_{10}$　　　D．$(2A)_{16}$

14．下列 4 个无符号十进制数中，能用 8 位二进制数表示的是（　　）。
  A．296　　　　　　B．333　　　　　C．256　　　　　　D．199

15．计算机中机器数有三种表示方法，不属于这三种表示方法的是（　　）。

　　　　A．反码　　　　　　B．ASCII 码　　　　　C．原码　　　　　　D．补码

16．在下面关于字符之间大小关系的说法中，正确的是（　　　）。

　　　　A．空格符>a>A　　B．空格符>A>a　　C．a>A>空格符　　　　D．A>a>空格符

17．汉字系统的汉字字库中存放的是汉字的（　　　）。

　　　　A．机内码　　　　　B．输入码　　　　　C．字形码　　　　　D．国标码

18．汉字的国标码由两个字节组成，每个字节的取值范围均在十进制（　　　）的范围内。

　　　　A．33～126　　　　B．0～127　　　　　C．161～254　　　　D．32～127

19．汉字的机内码由两个字节组成，每个字节的取值均大于下面的十六进制数（　　　）。

　　　　A．B0H　　　　　　B．A1H　　　　　　C．16H　　　　　　D．A0H

20．某计算机的内存是 16MB，则它的容量为（　　　）个字节。

　　　　A．16×1024×1024　B．16×1000×1000　C．16×1024　　　　D．16×1000

21．采用任何一种输入法输入汉字，存储到计算机内一律转换成汉字的（　　　）。

　　　　A．拼音码　　　　　B．五笔码　　　　　C．外码　　　　　　D．内码

22．下面不属于计算机病毒特征的是（　　　）。

　　　　A．传染性　　　　　B．突发性　　　　　C．可预见性　　　　D．隐藏性

23．计算机病毒是（　　　）。

　　　　A．一种程序　　　　　　　　　　　　B．使用计算机时容易感染的一种疾病

　　　　C．一种计算机硬件　　　　　　　　　D．计算机系统软件

24．下面关于比特的叙述中，错误的是（　　　）。

　　　　A．比特是组成数字信息的最小单位

　　　　B．比特只有"0"和"1"两个符号

　　　　C．比特既可以表示数值和文字，也可以表示图像和声音

　　　　D．比特"1"总是大于比特"0"

25．在下列有关商品软件、共享软件、自由软件及其版权的叙述中，错误的是（　　　）。

　　　　A．通常用户需要付费才能得到商品软件的合法使用权

　　　　B．共享软件是一种"买前免费试用"的具有版权的软件

　　　　C．自由软件允许用户随意拷贝，但不允许修改其源代码和自由传播

　　　　D．软件许可证确定了用户对软件的使用方式，扩大了版权法给予用户的权利

26．人们通常将计算机软件划分为系统软件和应用软件。下列软件中，不属于应用软件类型的是（　　　）。

　　　　A．AutoCAD　　　　B．MSN　　　　　　C．Oracle　　　　　　D．Windows Media Player

27．二进制数 $(1010)_2$ 与十六进制数 $(B2)_{16}$ 相加，结果为（　　　）。

　　　　A．$(273)_8$　　　　　B．$(274)_8$　　　　　C．$(314)_8$　　　　　D．$(313)_8$

28．设有一段文本由基本 ASCII 字符和 GB2312 字符集中的汉字组成，其代码为 B0 A1 57 69 6E D6 D0 CE C4 B0 E6，则在这段文本中含有（　　　）。

　　　　A．1 个汉字和 9 个西文字符　　　　　C．3 个汉字和 5 个西文字符

　　　　B．2 个汉字和 7 个西文字符　　　　　D．4 个汉字和 3 个西文字符

29．所谓"变号操作"，是指将一个整数变成绝对值相同符号相反的另一个整数。假设使用补码表示的 8 位整数 X=10010101，则经过变号操作后，结果为（　　　）。

　　　　A．01101010　　　　B．00010101　　　　C．11101010　　　　D．01101011

30. 若计算机内存中连续 2 个字节的内容其十六进制形式为 34 和 64，则它们不可能是（   ）。

   A．2 个西文字符的 ASCII 码　　　　B．1 个汉字的机内码

   C．1 个 16 位整数　　　　　　　　D．图像中一个或两个像素的编码

二、填空题

1. 第一代电子计算机采用的物理器件是_____。

2. 大规模集成电路的英文简称是_____。

3. 未来计算机将朝着微型化、巨型化、_____和智能化方向发展。

4. 根据用途及其使用的范围，计算机可以分为_____和专用机。

5. 微型计算机的种类很多，主要分成台式机、笔记本电脑和_____。

6. 未来新型计算机系统有光计算机、分子计算机和_____。

7. _____是现代电子信息技术的直接基础。

8. 假定某台计算机的字长为 8 位，$[-67]_原$=_____、$[-67]_反$=_____、$[-67]_补$=_____。

9. 浮点数取值范围的大小由_____决定，而浮点数的精度由_____决定。

10. 用一个字节表示非负整数，最小值为_____，最大值为_____。

11. 2 个字节代码可表示_____个状态。

12. 字符"A"的 ASCII 码的值为 65，则可推算出字符"G"的 ASCII 码的值为_____。

13. 16×16 点阵的一个汉字，其字形码占_____个字节，若是 24×24 点阵的一个汉字，其字形码占_____个字节。

14. 汉字输入时采用_____，在计算机内存储或处理汉字时采用_____，输出时采用_____。

15. 已知"中"的区位码为 5448，它的国标码为_____，机内码为_____。

三、判断题

1. 世界上第一台电子计算机是 1946 年在美国研制成功的。　　　　　　　　（　　）

2. 计算机主要应用于科学计算、信息处理、过程控制、辅助系统、通信等领域。（　　）

3. 计算机中"存储程序"的概念是由图灵提出的。　　　　　　　　　　　　（　　）

4. 电子计算机的计算速度很快但计算精度不高。　　　　　　　　　　　　（　　）

5. CAD 系统是指利用计算机来帮助设计人员进行设计工作的系统。　　　　（　　）

6. 计算机辅助制造的英文缩写为 CAI。　　　　　　　　　　　　　　　　（　　）

7. 计算机不但有记忆功能，还有逻辑判断功能。　　　　　　　　　　　　（　　）

8. 计数制中使用的数码个数被称为基数。　　　　　　　　　　　　　　　（　　）

9. 十进制数的 11，在十六进制中仍表示成 11。　　　　　　　　　　　　（　　）

10. 计算机中用来表示内存容量大小的最基本单位是位。　　　　　　　　（　　）

11. 计算机的原码和反码相同。　　　　　　　　　　　　　　　　　　　（　　）

12. 计算机中数值型数据和非数值型数据均以二进制数据形式存储。　　　（　　）

13. 微型计算机中使用最普遍的字符编码是 ASCII 码。　　　　　　　　　（　　）

14. 用汉字输入法输入汉字时，只能单个字输入，不能输入词组。　　　　（　　）

15. 外码是用于将汉字输入计算机而设计的汉字编码。　　　　　　　　　（　　）

参考答案

一、单选题

01-05　BAABB　　　　06-10　CABBD　　　　11-15　ABBDB

16-20　CCADA　　　　21-25　DCADC　　　　26-30　CBDDB

二、填空题

1．电子管

2．VLSI

3．网络化

4．通用机

5．个人数字助理（PDA）

6．量子计算机

7．微电子技术

8．1000011　10111100　10111101

9．阶码　尾数

10．0　255

11．65536

12．71

13．32　72

14．输入码　机内码　字形码

15．8680　（D6D0)H

三、判断题

1．√　　　2．√　　　3．×　　　4．×　　　5．√　　　6．×　　　7．√　　　8．√　　　9．×　　　10．×

11．×　　　12．√　　　13．√　　　14．×　　　15．√

第2章 计算机系统

微型计算机是计算机中应用最普及、最广泛的一类。本章主要介绍微型计算机系统的基本组成，包括硬件系统和软件系统。最后还简单介绍了关于计算机的主要技术指标和性能评价指标。

2.1 计算机系统的组成

一个完整的计算机系统包括硬件系统和软件系统两大部分。计算机硬件系统是计算机系统中由电子类、机械类和光电类器件组成的各种计算机部件和设备的总称，是组成计算机的物理实体，是计算机完成各项工作的物质基础。计算机软件系统是计算机硬件设备上运行的各种程序、相关的文档和数据的总称。计算机硬件系统和软件系统共同构成一个完整的系统，相辅相成，缺一不可。计算机系统的组成如图 2-1 所示。

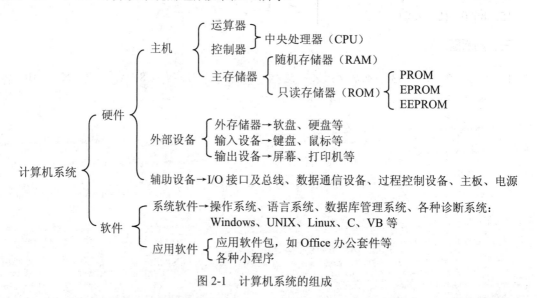

图 2-1　计算机系统的组成

2.1.1 冯·诺依曼型计算机

1946 年，美籍匈牙利数学家冯·诺依曼等人在题为《电子计算装置逻辑设计的初步讨论》的论文中，深入系统地阐述了以"存储程序"概念为指导的计算机逻辑设计思想（存储程序原理），勾画出了一个完整的计算机体系结构。冯·诺依曼的这一设计思想是计算机发展史上的里程碑，标志着计算机时代的真正开始，冯·诺依曼也因此被誉为"现代计算机之父"。现代计算机虽然在结构上有多种类别，但就其本质而言，多数都是基于冯·诺依曼提出的计算机体系结构理念，因此，也被称为冯·诺依曼型计算机。

冯·诺依曼型计算机的基本思想如下：

（1）计算机应包括运算器、存储器、控制器、输入和输出设备五大基本部件。

（2）计算机内部应采用二进制来表示指令的数据。每条指令一般具有一个操作码和一个地址码。其中操作码表示运算性质，地址码指出操作数在存储器的位置。

（3）将编好的程序和原始数据送入内存储器中，然后启动计算机工作，计算机应在不需要操作人员干预的情况下，自动逐条取出指令和执行任务。

基于上述工作原理制作的计算机才能称为真正意义上的计算机。该计算机具有"存储程序"的特点，也叫做"电子离散变量累加器"，简称 EDVAC。"存储程序"原理可概括为存储程序和程序控制。存储程序是把编好的程序及执行过程所需的数据，通过输入设备输入并存储在计算机的存储器中。程序控制是将存放程序的第一条指令的地址送到程序计数器，依据程序计数器指向的地址取出指令，每取完一条指令后计数器自动加 1，这样逐条取出指令加以分析，并执行指令所规定的操作，使计算机按程序流程运行，从而实现自动化的连续工作。

2.1.2　计算机硬件系统

冯·诺依曼提出的计算机"存储程序"工作原理决定了计算机硬件系统由五大部分组成：运算器、存储器、控制器、输入/输出设备。

1. 存储器

存储器是用来存储数据和程序的部件。计算机中的信息都是以二进制代码形式表示的，必须使用具有两种稳定状态的物理器件来存储信息。这些物理器件主要包括磁芯、半导体器件、磁表面器件等。

2. 运算器

运算器是整个计算机系统的计算中心，主要由执行算术运算和逻辑运算的算术逻辑单元（Arithmetic Logic Unit，ALU）、存放操作数和中间结果的寄存器及连接各部件的数据通路组成，用以完成各种算术运算和逻辑运算。

3. 控制器

控制器是整个计算机系统的指挥中心，主要由程序计数器（PC）、指令寄存器（IR）、指令译码器（ID）、时序控制电路和微操作控制电路等组成。在系统运行过程中，控制器不断地生成指令地址、取出指令、分析指令、向计算机的各个部件发出操作控制信号，指挥各个部件高速协调地工作。

运算器和控制器合称为中央处理器（Central Processing Unit，CPU），是计算机的核心部件。CPU 和主存储器是信息加工处理的主要部件，通常将这两个部分合称为主机。CPU 的基本功能如下。

● 程序控制

CPU 通过执行指令来控制程序的执行顺序，这是 CPU 的重要职能。

● 操作控制

一条指令功能的实现需要若干操作信号来完成，CPU 产生每条指令的操作信号并将操作信号送往不同的部件，控制相应的部件按指令的功能要求进行操作。

● 时间控制

CPU 对各种操作进行时间上的控制，这就是时间控制。CPU 对每条指令整个的执行时间，以及指令执行过程中操作信号的出现时间、持续时间和出现的时间顺序都需进行严格控制。

● 数据处理

CPU 对数据以算术运算及逻辑运算等方式进行加工处理，数据加工处理的结果才能为人们所利用。所以，对数据的加工处理是 CPU 最根本的任务。

4. 输入/输出设备

输入/输出设备（简称 I/O 设备）又称为外部设备，它是与计算机主机进行信息交换，实现人机交互的硬件环境。

输入设备用于输入人们要求计算机处理的数据、字符、文字、图形、图像、声音等信息，以及处理这些信息所必需的程序，并将它们转换成计算机能接受的形式（二进制代码）。输入设备有键盘、鼠标、扫描仪、光笔、手写板、麦克风（输入语音）等。

输出设备用于将计算机处理结果或中间结果以人们可识别的形式（如显示、打印、绘图等）表达出来。常见的输出设备有显示器、打印机、绘图仪、音响设备等。

辅（外）存储器可以将存储的信息输入到主机，主机处理后的数据也可以存储到辅（外）存储器中，因此，辅（外）存储设备既可以作为输入设备，也可以作为输出设备。

2.1.3　计算机软件系统

软件包括在计算机上运行的相关程序、数据及其有关文档。通常把计算机软件系统分为系统软件和应用软件两大类。

1. 系统软件

系统软件也称为系统程序，是对整个计算机系统进行调试、管理、监控及服务等功能的软件。利用系统程序的支持，用户只需使用简便的语言和符号就可编制程序，并使程序在计算机硬件系统上运行。系统程序能合理地调试计算机系统的各种资源，使之得到高效率的使用，能监控和维护系统的运行状态，能帮助用户调试程序，查找程序中的错误等，大大减轻了用户管理计算机的负担。系统软件一般包括操作系统、语言处理程序、数据库系统、系统服务（如诊断系统程序）、标准库程序等。

2. 应用软件

应用软件也称为应用程序，是专业软件公司针对应用领域的需求，为解决某些实际问题而研制开发的程序，或由用户根据需要编制的各种实用程序。应用程序通常需要系统软件的支持，才能在计算机硬件上有效运行。例如文字处理软件、电子表格软件、作图软件、网页制作软件、财务管理软件等均属于应用软件。

2.1.4　计算机硬件系统和软件系统之间的关系

现代计算机不是一种简单的电子设备，而是由硬件与软件结合而成的一个十分复杂的整体。

计算机硬件是支持软件工作的基础，没有足够的硬件支持，软件便无法正常工作。相对于计算机硬件而言，软件是无形的，但是不安装任何软件的计算机（称为裸机）不能进行任何有意义的工作。系统软件为现代计算机系统正常有效地运行提供良好的工作环境，丰富的应用软件使计算机强大的信息处理能力得以充分发挥。

在一个具体的计算机系统中，硬件、软件是紧密相关、缺一不可的，但是对某一具体功能来说，既可用硬件实现，也可用软件实现；同样，任何由软件实现的操作，在原理上也可由硬件来实现。因此，在设计一个计算机系统时，必须充分考虑设计的复杂程度、现有的工艺技术条件、产品的造价等因素，确定哪些功能直接由硬件实现，哪些功能通过软件实现，这就是硬件和软件的功能分配。

在计算机技术的飞速发展过程中，计算机软件随着硬件技术的发展而不断发展与完善，软件的发展又促进了硬件技术的发展。

2.2　计算机工作原理

按照冯·诺依曼型计算机体系结构，数据和程序存放在存储器中，控制器根据程序中的指令序列进行工作，简单地说，计算机的工作过程就是运行程序指令的过程。

2.2.1　计算机指令系统

1．指令及其格式

指令是能被计算机识别并执行的二进制代码，它规定了计算机能完成的某一种操作。例如加、减、乘、除、取数等都是一个基本操作，分别用一条指令来完成。一台计算机所能执行的全部指令的集合称为该计算机的指令系统。

计算机硬件只能识别并执行机器指令，用高级语言编写的源程序必需由程序语言翻译系统把它们翻译为机器指令后，计算机才能执行。

计算机指令系统中的命令都有规定的编码格式。一般一条指令分为操作码和地址码两部分。其中操作码规定了该指令进行的操作种类，如加、减、存数、取数等；地址码给出了操作数地址、结果存放地址以及下一条指令的地址。指令的一般格式如图 2-2 所示。

操作码	地址码

图 2-2　指令的一般格式

2．指令的分类与功能

计算机指令系统一般有下列几类指令。

（1）数据传送型指令。数据传送型指令的功能是将数据在存储器之间、寄存器之间以及存储器与寄存器之间进行数据传送，例如，取数指令将存储器某一存储单元中的数据存入寄存器；存数指令将寄存器中的数据写入某一存储单元。

（2）数据处理型指令。数据处理型指令的功能是对数据进行运算和变换。例如，加、减、乘、除等算术运算指令；与、或、非等逻辑运算指令。

（3）程序控制型指令。程序控制型指令的功能是控制程序中指令的执行顺序。例如，无条件转移指令、条件转移指令、子程序调用指令和停机指令。

（4）输入/输出型指令。输入/输出型指令的功能是实现输入/输出设备与主机之间的数据传输，例如，读指令、写指令。

（5）硬件控制指令。硬件控制指令的功能是对计算机的硬件进行控制和管理。如动态停机指令、空操作指令等。

2.2.2　计算机基本工作原理

计算机在工作过程中，主要有两种信息流：数据信息和指令控制信息。数据信息指的是原始数据、中间结果和结果数据等，这些信息从存储器进入运算器进行运算，所得的运算结果再存入存储器或传递到输出设备。指令控制信息是由控制器对指令进行分析、解释后向各部件发出的控制命令，指挥各部件协调地工作。

指令的执行过程如图 2-3 所示，其中左半部是控制器，包括指令寄存器、指令计数器、指令译码器等；右上部是运算器（包括累加器、算术与逻辑运算部件等）；右下部是内存储器，其中存放程序和数据。

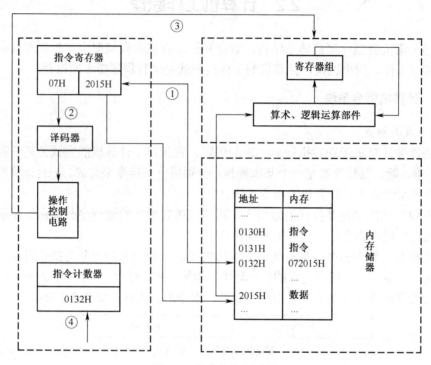

图 2-3　指令的执行过程

下面以指令的执行过程简单说明计算机的基本工作原理。指令的执行过程可分为以下步骤。

（1）取指令。即按照指令计数器中的地址（图中为 0132H），从内存储器中取出指令（图中的指令为 072015H），并送往指令寄存器中。

（2）分析指令。即对指令寄存器中存放的指令（图中的指令为 072015H）进行分析，由操作码（07H）确定执行什么操作，由地址码（2015H）确定操作数的地址。

（3）执行指令。即根据分析的结果，由控制器发出完成该操作所需要的一系列控制信息，去完成该指令所要求的操作。

（4）执行指令的同时，指令计数器加 1，为执行下一条指令做好准备，如果遇到转移指令，则将转移地址送入指令计数器。

2.3　微型计算机系统的组成

微型计算机简称微机（有的称为 PC 机、MC 机或 μc 机等），属于第四代计算机。微机的一个突出特点是：利用大规模集成电路和超大规模集成电路技术，将运算器和控制器制作在一个集成电路芯片上（微处理器）。微机具有体积小、重量轻、功耗少、可靠性高、对使用环境要求低、价格便宜、易于成批量生产等特点，从而得以迅速普及、深入到当今社会的各个领域，是计算机发展史中又一个里程碑。

2.3.1　微型计算机的基本结构

微型计算机硬件的系统结构与冯·诺依曼机在结构上无本质的差异，微处理器、存储器（主存）、输入/输出接口之间采用总线连接。

微型计算机的结构如图 2-4 所示。

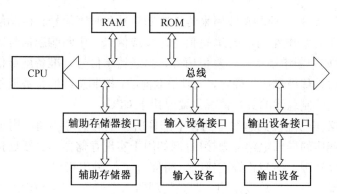

图 2-4　微型计算机的结构示意图

1. 微处理器

随着人类科学技术水平的发展和提高，20 世纪 60 年代末，半导体技术、微电子制作工艺有了突破性的发展，在此技术前提下，将计算机的运算器、控制器以及相关的部件集中制作在同一块大规模或超大规模集成电路上，即构成了整体的中央处理器（Central Processing Unit，CPU），由于处理器的体积大大减小了，故称为微处理器。习惯上把微处理器直接称为 CPU。

1971 年，Intel 公司研制推出的 4004 处理芯片，标志着微处理器的诞生，之后的 30 多年，微处理器不断向更高的层次发展，由最初的 4004 处理器（字长 4 位，主频 1MHz），发展到现在的 Pentium 4 处理器（字长 64 位，主频 3.6GHz 或更高），目前最新的 CPU 有 Intel Core 2 双核、四核或 16 核 CPU 等。

2. 系统总线

总线是将计算机各个部件联系起来的一组公共信号线。计算机采用总线结构的形式，具有系统结构简单、系统扩展及更新容易、可靠性高等优点，但由于必需在部件之间采用分时传送操作，因而降低了系统的工作速度。微机的系统结构中，连接各个部件之间的总线称为系统总线。系统总线根据传送的信号类型可分为数据总线（Data Bus，DB）、地址总线（Address Bus，AB）和控制总线（Control Bus，CB）三部分。

（1）数据总线（DB）。用于传送数据信息。数据总线是双向三态形式的总线，它既可以把 CPU 的数据传送到存储器或 I/O 接口等其他部件，也可以将其他部件的数据传送到 CPU。数据总线的位数是微型计算机的一个重要指标，通常与微处理器的字长相一致。例如 Intel 8086 微处理器字长 16 位，其数据总线宽度也是 16 位。需要指出的是，数据的含义是广义的，它可以是真正的数据，也可以是指令代码或状态信息，有时甚至是一个控制信息，因此，在实际工作中，数据总线上传送的并不一定仅仅是真正意义上的数据。

（2）地址总线（AB）。是专门用来传送地址的，由于地址只能从 CPU 传向外部存储器或 I/O 端口，所以地址总线总是单向三态的，这与数据总线不同。地址总线的位数决定了 CPU 可直接寻址的内存空间大小，比如 8 位微机的地址总线为 16 位，则其最大可寻址空间为 2^{16}

＝64KB，16 位微机的地址总线为 20 位，其可寻址空间为 2^{20}＝1MB。一般来说，若地址总线为 n 位，则可寻址空间为 2^n 字节。

注：单向指信息只能沿一个方向传送。三态指除了输出高、低电平状态外，还可以处于高阻抗状态（浮空状态）。高阻抗状态下，端口既不是输入状态，也不是输出状态，端口的绝缘电阻很高，不消耗功率，也不会引起逻辑错误，相当于断路状态，可让出总线供其他器件使用。

（3）控制总线（CB）。控制总线用来传送控制信号和时序信号。控制信号中，有微处理器送往存储器和 I/O 接口电路的，如读/写信号，片选信号、中断响应信号等；也有其他部件反馈给 CPU 的，比如中断申请信号、复位信号、总线请求信号、准备就绪信号等。因此，控制总线的传送方向由具体控制信号而定，一般是双向的；控制总线的位数要根据系统的实际控制需要而定。实际上控制总线的具体情况主要取决于 CPU。

总线上的信号必需与连接到总线上的各个部件所产生的信号协调。用于在总线与某个部件或设备之间建立连接的局部电路称为接口，例如用于实现存储器与总线连接的电路称为存储器接口，而用于实现外围设备与总线连接的电路称为输入/输出接口。

早期的微型计算机采用单总线结构，即微处理器、存储器、输入/输出接口之间由同一组系统总线连接，相比而言，微处理器和主存储器之间增加了一组存储器总线，使得处理器可以通过存储器总线直接访问主存储器，构成面向主存的双总线结构。

3．微型计算机和个人计算机

通常所说的微型计算机，其实特指以通用高性能微处理器为核心，配以存储器和其他外设部件，并装载完备的软件系统的通用微型计算机，简称微机。

1981 年 8 月，美国国际商用机器公司（IBM）推出了采用 Intel 公司的 8088 微处理器作为 CPU 的 16 位个人计算机（Personal Computer，PC）。从此，微型计算机开始逐步进入社会生活的各个领域，并迅速普及。

随着 IBM 微型计算机的广泛应用，其他品牌的微型计算机也先后进入市场，如 Dell（戴尔）、HP（惠普，Hewlett-Packard Development Company）、Lenovo（联想）等个人计算机。这些计算机以 IBM-PC 为参照标准，在结构设计、器件选用上与其不完全一致，在性能和软件应用上与 IBM-PC 没有很大的差异，甚至在某些方面优于 IBM-PC，相对 IBM-PC 而言称为兼容机。

购买 CPU、内存等器件自行组装（Do It Yourself，DIY）的计算机称为组装机，以求达到较高的性能或性能价格比，具有这种举动的电脑爱好者称为 DIYer。对于计算机硬件的选购，不能只追求高配置、高性能，应根据用途考虑合理的性能价格比。如一般的办公应用，选用主流标准配置即可；音乐编辑创作，则要考虑选择高性能的音频处理部件；图像影视编辑制作，则要考虑选择图形处理器、大容量存储器、高端显示器、高性能显示卡等部件。

2.3.2 微型计算机的硬件组成

从外观上看，一套基本的微机硬件由主机箱、显示器、键盘、鼠标组成，还可增加一些外部设备，如打印机、扫描仪、音视频设备等，如图 2-5 所示。

在主机箱内部，包括主板、CPU、内存、硬盘、光盘驱动器、各种接口卡（适配卡）、电源等。其中 CPU、内存是计算机结构的"主机"部分，其他部件与显示器、键盘、鼠标、音视频设备等都属于"外设"。

图 2-5　微型计算机

1. 主板

主板（Main Board）又称为系统板、母板或电脑板，是微机的核心连接部件。微机硬件系统的其他部件全部都是直接或间接通过主板相连接，主板实物如图 2-6 所示。

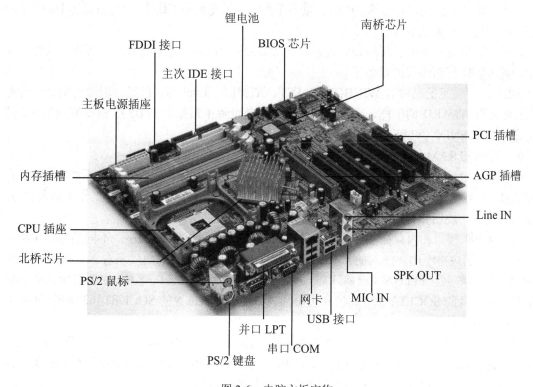

图 2-6　电脑主板实物

主板由以下几大部分组成：

（1）主板芯片组。主板芯片组（Chipset），也称为逻辑芯片组，是与 CPU 相配合的系统控制集成电路，一般为两个集成电路，用于接收 CPU 指令、控制内存、总线和接口等。主板芯片组通常分为南桥和北桥两个芯片。芯片所谓的南桥和北桥，是根据这两个电路芯片在主板所处的位置而约定俗成的称谓，将主板的背板端口向上放置，从地图方位的角度看，靠近 CPU、内存、布局位置偏上的芯片称为"北桥"；靠近总线、接口、布局位置偏下的芯片称为"南桥"。主板芯片组的主要厂商有 Intel（英特尔）、SIS（矽统）、VIA（威盛）公司、AMD 和 ALI（扬智）等数十家，支持不同的 CPU，有不同的产品。

- 北桥芯片组

北桥芯片的作用是用来控制内存、CPU 和显示卡，一块主板的科技含量、技术指标、性能，关键都在这块芯片中，可以说北桥芯片组是主板的灵魂。

- 南桥芯片组

南桥芯片的作用与北桥是不同的，南桥常常控制硬盘、PCI 总线及设备、USB 接口、AMR（Audio/Modem Riser，音频/Modem 扩展卡）接口和 CNR（Communication and Network Riser，通信与网络扩展卡）、提供 DMA66 的支持，提供温度监控和能源控制等功能。

AMR 和 CNR 通常在 AGP 插槽旁边或者在主板的最右侧。

（2）内存芯片。主板上还有一类用于构成系统内部存储器的集成电路，统称为内存芯片，主要是 ROM BIOS 芯片和 CMOS RAM 芯片。

- ROM BIOS 芯片

ROM BIOS 芯片的作用非常大，该芯片中保存的指令是控制主板最基本的指令，包括各种设备的初始化、控制、启动等，可谓一发牵千军。令人畏惧的 CIH 病毒就是破坏 BIOS 中的数据，而使得主板无法进行任何工作。

同时，如果用户使用了新的硬件设备，更新 BIOS 的内容，也就是将这个芯片中的指令集更新，就可以支持新添置的设备了。

BIOS 芯片常见的品牌有 WINBOND、SST、ATMEL、Intel 等，但经常表面会粘有一片贴纸，上面常有 AWARD 的字样，这是因为 AWARD 是世界上最知名的 BIOS 指令编制公司，还有两家是 PHOENIX（已和 AWARD 合并）和 AMI。

- CMOS RAM 芯片

CMOS RAM 芯片（CMOS 是一种制作工艺名称）用于存储不允许丢失的系统 BIOS 硬件配置信息，如软盘驱动器类型、硬盘驱动器类型、显示模式、内存大小和系统工作状态参数等。主板上安装有一块钮扣锂电池来保证 CMOS RAM 芯片的供电。

（3）CPU 接口和内存插槽。主板上的 CPU 插槽是一个方形的插座，不同型号的主板，其 CPU 接口的规格不同，接入的 CPU 类型也不同。从连接方式的角度来看，有对应于 CPU 的 PGA（针栅阵列）和 LGA（栅格阵列）封装方式的两种主流接口类型。主要有用来插 Intel 奔腾和赛扬芯片的 SOCKET 370 插槽和用来插 AMD 雷鸟和毒龙的 SOCKET462 插槽。不同的插座是不能混用的。

采用 PGA 方式封装的 CPU，对外电路的连接由几百个针脚组成，对应的 CPU 接口由对应数目的插孔组成；采用 LGA 方式封装的 CPU，取消了针脚，取代为一个个排列整齐的金属圆形触点，对应的 CPU 接口由对应数目的具有弹性的触须组成。

目前主流的内存插槽是 DIMM（Dual Inline Memory Module，双列直插存储器模块）插槽（台式 PC），采用 DDR3 技术，有两列 240 个电路连接点，也叫 240 线插槽。

（4）IDE 设备及软驱接口。IDE（Integrated Device Electronics，本意是指把控制器与盘体集成在一起的硬盘驱动器）接口，也叫 ATA（Advanced Technology Attachment，高级技术附加装置）接口，用于将硬盘和光盘驱动器接入系统，采用并行数据传输方式，IDE 连接器有 40 根针。

目前诞生了许多 IDE 优化的传输模式，例如 DMA33、DMA66 和 DMA100 等，这些都提高了 IDE 的传输能力，像 DMA66 和 DMA100 需要连接 80 线的连接线，但 IDE 插槽仍然是 40 针的，因为 DMA 线中有 40 条只是地线而已，所以不要误认为会有 80 针的 IDE 连接插槽。

目前性能更好、连接更方便的 SATA（Serial ATA，串行 ATA）接口有逐步取代 IDE 接口的趋势。软驱接口一般也称为 Floppy 接口或 FDD 接口，用于将软盘驱动器接入系统，但软驱的作用如今越来越少了。

（5）I/O 扩展插槽。微机硬件系统是一个由复杂的电子元器件构成的组合设备，由于技术发展迅速、器件工艺造价等多方面因素的制约，多数的元器件无法与 CPU 以同样的时钟频率工作，从而形成"瓶颈"现象。在实际的微机系统结构中，为了兼顾不同部件的特点，充分提高整机性能，采用了多种类型的总线。从连接范围、传输速度以及作用的对象，总线可分为以下几种。

1）片内总线是 CPU 内部各功能单元（部件）的连线，延伸到 CPU 外，又称 CPU 总线。

2）前端总线（Front Side Bus，FSB）是 CPU 连接到北桥芯片的总线。

3）系统总线主要指南桥芯片与 I/O 扩展插槽之间的连线。

随着技术的不断改进，主要有下列几个总线标准。

● 工业标准体系（Industry Standard Architecture，ISA）总线，主板上对应的 I/O 插槽，称为 ISA 插槽，目前大部分芯片组已经将 ISA 插槽取消了。

● 外围部件互联（Peripheral Component Interconnect，PCI）总线，主板上对应的 I/O 插槽，称为 PCI 插槽，是目前微机主要的设备扩展接口之一，用于连接多种适配卡，如连接声卡、网卡、电视卡。因为目前的 PCI 接口卡很多，所以主板上数目最多的就是 PCI 插槽了，一般是 2～6 个。

● 加速图像接口（Accelerated Graphics Port，AGP），简称 AGP 插槽，是一种全新的图型处理器接口界面，它摆脱了原有的所有接口都需要附加在 PCI 总线上的设计。AGP 总线是一种直接与 CPU 沟通的总线，摆脱了 PCI 的束缚，AGP 的速度也很高，目前 AGP8×接口总线的传输速率可达到每秒 2.1GB 以上，对于处理大数据量的 3D 图像传输是最有利的。因为 AGP 目前只是一种专用的图像接口，所以只有 AGP 结构的显示卡，没有其他的 AGP 接口设备。AGP 接口的发展经历了 AGP1×、AGP2×、AGP Pro，AGP4×、AGP8×等阶段。AGP1×总线数据宽度为 32 位，工作频率为 33MHz，利用时钟的上升沿和下降沿同时传输数据，数据传输率可达 264MB/s。

● 调整外围部件互联（PCI Express，PCI-E）总线，是新一代的系统总线，采用串行传输方式，具有更高的速度。每个设备可以建立独立的数据传输通道，实现点对点的数据传输。目前主板上的 PCI-E 插槽专门用于连接显示适配卡。

（6）端口。端口（Port）是系统单元和外部设备的连接槽。部分端口专门用于连接特定的设备，如连接鼠标、键盘的 PS/2 端口。多数端口则具有通用性，它们可以连接多种外设。

1）串行口（Serial Port，简称串口）。主要用于将鼠标、键盘、调制解调器等设备连接到系统单元。串行口以比特串的方式传输数据，适用于距离相对较长的信息传输。常用串口为 9 根针接口，串口最常连接外置的 Modem 或手写板等。

2）并行口（Parallel Port，简称并口）。用于连接需要在较短距离内高速收发信息的外部设备。在一个多导线的电缆上以字节为单位同时进行传输。并口常用来连接打印机，并口为 25 根针接口。

3）通用串行总线接口（Universal Serial Bus，USB）。是串口和并口的最新替代技术。USB 接口能同时将多个设备连接到系统单元，这种接口除了速度快、兼容性好、可连接多个设备、可提供 5V 电源等优点以外，最大的优点是可以在计算机工作的时候插上或拔下，即支持热插拔技术，所以十分方便，为此越来越多的设备都开始使用 USB 接口来连接。例如摄像头、数码相机、MP3 播放器、扫描仪、打印机等都使用 USB 接口来连接。USB1.1 标准的传输速率为 12Mb/s，USB2.0 标准的传输速率为 480Mb/s。

4）IEEE1394 接口：又称为"火线"接口（Firewire），是一种新的连接技术。目前主要用于连接高速移动存储设备和数码摄像机等。最高传输速率是 400Mb/s。

5）PS/2 接口：PS/2 接口仅能用于连接键盘和鼠标，PS/2 接口最大的好处就是不占用串口资源。一般情况下，主板都配有两个 PS/2 接口，上为鼠标接口，下为键盘接口，鼠标的接口为绿色，键盘的接口为紫色。PS/2 接口使用 6 脚母插座，1 脚为键盘/鼠标信号，3 脚为地线，4 脚为+5V 电源，5 脚为键盘/鼠标时钟信号，2 脚和 6 脚空。

2. CPU

CPU 是计算机系统中必备的核心部件，在微机系统中特指微处理器芯片。目前主流 CPU 一般是由 Intel 和 AMD 两个厂家生产的，在设计技术、工艺标准和参数指标上存在差异，但都能满足微机的运行需求。

通常把具有多个 CPU 能同时执行程序的计算机系统称为多处理机系统。依靠多个 CPU 同时并行地运行程序是实现超高速计算的一个重要方向，称为并行处理。

CPU 品质的高低，直接决定了一个计算机系统的档次。反映 CPU 品质的最重要指标是主频和数据传送位数。主频说明了 CPU 的工作速度，主频越高，CPU 的运算速度越快。现在常用的 CPU 主频有 1.5GHz、2.0GHz、2.4GHz 等。CPU 传送数据的位数是指计算机在同一时间能同时并行传送的二进制信息位数。人们常说的 16 位机、32 位机和 64 位机，是指该计算机中的 CPU 可以同时处理 16 位、32 位和 64 位的二进制数据。286 机是 16 位机，386 机是 32 位机，486 机是 32 位机，Pentium 机是 64 位机。随着型号的不断更新，微机的性能也不断提高。CPU 的外观如图 2-7 所示。

AMDAthlon 64 和 Intel Pentium 4

Intel Core2 和第四代 Core 处理器 Haswell

图 2-7　各种 CPU

为缓解微机系统的"瓶颈"问题，在 CPU 与内存之间的设计增加了临时存储器单元，称为高速缓存（Cache Memory），它的容量比内存小但交换速度快。高速缓存分为一级缓存（L1 Cache）和二级缓存（L2 Cache）两部分，L1 Cache 集成在 CPU 内部，早期的 L2 Cache 制作在主板上，从 Pentium Ⅱ 处理器问世起，L2 Cache 也集成在 CPU 内部了。

目前，Intel 和 AMD 两个生产厂家推出的 CPU 系列均有高端和低端两大类产品，主要区别就在于 L2 Cache 的容量，一般同主频的低端产品的 L2 Cache 容量仅为高端产品的一半或更低，价格也因此大大降低。

自 1971 年微处理器诞生以来，人们习惯以 CPU 主频的不断提升来更新速度和技术性能。但近年来，CPU 主频的继续提升受到技术条件的制约，因此，人们积极发展新的技术来提升 CPU 的处理速度，改善微机整机性能。

目前的前沿技术主要有：超线程技术（Hyper-Threading Technology，HT）、64 位技术、双核技术、Execution Protection 防病毒技术等。

3. 存储器

存储器（Memory）是计算机的重要组成部件，使计算机系统具有极强的"记忆"能力，能够把大量计算机程序和数据存储起来。有了它，计算机才能"记住"信息，并按程序的规定自动运行。

存储器按功能可分为主存储器（简称主存）和辅助存储器（简称辅存）。主存是相对存取速度快而容量小的一类存储器，辅存则是相对存取速度慢而容量很大的一类存储器。

主存储器也称为内存储器（简称内存），内存直接与 CPU 相连接，是计算机中主要的工作存储器，当前运行的程序与数据存放在内存中。

辅助存储器也称为外存储器（简称外存），计算机执行程序和加工处理数据时，外存中的信息按信息块或信息组先送入内存后才能使用，即计算机通过外存与内存不断交换数据的方式使用外存中的信息。

一个存储器中所包含的字节数称为该存储器的容量，简称存储容量。存储容量通常用 KB、MB 或 GB 表示，其中 B 是字节（Byte）。

随着 CPU 速度的不断提高和软件规模的不断扩大，人们希望存储器能同时满足速度快、容量大、价格低的要求。但实际上这一点很难办到，解决这一问题的较好方法是，设计一个快慢搭配、具有层次结构的存储系统。图 2-8 显示了新型微机系统中的存储器组织。它呈现金字塔形结构，越往上存储器件的速度越快，CPU 的访问频度越高；同时，每位存储容量的价格也越高，系统的拥有量越小。从图中可以看到，CPU 中的寄存器位于该塔的顶端，有最快的存取速度，但数量极为有限；向下依次是 CPU 内的 Cache（高速缓冲存储器）、主板上的 Cache（由 SRAM 组成）、主存储器（由 DRAM 组成）、辅助存储器（半导体盘、磁盘）和大容量辅助存储器（光盘、磁带）；位于塔底的存储设备，其容量最大，每位存储容量的价格最低，但速度可能也是较慢或最慢的。

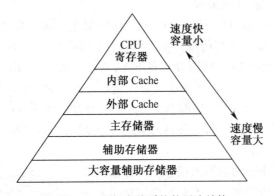

图 2-8　微机存储系统的层次结构

现代微型计算机中的内部存储器，一般使用半导体存储器；而外存储器主要采用软磁盘、硬磁盘、光盘等。

（1）内部存储器。由于半导体存储器具有存取速度快、集成度高、体积小、功耗低、应用方便等优点，已被广泛地用作微型计算机的内存储器，其种类很多。

1）按制造工艺分类。可以分为双极型和金属氧化物半导体型两类。

- 双极型

双极（Bipolar）型由 TTL（Transistor-Transistor Logic）晶体管逻辑电路构成。该类存储器件的工作速度快，与 CPU 处在同一量级，但集成度低、功耗大、价格偏高，在微机系统中常用作高速缓冲存储器（Cache）。

- 金属氧化物半导体型

金属氧化物半导体（Metal-Oxide-Semiconductor）型简称 MOS 型，有多种制作工艺，如 NMOS、HMOS、CMOS、CHMOS 等。可用来制作多种半导体存储器件，如静态 RAM、动态 RAM、EPROM 等。该类存储器的集成度高、功耗低、价格便宜，但速度较双极型器件慢。微机的内存主要由 MOS 型半导体构成。

2）按存取方式分类。可以分为随机存取存储器（Random Access Memory，RAM）和只读存储器（Read Only Memory，ROM）两大类。

- 随机存取存储器（RAM）

RAM 也称读/写存储器，即 CPU 在运行过程中能随时进行数据的读出和写入。RAM 中存放的信息在关闭电源时会全部丢失，所以，RAM 是易失性存储器，只能用来存放暂时性的输入/输出数据、中间运算结果和用户程序，也常用它来与外存交换信息。通常人们所说的微机内存容量就是指 RAM 存储器的容量，如图 2-9 所示。

按照 RAM 存储器存储信息电路原理的不同，可分为静态 RAM 和动态 RAM 两种。

图 2-9　随机存取存储器实物

静态 RAM（Static RAM），简称 SRAM。SRAM 的基本存储电路一般由 MOS 晶体管触发器组成，每个触发器可存放一位二进制的 0 或 1。只要不断电，所存信息就不会丢失。因此，SRAM 工作速度快、稳定可靠，不需要外加刷新电路，使用方便。但它的基本存储电路所需的晶体管多（最多的需要 6 个），因而集成度不易做得很高，功耗也较大。一般 SRAM 常用作微型系统的高速缓冲存储器（Cache）。

动态 RAM（Dynamic RAM），简称 DRAM。DRAM 的基本存储电路是以 MOS 晶体管的栅极和衬底间的电容来存储二进制信息。由于电容总会存在泄漏现象，时间长了 DRAM 内存储的信息会自动消失。为维持 DRAM 所存信息不变，需要定时地对 DRAM 进行刷新（Refresh），即对电容补充电荷。因此，DRAM 的集成度可以做得很高，成本低、功耗少，但需外加刷新电路。DRAM 的工作速度比 SRAM 慢得多，一般微机系统中的内存储器多采用 DRAM。

目前 RAM 主要采用 DDR3（Double Data Rate SDRAM，双倍速率 SDRAM）技术标准。

- 只读存储器（ROM）

ROM 是只能读出而不能随意写入信息的存储器，如图 2-10 所示。ROM 中的内容是由厂家制造时用特殊方法写入的，或者要利用特殊的写入器才能写入。当计算机断电后，ROM 中的信息不会丢失。当计算机重新被加电后，其中的信息保持原来的不变，仍可被读出。ROM 适宜存放计算机启动的引导程序、启动后的检测程序、系统最基本的输入输出程序、时钟控制程序以及计算机的系统配置和磁盘参数等重要信息。

图 2-10　只读存储器芯片

按照构成 ROM 的集成电路内部结构的不同，ROM 可分为以下几种。

掩膜 ROM。利用掩膜工艺制造，由存储器生产厂家根据用户要求进行编程，一旦制作完成就不能更改其内容。因此，只适合于存储成熟的固定程序和数据，大批量生产时成本较低。

PROM 即可编程 ROM（Programmable ROM）。该存储器在出厂时器件中没有任何信息，是空白存储器，由用户根据需要，利用特殊的方法写入程序和数据。但只能写入一次，写入后不能更改。它类似于掩膜 ROM，适合于小批量生产。

EPROM 即可擦除可编程 ROM（Erasable PROM）。该存储器允许用户按照规定的方法和设备进行多次编程，如果编程之后需要修改，用紫外线灯制作的抹除器照射约 20 分钟，即可使存储器全部复原，用户可以再次写入新的内容。这对于工程研制和开发特别方便，应用比较广泛。

EEPROM 即电可擦除可编程 ROM（Electrically Erasable PROM，E^2PROM）。该存储器的特点是：以字节为单位进行擦除和改写；不需要把芯片从用户系统中取下来用编程器编程，在用户系统中即可进行改写。随着技术的发展，E^2PROM 的擦写速度不断加快，容量不断提高，将可作为非易失性的 RAM 使用。

图 2-11 为微型计算机中半导体存储器的分类。

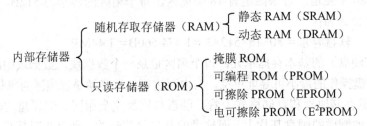

图 2-11　内部存储器的分类

（2）外存储器。微机常用的外存是软磁盘（简称软盘）、硬磁盘（简称硬盘）和光盘，下面介绍常用的几种外存。

1）软盘。目前计算机常用的软盘按尺寸划分有 5.25 英寸盘（简称 5 寸盘）和 3.5 英寸盘（简称 3 寸盘），如图 2-12 所示。

 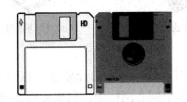 

（a）5 寸软盘　　　　（b）3.5 寸软盘正面与反面　　　　（c）软盘驱动器

图 2-12　软盘与软盘驱动器

软盘记录信息的格式是：将盘片分成许多同心圆，称为磁道，磁道由外向内顺序编号，信息记录在磁道上。另外，从同心圆放射出来的若干条线将每条磁道分割成若干个扇区，顺序编号。这样，就可以通过磁道号和扇区号查找到信息在软盘上存储的位置。一个完整的软盘存储系统由软盘、软盘驱动器和软驱适配卡组成。软盘只能存储数据，如果要对它进行读出或写入数据的操作，还必需有软盘驱动器。

信息在磁盘上是按磁道和扇区的形式来存放的。磁道即磁盘上的一组同心圆的环形信息记录区，它们由外向内编号，一般为 0～79 道。每条磁道被划成相等的区域，称为扇区，如图 2-13 所示。

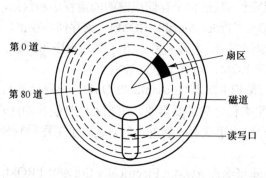

第0道
第80道
扇区
磁道
读写口

图 2-13　软盘存储格式

一般每条磁道有 9 个扇区、15 个扇区或 18 个扇区。每个扇区的容量为 512B，因此一个软盘的存储容量可由下面的公式算出：

软盘总容量＝磁道数×扇区数×扇区字节数(512B)×磁盘面数(2)

3.5 英寸软盘有 80 个磁道，每条磁道有 18 个扇区，每个扇区的容量为 512B，共有两面，则其存储容量的计算公式为：

软盘容量＝80×18×512×2＝1 474 560B＝1.44MB

扇区是软盘（或硬盘）的基本存储单元，每个扇区记录一个数据块，数据块中的数据按顺序存取。扇区也是磁盘操作的最小可寻址单位，与内存进行信息交换是以扇区为单位进行的。

2）硬盘。从数据存储原理和存储格式上看，硬盘与软盘完全相同。但硬盘的磁性材料是涂在金属、陶瓷或玻璃制成的硬盘基片上，而软盘的基片是塑料的。硬盘相对软盘来说，存储空间比较大，现在的硬盘容量已在 1000GB 以上，如图 2-14 所示。

（a）普通硬盘　　　　（b）普通硬盘　　　　（c）移动硬盘　　　　（d）移动硬盘

图 2-14　硬盘

硬盘大多由多个盘片组成，此时，除了每个盘片要分为若干个磁道和扇区以外，多个盘片表面的相应磁道将在空间上形成多个同心圆柱面，结构如图 2-15 所示。

通常情况下，硬盘安装在计算机的主机箱中，但现在常用的移动硬盘通过 USB 接口和计算机连接，方便用户携带大容量的数据。

3）固态硬盘（Solid State Disk 或 Solid State Drive，简称 SSD），也称作电子硬盘或者固态电子盘，如图 2-16 所示。是由控制单元和固态存储单元（DRAM 或 FLASH 芯片）组成的硬盘。固态硬盘的存储介质分为两种，一种是采用闪存（FLASH 芯片）作为存储介质，另一种是采用 DRAM 作为存储介质，目前绝大多数固态硬盘采用的是闪存介质。存储单元负责存储数据，控制单元负责读取、写入数据。由于固态硬盘没有普通硬盘的机械结构，也不存在机械硬盘的寻道问题，因此系统能够在低于 1ms 的时间内对任意位置存储单元完成输入/输出操作。

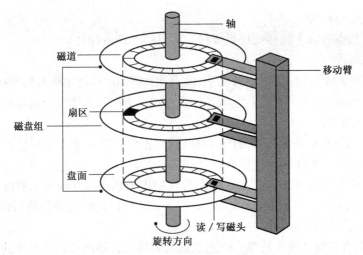

图 2-15　硬盘结构示意图

图 2-16　固态硬盘

固态硬盘相比机械硬盘，具有以下优点：

● 存取速度快

固态硬盘没有磁头，采用快速随机读取，延迟极小，无论是启动系统还是运行大型软件，固态硬盘的速度相比主流的机械硬盘有了质的飞跃。

● 防震抗摔

固态硬盘内部不存在任何机械活动部件，不会发生机械故障，也不怕碰撞、冲击、振动。这样即使在高速移动甚至伴随翻转倾斜的情况下也不会影响到正常使用，而且在笔记本电脑发生意外掉落或与硬物碰撞时能够将数据丢失的可能性降到最小。

● 发热低、零噪音

由于没有机械马达，闪存芯片发热量小，工作时噪音值为 0 分贝。

● 体积小

相比传统的机械硬盘，固态硬盘体积更小、重量更轻，更方便携带。

固态硬盘缺点如下：

● 成本高、容量小

相比机械硬盘，一般的固态硬盘容量小得多，目前容量较大的固态硬盘也只有 128GB。价钱方面也较昂贵，目前一个固态硬盘的价钱大约是机械硬盘的 3～5 倍。

- 写入速度相对慢

固态硬盘在数据写入上比传统硬盘要慢，而且容易产生碎片。

- 寿命相对短

一般闪存的固态硬盘写入寿命为 1 万到 10 万次，特制的可达 100 万到 500 万次，虽然这对 U 盘或其他数码产品来说不算什么，但固态硬盘在系统上的写入速度会很容易超过这个数量。

- 可靠性相对低

固态硬盘数据损坏后是难以修复的，目前的数据修复技术基本不可能在损坏的芯片中恢复数据，而机械硬盘还能挽回一些数据。

随着用户对固态硬盘需求的扩大，闪存芯片制作工艺的提升与技术的成熟，价格会降下来，写入速度会有改善，寿命也会大大增加。在未来一段时间固态硬盘将与机械硬盘共存，但最终固态硬盘会取代机械硬盘的。

4）光盘。随着多媒体技术的推广，光盘以其容量大、寿命长、成本低的特点，很快受到人们的欢迎，普及相当迅速。与磁盘相比，光盘是通过光盘驱动器中的光学头用激光束来读写的。用于计算机系统的光盘主要有：只读光盘（CD-ROM）、一次写入光盘 CD-R（CD-Recorder 或 CD-Recordable）、可擦写光盘 CD-RW（CD-ReWritable）和 DVD 光盘。

光盘与光盘驱动器如图 2-17 所示。

图 2-17　光盘与光盘驱动器

光驱依靠激光的投射与反射原理来实现数据的存储与读取。光驱的主要技术指标是倍速。光驱信息读取的速率标准是 150KB/s，光驱的读写速率=速率×速率倍速系数，如 40 倍速光驱，是指光驱的读取速率为 150KB/s×40=6000KB/s。目前常用的光驱倍速是 8 倍速、16 倍速、24 倍速、40 倍速、48 倍速、52 倍速。

刻录机用光盘可分为 CD-R 光盘和 CD-RW 光盘两种。CD-R 只能一次写入资料，CD-R 刻录机的读取速度一般为 40 倍速、48 倍速、52 倍速或更高，而写入速度通常为 16 倍速或 40 倍速；CD-RW 盘片可以反复多次刻录资料，但擦写次数一般都是有限的。

DVD 技术在标准确认之初的全名为 Digital Video Disc，因 DVD 的涵盖规模已超过当初设定的视频播映的范围，因此后来又有人提出了新的名称：Digital Versatile Disc，意即用途广泛的数字化存储光盘媒体，可译为"数字多功能光盘"或"数字多用途光盘"。它集计算机技术、光学记录技术和影视技术等为一体，其目的是满足人们对大存储容量、高性能存储媒体的需求。DVD 光盘不仅已在音/视频领域内得到了广泛应用，而且将会带动出版、广播、通信、WWW 等行业的发展。

数据传输速率 11.08Mb/s，使用 DVD-5 技术标准的光盘容量为 4.7GB（单层单面），DVD-18 光盘（双面双层光碟），最大容量为 17G，而 CD/VCD 只有 650MB。

5）新型存储器。目前还出现了新型的可编程的只读存储器——闪速存储器（Flash Memory，简称 U 盘），以及在 RAM 基础上发展起来的按内容寻址的存储器 CAM 及专用于显示器的

Video-RAM——一种用铁电薄膜及金属－氧化物－半导体器件结合起来的新型铁电随机存取存储器（FRAM）等。

　　U 盘也称为优盘或闪盘，存储量从 8MB 到几百 MB 或 GB 级以上，通过微机的 USB 接口连接，可以热带电插拔。因其具有操作简单、携带方便、容量大、用途广泛的优点，正在成为最便携的存储器件。U 盘外观如图 2-18 所示。

图 2-18　U 盘

　　4．显示器与显示卡

　　（1）显示器。显示器又称监视器（Monitor），是计算机系统最常用的输出设备，它的类型很多，根据显像管的不同可分为三种类型：阴极射线管（CRT）、发光二极管（LED）和液晶（LCD）显示器。显示器的外观如图 2-19 所示。

图 2-19　液晶（LCD）和阴极射线管（CRT）显示器

　　衡量显示器好坏主要有两个重要指标：一个是分辨率；另一个是像素点距。在以前，还有一个重要指标是显示器的颜色数。

　　● 点距

　　点距是相邻像素中两个颜色相同的磷光体间的距离。点距越小，显示出来的图像越细腻。目前，大多数显示器至少都采用了 0.22～0.39mm 的点距。对于 LCD 显示器，点距是在 0.255～0.294mm 之间。

　　● 分辨率

　　分辨率就是屏幕图像的密度，我们可以把它想象成是一个大型的棋盘，而分辨率的表示方式就是每一条水平线上面点的数目乘上水平线的数目。以 640×480 的分辨率来说，即每一条线上包含有 640 个像素点且共有 480 条线，也就是说扫描列数为 640 列，行数为 480 行。分辨率越高，屏幕上所能呈现的图像也就越精细。

　　（2）显示适配卡。显示适配卡简称显示卡或显卡，是微机与显示器之间的一种接口卡。显卡主要用于图形数据处理传输数据给显示器并控制显示器的数据组织方式。显卡的性能决定显示器的成像速度和效果。

　　如图 2-20 所示是一款某型号显示卡的外观。

图 2-20 显示卡实物

目前主流的显卡是具有 2D、3D 图形处理功能的 AGP 接口或 PCI-E 接口的显卡，由图形加速芯片（Graphics Processing Unit，图形处理单元，简称 GPU）、随机存取存储器（显存或显示卡内存）、数据转换器、时钟合成器以及基本输入/输出系统等五大部分组成。

显示内存（简称显存）是待处理的图形数据和处理后的图形信息的暂存空间，显存容量有 512MB、1～8GB 等。

5. 声频卡与音响接口声卡

声卡（Sound Card 或 Audio Frequency Interface）也叫音频卡。它是计算机进行声音处理的适配器，即把电脑的数字信号转换成我们能听到的模拟信号用的。音响主要用于声音的输出，让用户可以听到美妙动听的声音效果。声卡和音响的外观如图 2-21 所示。

图 2-21 声卡与音响

声卡有三个基本功能：一是音乐合成发音功能；二是混音器（Mixer）功能和数字声音效果处理器（DSP）功能；三是模拟声音信号的输入和输出功能。声卡处理的声音信息在计算机中以文件的形式存储。声卡工作应有相应的软件支持，包括驱动程序、混频程序（Mixer）和 CD 播放程序等。

6. 键盘与鼠标

计算机中常用的输入设备是键盘和鼠标，键盘和鼠标的外观如图 2-22 所示。

图 2-22 鼠标和键盘

（1）键盘。键盘通常有 101 键键盘和 104 键键盘两种，目前较常用的是 104 键键盘。键盘通过一根六芯电缆连接到主机的键盘插座内，其内部有专门的微处理器和控制电路，当操作者按下任意键时，键盘内部的控制电路产生一个代表这个键的二进制代码，然后将此代码送入主机内部，操作系统就知道用户按下了哪个键。

（2）鼠标。鼠标是一种流行的输入设备，它可以方便准确地移动光标进行定位，因其外形酷似老鼠而得名。

从系统内部来讲，鼠标有两种类型：PS/2 型鼠标和串行鼠标。串行鼠标利用串行口，在电脑上为 COM1 或 COM2。PS/2 型鼠标使用一个 6 芯的圆形接口，它需要主板提供一个 PS/2 的端口。

PS/2 型鼠标和串行鼠标的接口示意图，如图 2-23 所示。

PS/2 型鼠标接口

串行鼠标接口

图 2-23　PS/2 型鼠标和串行鼠标接口

从鼠标的构造来讲，有机械式和光电式两种。

- 机械式鼠标。其底部有一个橡胶小球，当鼠标在水平面上滚动时，小球与平面发生相对移动从而控制光标移动。
- 光电式鼠标。其对光标进行控制的是鼠标底部的两个平行光源，当鼠标在特殊的光电板上移动时，光源发出的光经反射后转化为移动信号，控制光标移动。

机械式鼠标和光电式鼠标的内部结构如图 2-24 所示。

图 2-24　机械式鼠标和光电式鼠标的内部结构

常用的有双键和三键鼠标，还有在双键鼠标的两键中间设置了一个或两个（水平、垂直）滚轮的鼠标，滑动滚轮为快速浏览屏幕窗口信息提供了方便。

如果鼠标没有接口连线，则称该类鼠标为无线鼠标。

7．打印机

打印机也是计算机系统中常用的输出设备，可以分为撞针式（击打式）和非撞针式（非击打式）两种。

目前我们常用的打印机有点阵打印机、喷墨打印机和激光打印机三种。

（1）点阵打印机。又称为针式打印机，有 9 针、12 针和 24 针三种。针数越多，针距越密，打印出来的字就越美观。目前针式打印机主要应用于银行、税务、商店等票据打印。

（2）喷墨打印机。它是通过喷墨管将墨水喷射到普通打印纸上而实现字符或图形的输出，主要优点是：打印精度较高、噪声低、价格便宜；缺点是：打印速度慢，由于墨水消耗量大，使日常维护费用较高。

（3）激光打印机。激光打印机由于具有精度高、打印速度快、噪声低等优点，已越来越成为办公自动化的主流产品。激光打印机的一个重要指标就是 DPI（每英寸点数），即分辨率。分辨率越高，打印机的输出质量就越好。

常见的打印机如图 2-25 所示。

图 2-25 24 针打印机、喷墨打印机和激光打印机

8. 机箱

机箱是计算机的外壳，从外观上可分为卧式和立式两种。机箱一般包括外壳、用于固定软硬驱动器的支架、面板上必要的开关、指示灯和显示数码管等。配套的机箱内还有电源。

通常在主机箱的正面都有电源开关 Power 和 Reset 按钮，Reset 按钮用来重新启动计算机系统（有些机器没有 Reset 按钮）。在主机箱的正面都有一个或两个软盘驱动器的插口，用以安装软盘驱动器。此外，通常还有一个光盘驱动器插口。

在主机箱的背面配有电源插座，用来给主机及其他的外部设备提供电源。一般的 PC 都有一个并行接口和两个串行接口，并行接口用于连接打印机，串行接口用于连接鼠标、数字化仪器等串行设备。另外，通常 PC 还配有一排扩展卡插口，用来连接其他的外部设备。机箱外观与内部结构如图 2-26 所示。

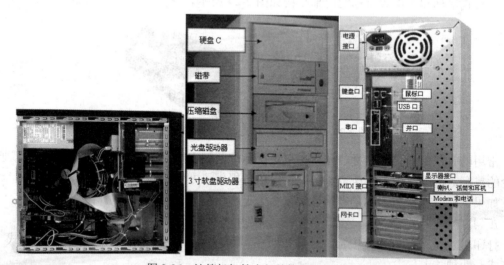

图 2-26 计算机机箱内部结构与前后面板

2.3.3 微型计算机的软件配置

应用较普遍的微机通用类的软件版本不断更新，功能不断完善，交互界面更加友好，同时也要求具有较苛刻的硬件环境；为适应不同的需要或更好地解决某些应用问题，新软件也层出不穷。一台微机应该配备哪些软件，应根据实际需要来确定。

对于一般微机用户来讲，有如下软件可供参考。

1. 操作系统

操作系统是微机必需配置的软件。目前用户使用微软公司的 Windows XP 和 Windows 7 等操作系统是比较普遍的，且有利于整机性能的充分发挥。

2. 工具软件

配置必要的工具软件有利于系统管理、保障系统安全、方便传输交互。

反病毒软件用以减少计算机病毒对资源的破坏，保障系统正常运行。常用的有瑞星、金山毒霸、卡巴斯基等。

压缩工具软件用以对大量的数据资源存储或备份，便于交换传输，缓解资源空间危机，有利于数据安全。常用的有 ZIP、WinRAR、Ghost 等。

网络应用软件用于网络信息浏览、资源交流、实时通信等。常用的有 Firefox（浏览器）、FlashGet（下载软件）、FlashFXP（下载与文件上传）、QQ（实时通信软件）、Foxmail（邮件处理软件）等。

相对而言，办公软件是应用最广泛的工具软件，可提供文字编辑、数据管理、多媒体编辑演示、工程制图、网络应用等多项功能。常用的有微软 Office 2010 系列、Office 2013 系列、金山 WPS 2013 系列和永中 Office 2013 系列等。

程序开发软件主要是指计算机程序设计语言，用于开发各种程序，目前较常用的有 VB、C/C++、C#、Java 等。

目前，商品化的数据库管理系统以关系型数据库为主导产品，技术比较成熟。面向对象的数据库管理系统虽然技术先进，数据库易于开发、维护，但尚未有成熟的产品。常用的关系型数据库管理系统有 MySQL、SQL Server、Oracle、Sybase、Informix（现已被 IBM 收购）。这些产品都支持多平台，如 UNIX、Linux、VMS、Windows，但支持的程度不一样。其中 MySQL 是一个完全免费的数据库系统，其功能也具备了标准数据库的功能，因此，在独立制作时，建议使用。IBM 的 DB2 也是成熟的关系型数据库。但是，DB2 是内嵌于 IBM 的 AS/400 系列机中，只支持 OS/400 操作系统。除此之外，还有微软的 Access 数据库、FoxPro 数据库等。

多媒体编辑软件。主要用于音频、图像、动画、视频的创作和加工。常用的有 Cool Edit Pro（现名称 Audition 的音频处理软件）、Photoshop（图像处理软件）、Flash（动画处理软件）、Premiere（视频处理软件）以及 Authorware 或 Director（多媒体制作工具）等。

工程设计软件。主要用于机械设计、建筑设计、电路设计等多行业的设计工作，常用的有 AutoCAD、Protel 和 Visio 等。

教育与娱乐软件。教育软件主要是指用于各方面教学的多媒体应用软件，如"轻松学电脑"系列。娱乐软件主要是指用于图片、音频、视频播放的软件，以及电脑游戏等。如 ACDSee（图片浏览软件）、RealPlayer（在线播放软件）、魔兽争霸（游戏软件）等。

其他专用软件。基于不同工作的需要，还有大量的行业专用软件，如"用友"系列财务软件、"北大方正"印刷出版系统等。

在具体配置微机的软件系统时，操作系统是必需安装的，工具软件、办公软件一般也应安装，对于其他软件，应根据需要选择安装，也可以事先准备好可能需要的安装软件，在使用时即用即装。不建议将尽可能全的软件都安装到同一台微机中，一方面影响整机的运行速度，以 Windows 操作系统平台为例，软件安装得越多，注册表越庞大，资源管理工作量加大，则微机搜索速度下降；另一方面软件间可能发生冲突，如反病毒软件在系统工作时，进行实时监控，不断搜集分析可疑数据和代码，若同时安装两套反病毒软件，将会造成互相侦测、怀疑，如此反复循环，最终导致系统瘫痪，此外，不常用的程序安装在微机中，还将对宝贵的存储空间造成不必要的浪费。

2.4　计算机的主要技术指标及性能评价

计算机是由多个组成部分构成的一个复杂系统，技术指标繁多，涉及面广，评价计算机的性能要结合多种因素，综合分析。

计算机的性能涉及体系结构、软硬件配置、指令系统等多种因素，一般说来主要有下列技术指标。

1. 字长

字长是指计算机运算一次能同时处理的二进制数据的位数。字长越长，作为存储数据，则计算机的运算精度就越高；作为存储指令，则计算机的处理能力就越强。通常，字长总是 8 位的整倍数，如 8 位、16 位、32 位、64 位等。如 Intel 486 机均属于 32 位机。

2. 主频

主频是指微型计算机中 CPU 的时钟频率（CPU Clock Speed），也就是 CPU 运算时的工作频率。一般来说，主频越高，一个时钟周期里完成的指令数也越多，当然 CPU 的速度就越快。由于微处理器发展迅速，微机的主频也在不断提高，"奔腾"处理器的主频目前已达到 1～3GHz。

3. 运算速度

计算机的运算速度通常是指每秒钟所能执行加法的指令数目，常用百万次/秒（MIPS）来表示。这个指标更能直观地反映机器的速度。

4. 存储容量

存储容量是衡量微型计算机中存储能力的一个指标，它包括内存容量和外存容量。这里主要指内存的容量。显然，内存容量越大，机器所能运行的程序就越大，处理能力就越强。尤其是当前多媒体 PC 机的应用多涉及图像信息处理，要求存储容量会越来越大，甚至没有足够大的内存容量就无法运行某些软件。目前微机的内存容量一般为 2GB 以上。

5. 存取周期

内存储器的存取周期也是影响整个计算机系统性能的主要指标之一。简单讲，存取周期就是 CPU 从内存储器中存取数据所需的时间。目前，内存的存取周期在 7～70ns 之间。

6. 外设扩展能力和兼容性

一台微型计算机可配置外部设备的数量以及配置外部设备的类型，对整个系统的性能有重大影响。如显示器的分辨率、多媒体接口功能和打印机型号等，都是外部设备选择时要考虑的问题。

所谓兼容性（Compatibility）是指一个系统的硬件或软件与另一个系统或多种系统的硬件或软件的兼容能力，是指系统间某些方面具有的并存性，即两个系统之间存在一定程度的通用性。兼容的程序可使机器承前启后，便于推广，也可减少工作量。因此这也是用户通常要考虑的特性之一。

7. RASIS 特性

可靠性（Reliability）、可用性（Availability）、可维护性（Serviceability）、完整性（Integrality）

和安全性（Security）统称 RASIS 特性，它们是衡量计算机系统性能的五大功能特性。

可靠性表示计算机系统在规定的工作条件下和预定的工作时间内持续正确运行的概率。可靠性一般用平均无故障时间或平均故障间隔时间（Mean Time Between Failure，MTBF）衡量，MTBF 越大，系统可靠性越高。

可维护性表示系统发生故障后尽可能修复的能力，一般用平均修复时间（Mean Time To Repair，MTTR）表示，MTTR 越小，系统的可维护性越好。

一个运行的系统不可能完全避免故障的发生，但希望修复的时间越短越好，这样可供利用的时间就长，系统可靠性越高，可用性越好。

8．软件配置情况

软件配置情况直接影响微型计算机系统的使用和性能的发挥。通常应配置的软件有操作系统、计算机语言以及工具软件等，另外还可配置数据库管理系统和各种应用软件。

9．性能价格比

性能是指机器的综合性能，包括硬件、软件的各种性能。价格不但指主机，也包括整个系统的价格。显然，性能价格比值越大越好，它是客户对经济效益的选择依据之一。

习题 2

一、单选题

1．计算机的硬件系统包括（　　）。
　A．内存和外设　　B．显示器和主机　C．主机和打印机　　D．主机和外部设备
2．计算机内部之间的各种算术运算和逻辑运算的功能，主要是通过（　　）来实现的。
　A．CPU　　　　　B．主板　　　　　C．内存　　　　　D．显卡
3．下面不属于外存储器的是（　　）。
　A．硬盘　　　　　B．软盘　　　　　C．光盘　　　　　D．内存条
4．为了让人眼不易察觉显示器刷新频率带来的闪烁感，因此最好能将你的显卡刷新频率调到（　　）Hz 以上。
　A．60　　　　　　B．75　　　　　　C．85　　　　　　D．100
5．（　　）是将各种图像或文字输入计算机的外部设备。
　A．打印机　　　　B．扫描仪　　　　C．数码相机　　　D．刻录机
6．在下面关于计算机系统硬件的说法中，不正确的是（　　）。
　A．CPU 主要由运算器、控制器和寄存器组成
　B．当关闭计算机电源后，RAM 中的程序和数据就消失了
　C．软盘和硬盘上的数据均可由 CPU 直接存取
　D．软盘和硬盘驱动器既属于输入设备，又属于输出设备
7．计算机工作的本质是（　　）。
　A．取指令、运行指令　　　　　　B．执行程序的过程
　C．进行数的运算　　　　　　　　D．存、取数据
8．AGP 总线主要用于（　　）与系统的通信。
　A．硬盘驱动器　　B．声卡　　　　　C．图形/视频卡　　D．以上都可以

9. 硬盘驱动器是计算机中的一种外存储器，它的重要作用是（　　　）。

　　A．保存处理器将要处理的数据或处理的结果

　　B．保存用户需要保存的程序和数据

　　C．提供快速的数据访问方法

　　D．使保存其中的数据不因断电而丢失

10. 光盘驱动器的速度，常用多少倍速来衡量，如 40 倍速的光驱表示成 40×。其中的×表示（　　　），它是以最早的 CD 播放的速度为基准的。

　　A．150KB/s　　　　　　　　　　B．153.6KB/s

　　C．300KB/s　　　　　　　　　　D．385KB/s

11. 下面关于显示器的四条叙述中，有错误的一条是（　　　）。

　　A．显示器的分辨率与微处理器的型号有关

　　B．分辨率为 1024×768，表示屏幕水平方向每行有 1024 个点，垂直方向每列 768 个点

　　C．显示卡是驱动和控制计算机显示器以显示文本、图形、图像信息的硬件装置

　　D．像素是显示屏上能独立赋予颜色和亮度的最小单位

12. 下面关于内存储器的叙述中，错误的是（　　　）。

　　A．内存储器和外存储器是统一编址的，字节是存储器的基本编址单位

　　B．CPU 当前正在执行的指令与数据都必须存放在内存储器中，否则就不能进行处理

　　C．内存速度快而容量相对较小，外存则速度较慢而容量相对很大

　　D．Cache 存储器也是内存储器的一部分

13. 衡量微型计算机价值的主要依据是（　　　）？

　　A．功能　　　　　　　　　　　　B．性能价格比

　　C．运算速度　　　　　　　　　　D．操作次数

14. Cache 是一种高速度、容量相对较小的存储器。在计算机中，它处于（　　　）。

　　A．内存和外存之间　　　　　　　B．CPU 和主存之间

　　C．RAM 和 ROM 之间　　　　　　D．硬盘和光驱之间

15. MIPS 常用来描述计算机的运算速度，其含义是（　　　）。

　　A．每秒钟处理百万个字符　　　　B．每分钟处理百万个字符

　　C．每秒钟执行百万条指令　　　　D．每分钟执行百万条指令

二、填空题

1. 计算机硬件和计算机软件既相互依存，又互为补充。可以这样说，_____是计算机的躯体，_____是计算机的头脑和灵魂。

2. 计算机系统的内部硬件最少由 5 个单元结构组成，即：_____、_____、_____、_____和控制器。

3. 计算机的外设很多，主要分成两大类，一类是输入设备，另一类是输出设备，其中，显示器、音箱属于_____设备，键盘、鼠标、扫描仪属于_____设备。

4. CPU 主频的高低与 CPU 的外频和倍频有关，其计算公式为_____。

5. 内存是一个广义的概念，它包括_____和_____。

6. 目前硬盘主要可分为两大类，即_____接口及_____接口。

7. 市面上常见的显示器主要有_____（CRT）显示器和_____（LCD）显示器，还

有新出现的离子（PDP）显示器等。

8．对于移动臂磁盘，磁头在移动臂的带动下，移动到指定柱面的时间称寻找时间，而指定扇区旋转到磁头位置的时间称_____时间。

9．光盘的信息传送速度比硬盘_____，容量比软盘_____。

10．通常计算机的存储器是由一个 Cache、主存和辅存构成的三级存储体系。Cache 存储器一般采用_____半导体芯片。

11．能把计算机处理好的结果转换成文本、图形、图像或声音等形式并输送出来的设备称为_____设备。

12．通常用屏幕水平方向上显示的点数乘垂直方向上显示的点数来表示显示器的清晰程度，该指标称为_____。

13．微型计算机系统可靠性可以用平均_____工作时间来衡量。

14．微型计算机的发展以_____技术为特征标志。

15．内存地址从 5000H 到 53FFH，共有_____个内存单元。若该内存每个存储单元可存储 16 位二进制数，并用 4 片存储芯片构成，则芯片的容量是_____。

三、判断题

1．存储单元也就是计算机存储数据的地方，"内存"、CPU 的"缓存"、硬盘、软盘、光盘都为存储单元。 （　　）

2．在选购主板的时候，一定要注意与 CPU 对应，否则是无法使用的。 （　　）

3．硬盘的平均寻道时间（average time）是指硬盘的磁头从初始位置移动到盘面指定磁道所需的时间，单位是 ms（毫秒），它是影响硬盘内部数据传输率的重要技术指标。许多硬盘的这项指标都在 9～10ms 之间。那么硬盘的平均寻道时间越长，硬盘的性能就越好。 （　　）

4．软驱的写保护是使磁盘处于写保护状态，此时只能读出而不能写入，以保持原有数据。使用软盘时要会使用写保护。 （　　）

5．目前，液晶显示器的点距比 CRT 显示器的点距小。 （　　）

6．计算机中的时钟主要用于系统计时。 （　　）

7．SRAM 存储器是动态随机存储器。 （　　）

8．存储器中的信息既可以是指令，也可以是数据。 （　　）

9．可以通过设置显示器的分辨率来提高计算机输出的面积。 （　　）

10．磁道是生产磁盘时直接刻在磁盘上的。 （　　）

参考答案

一、单选题

01-05　DADBB　　　　06-10　CACBA　　　　11-15　AABBC

二、填空题

1．硬件　软件　　　2．输入设备　运算器　存储器　输出设备

3．输出　输入　　　4．主频＝外频×倍频　　　　5．RAM　ROM

6．SCS　IDE　　　　7．阴极射线管　液晶　　　　8．延迟

9．慢　大　　　　　10．ROM　　　　　　　　　11．输出

12．分辨率　　　　　13．无故障　　　　　　　　14．微处理器

15．1024　256×16bit

三、判断题

1．√　　2．√　　3．×　　4．√　5．×　6．×　7．×　8．√　9．×　　10．×

第 3 章　Windows 7 操作系统的使用

计算机软件按用途分为系统软件和应用软件，在计算机软件系统中操作系统是最重要的系统软件，是整个计算机系统的管理与指挥机构，管理着计算机的所有资源。因此，要熟练使用计算机的操作系统，首先需要了解一些操作系统的基本知识。

Windows 7 操作系统集安全技术、可靠性和管理功能以及即插即用功能、简易用户界面和创新支持服务等各种先进功能于一身，是一款非常优秀的操作系统。其特性是具有系统运行快捷、更具个性化的桌面、个性化的任务栏设计、智能化的窗口绽放、无处不在的搜索框、无缝的多媒体体验、超强的硬件兼容性以及实用的 Windows XP 模式。因此，Windows 7 使得用户在工作中能进行有效的交流、从而提高了效率并富于创造性。

本章我们将首先向读者介绍操作系统的基本知识，随后介绍 Windows 7 常用操作。

3.1　操作系统的基本概述

操作系统（Operating System，简称 OS）是管理和控制所有在计算机上运行的程序和整个计算机的资源，合理组织计算机的工作流程以便有效地利用这些资源为用户提供功能强大、使用方便和可扩展的工作环境，为用户使用计算机提供接口的程序集合。它的设计指导思想就是充分利用计算机的资源，最大限度地发挥计算机系统各部分的作用。

在计算机系统中，操作系统位于硬件和用户之间，一方面它能向用户提供接口，方便用户使用计算机；另一方面它能管理计算机软硬件资源，以便充分合理地利用它们。

正是因为有了操作系统，用户才有可能在不了解计算机内部结构及原理的情况下，仍能自如地使用计算机。例如：当用户向计算机输入一些信息时，根本不必考虑这些输入的信息放在机器的什么地方；当用户将信息存入磁盘时，也不必考虑到底放在磁盘的哪一段磁道上。用户要做的只是给出一个文件名，而具体的存储工作则完全由操作系统控制计算机来完成。以后用户只要使用这个文件名就可方便地取出相应信息。如果没有操作系统，除非是计算机专家，普通用户是很难完成这个工作的。

3.1.1　操作系统的功能

从资源管理的角度来看，操作系统是一组资源管理模块的集合，每个模块完成一种特定的功能，操作系统具有以下管理功能。

1. 处理器管理

处理器管理的目的是为了让 CPU 有条不紊地工作。由于系统内一般都有多道程序存在，这些程序都要在 CPU 上执行，而在同一时刻，CPU 只能执行其中一个程序，故需要把 CPU 的时间合理地、动态地分配给各道程序，使 CPU 得到充分利用，同时使得各道程序的需求也能够得到满足。需要强调的是，因为 CPU 是计算机系统中最重要的资源，所以，操作系统的 CPU 管理也是操作系统中最重要的管理。

为了实现处理器管理的功能，操作系统引入了进程（Process）的概念，处理器的分配和执行都是以进程为基本单位；随着并行处理技术的发展，为了进一步提高系统并行性，使并发执行单位的力度变强，操作系统又引入了线程（Thread）的概念。对处理器的管理最终归结为对进程和线程的管理。

（1）程序、进程和线程。程序是由程序员编写的一组稳定的指令，存储在磁盘上；进程是执行的程序；线程是利用 CPU 的一个基本单位，也称轻量级进程。

程序是被动的，进程是主动的，多个进程可能与同一个程序相关联，例如多个用户运行邮件程序的不同拷贝，或者某个用户同时开启了文本编辑器程序的多个拷贝。一个进程可能只包含一个控制线程，现代操作系统的一个进程一般包含多个控制线程，属于同一个进程的所有线程共享该进程的代码段、数据段以及其他操作系统资源，如打开的文件和信号量。

（2）进程的查看。例如我们打开了两次记事本程序（NotePad），然后按下 Ctrl+Alt+Delete组合键，再单击"启动任务管理器"按钮，可打开"Windows 任务管理器"窗口，如图 3-1所示。

图 3-1   "Windows 任务管理器"窗口

在"任务管理器"窗口中，单击"进程"选项卡，再单击"映像名称"标题名，此时系统已有的进程按字母顺序从 A 到 Z 排序。我们可以看到进程列表框中有两个 notepad.exe，表明计算机内存中已运行了两个"记事本"程序。

操作系统对处理器的管理策略不同，其提供的作业处理方式也就不同，例如，批处理方式、分时处理方式、实时处理方式等。从而呈现在用户面前，成为具有不同性质和不同功能的操作系统。

2．存储器管理

存储器管理是指操作系统对计算机系统内存的管理，目的是使用户合理地使用内存。其主要功能如下：

（1）存储分配。存储器管理将根据用户程序的需要给它分配存储器资源。

（2）存储共享。存储器管理能让主存中的多个用户程序实现存储资源的共享，以提高存储器的利用率。

（3）存储保护。存储器管理要把各个用户程序相互隔离起来互不干扰，更不允许用户程序访问操作系统的程序和数据，从而保护用户程序存放在存储器中的信息不被破坏。

（4）存储扩充。由于物理内存容量有限，难于满足用户程序的需求，存储器管理还应该能从逻辑上来扩充内存储器，为用户提供一个比内存实际容量大得多的编程空间，方便用户的编程和使用。

操作系统按照存储器管理可以分为两类：单道程序和多道程序。

1）单道程序。单道程序是同一时刻只运行一道程序，应用程序和操作系统共享存储器，大多数内存用于应用程序，操作系统只占用一小部分，程序整体装入内存，运行结束后由其他程序替代。图 3-2 中给出了单道程序的内存分配。单道程序工作简单明了，同时具有显著的缺点：程序大小必需小于内存大小，CPU 的利用率很低。

2）多道程序。在分时系统中，允许多个进程同时在存储器里，当某个进程等待 I/O 而阻塞时，其他进程可以利用 CPU，从而提高 CPU 的利用率，为此，操作系统引入多道程序的内存管理方案。在多道程序中，同一时刻可以装入多个程序并且能够同时执行这些程序，CPU 轮流为它们服务。图 3-3 给出了多道程序的内存分配方案。

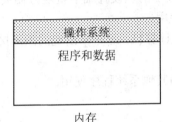

图 3-2　单道程序的内存分配　　　　　图 3-3　多道程序的内存分配

实现多道程序最容易的办法是把主存划分为 N 个固定分区（各分区大小可能不相等），当一个作业到达时，可以把它存放到能够容纳它的最小分区的输入队列中，每个作业在排到队列头时被装入一个分区，它停留在主存中直到运行完毕。

3. 设备管理

设备管理的主要任务是对计算机系统内的所有设备实施有效的管理，使用户方便灵活地使用设备。设备管理的目标是：

● 设备分配：根据一定的设备分配原则对设备进行分配。

● 设备传输控制：实现物理的输入输出操作，即启动设备、中断处理、结束处理等。

● 设备独立性：用户程序中的设备与实际使用物理设备无关。

4. 文件管理

文件管理则是对系统的信息资源的管理。在现代计算机中，通常把程序和数据以文件形式存储在外存储器上，供用户使用。这样，外存储器上保存了大量文件，对这些文件如不能采取良好的管理方式，就会导致混乱或破坏，造成严重后果。为此，在操作系统中配置了文件管理，它的主要任务是对用户文件和系统文件进行有效管理，按名存取；实现文件的共享、保护和保密，保证文件的安全性；并提供给用户一套能方便使用文件的操作和命令。

● 文件存储空间的管理：负责对存储空间的分配和回收等功能。

● 目录管理：目录是为方便文件管理而设置的数据结构，它能提供按名存取的功能。

● 文件的操作和使用：实现文件的操作，负责完成数据的读写。

● 文件保护：提供文件保护功能，防止文件遭到破坏。

5. 作业管理

作业是反映用户在一次计算或数据处理中要求计算机所做的工作集合。作业管理的主要任务是作业调度和作业控制。

6. 网络与通信管理

计算机网络源于计算机与通信技术的结合，近二十年来，从单机与终端之间的远程通信，到今天全世界成千上万台计算机联网工作，计算机网络的应用已十分广泛。联网操作系统至少应具有以下管理功能。

- 网上资源管理功能。计算机网络的主要目的之一是共享资源，网络操作系统应实现网上资源的共享，管理用户应用程序对资源的访问，保证信息资源的安全性和一致性。
- 数据通信管理功能。计算机联网后，站点之间可以互相传送数据，进行通信。通过通信软件，按照通信协议的规定，完成网络上计算机之间的信息传送。
- 网络管理功能。包括故障管理、安全管理、性能管理、记账管理和配置管理。

7. 用户接口

提供方便、友好的用户界面，使用户无需了解过多的软硬件细节就能方便灵活地使用计算机。通常，操作系统以两种接口方式提供给用户使用。

- 命令接口：提供一组命令供用户方便地使用计算机，近年来出现的图形接口（也称图形界面）是命令接口的图形化。
- 程序接口：提供一组系统调用供用户程序和其他系统程序使用。

3.1.2　操作系统的分类

不同的硬件结构，尤其是不同的应用环境，应有不同类型的操作系统，以实现不同的目标。通常把操作系统分为如下几类。

1. 按结构和功能分类

一般分为批处理操作系统、分时操作系统、实时操作系统、网络操作系统和分布式操作系统。

- 批处理操作系统

批处理操作系统的基本特征是批量处理，它把提高系统的处理能力，即作业的吞吐量，作为主要设计目标，同时也兼顾作业的周转时间。所谓周转时间就是从作业提交给系统到用户作业完成并取得计算结果的运转时间。批处理系统可分为单道批处理系统和多道批处理系统两大类。单道批处理系统较简单，类似于单用户操作系统。

- 分时操作系统

分时操作系统往往用于连接几十甚至上百个终端的系统，每个用户在他自己的终端上控制其作业的运行，而处理机则按固定时间片轮流地为各个终端服务。这种系统的特点就是对连接终端的轮流快速响应。在这种系统中，各终端用户可以独立地工作而互不干扰，宏观上每个终端好像独占处理机资源，而微观上则是各终端对处理机的分时共享。

分时操作系统侧重于及时性和交互性，一些比较典型的分时操作系统有 UNIX、XENIX、VAX VMS 等。

- 实时操作系统

实时操作系统大都具有专用性，种类多，而且用途各异。实时操作系统是很少需要人工干预的控制系统，它的一个基本特征是事件驱动设计，即当接受了某些外部信息后，由系统选择某一程序去执行，以完成相应的实时任务。其目标是及时响应外部设备的请求，并在规定时间内完成有关处理，时间性强、响应快是这种系统的特点。多用于生产过程控制和事务处理。

●　网络操作系统

所谓网络操作系统，就是在计算机网络系统中，管理一台或多台主机的软硬件资源，支持网络通信，提供网络服务的软件集合。

●　分布式操作系统

分布式操作系统也是由多台计算机连接起来组成的计算机网络，系统中若干台计算机可以互相协作来完成一个共同任务。系统中的计算机无主次之分，系统中的资源被提供给所有用户共享，一个程序可分布在几台计算机上并行地运行，互相协调完成一个共同的任务。分布式操作系统的引入主要是为了增加系统的处理能力、节省投资、提高系统的可靠性。

把一个计算问题分成若干个子计算，每个子计算可以分布在网络中的各台计算机上执行，并且使这些子计算能利用网络中特定的计算机的优势。这种用于管理分布式计算机系统中资源的操作系统称为分布式操作系统。

2．按用户数量分类

一般分为单用户操作系统和多用户操作系统。其中单用户操作系统又可分为单用户单任务操作系统和单用户多任务操作系统两类。

●　单用户操作系统

单用户操作系统的基本特征是：在一个计算机系统内，一次只支持一个用户程序的运行，系统的全部资源都提供给该用户使用，用户对整个系统有绝对的控制权。它是针对一台机器、一个用户设计的操作系统。2000 年以前大多数微机上运行的大多数操作系统都属于这一种。如 MS-DOS、Windows 95/98 等。

●　多用户操作系统

多用户操作系统允许多个用户通过各自的终端使用同一台主机，共享主机中各类资源。常见的多用户多任务操作系统有 Windows 2000 Server、Windows XP、Windows Server 2003、Windows Vista 以及 UNIX 等。

3．按操作系统提供的操作界面分类

按操作系统提供的操作界面进行分类又可把操作系统分为字符类操作系统和图形类操作系统。字符类操作系统有 MS-DOS、PC-DOS、UNIX 等；图形类操作系统有 Windows 系列、OS/2、MAC、Linux 等。

4．多媒体操作系统

近年来计算机已不仅仅能处理文字信息，它还能处理图形、声音、图像等其他媒体信息。为了能够对这类信息和资源进行处理和管理，从而出现了一种多媒体操作系统。多媒体操作系统是以上各种操作系统的结合体。

3.1.3　操作系统的主要特性

1．并发性

并发性（Concurrence）是指两个或两个以上的运行程序在同一时间间隔段内同时执行。操作系统是一个并发系统，并发性是它的重要特征，它应该具有处理多个同时执行程序的能力。多个 I/O 设备同时在输入输出；设备输入输出和 CPU 计算同时进行；内存中同时有多个程序被启动交替、穿插地执行，这些都是并发性的例子。发挥并发性能够消除计算机系统中部件和部件之间的相互等待，有效地改善了系统资源的利用率，改进了系统的吞吐率，提高了系统效率。例如，一个程序等待 I/O 时，就让出 CPU，而调度另一个运行程序占有 CPU 执行。这样，在程序等待 I/O 时，CPU 便不会空闲，这就是并发技术。

为了更好地解决并发性引发的一系列问题，如怎样从一个运行程序切换到另一个运行程序？操作系统中很早就引入了一个重要的概念——进程，由于进程能清晰刻画操作系统中的并发性，实现多个运行程序的并发执行，因而它已成为现代操作系统的一个重要基础。

采用了并发技术的系统又称为多任务系统（Multitasking）。

2. 共享性

共享性是操作系统的另一个重要特征。共享是指操作系统中的资源（包括硬件资源和信息资源）可被多个并发执行的进程所使用。出于经济上的考虑，一次性向每个用户程序分别提供它所需的全部资源不但是浪费的，有时也是不可能的。现实的方法是让多个用户程序共用一套计算机系统的所有资源，因而必然会产生共享资源的需要。资源共享的方式可以分成两种。

第一种是互斥共享。系统中的某些资源如打印机、磁带机、卡片机，虽然它们可提供给多个进程使用，但在同一时间内却只允许一个进程访问这些资源。当一个进程还在使用该资源时，其他欲访问该资源的进程必需等待，仅当该进程访问完毕并释放资源后，才允许另一进程对该资源访问。这种同一时间内只允许一个进程访问的资源称临界资源，许多物理设备，以及某些数据和表格都是临界资源，它们只能互斥地被共享。

第二种是同时访问。系统中还有许多资源，允许同一时间内多个进程对它进行访问，这里的"同时"是宏观上的说法。典型的可供多进程同时访问的资源是磁盘，可重入程序也可被同时共享。

共享性和并发性是操作系统两个最基本的特征，它们互为依存。一方面，资源的共享是因为运行程序的并发执行而引起的，若系统不允许运行程序并发执行，自然也就不存在资源共享问题；另一方面，若系统不能对资源共享实施有效的管理，势必会影响到运行程序的并发执行，甚至运行程序无法并发执行，操作系统也就失去了并发性，导致整个系统效率低下。

3. 异步性

操作系统的第三个特点是异步性（Asynchronism），或称随机性。在多道程序环境中，允许多个进程并发执行，由于资源有限而进程众多，多数情况下进程的执行不是一贯到底，而是"走走停停"。例如，一个进程在 CPU 上运行一段时间后，由于等待资源满足或事件发生，它被暂停执行，CPU 转让给另一个进程执行。系统中的进程何时执行？何时暂停？以什么样的速度向前推进？进程总共要多少时间执行才能完成？这些都是不可预知的，或者说该进程是以异步方式运行的，异步性给系统带来了潜在的危险，有可能导致与时间有关的错误，但只要运行环境相同，操作系统必须保证多次运行作业，都会获得完全相同的结果。

3.1.4　常用操作系统介绍

操作系统介于计算机与用户之间。小型机、中型机以及更高档次的计算机为充分发挥其效率，多采用复杂的多用户多任务的分时操作系统，而微机上的操作系统则相对简单得多。但近年来随着微机硬件性能不断提高，微机上的操作系统逐步呈现多样化，功能也越来越强。以下是 IBM-PC 及其兼容机上常见的一些操作系统。

1. Windows 操作系统

Windows 系统是由美国的 Microsoft（微软）公司开发出来的一种图形用户界面的操作系

统，它采用图形的方式替代了 DOS 系统中复杂的命令行形式，使用户能轻松地操作计算机，大大提高了人机交互能力。

Microsoft 于 1985 年推出了 Windows 1.0 版，1987 年又推出了 Windows 2.0 版，但由于设计思想和技术原因，效果非常不好。但在 1990 年 5 月，Microsoft 推出了 Windows 3.0 版，获得了较大的成功，也标志着 Windows 时代的到来。但是严格地讲，Windows 3.x 还不能称为纯粹的操作系统，因为它必需在 DOS 上运行。但需要指出的是，Windows 3.x 可以完成 DOS 的所有功能，并且与 DOS 有着本质的区别。

1995 年 8 月，Microsoft 公司推出了 Windows 95，相对于 Windows 3.x 来说，它脱离了 DOS 平台，因而这是一个真正的多用户、多任务，完全采用图形界面的操作系统。Windows 95 一推出，全世界就掀起了 Windows 浪潮，Microsoft 公司也因此获得了巨大的利润，并奠定了其在个人机操作系统领域的垄断地位。随后 Microsoft 又陆续推出了 Windows 98（1998 年 6 月）、Windows 2000（2000 年）、Windows XP（2001 年 10 月），功能日趋完善，使用更加方便。2009 年 10 月 22 日推出的 Windows 7 操作系统则更具有新的绘图与表现引擎，新的通信架构和新的文件系统。

2．UNIX 操作系统

UNIX 操作系统是一个多用户、多任务的分时操作系统。从 1969 年在美国 AT&T 的 Bell 实验室问世以来，经过了一个长期的发展过程，它被广泛地应用在小型机、超级电脑、大型机甚至巨型机上。

自从 1980 年以来，UNIX 凭借其性能的完善和可移植性，在 PC 上也日益流行起来。1980 年 8 月，Microsoft 公司宣布它将为 16 位微机提供 UNIX 的变种——XENIX。XENIX 以其精练、灵活、高效、功能强、软件丰富等优点吸引了众多用户。但由于 UNIX 对硬件要求较高，现阶段的 UNIX 系统各版本之间兼容性不好，用户界面虽然有了相当大的改善，但与 Windows 等操作系统相比还有不小的差距，这些都限制了 UNIX 的进一步流行。

3．Linux 系统

Linux 是当今电脑界一个耀眼的名字，它是目前全球最大的自由免费软件，其本身是一个功能可与 UNIX 和 Windows 相媲美的操作系统，具有完备的网络功能。

Linux 最初由芬兰人 Linus Torvalds 开发，其源程序在 Internet 上公开发布，由此引发了全球电脑爱好者的开发热情，许多人下载该源程序并按自己的意愿完善某一方面的功能，再发回网上，Linux 也因此被雕琢成一个全球最稳定的、最有发展前景的操作系统。曾经有人戏言：要是比尔·盖茨把 Windows 的源代码也作同样处理，现在 Windows 中残留的许多 BUG（错误）早已不复存在，因为全世界的电脑爱好者都会成为 Windows 的义务测试和编程人员。

Linux 操作系统具有如下特点：

- 它是一个免费软件，你可以自由安装并任意修改软件的源代码。
- Linux 操作系统与主流的 UNIX 系统兼容，这使得它一出现就有了一个很好的用户群。
- 支持几乎所有的硬件平台，包括 Intel 系列，680x0 系列，Alpha 系列，MIPS 系列等，并广泛支持各种周边设备。

由于 Linux 具有稳定性、灵活性和易用性等特点，目前，Linux 正在全球各地迅速普及推广，各大软件商如 Oracle、Sybase、Novell、IBM 等均发布了 Linux 版的产品，许多硬件厂商也推出了预装 Linux 操作系统的服务器产品，当然，PC 用户也可使用 Linux。

4．Mac OS 操作系统

Mac OS 操作系统是美国 Apple 公司推出的操作系统，运行在 Macintosh 计算机上。Mac OS

是全图形化界面和操作方式的鼻祖。由于 Mac OS 拥有全新的窗口系统、强有力的多媒体开发工具和操作简便的网络结构而风光一时。Apple 公司也成为当时唯一能与 IBM 公司抗衡的 PC 机生产公司。Mac OS 的主要技术特点有：

- 采用面向对象技术。
- 全图形化界面。
- 虚拟存储管理技术。
- 应用程序间的相互通信。
- 强有力的多媒体功能。
- 简便的分布式网络支持。
- 丰富的应用软件。

Macintosh 计算机的主要应用领域为桌面彩色印刷系统、科学和工程可视化计算、广告和市场经营、教育、财会和营销等。

3.2　Windows 7 操作系统简介

3.2.1　Windows 7 的版本和功能特色

Windows 7 是美国微软公司新一代的操作系统，可供家庭及商业工作环境、笔记本电脑、平板电脑、多媒体中心等使用。Windows 7 于 2009 年 10 月 22 日和 2009 年 10 月 23 日分别发布于美国和中国。Windows 7 保留了 Windows 为大家所熟悉的特点和兼容性，并吸收了在可靠性和响应速度方面的最新技术进步，为用户提供了更高层次的安全性、稳定性和易用性，与此同时，Windows 7 还为用户提供了数据备份和系统修复的功能。微软公司面向不同的用户，推出了下面几个不同版本。

- Windows 7 Home Basic（家庭普通版）

Windows 7 Home Basic 主要新特性有无限应用程序、增强视觉体验（没有完整的 Aero 效果）、高级网络支持（ad-hoc 无线网络和互联网连接支持 ICS）、移动中心（Mobility Center）。缺少的功能：玻璃特效功能；实时缩略图预览、Internet 连接共享，不支持应用主题。

- Windows 7 Home Premium（家庭高级版）

Windows 7 Home Premium 具有 Aero Glass 高级界面、高级窗口导航、改进的媒体格式支持、媒体中心和媒体流增强（包括 PlayTo）、多点触摸、更好的手写识别，允许用户组建家庭网络组。

- Windows 7 Professional（专业版）

Windows 7 Professional 替代 Vista 下的商业版，包含加强的网络功能，比如域加入；高级备份功能；位置感知打印（可在家庭或办公网络上自动选择合适的打印机）；脱机文件夹；移动中心（Mobility Center）；演示模式（Presentation Mode）。

- Windows 7 Enterprise（企业版）

企业级提供一系列增强功能，能满足企业数据共享、管理、安全等需求。包含多语言包、UNIX 应用支持、BitLocker 驱动器加密、分支缓存（Branch Cache）等。

- Windows 7 Ultimate（旗舰版）

拥有 Windows 7 Home Premium 和 Windows 7 Professional 的全部功能，当然硬件要求也是最高的。包含以上版本的所有功能。

Windows 7 的主要特色如下：

1．易用

Windows 7 做了许多方便用户的设计，如快速最大化，窗口半屏显示，跳转列表（Jump List），系统故障快速修复等。

2．快速

Windows 7 大幅缩减了 Windows 的启动时间，据实测，在 2008 年的中低端配置下运行，系统加载时间一般不超过 20 秒。系统加载时间是指加载系统文件所需时间，不包括计算机主板的自检以及用户登录时间，是在没有进行任何优化时所得出的数据，实际时间可能根据计算机配置、使用情况的不同而不同。

3．安全

Windows 7 包括改进了的安全和功能合法性，还可以把数据保护和管理扩展到外围设备。Windows 7 改进了基于角色的计算方案和用户账户管理，在数据保护和坚固协作的固有冲突之间搭建沟通桥梁，同时也会开启企业级的数据保护和权限许可。

4．特效

使用 Windows 7 的 Aero 效果，使用户界面华丽，具有碰撞、水滴的效果。透明玻璃感让使用者一眼贯穿。"Aero"是 Authentic（真实）、Energetic（动感）、Reflective（具反射性）及 Open（开阔）首字母的缩略字，意为 Aero 是具立体感、令人震撼、透视感和阔大的用户界面。Windows 7 中的 Aero 效果共包含以下 3 种功能，分别为 Aero Shake、Aero Snap 以及 Aero Peek。

- Aero Shake

当用户在 Windows 7 中打开多个程序窗口的时候，可以选择一个窗口，按住鼠标，接着晃动窗口，这样一来，其他的窗口都会最小化到任务栏中，只剩下用户选定的那个窗口。当然了，如果继续晃动选定的窗口的话，那么那些最小化的窗口将会被还原。

- Aero Snap

Aero Snap 功能可以自动调整程序窗口的大小。拖动窗口到屏幕上部可以最大化窗口；拖动窗口到屏幕一侧可以半屏显示窗口，如果再拖动其他窗口到屏幕另一侧，那么两个窗口将并排显示。从屏幕边缘拉出窗口，窗口将恢复到原来状态。

- Aero Peek

当用户将鼠标悬停在任务栏程序图标上时，Aero Peek 功能可以预览程序窗口。用户单击预览缩略图可以打开程序窗口，或通过缩略图右上角的 ⊠ 关闭程序。

5．小工具

Windows 7 的小工具更加丰富，小工具可以放在桌面的任何位置，而不只是固定在侧边栏。2012 年 9 月，微软停止了对 Windows 7 小工具下载的技术支持，原因是为了让新发布的 Windows 8 有令人振奋的新功能。

6．高效搜索框

Windows 7 系统资源管理器的搜索框位于菜单栏的右侧，可以灵活调节宽窄，能快速搜索 Windows 中的文档、图片、程序、Windows 帮助甚至网络等信息。Windows 7 系统的搜索是动态的，当在搜索框中输入第一个字的时刻，Windows 7 的搜索工作就已经开始，大大提高了搜索效率。

3.2.2　Windows 7 的运行要求

使用和安装 Windows 7 的最低硬件配置要求如下：

处理器：1GHz 32 位或者 64 位处理器

内存：1GB 及以上

显卡：支持 DirectX 9 128M 及以上（开启 Aero 效果）

硬盘空间：16G 以上（主分区，NTFS 格式）

显示器：分辨率在 1024×768 像素及以上（低于该分辨率则无法正常显示部分功能），或可支持触摸技术的显示设备。

3.2.3　Windows 7 的运行界面

由于 Windows 7 所具有的功能强大、界面友好、安全等优点已受到越来越多的用户青睐，目前国内已有越来越多的用户在使用或更新到该操作系统。Windows 7 安装完毕后的运行界面如图 3-4 所示。

图 3-4　Windows 7 操作系统的初始界面

3.3　Windows 7 的启动与关闭

3.3.1　Windows 7 的启动

启动 Windows 7 的一般步骤如下。

（1）依次接通外部设备的电源开关和主机电源开关；计算机执行硬件测试，正确测试后开始系统引导，并出现欢迎界面。

（2）若在安装 Windows 7 的过程中设置了多个用户使用同一台计算机，启动过程中将出现如图 3-5 所示的提示画面，选择确定用户后，完成最后启动。

单击 Windows 7 登录界面中的"轻松访问"按钮，用户可以更方便地使用电脑：

①朗读屏幕内容（讲述人）。

②放大屏幕上的项目。

③在较高色彩对比度下查看（高对比度）。

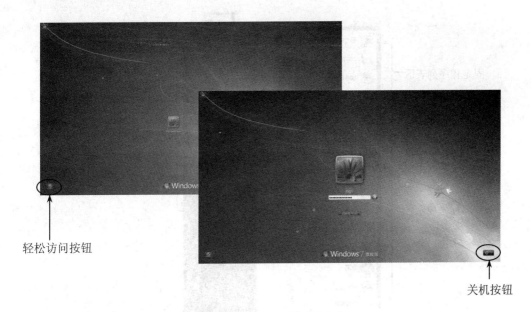

轻松访问按钮

关机按钮

图 3-5　Windows 7 用户登录界面

④不使用键盘键入（屏幕键盘）。

⑤一次按一个键盘快捷键（粘滞键）。粘滞键是专为同时按下两个或多个键有困难的人设计的，例如按组合键 Ctrl+C 时，用粘滞键就可以一次只按一个键来完成复制的功能。

⑥如果重复按键，则忽略额外的按键（筛选键）。筛选键为用户提供了控制重复按键敲击频度的功能，可以在必要的情况下降低接受键盘敲击的速度，避免意外敲击或误操作，减少不小心输入了一串不需要的字母，或用户在按键盘上的其他键时偶然按到了一个不需要的键。

3.3.2　Windows 7 的退出

使用完 Windows 7 后，必需正确退出该系统，而不能在 Windows 7 仍在运行时直接关闭计算机的电源，这是因为 Windows 7 是一个多任务多线程的操作系统，有时前台运行一个程序时,后台可能还在运行其他的程序,不正确的关闭系统可能造成程序数据和处理信息的丢失,严重时甚至会造成系统的崩溃。Windows 7 系统的退出包括关机、休眠、锁定、重新启动、注销和切换用户几个操作。

1. 关机

计算机在正常使用完毕后，不能直接关闭电源，这样会造成系统文件的丢失或损坏，严重时会直接损坏计算机中的硬件设备。

（1）正常关机

使用完计算机后，都需要退出 Windows 7 操作系统并关闭计算机，正确的关机操作方法及步骤如下。

①关闭所有打开的程序和文档窗口。如果用户忘记了关闭，则系统将会询问是否要结束有关程序的运行。

②单击"开始菜单"按钮，弹出"开始"菜单，将鼠标移到"关机"选项按钮处，单击"关机"按钮，可关闭 Windows 7，如图 3-6 所示。

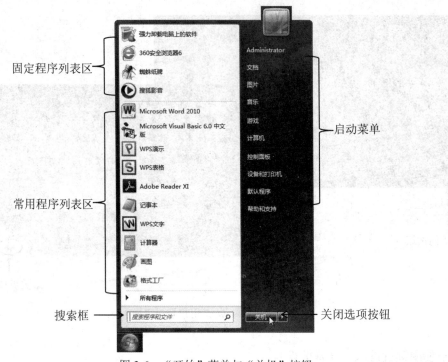

图 3-6　"开始"菜单与"关机"按钮

（2）非正常关机

用户在使用计算机的过程中，由于这样或那样的原因实然出现了"死机"、"花屏"、"黑屏"等情况，无法通过"开始"菜单将计算机正常关闭，此时用户需要按下主机箱电源开关按钮，并一直持续到断电，然后将显示器的电源关闭就可以了。

2．休眠

Windows 7 中的休眠，可在关闭计算机的同时，保存打开的文件或者其他运行程序，然后在开机时恢复这些文件和运行程序，此时计算机并没有真正的关闭，而是进入了一种低耗能状态。

3．睡眠

在"关闭选项"列表框中有一项"睡眠"，它能够以最小的能耗保证计算机处于锁定状态。将系统切换到睡眠状态后，系统会将内存中的数据全部转存到硬盘上的休眠文件中，然后关闭除了内存外所有设备的供电，让内存中的数据依然保留。从"睡眠"状态恢复到正常模式不需要按主机上的电源开关按钮，启动速度比"休眠"更快，即使在"睡眠"过程中供电出现异常，内存中的数据丢失，还可以在硬盘上恢复。

让计算机休眠的具体操作步骤如下：单击"开始菜单"按钮，弹出"开始"菜单，将鼠标移到关闭选项按钮中的"右侧箭头"按钮处，在弹出的"关闭选项"列表框中选择"休眠"选项。

比较：待机、休眠、睡眠

（1）电脑待机（Standby）：将系统切换到该模式后，除了内存，电脑其他设备的供电都将中断，只有内存依靠电力维持着其中的数据（因为内存是易失性的，只要断电，数据就没有了）。这样当希望恢复的时候，就可以直接恢复到待机前状态。这种模式并非完全不耗电，因此如果在待机状态下供电发生异常（例如停电），那么下一次就只能重新开机，所以待机前未保存的数据都会丢失。但这种模式的恢复速度是最快的，一般 5 秒之内就可以恢复。

（2）电脑休眠（Hibernate）：将系统切换到该模式后，系统会自动将内存中的数据全部转存到硬盘上一个休眠文件中，然后切断对所有设备的供电。这样当恢复的时候，系统会从硬盘上将休眠文件的内容直接读入内存，并恢复到休眠之前的状态。这种模式完全不耗电，因此不怕休眠后供电异常，但代价是需要一块和物理内存一样大小的硬盘空间（好在现在的硬盘已经跨越 TB 级别了，大容量硬盘越来越便宜）。但这种模式的恢复速度较慢，取决于内存大小和硬盘速度，一般都要 1 分钟左右，甚至更久。

（3）电脑睡眠（Sleep）：Windows Vista 中的新模式，这种模式结合了待机和休眠的所有优点。将系统切换到睡眠状态后，系统会将内存中的数据全部转存到硬盘上的休眠文件中（这一点类似休眠），然后关闭除了内存外所有设备的供电，让内存中的数据依然维持着（这一点类似待机）。这样，当我们想要恢复的时候，如果在睡眠过程中供电没有发生过异常，就可以直接从内存中的数据恢复（类似待机），速度很快；但如果睡眠过程中供电异常，内存中的数据已经丢失了，还可以从硬盘上恢复（类似休眠），只是速度会慢一点。不过无论如何，这种模式都不会导致数据丢失。

4．锁定

当用户有事需要暂时离开，但计算机还在进行某些操作无法停止，也不希望其他人查看或更改自己计算机里的信息时，就可通过这一功能来锁定计算机。再次使用时只有输入用户密码才能开启计算机进行操作。具体的操作步骤如下：

（1）单击"开始菜单"按钮 ，弹出"开始"菜单，将鼠标移到关闭选项按钮中的"右侧箭头"按钮 处，在弹出的"关闭选项"列表框中选择"锁定"选项。

（2）此时将锁定计算机并进入类似图 3-5 的"用户登录界面"。

（3）如果想使用计算机，必须输入正确的用户登录密码方可以进入。

5．重新启动

如果用户对系统进行设置或者安装某些软件后，需要重新启动计算机，可通过"重新启动"让计算机快速完成关闭并开启的操作。重新启动计算机的操作步骤和锁定计算机的操作基本类似，这里不再细述。

6．注销和切换用户

Windows 7 允许设置多个账户（用户），每个用户都可以拥有自己的工作环境并对其进行相应的设置。当需要退出当前用户环境转入另一个账户（用户）时，就可以通过"注销"或"切换用户"的方式切换到如图 3-5 所示的"用户登录界面"。

"注销"和"切换用户"两个功能最大的区别在于利用"切换用户"可以不中止当前用户所运行的程序甚至不必关闭已打开的文件，而进入其他用户的工作桌面，而"注销"则必须中止当前用户的一切工作。因此，在"注销"操作前用户要保存并关闭当前的任务和程序，否则会造成数据的丢失。

3.4　Windows 7 的基本概念和基本操作

3.4.1　Windows 7 桌面的组成

启动 Windows 7 后，首先出现的是 Windows 7 桌面。Windows 7 桌面是今后一切工作的平台，系统称为"Desktop"。默认情况下 Windows 7 的桌面最为简洁，用户也可以在桌面上设置一些程序的快捷图标，如图 3-7 所示。

图 3-7 用户定制的桌面

Windows 7 桌面的主要组成部分如下。

1. 桌面图标

图标是以一个小图形的形式来代表不同的程序、文件或文件夹，除此之外，还可以表示不同的磁盘驱动器、打印机甚至是网络中的计算机等。图标由两部分组成：图形符号和名字。

一个图标的图形含义是给用户提供一条理解该图标所代表的内容的直观线索，以及打开该图标后可能会出现的内容。有时一个图标的形状还表示其内容具有某一特征。

【例 3-1】在 Windows 7 桌面上显示"计算机"、"用户的文件"、"网络"、"回收站"等图标，同时修改桌面的背景。

操作方法是：

①将鼠标指向桌面中的空白处，右击，在弹出的快捷菜单中选择"个性化"选项，打开"个性化"窗口，如图 3-8 所示。

②单击此对话框左侧上方的"更改桌面图标"链接项，打开如图 3-9 所示"桌面图标设置"对话框。

图 3-8 "个性化"窗口

图 3-9 "桌面图标设置"对话框

③在"桌面图标"选项卡下，勾选"计算机"、"用户的文件"、"网络"、"回收站"等图标。

④单击"确定"按钮，回到"个性化"窗口。单击"更改计算机上的视觉效果和声音"列表框下的"桌面背景"链接项，打开"选择桌面背景"窗口，浏览或选择一幅图片作为桌面背景图片。单击"保存修改"按钮，回到"个性化"窗口。

⑤单击"个性化"窗口右上角的"关闭"按钮 ✕ ，回到 Windows 7 桌面，观察桌面图标和背景的变化。

2. 任务栏

初始的任务栏在屏幕的底部，是一个长方条。任务栏为用户提供了快速启动应用程序、文档及其他已打开窗口的方法。任务栏的最左侧是带微软窗口标志的"开始菜单"按钮；紧接着是用户使用的程序按钮区；任务栏的右侧为系统通知区，有输入法、显示隐藏的图标、显示的图标如、网络、声音、当前日期与时间 11:10 2013-09-28 等指示器；任务栏最右侧的上方条是显示桌面按钮。

3. 桌面背景

屏幕上主体部分显示的图像称为桌面背景，它的作用是美观屏幕，用户可以根据自己的喜好来选择不同图案不同色彩的背景来修饰桌面。

3.4.2　鼠标的基本操作

操作 Windows 7 系统时，人们常使用鼠标。普通鼠标是一种带有两键或三键的输入设备。当把鼠标放在清洁光滑的平面上移动时，一个指针式的光标（箭头）将随之在屏幕上按相应的方向和距离移动。使用鼠标最基本的操作方式有以下几种。

（1）移动。握住鼠标在清洁光滑的平面上移动时，计算机屏幕上的鼠标指针就随之移动，通常情况下，鼠标指针的形状是一个小箭头。

（2）指向。移动鼠标，将鼠标指针移动到屏幕上一个特定的位置或某一个对象上。

（3）单击。又称点击或左击。快速按下并松开鼠标左键。单击一般用于选中某选项、命令或按钮，选中的对象呈高亮显示。

（4）双击。快速地连按两下鼠标左键。一般地，双击表示选中并执行。例如，在桌面上双击"回收站"图标，则可直接打开回收站程序窗口。

（5）右击。将鼠标的右键按下并松开。右击通常用于一些快捷操作，在 Windows 7 中，右击将会打开一个菜单，从中可以快速执行菜单中的命令，这样的菜单称为快捷菜单。在不同的位置右击，所打开的快捷菜单也不同。如图 3-10 所示的是在"回收站"图标上打开的快捷菜单。

图 3-10　选中并右击后弹出的快捷菜单

（6）拖动。也称左拖。按住鼠标左键不放，把鼠标指针移动到一个新的位置后，松开鼠标左键。例如，选中"回收站"图标后，拖动到另一个位置。

（7）拖放。选中某一个或多个对象后，按下鼠标左键并移动鼠标，此时被选中的对象也随之移动，一直到目标位置时才释放按键。拖放一般用于移动或复制选中的对象。

（8）右拖。在 Windows 7 中，按下鼠标右键也可以实现拖放，操作方法是：选中一个或多个对象后，按下鼠标右键并将鼠标指针移至目标位置后释放，此时弹出一个快捷菜单，选择相应的命令即可。随着选中的对象不同，所出现的菜单也不同。

3.4.3　鼠标的指针形状

通常情况下，鼠标指针的形状是一个小箭头，它会随着它所在位置的不同而发生变化，并且和当前所要执行的任务相对应，例如当它移动到超链接处，就会变成一个小手状。常见的鼠标指针形状如表 3-1 所示。

表 3-1　鼠标指针的形状及其意义

指针名称	指针图标	用途
箭头指针		标准指针，用于选择命令、激活程序、移动窗口等
帮助指针		代表选中帮助的对象
后台运行		程序正在后台运行
转动圆圈		系统正在执行操作，要求用户等待
十字形和 I 字指针	＋I	精确定位和编辑文字
手写指针		表示可以手写
禁用指针		表示当前操作不可用
窗口调节指针		用于调节窗口大小
对象移动指针		此时可用键盘的方向键移动对象或窗口
手形指针		链接选择，此时单击，将出现进一步的信息

在 Windows 7 中，鼠标指针的形状很多，用户应在操作过程中注意观察鼠标形状的变化，以便更好地指导自己的操作。

3.4.4　键盘的基本操作

利用键盘同样可以实现 Windows 7 提供的一切操作功能，利用其快捷键，还可以大大提高工作效率。表 3-2 中列出了 Windows 7 提供的常用快捷键。

表 3-2　Windows 7 的常用快捷键

快捷键	功能	快捷键	功能
F1	打开帮助	Ctrl+Z	撤消
F2	重命名文件（夹）	Ctrl+A	选定全部内容
F3	打开搜索结果窗口	Ctrl+Esc	打开"开始"菜单
F5	刷新当前窗口	Alt+Tab	在打开的窗口之间选择切换
Delete	删除	Alt+Esc	以窗口打开的顺序循环切换
Shift+Delete	永久删除	+D	显示桌面
Alt+F4	关闭或退出当前窗口	+SpaceBar	预览桌面
Ctrl+Alt+Delete	打开 Windows 任务管理菜单	F	搜索文件或文件夹
Ctrl+C	复制	+（Shift）+M	（还原）最小化所有窗口
Ctrl+X	剪切	+R	打开"运行"对话框
Ctrl+V	粘贴	+↑（←、→、↓）	最大化、最大化屏幕到左侧、最大化屏幕到右侧和最小化窗口

3.4.5　Windows 7 桌面的基本操作

对桌面上的图标的操作主要有以下几种。

1. 创建新图标（对象）

指在桌面上建立新图标对象，该对象可以是一个文件（夹）、程序或磁盘等的快捷方式图标。添加新对象的方法有两个，分别是：

（1）可以从别的地方通过鼠标拖动的办法拖来一个新对象。

（2）也可以通过在桌面上右击，在弹出的快捷菜单中选择"新建"命令，然后在子菜单中选择所需对象的方法来创建新对象，如图 3-11 所示。

2. 排列桌面上的图标

在桌面空白处右击，在弹出的快捷菜单中选择"排序方式"命令，用户即可调整图标的排列方式，如图 3-12 所示。

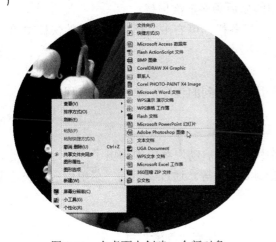
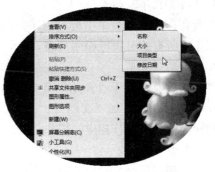

图 3-11　在桌面上创建一个新对象　　　　图 3-12　排列桌面上的图标

3. 删除桌面上的图标

右击桌面上的某对象，然后从弹出的快捷菜单中选择"删除"命令（或直接按下 Delete 键）；也可将该对象图标直接拖动到"回收站"即可。

选中某个图标后，按下 Shift+Delete 组合键，删除对象后不可恢复。

4. 启动程序或打开窗口

只需双击桌面上的相应图标对象即可。通常将一些重要而常用的应用程序、文件（夹）或磁盘在桌面上建立快捷方式，方便操作。

5. 桌面属性的设置

桌面属性是指桌面的主题、背景、屏幕保护程序、外观和显示分辨率等设置。操作方法是：在桌面的空白处右击，在弹出的快捷菜单中执行"个性化"命令，打开"个性化"窗口，如图 3-8 所示，用户可根据需要进行相关的调整。

3.4.6　"开始"菜单简介

任务栏的最左端就是"开始菜单"按钮，单击此按钮将弹出"开始"菜单，如图 3-6 所示。"开始"菜单是使用和管理计算机的起点，同时也是 Windows 7 中最重要的操作菜单，通过它，用户几乎可以完成任何系统使用、管理和维护的工作。

"开始"菜单主要集中了用户能用到的各种操作，如程序的快捷方式、常用的文件夹以及系统命令等，使用时只需单击即可。

菜单的使用，如果某项菜单的右侧有"▶"，则说明该项菜单下面还有一级联菜单；如果后跟"…"，则说明执行该菜单，系统将弹出一个对话框；其他菜单则可直接执行。

1．"固定程序"列表区

"固定程序"列表区会固定地显示在"开始"菜单中，用户通过它可以快速地打开其中的应用程序。

用户可以根据自己的需要在"固定程序"列表区中添加常用的程序。

2．"常用程序"列表区

"常用程序"列表区默认存放了 10 个已用过的系统程序，例如 Internet Explorer、Microsoft Word 2010、Adobe Photoshop CS4、记事本等。随着对一些程序的频繁使用，在该列表中存放的程序如果超过了 10 个，它们会按照使用时间的先后顺序依次顶替。

如果用户要将某程序从列表区删除或锁定到任务栏，可右击鼠标，在弹出的快捷菜单中执行相应的命令即可。

3．"所有程序"列表

"所有程序"列表中主要列出了一些当前用户常用到的程序，单击"所有程序"命令，将显示几乎所有的可执行程序列表。

4．"启动"菜单

"启动"菜单位于"开始"菜单的右窗格中，在"启动"菜单中列出了一些经常使用的 Windows 程序链接，如"文档"、"图片"、"控制面板"等。通过"启动"菜单用户可快速地打开相应的程序并进行相应的操作。

5．"搜索"框

如果想使用某个文件但此时又忘记其存放位置时，使用"搜索"框是最便捷的方法之一，用户只需要提供文件的名称或类型然后搜索即可。"搜索"框将默认搜索用户的程序以及个人文件夹的所有文件夹，因此是否提供项目的确切位置并不重要。搜索功能还将搜索用户的电子邮件、已保存的即时消息、约会和联系人等。

【例 3-2】假设"开始"菜单的"所有程序"中没有"计算器"程序，搜索并运行计算器程序。

操作方法是：

①单击"开始菜单"按钮，在弹出的"开始"菜单下的"搜索"框中输入"计算器"或"Calc"，搜索框上方随即出现搜索结果，如图 3-13 所示。

②在搜索结果中，单击"程序"栏下的"计算器"链接处，可执行并打开"计算器"程序窗口。

6．"关闭选项"按钮区

"关闭选项"按钮区包含"关机"按钮 关机 和"关闭选项"按钮 ▷ 。单击"关闭选项"按钮，弹出"关闭选项"列表，其中包含"切换用户"、"注销"、"锁定"、"重新启动"、"睡眠"和"休眠"等选项。

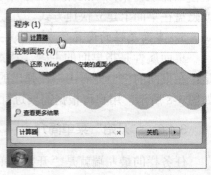

图 3-13   "搜索"框及搜索结果

【例 3-3】在"开始"菜单中，设置"常用程序"列表的数量为 6 个。

操作方法是：

①打开"开始"菜单，将"常用程序"列表区的项目一一删除。

②将鼠标指向任务栏的空白处，右击，在弹出的快捷菜单中执行"属性"命令，打开"任务栏和「开始」菜单属性"对话框，系统默认选择"任务栏"选项卡，如图 3-14（a）所示。

③切换到"「开始」菜单"选项卡，如图 3-14（b）所示。

④单击"自定义"按钮，打开"自定义「开始」菜单"对话框，如图 3-14（c）所示。

⑤在"「开始」菜单大小"栏下的"要显示的最近打开过的程序的数目"框中，输入 6 后并单击"确定"按钮，回到上级对话框，单击"确定"按钮。

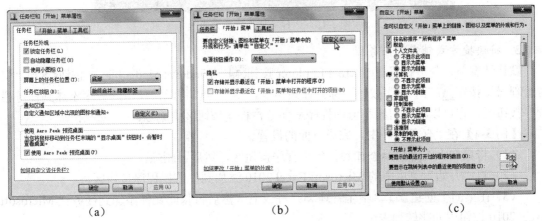

（a）　　　　　　　　　（b）　　　　　　　　　（c）

图 3-14　"任务栏和「开始」菜单属性"对话框

3.4.7　"任务栏"的基本操作

在 Windows 系列操作系统中，任务栏（Taskbar）就是指位于桌面最下方的小长条，主要由"开始"菜单、应用程序按钮区、输入法按钮、通知区和显示桌面按钮组成，如图 3-7 所示。

在 Windows 7 中，任务栏采用大图标，玻璃效果。Windows 7 也会提示正在运行的程序，用户只要将鼠标移动到 Windows 7 任务栏中的程序图标上就可以方便预览各个窗口内容，并进行窗口切换。使用 Aero Peek 效果下，会让选定的窗口正常显示，其他窗口则变成透明的，只留下一个个半透明边框。在 Windows 7 中，"显示桌面"图标被移到了任务栏的最右边，操作起来更方便。鼠标停留在该图标上时，所有打开的窗口都会透明化，类似 Aero Peek 功能，这样可以快捷地浏览桌面。点击图标则会切换到桌面。

1. 任务栏的预览功能

与 Windows XP 不同，将鼠标移动到任务栏上的活动任务（正在运行的程序）按钮上稍微停留一会儿，用户将可以预览各个打开窗口的内容，并在桌面上的"预览窗口"中显示正在浏览的窗口信息，如图 3-15 所示。

从任务栏按钮区中，用户可以容易地分辨出已打开的程序窗口按钮和未打开程序的按钮图标。有凸起的透视图标为已打开的程序按钮。当同时打开多个相同程序窗口时，任务栏按钮区的该程序图标按钮右侧将出现层叠的边框以进行标识。

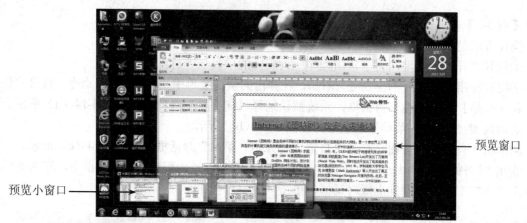

预览窗口

预览小窗口——

图 3-15　　"任务栏"预览效果

2．将快捷方式锁定到任务栏

默认情况下，任务栏只有 Internet Explorer 按钮 、Windows Media Player 按钮 和"资源管理器"按钮 三个程序按钮图标。如果需要，用户可以将经常使用的程序添加到任务栏程序按钮区，也可以将使用频率低的程序从任务栏程序按钮区中删除。

【例 3-4】在"任务栏"中，完成下面的设置。

（1）将桌面上的 图标添加到任务栏程序按钮区，然后再删除。

（2）将"开始"菜单中的 Microsoft Excel 2010 添加到任务栏程序按钮区。

（3）在桌面上创建一个"学生管理.xls"空文件，然后再将此文件添加到任务栏 Microsoft Excel 2010 按钮中的跳转列表中。

操作方法是：

①单击任务栏最右侧的"显示桌面"按钮 ，显示出整个桌面。

②将鼠标移动到"迅雷 7"图标上，按住鼠标将"迅雷 7"图标拖动到任务栏，此时出现"附到任务栏"的图标和字样 ，松开鼠标，任务栏中添加"迅雷 7"按钮。

③将鼠标移动到上面添加的"迅雷 7"按钮上，右击并执行快捷菜单中的"将此程序从任务栏解锁"命令，即可将添加到任务栏中的图标删除。

④在 Windows 桌面上空白处，右击鼠标，在弹出的快捷菜单中单击"新建"菜单下的"Microsoft Excel 工作表"命令，新建一个名称为"新建 Microsoft Excel 工作表.xls"的文件。

⑤将鼠标指向"新建 Microsoft Excel 工作表.xls"图标并右击，执行快捷菜单中的"重命名"命令，将此工作簿命名为"学生管理.xls"。

⑥单击"开始菜单"按钮，打开"开始"菜单。依次将鼠标指向"所有程序"→Microsoft Office→Microsoft Excel 2010，单击右键，执行快捷菜单中的"锁定到任务栏"命令。此时，任务栏中添加 Microsoft Excel 2010 程序按钮。

⑦在 Windows 桌面上找到"学生管理.xls"图标，按下鼠标左键，将此程序拖动到任务栏中的打开 Microsoft Excel 2010 程序按钮。当出现"附到 Microsoft Excel 2010"字样时，松开鼠标，"学生管理.xls"即添加到 Microsoft Excel 2010 按钮中的跳转列表中。

⑧在任务栏中右击 Microsoft Excel 2010 按钮，我们会发现上面添加的跳转列表项目"学生管理.xls"，单击此项目，可快速打开 Microsoft Excel 2010 并将此文件的内容显示出来。

如果将项目从列表中删除，可单击该项目右侧的"图钉"按钮 ，或右击并执行快捷菜单中的"从此列表解锁"命令。

3．调整任务栏的大小和位置

默认情况下，任务栏显示并锁定在桌面的底部，其大小刚好可以列出一行图标。也可以将任务栏显示在桌面的左、右、上部边缘，操作方法如下：

（1）将鼠标移动到任务栏的空白处，右击弹出快捷菜单，单击"锁定任务栏"命令将任务栏解除锁定。

（2）将鼠标移动到任务栏的边框处，鼠标指针变为$\updownarrow$，按住鼠标向上拖动，可调整任务栏的高度。

（3）将鼠标移动到任务栏的空白处，按住鼠标左键向左、向右或向上拖动至桌面的边缘，松开鼠标，任务栏的位置被移动。

4．在"任务栏"中添加工具栏

在任务栏中，除了任务按钮区外，系统还定义了三个工具栏：地址、链接和桌面工具栏。如果希望将工具栏在任务栏中显示，右击任务栏中的空白处，弹出"任务栏"快捷菜单，选择"工具栏"菜单项，在展开的"工具栏"子菜单中选择相应的选项，如图 3-16 所示。

用户也可以在任务栏内建立个人的工具栏，方法如下：

（1）右击任务栏的空白处，弹出快捷菜单。单击"工具栏"菜单下的"新建工具栏"命令，打开"新工具栏"对话框，如图 3-17 所示。

图 3-16　"任务栏"的快捷菜单

图 3-17　"新工具栏"对话框

（2）在列表框中，选择新建工具栏的文件夹，单击"选择文件夹"按钮，即可在任务栏上创建个人的工具栏。

创建新的工具栏后，打开"任务栏"快捷菜单，执行"工具栏"命令，可以发现新建工具栏名称出现在其子菜单中，且在工具栏的名称前有一个"✓"符号。

5．锁定和自动隐藏任务栏

（1）锁定任务栏就是让任务栏不可进行大小和位置的变化，操作的方法是：在任务栏空白处右击鼠标，单击快捷菜单中的"锁定任务栏"命令，该命令的前面出现"✓"符号。

如果要解除对任务栏的锁定，在快捷菜单中再次单击"锁定任务栏"命令即可。

（2）任务栏在不使用时，可以设置为自动隐藏，以增加桌面的显示范围，其操作方法如下：

①在任务栏空白处右击鼠标，执行快捷菜单中的"属性"命令，打开如图 3-13（a）所示的"任务栏和「开始」菜单属性"对话框。

②在"任务栏"选项卡中的"任务栏外观"栏下勾选"自动隐藏任务栏"复选框。

③单击"确定"按钮或"应用"按钮，此时任务栏被隐藏。

④仔细观察任务栏，将会看到原来任务栏所在边缘处出现一条细白色光线，将鼠标移到该处，任务栏自动弹出。

6. 控制通知区域的程序

任务栏中的"通知区域"位于任务栏的右侧，通知区域中用以显示系统时钟以及应用程序的图标，如 QQ 图标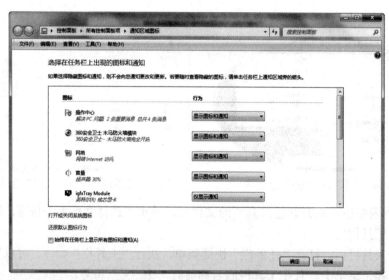。将鼠标指向通知区域的图标后，会出现屏幕提示，列出有关该程序的状态信息。要控制该区域的应用程序，可以用鼠标右击应用程序，然后就能看到显示了可用选项的弹出菜单。每个应用程序的菜单选项各不相同，其中大部分都可用于执行最常见的任务。

要对通知区域进行优化，可以设置属性、控制是否显示或隐藏系统图标，如时钟以及网络，另外还可以选择是否显示或隐藏应用程序的图标。

显示或隐藏通知区域内的图标的方法和步骤如下：

（1）在任务栏空白处右击鼠标，执行快捷菜单中的"属性"命令，打开如图 3-14 所示的"任务栏和「开始」菜单属性"对话框。

（2）单击"任务栏"选项卡，单击"通知区域"栏下"自定义"按钮（也可直接单击"通知区域"左侧的"显示隐藏的图标"按钮▲，在弹出的菜单中执行"自定义"命令），打开如图 3-18 所示的"通知区域图标"窗口。

图 3-18　"通知区域图标"窗口

（3）如果要显示所有图标，可勾选"始终在任务栏上显示所有图标和通知"复选框；如果对显示的图标进行控制，则可取消选中"始终在任务栏上显示所有图标和通知"复选框，随后可对通知方式进行调整。

（4）在"选择在任务栏上出现的图标和通知"列表框中，每一个图标都有下面三种方式可以选择。

- 隐藏图标和通知：从不显示图标和通知。
- 仅显示通知：只显示通知。
- 显示图标和通知：总是显示图标和通知。

（5）单击"确定"按钮，完成对通知项的设置。通知区域的图标将显示或隐藏在"显示隐藏的图标"按钮▲中。

7. 自定义"开始"菜单选项

在 Windows 中，系统提供了大量有关"开始"菜单的选项。用户可以选择哪些程序命令显示在"开始"菜单上，以及如何排列它们。此外，还可以添加如控制面板、设备和打印机、网络连接以及其他重要工具的选项。针对所有程序菜单还可启用或禁用个性化菜单。

【例 3-5】针对"开始"菜单，完成下面的设置。

（1）将"关机"按钮的功能设置成"重新启动"，即单击"关机"按钮不是关闭计算机而是重新启动计算机。

（2）在"开始"菜单中添加"运行"和"控制面板"两个链接选项。

操作方法如下：

①将鼠标移到任务栏的空白处，右击鼠标，执行快捷菜单中的"属性"命令，打开如图 3-14（a）所示的"任务栏和「开始」菜单属性"对话框。

②单击"「开始」菜单"选项卡，如图 3-14（b）所示。在"电源按钮操作"列表框中选择"重新启动"。

③单击"自定义"按钮，打开如图 3-14（c）所示的"自定义「开始」菜单"对话框。

④在"您可以自定义「开始」菜单上的链接、图标以及菜单的外观和行为"列表框中，单击控制面板下的"显示为链接"，并勾选"运行命令"复选框。

⑤两次单击"确定"按钮，自定义"开始"菜单选择设置完成。

⑥按下 Windows 键，观察"开始"菜单中项目的变化。

8. 指示器

（1）输入法指示器

单击"输入法指示器"按钮▤，打开输入法选择菜单供用户选择需要的输入法（也可按 Ctrl+Shift 或 Ctrl+Space 组合键来切换输入法），如图 3-19（a）所示。

如果某种输入法不再需要，也可以从输入法指示器中删除，其操作如下：

● 右击"输入法指示器"按钮，单击快捷菜单中的"设置"命令，如图 3-19（b）所示。打开"文本服务和输入语言"对话框，如图 3-19（c）所示。

（a）

（b）

（c）

图 3-19　"输入法指示器"按钮及有关设置

- 在"常规"选项卡上"已安装的服务"列表框中选中需要删除的输入法，单击"删除"按钮，接着单击"确定"按钮，即可完成对输入法的删除。

（2）音量指示器

单击"音量指示器"按钮，打开"显示扬声器的应用程序音量控件"对话框，如图 3-20（a）所示。拖动滑块可以增大或减小音量（或按↑←增大音量、按↓→减小音量）。

单击"合成器"按钮，可以调整扬声器、系统声音以及其他打开的应用程序声音的大小，如图 3-20（b）所示。

单击"扬声器"图标，打开如图 3-20（c）所示"扬声器属性"对话框。可以对扬声器进行详细设置。

单击"系统声音"图标，打开如图 3-20（d）所示"声音"对话框。可以对系统声音，如 Windows 登录、关闭程序的声音进行设置。

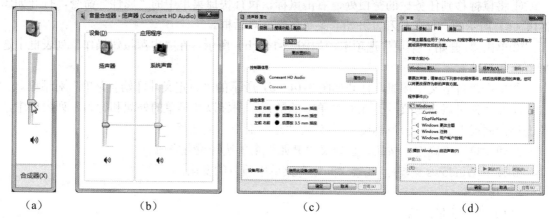

（a）　　　　　　（b）　　　　　　（c）　　　　　　（d）

图 3-20　"音量指示器"及有关设置

（3）时间指示器

在任务栏通知区域有一个电子时钟指示器，鼠标指向该指示器时将显示当前日期。单击该指示器，将打开如图 3-21（a）所示的"更改日期和时间设置"对话框。

单击"更改日期和时间设置"按钮，弹出"日期和时间"对话框，如图 3-21（b）所示。在此对话框中用户可以进行设置当前的日期和时间、更改时区、设置与 Internet 时间同步，以及添加一个附加时钟等有关操作。

（a）　　　　　　　　　　　　　（b）

图 3-21　"时间指示器"及有关设置

9. "显示桌面"按钮

"显示桌面"按钮是任务栏最右侧的一块半透明的区域（或按钮）▊，其作用有两个。

（1）单击此按钮，可显示桌面，最小化所有窗口。

（2）当把鼠标移动到该按钮上面后，用户即可透视桌面上的所有对象、查看桌面的情况、当鼠标离开此按钮后又恢复原状，如图 3-22 所示。

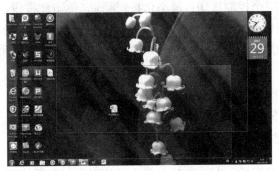

图 3-22　应用 Aero 效果透视桌面

3.5　Windows 7 的窗口及操作

3.5.1　窗口的类型和组成

所谓窗口是指当用户启动应用程序或打开文档时，桌面屏幕上出现的已定义的一个矩形工作区，用于查看应用程序或文档的信息。

在 Windows 7 中，窗口的外形基本一致，可以分为三类：应用程序窗口、文档窗口和对话框窗口。

1. 应用程序窗口

应用程序窗口简称窗口，它是一个应用程序运行时的人机交互界面。该程序的数据输入、处理的数据结果都在此显示，如图 3-23 所示是一个典型的 Windows 窗口的例子。

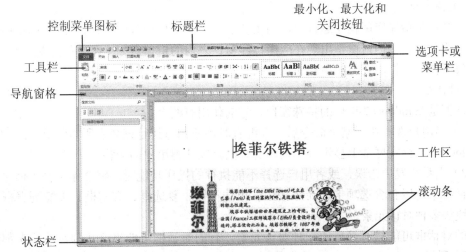

图 3-23　Windows 7 应用程序窗口

（1）标题栏

标题栏位于窗口的第一行，有的窗口有文字，可用来显示正在运行的应用程序名称。如果在桌面上同时打开多个窗口，其中一个窗口的标题栏比其他窗口的标题栏显示出更亮的颜色，则该窗口称为当前窗口。

（2）窗口控制按钮

在窗口的右上角有三个控制按钮：最小化按钮 ![最小化]，单击此按钮，窗口将变成一个图标停放在任务栏；最大化按钮 ![最大化]，单击该按钮，窗口将放大至整个屏幕，此时该按钮变成还原按钮 ![还原]，单击还原按钮，窗口变回上次窗口的大小和位置；单击关闭按钮 ![关闭]，将关闭此窗口。

（3）控制菜单图标

位于标题栏左边的小图标。单击此图标（或按下 Alt+SpaceBar 组合键）即打开控制菜单。选择菜单中的相关命令，可改变窗口的大小、位置或关闭窗口。

（4）选项卡

选项卡位于窗口标题栏的下面，选项卡列出了使用窗口时系统可以提供的各种功能。

（5）工具栏

在选项卡的下方就是工具栏，工具栏上列出了工具按钮，让用户更加方便地使用这些形象化的工具。

（6）窗口工作区

指当前应用程序可使用的屏幕区域，用于显示和处理各种工作对象的信息。

（7）滚动条

当一个窗口无法显示全部内容时，可以使用滚动条来移动观看尚未显示出的信息。窗口中有上下滚动条和左右滚动条，滚动条需用鼠标操作。

（8）状态栏（行）

位于窗口的底部，用于显示与窗口有关的状态信息，如在"资源管理器"窗口中，显示选择对象的个数、所用磁盘空间等。

（9）边框

可以用鼠标指针拖动边框及边框角更改窗口的大小。

2．文档窗口

文档窗口是指在应用程序运行时，向用户显示文档文件内容的窗口，如图 3-24 所示虚线框内显示的窗口。文档窗口是出现在应用程序窗口之内的窗口，如 Excel 中生成的工作簿等。文档窗口不含菜单栏，它与应用程序窗口共享菜单。

3．对话框

对话框是 Windows 7 提供的特殊窗口，它的作用有两个：

（1）当用户选择执行某个命令后，系统有时还要知道执行该命令所需的更详细的信息，为此 Windows 7 会在屏幕上显示一个询问的画面，以获得用户的应答。

（2）当系统发生错误，或者用户选择不能执行的操作功能时，将会显示警告信息框。

对话框中可以包含选项卡、命令按钮、单选按钮、复选框、文本框、下拉列表框、微调器和滑块等多种对话元素。

有的对话框可能只有简单的一种对话元素，有的对话框可能将这几种对话元素都包含，如图 3-25 所示。

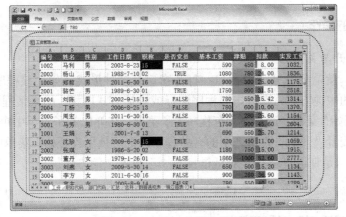

图 3-24　Excel 工作簿文档窗口

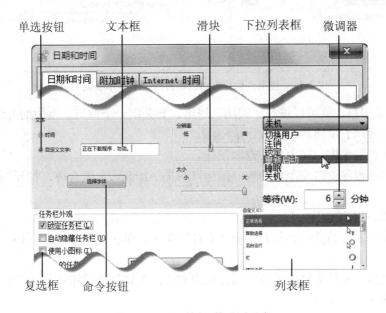

图 3-25　对话框及其对话元素

- 命令按钮：命令按钮用来执行某种任务的操作，单击即可执行某项命令。
- 单选按钮：单选按钮有多个选项，但某一时间只能选其中一项；单击即可选中一项。
- 复选框：单击复选框的"√"符号，选项被选中；复选框允许用户一次多选几项。
- 文本框：可以让用户手动输入简单的信息。
- 下拉列表框：单击框右侧箭头，可以查看选项列表，单击从中选择所需选项。
- 列表框：可以查看选项列表，单击从中选择所需选项。
- 微调器和滑块：单击其中的向上或向下箭头，可以更改其中的数字值，或直接从键盘输入数值；滑块可左右拖动以改变数值大小，常用于调整参数。
- 页面式选项卡：把相关功能的对话框组合在一起形成一个多功能对话框，每项功能的对话框称为一个选项卡，选项卡是对话框中叠放的页，单击对话框选项卡标签可显示相应的内容。

对话框与窗口最根本的区别是不能进行大小的改变。

3.5.2 窗口的操作

1. 窗口的打开与关闭

要使用窗口，就需要打开一个窗口。打开窗口有多种形式，如果该程序在桌面上或在桌面上建立了程序的快捷方式，则双击该程序图标或快捷方式图标；如果某程序在"开始"菜单之中，则单击"开始"菜单，选择"所有程序"子菜单，在弹出的子菜单中单击相应的程序名；对于没有在桌面或者"开始"菜单之中的有些程序，则可使用"开始"菜单中的"运行"对话框，如图 3-26 所示是使用"运行"对话框打开"记事本"的方法。

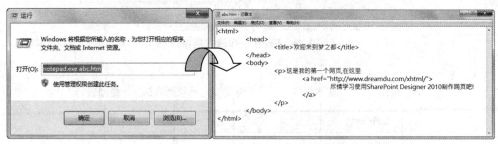

图 3-26   使用"运行"对话框打开"记事本"编辑器

窗口使用完毕后，就可以进行"关闭"退出。要关闭一个窗口，常用的方法有：

（1）单击窗口右上角的控制按钮 ![X] 。

（2）双击该程序窗口左上角的控制图标。

（3）单击该程序窗口左上角的控制图标，或按 Alt+Space 组合键，打开控制菜单，选择"关闭"命令。

（4）按 Alt+F4 组合键。

（5）大多数窗口的菜单栏都有一个"文件"菜单，单击此菜单，选择该菜单中的"关闭/退出"命令。

（6）将鼠标指向任务栏中的窗口图标按钮右击，在快捷菜单中选择"关闭"命令。

2. 多个窗口的打开

由于 Windows 7 是一个多任务操作系统，因此它允许同时打开多个窗口，打开多少个窗口一般不限，但要视所使用计算机的内存大小而定。如图 3-27 所示的多个程序窗口被打开的情况。

图 3-27   打开有多个窗口的桌面系统

3．选择当前窗口

用户可以在 Windows 7 操作系统中同时运行几个窗口，并随时在窗口间进行切换，但在启动的多个窗口中只有一个窗口是处于活动状态的，活动窗口称为当前窗口。当前窗口有以下特征。

（1）窗口的标题呈深色显示。

（2）该窗口在其他所有窗口之上。

选择或切换一个窗口的方法有：

（1）单击非活动窗口能看到的部分，该窗口即切换为当前活动窗口。

（2）对于打开的不同程序的窗口，在任务栏中都有一个代表该程序窗口的图标按钮，若要切换窗口，单击任务栏上的对应图标即可。

当同一程序多次启动时，会分组显示为同一图标按钮，该图标表现为不同层次地重叠。若要切换同一程序的不同窗口，将鼠标移动到代表程序的图标上，系统将出现预览窗口，单击预览窗口中的某一个窗口，即切换到所需要的内容窗口。

（3）切换窗口的快捷键是 Alt+Tab、Alt+Shift+Tab 和 Alt+Esc 组合键（此方法在切换窗口时，只能切换非最小化窗口，对于最小化窗口，只能激活）。

4．操作窗口

窗口的基本操作有移动窗口、改变窗口的大小、滚动窗口内容、最大（小）化窗口、还原窗口、关闭窗口等。

（1）移动窗口

将鼠标指针指向"标题栏"，按下左键不放，移动鼠标到所需要的地方，松开鼠标按钮，窗口即被移动。

也可使用键盘进行窗口的移动，方法是：按下 Alt+SpaceBar 组合键，弹出窗口控制菜单，选择"移动"命令，这时鼠标指针变为 ✥ ，然后按下"→"、"←"、"↑"和"↓"中的一个移动窗口到所需位置后，再按 Enter 键即可。

（2）改变窗口的大小

将鼠标指向窗口的边框或角，鼠标指针变为 ↕、⟷、↗ 和 ↘，按住鼠标左键不放，拖动到所需大小。

改变窗口的大小也可用键盘结合控制菜单进行操作。

（3）滚动查看窗口内容

如果一个窗口画面不能完全放下该窗口中的对象，这时可将鼠标指针指向窗口的水平或垂直滚动条，拖动滚动条上的滑块到合适位置即可。如果单击水平滚动条两端箭头符号"◀"和"▶"或垂直滚动条上下两端箭头符号"▲"和"▼"之一，则可左右或上下滚动一列或一行对象内容。

（4）最大（小）化和还原窗口

每个窗口右上角都有一组控制按钮 ▭ ▢ ✖ 或 ▭ ▢ ✖ ，依次为：最小化、最大化（还原）和关闭按钮。

- 最小化按钮：单击最小化按钮，窗口在桌面上消失，在任务栏中显示为一图标按钮；要对窗口最小化，也可使用控制菜单中的命令。
- 最大化按钮：单击最大化按钮，窗口扩大至整个桌面，此时该按钮变成还原按钮。
- 还原按钮：当窗口最大化时才出现此按钮，单击此按钮可使窗口恢复到最后一次窗口的大小和位置。

（5）排列窗口

打开多个窗口时，窗口需按一定方法组织才使桌面整洁，这时就需进行窗口的排列。窗口的排列方式有三种：层叠、横向平铺和纵向平铺。

要使窗口进行排列的方法是：右击任务栏空白处，弹出如图 3-28 所示的快捷菜单，从中选择一个命令即可。

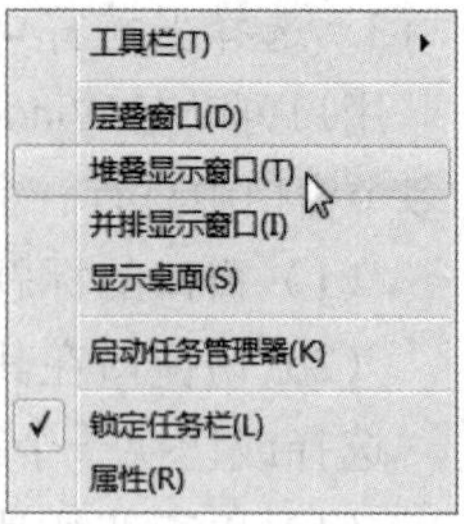

（6）窗口的截取

图 3-28　排列窗口命令

如果希望将某个窗口画面复制到另一些文档或图像中去，可以按下 Alt+PrintScreen 组合键（如只按下 PrintScreen 键，则把整个屏幕复制到剪贴板），就把当前窗口画面复制到剪贴板中，然后，如果需要再处理文档或图像时粘贴进去就可以了。

3.6　"计算机"与"资源管理器"

在 Windows 7 中，"计算机"与"资源管理器"是两个最重要的窗口，除了打开的初始界面内容不同外，其功能安全相同。"计算机"与"资源管理器"窗口将显示库、软磁盘、硬盘、CD-ROM 驱动器和网络驱动器中的内容。

使用"计算机"和"资源管理器"，用户可以复制、移动、重新命名以及搜索和打开文件和文件夹。例如，可以打开要复制或者移动其中文件的文件夹，然后将文件拖动到另一个文件夹或驱动器。也可利用"库"对分散在计算机不同位置的文件（夹）进行统一管理，而不必知道该文件（夹）具体在什么位置。

使用"计算机"和"资源管理器"，用户可以访问控制面板中的选项以修改计算机设置；同时显示映射到计算机上驱动器号的所有网络驱动器名称。

本节重点介绍"资源管理器"窗口及其操作。

1. "Windows 资源管理器"窗口的组成元素

打开"资源管理器"窗口的方法如下：

（1）单击"开始菜单"按钮，在弹出的"开始"菜单中选择"所有程序"项，在随后出现的子菜单中单击"附件"项下的"Windows 资源管理器"，即可打开"资源管理器"窗口。

（2）右击"开始菜单"按钮，在弹出的快捷菜单中执行"打开 Windows 资源管理器"命令。

（3）单击"任务栏"中的"Windows 资源管理器"图标。

（4）单击"开始菜单"按钮，并执行"运行"命令，在弹出的"运行"对话框中输入"explorer.exe"，按下 Enter（回车）键，或单击"确定"按钮。

（5）按下键盘上的 +E 组合键。

使用以上五种方法中的任何一种，均可打开"Windows 资源管理器"，如图 3-29 所示。

组成"Windows 资源管理器"窗口的元素与图 3-23 所示应用程序窗口基本相同，但也有几个特有的元素，现介绍如下：

（1）地址栏

显示当前窗口的位置，左侧是"后退"按钮和"前进"按钮，通过它们可快速查看指定位置的文件（夹），如输入 E:,即可显示磁盘 E 中的全部内容。

在地址栏中输入某个网络地址，如http://www.163.com，可打开该网站。

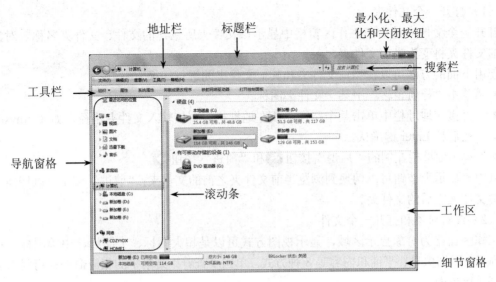

图 3-29 "Windows 资源管理器" 窗口

（2）搜索栏

在地址栏的右侧是搜索栏。将要查找的目标名称输入到"搜索"框中，系统随即在当前地址范围内进行搜索，并将搜索结果显示出来。

如果在搜索栏中单击，或单击右侧的 🔍 按钮，可弹出搜索条件列表，如图 3-30 所示。用户可在列表中选择已存在的条件，还可添加按日期或大小进行搜索等条件。

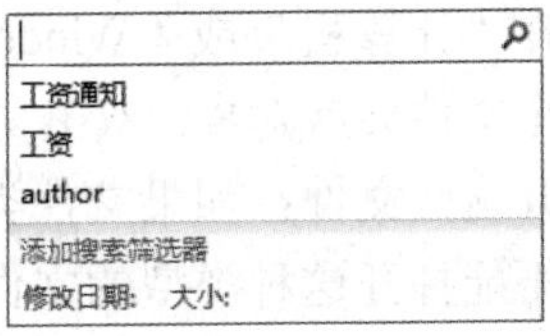

图 3-30 搜索栏及搜索条件列表

（3）工具栏

在菜单栏的下方就是工具栏，工具栏上列出了工具按钮，让用户可以更加方便地使用这些形象化的工具，如图 3-31 所示。

图 3-31 工具栏

（4）导航窗格

导航窗格位于工作区的左侧区域，包括 ▷☆ 收藏夹 、 ▷📁 库 、 ▷👪 家庭组 、 ▷💻 计算机 和 ▷🌐 网络 五个部分。

单击每个部分前面的"折叠"按钮▷，可以打开相应的列表，同时本项目前的"▷"变为"◢"，表示为"展开"。选择该项即可以打开列表，也可以在列表中选择需要打开的项目，选择完成后即可在工作区中显示出选择的内容对象。

导航窗格与工作区之间有一个分隔条，用鼠标拖动分隔条左右移动，可以调整左右窗格框架的大小以显示内容。

（5）细节窗格

细节窗格就是以前的状态栏（行），位于窗口的底部，用于显示与窗口有关的状态信息，如在"Windows 资源管理器"窗口中设置的显示选择对象的个数、所用磁盘空间等。

2. 使用"Windows 资源管理器"

利用"Windows 资源管理器"窗口，通常可以完成如下基本操作。

（1）打开一个文件夹

打开一个文件夹是指在工作区窗格中显示该文件夹所包含的文件、文件夹名称等对象。打开的文件夹将变为当前文件夹。

使用下面的方法可以在当前文件夹和其他文件夹间进行切换。

● 单击"导航窗格"中某一文件夹图标。

● 直接在地址栏中单击某个路径，或在地址栏中直接输入文件夹路径，如 C:\mysite，然后按 Enter 键确认。

● 单击地址栏左侧的"后退"按钮 和"前进"按钮 。

其中"后退"按钮可以切换到浏览当前文件夹之前的文件夹；"前进"按钮可以切换到浏览当前文件夹之后的文件夹。

（2）查看对象和打开一个文件

工作区窗格为对象显示区域，显示视图方式可以是超大图标、大图标、中等图标、小图标、列表、详细信息、平铺和内容等 8 种方式。单击"查看"菜单中的相应命令即可对对象显示方式进行更改。

在工作区窗格中，当单击某个文件时，"细节窗格"中还将显示选中的对象大小、创建和修改的日期时间、对象的类型等相关信息；当单击文件夹时，"细节窗格"中将显示文件夹的修改时间；对于图形文件，"细节窗格"中还将显示预览图。

在"计算机"或"Windows 资源管理器"窗口中浏览文件或对象时，按层次关系逐级打开各个文件夹或对象。双击文件时，如果文件类型已经在系统中注册，将会使用与之关联的程序打开这些文件；如果文件类型没有在系统中注册，则会弹出如图 3-32 所示的对话框，提示用户不能打开这种类型的文件，需要指定打开文件的方式。

选择"从已安装程序列表中选择程序"单选按钮，然后单击"确定"按钮，这时弹出如图 3-33 所示的"打开方式"对话框，从中选择一个打开此文件的程序。

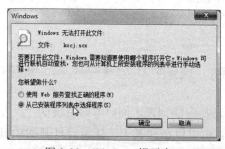

图 3-32　Windows 提示窗口

图 3-33　"打开方式"对话框

（3）选择文件（夹）或对象

在 Windows 7 中，往往在操作一个对象前，需做选定操作，如删除一个文件，在做删除操作 Delete 之前要通知操作系统删除哪一个文件。"选定"操作是指被选定的文件（夹）或对象的颜色高亮显示。选定文件（夹）或对象的方法有下面几种。

● 选定一个对象

单击即可选定所需的对象；也可按 Tab 键，将光标定位在对象显示区，然后按光标移动键，移动到所需对象上即可。

● 选定多个连续对象

先单击要选定的第一个对象，再按住 Shift 键，然后单击要选定的最后一个对象，再释放 Shift 键，这时可选定首尾及其之间的所有对象；也可按 Tab 键，将光标定位在对象显示区，然后按光标移动键，移动到所需的第一个对象上，然后按住 Shift 键，移动光标移动键到最后一个对象。

要选定几个连续对象，也可将鼠标指向显示对象窗格中的某一空白处，按下鼠标左键拖动到某一位置，这时鼠标指针拖出一矩形框，矩形框交叉和包围的对象将全部选中。

● 选定多个不连续对象

先单击要选定的第一个对象，再按住 Ctrl 键，然后依次单击要选定的对象，再释放 Ctrl 键，这时可选定多个不连续的对象。

● 选定所有对象

单击"编辑"菜单，选择"全部选定"命令，或按下 Ctrl+A 组合键，可将当前文件夹下的全部对象选中。

● 反向选择对象

单击"编辑"菜单，选择"反向选择"命令，可以选中先前没有被选中的对象，同时取消已被选中的对象。

如果要取消当前选定的对象，只需单击窗口中任意空白处，或按键盘上的任意一个光标移动键即可。

（4）文件夹选项的设置

在 Windows 7 中，"文件夹选项"命令位于"控制面板"之中，但在"Windows 资源管理器"窗口中也可进行相关的设置。

【例 3-6】对"Windows 资源管理器"窗口，要求完成如下设置。

● 在"Windows 资源管理器"窗口中，以打开新窗口的方式浏览文件夹。

● 显示隐藏的文件（夹）。

操作方法如下：

①按下 ⊞+E 组合键，打开"Windows 资源管理器"窗口。

②单击"工具"菜单中的"文件夹选项"命令，弹出如图 3-34（a）所示的"文件夹选项"对话框，系统默认显示的是"常规"选项卡。

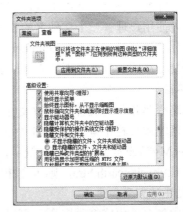

(a)　　　　　　　　　　　　　　　　(b)

图 3-34　"文件夹选项"对话框

③在"浏览文件夹"栏中，单击"在不同窗口中打开不同的文件夹"选项。

④切换到"查看"选项卡，移动"高级设置"框中的垂直滚动条到"隐藏文件和文件夹"处，单击"不显示隐藏的文件、文件夹或驱动器"或"显示所有文件或文件夹"单选按钮，分别用于不显示或显示隐藏文件（夹），如图 3-14（b）所示。

⑤单击"确定"按钮，完成上面的设置并回到"Windows 资源管理器"窗口。双击打开一个文件夹，这时我们会发现，该文件夹的内容将在另一个窗口中显示。

注：如果在"Windows 资源管理器"窗口没有显示菜单栏，可单击工具栏中的"组织"按钮 组织▼ ，弹出其命令下拉列表框，执行"布局"菜单下的"菜单栏"命令。

3.7　Windows 7 的文件管理

3.7.1　文件（夹）和路径

文件是计算机系统中组织数据的最小单位，文件中可以存放文本、图像以及数据等信息，计算机中可以存放很多文件。为便于管理文件，我们把文件进行分类组织，并把有内在联系的一组文件存放在磁盘中的一个文件项目下，这个项目称为文件夹或目录。一个文件夹可以存放文件和其项目下的子文件夹，子文件夹中还可以存放子子文件夹，这样一级一级地下去，整个文件夹结构呈现一种树状的组织结构。资源管理器中的"导航窗格"就是显示文件夹结构的地方。

一棵树总有一个根，在 Windows 7 中，桌面就是文件夹树形结构的根，根下面的系统文件夹有"库"、"计算机"、"网络"等。

1. 文件的命名

在计算机中,每一个文件都有一个名字并存放在磁盘中的一个位置上,其名字称为文件名,对一个文件所有的操作都是通过文件名进行的。

文件名一般由主文件名和扩展名两部分组成。扩展名可有可无，它用于说明文件的类型。主文件名和扩展名之间用符号"."隔开。

在 Windows 7 中，文件名可以由最长不超过 255 个合法的可见 ASCII 字符组成（文件名中也可使用中文），如 My Documents。为一个文件取名时不能使用下列字符：<、>、/、\、?、*、:、"、|。

如果文件名中有英文字母出现，在 Windows 7 中的文件名系统不区分大小写。

为了方便用户理解一个文件名的含义，Windows 7 中的长文件名可用符号"."适当地分成几个部分，如：disquisition.computer.language.Java.DOCX。

系统规定在同一个地方不能有相同的两个名字，但在不同的地方可以重名。

2. 路径

所谓路径是指从此文件夹到彼文件夹之间所经过的各种文件夹的名称，比如我们经常在资源管理器的地址栏中键入要查询文件（夹）或对象所在的地址，如 C:\Users\Administrator\Documents\My Web sites，按 Enter 键后，系统就可显示该文件夹的内容；如果键入一个具体文件名，如 C:\mysite\earth.htm，则可在相应的应用程序中打开一个文件。

3. 文件的类型和图标

文件中包含的内容多种多样，可以是程序、文本、声音、图像等，与之对应，文件被划分为不同的类型，如程序文件（.com、.exe）、文本文件（.txt）、声音文件（.wav、.mp3）、图像文件（.bmp、.jpg）、字体文件（.fon）、Word 文档（.docx）等。

不同类型的文件具有不同的功能，而且是由不同的软件打开或生成。有时一个文件的类型也称为文件的格式，在保存一个文件时，都是以某一种文件格式保存。区别一个文件的格式有两种方法：一种是根据文件的扩展名，另一种是根据文件的图标。在 Windows 7 中，每一个文件都有一个图标，不同类型的文件在屏幕上将显示为不同的图标，如表 3-3 所示是一些常见的扩展名及其所对应的图标。

表 3-3　文件类型及其对应的扩展名和图标

扩展名	图标按钮	文件类型	扩展名	图标按钮	文件类型
.com 或 exe		命令文件或应用程序文件	.hlp		帮助文件
.txt		文本文件	.htm		Web 网页文件
.bmp		位图文件	.mid		声音文件
.doc		Word 文档文件			代表一个文件夹
.xls		Excel 工作簿文件			硬盘
.ppt		PowerPoint 演示文稿			光盘

4．一个特殊的文件夹"个人文件夹"

"个人文件夹"是一个特殊的文件夹，它是在安装系统时建立的，名称与系统用户相一致，用于存放用户的文件。一些程序常将此文件夹作为存放文件的默认文件夹。要打开"个人文件夹"，可以单击"开始菜单"按钮，在展开的"开始"菜单中选择"个人文件夹"，即可打开"个人文件夹"窗口。

3.7.2　文件管理

文件（夹）或对象的管理是 Windows 7 的一项重要功能，包括新建文件（夹）、文件（夹）的重命名、复制与移动文件（夹）、删除文件（夹）、查看文件的属性等操作。

1．新建文件（夹）

文件或文件夹通常是由相应的程序来创建的，在"计算机"或"Windows 资源管理器"中既可创建空文档文件，也可创建空文件夹，等以后再打开并添加内容。创建一个空文件（夹）的操作步骤如下。

（1）打开"计算机"或"Windows 资源管理器"。

（2）在"导航窗格"中，选中一个文件夹，双击打开该文件夹窗口。

（3）单击"文件"→"新建"→"文件夹"命令（或右击，在弹出的快捷菜单中选择"新建"命令），此时出现一个名为"新建文件夹"的文件夹，如图 3-35 所示。

只有当一级文件夹建立之后，才可以在该文件夹中新建文件或文件夹。

2．文件（夹）的重命名

新建的文件或文件夹，系统会自动地为它取一个名字，系统默认的文件名为：新建文件夹、新建文件夹（2）、……等。如果是一个新建文本文档，则其文件名为：新建文本文档、新建文本文档（2）、……等。如果用户觉得不太满意，可以重新给文件或文件夹改一个名称。重命名的操作步骤如下。

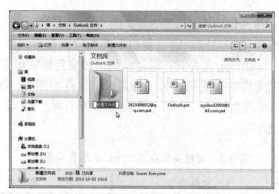

图 3-35　新建一个文件或文件夹

（1）单击要重命名的文件（夹）。

（2）单击"文件"，在展开的菜单中选择"重命名"命令。

（3）这时在文件（夹）名称框处有一不断闪动的竖线"插入点"，直接输入名称。

（4）最后，按下 Enter 键或在其他空白处单击即可。

要为一个文件（夹）重命名，也可在文件名称处右击，在弹出的快捷菜单中选择"重命名"命令；或将鼠标指向某文件（夹）名称处，单击后，稍等一会，再单击，也可进行重命名；或直接按下 F2 功能键，也可进行重命名。

3．复制与移动文件（夹）

有时要进行文件备份或将一个文件（夹）从一个地方移动到另一个地方，就需要用到复制与移动文件（夹）的功能。

（1）复制文件（夹）

复制文件或文件夹的方法有以下几种：

● 选择要复制的文件或文件夹，按住 Ctrl 键拖动到目标位置，如图 3-36 所示。

● 选择要复制的文件或文件夹，按住鼠标右键并拖动到目标位置，松开鼠标，在弹出的快捷菜单中选择"复制到当前位置"命令。

● 选择要复制的文件或文件夹，单击"编辑"菜单，在展开的菜单中选择"复制"命令（或右击，在弹出的快捷菜单中选择"复制"命令；也可按 Ctrl+C 组合键）；然后定位到目标位置，单击"编辑"菜单，在展开的菜单中选择"粘贴"命令（或右击，在弹出的快捷菜单中选择"粘贴"命令；或直接按 Ctrl+V 组合键）。

● 单击"编辑"菜单，执行"复制到文件夹"命令，在弹出的如图 3-37 所示的"复制项目"对话框中，选择要复制到的目标文件夹位置，单击"复制"按钮。

图 3-36　拖动复制文件（夹）到目标文件夹　　　图 3-37　"复制项目"对话框

（2）移动文件（夹）

移动文件或文件夹的操作步骤如下。

①选择要复制的文件或文件夹。

②单击"编辑"菜单中的"剪切"命令（或右击，在弹出的快捷菜单中选择"复制"命令；也可按 Ctrl+X 组合键）。

③然后定位到目标位置，单击"编辑"菜单中的"粘贴"命令（或右击，在弹出的快捷菜单中选择"粘贴"命令，或直接按 Ctrl+V 组合键）。

拖动一个文件（夹）到同一张磁盘，则是移动操作；按下 Ctrl 键，拖动一个文件（夹）到同一张磁盘，则是复制操作；单击"编辑"菜单中的"移动到文件夹"命令，也可将选中的文件（夹）移动到指定的目标文件夹。

4.　删除文件（夹）

如果一个文件（夹）不再使用，则可删除该文件（夹）。删除文件（夹）的方法有：

（1）选择要删除的文件（夹），直接按下 Delete（Del）键即可。

（2）选择要删除的文件（夹），右击，在弹出的快捷菜单中选择"删除"命令。

（3）选择要删除的文件（夹），单击"文件"菜单中的"删除"命令。

上述方法在执行时，均弹出如图 3-38 所示的"删除文件（夹）"对话框，单击"是"按钮，可将选定的文件（夹）删除并放入到回收站。

在使用上述几种删除方法时，若按下 Shift 键不放，则删除的文件（夹）将不送到回收站而直接从磁盘中删除。

5.　文件的属性

每一个文件（夹）都有一定的属性，并且对不同的文件类型，其"属性"对话框中的信息也各不相同，如文件夹的类型、文件路径、占用的磁盘、修改和创建时间等。

图 3-38　"确认文件夹删除"对话框

选定要查看属性的文件（夹），单击"文件"，在展开的菜单中选择"属性"命令，弹出文件（夹）的属性对话框。一般一个文件（夹）都包含只读、隐藏、存档几个属性，如图 3-39 所示是一个文件夹和一个具体文件的属性对话框。

图 3-39　文件夹（左）和文件（右）"属性"对话框

在"常规"选项卡中，各选项基本含义如下。

● 类型：显示所选文件（夹）的类型，如果类型为快捷方式，则显示项目快捷方式的属性，而非原始项目文件的属性。

● 位置：显示文件（夹）在电脑中的位置。

● 大小：显示文件（夹）的大小，以数字（字节）的形式显示占用空间的大小。

● 创建时间/修改时间/访问时间：显示文件（夹）的创建时间等信息。

● 属性：如果文件（夹）设置为：只读，则表示文件不能进行删除；隐藏，则表示为不可见；存档，则表示该文件可进行备份。

【例 3-7】在"个人文件夹"中，要求完成如下设置。

（1）新建一个文件夹，并命名为"My Picture"，然后在新建文件夹中创建一个名称为"我的图像.bmp"的文件。

（2）将"我的图像.bmp"文件设置为隐藏属性后隐藏。

操作方法如下：

①在 Windows 桌面上，双击打开"个人文件夹"窗口。

②在"个人文件夹"窗口空白处，单击右键，执行快捷菜单中的"新建"菜单中的"BMP图像"命令，系统随即创建了名称为"新建位图图像.bmp"的图形文件。

③单击"文件"菜单中的"重命名"命令，将"新建位图图像.bmp"命名为"我的图像.bmp"。

④右击"我的图像.bmp"，执行快捷菜单中的"属性"命令，打开如图 3-39（右）所示的"属性"对话框并在"属性"栏下勾选"隐藏"复选框。

⑤单击"确定"按钮，回到"个人文件夹"窗口。

⑥单击"查看"菜单中的"刷新"命令（或按下 F5 功能键），观察屏幕的效果。

3.7.3 "回收站"的管理

"回收站"的设置目的是：如果用户不小心误删除了文件（夹），一般情况下是先将删除的文件（夹）放入到"回收站"；如果后悔，还可以从"回收站"中将文件还原回去。

"回收站"占用硬盘中的一部分空间。删除文件（夹）时，如果"回收站"空间不够大，则最先删除的文件最先移出"回收站"；如果要删除的文件（夹）比整个"回收站"空间还要大的话，则该文件夹不再放入"回收站"而直接删除。

桌面上的"回收站"图标露出纸张"![icon]"，表明"回收站"中有被删除的对象，否则为空，图标为"![icon]"。

双击桌面上的"回收站"图标，Windows 7 系统弹出"回收站"窗口。

1. 从回收站中还原或删除文件（夹）

如果用户要将已删除的某个文件还原，在"回收站"窗口中，选中要还原的文件或文件夹，再单击"文件"菜单下的"还原"命令（或右击，在弹出的快捷菜单中选择"还原"命令）。选中的文件（夹）就恢复到原来的位置，如图 3-40 所示。

如果要真正删除一个文件（夹），可选中一个或多个文件（夹），右击在弹出的快捷菜单中选择"删除"命令（也可使用"文件"菜单中的"删除"命令）。

2. 清空"回收站"

"回收站"中的文件并不表示已真正地被删除，而是暂时被删除。它们仍然占据了硬盘的空间，所以应及时清理。

清空"回收站"的操作方法有：

（1）在 Windows 桌面上，右击"回收站"图标，执行快捷菜单中的"清空回收站"命令。

（2）打开"回收站"窗口，单击"文件"菜单中的"清空回收站"命令。

（3）在"回收站"窗口的空白处右击，在弹出的快捷菜单中选择"清空回收站"命令。

（4）在"回收站"窗口中，单击工具栏中的"清空回收站"按钮 清空回收站 。

3．"回收站"属性的设置

要改变"回收站"中的一些设置，如"回收站"的空间大小，执行删除操作时是否出现"确认"对话框等，可以通过改变"回收站"的属性来进行修改。具体的操作方法是：右击桌面上的"回收站"图标，执行快捷菜单中的"属性"命令，打开"回收站属性"对话框，如图3-41 所示。

图 3-40　还原文件（夹）

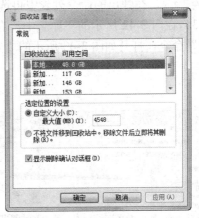
图 3-41　"回收站属性"对话框

在"回收站属性"对话框中，在"回收站位置"列表框中选择一个磁盘，在"自定义大小"栏下的"最大值"框中输入用于存放删除文件的空间大小，如 4096，即 4G；勾选"显示删除确认对话框"复选框，则在用户执行删除操作时会出现提示对话框，否则不出现提示对话框；单击选中"不将文件移到回收站中。移除文件后立即将其删除"单选按钮，则执行删除文件时将直接进行删除操作。

3.7.4　"库"及其使用

在 Windows 7 系统中新增了一个"库"的概念，那么"库"到底是什么呢？库有点像是大型的文件夹一样，不过与文件夹又有一点区别，它的功能相对强大些，因此特别给大家系统、全面地介绍 Windows 7 中的"库"。

"库"是 Windows 7 中的一个新功能，简单的说，Windows 7 中的"库"就是为了方便用户查找电脑里面的文件，给文件分类而已。

"库"可以把存放在计算机中不同位置的文件夹关联到一起。关联以后便无须记住存放这些文件夹的详细位置，可以随时轻松查看。用户也不必担心文件夹关联到"库"中会占用额外的存储空间，因为它们就像桌面的快捷方式一样，只是为用户提供了一个方便查找的路径而已。

删除"库"及其内容时，并不会影响到那些真实的文件。

在 Windows 7 默认的"库"中，有图片、文档、音乐、视频这四个分类，如图 3-42 所示。

1. 新建"库"

在图 3-42 中，用户也可以建立自己的库，方法是：单击"文件"菜单，执行"新建"菜单中的"库"命令（或右击"库"窗口中的空白处，执行快捷菜单中"新建"菜单中的"库"命令），系统随即创建一个新库，然后重新命名就可以使用了。

2. 向"库"中添加文件夹

如果用户所需要的文件（夹）没有放在"库"中某个分类中，可以将它们都添加到库中，有几个方法可以添加到库。

（1）右击想要添加到库的文件夹，选择"包含到库"，再选择包含到"库"的一个分类中。文件（夹）虽然包含到库中，但文件还是存储在原始的位置，不会改变。

（2）如果添加到"库"的文件夹已经打开，可以单击工具栏中的"包含到库中"按钮 包含到库中 ▼ ，在弹出的命令列表中再选择添加到"库"中的一个分类中。

（3）在图 3-42 所示的"库"中，右击某个分类图标，例如"文档"。执行快捷菜单中的"属性"命令，打开如图 3-43 所示的"文档属性"对话框。

图 3-42　"Windows 资源管理器"窗口中的"库"

图 3-43　"文档属性"对话框

单击"包含文件夹"按钮，弹出"将文件夹包括在'文档'中"对话框，找到要包含到"文档"库的文件夹，单击"包括文件夹"按钮即可。

【例 3-8】在磁盘 D 中新建一个文件夹"Image"，然后再新建一个名称为"我的图片"库。库中包含"Image"文件夹。

操作方法如下：

①在 Windows 桌面上，双击打开"计算机"窗口。

②找到并双击磁盘 D，打开 D 盘窗口。右击窗口的空白处，执行快捷菜单"新建"项下的"文件"命令，创建一个名称为"Image"的文件夹。

③单击"导航窗格"中的"库"，打开"库"窗口。右击"库"窗口中的空白处，执行快捷菜单"新建"菜单中的"库"命令，创建一个名称为"我的图片"的空库。

④双击"我的图片"库，如图 3-44 所示。由于此库为空，单击"包括一个文件夹"按钮，弹出如图 3-45 所示的"将文件夹包括在'我的图片'中"对话框。

⑤选择文件夹"Image"，单击"包括文件夹"按钮，回到"我的图片"库，这时可以看到"我的图片"库中包含了文件夹"Image"。

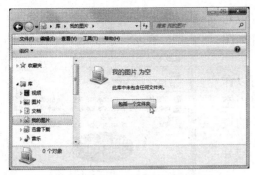

图 3-44　创建的"我的图片"库窗口

图 3-45　"将文件夹包括在'我的图片'中"对话框

3. 从"库"中删除文件夹

在图 3-43 所示"文档属性"对话框中，在"库位置"列表框中，选中一个文件夹，再单击"删除"按钮，选中的文件夹将从库中移出。

3.8　Windows 7 的磁盘管理

为了使用户的磁盘工作得更好，Windows 7 系统为用户提供了多种管理磁盘的工具。磁盘管理主要包括以下几方面的内容。

3.8.1　格式化磁盘

一般来说，一张新的磁盘在第一次使用之前一定要进行格式化。所谓格式化就是指在磁盘上正确建立文件的读写信息结构。对磁盘进行格式化的过程，就是对磁盘进行划分磁面、磁道和扇区等相关的操作。

【例 3-9】利用 Windows 7 系统对 U 盘进行格式化。

U 盘进行格式化的操作步骤如下。

（1）打开"计算机"或"Windows 资源管理器"窗口，选择将要进行格式化的磁盘符号，这里选择可移动磁盘（I:）。

（2）单击"文件"菜单中的"格式化"命令（或右击，在弹出的快捷菜单中选择"格式化"命令），打开"格式化"对话框，如图 3-46 所示。

在"格式化"对话框中，确定磁盘的容量大小、设置磁盘卷标名（最多使用 11 个合法字符）、确定格式化选项，如快速格式化，格式化设置完毕后，单击"开始"按钮，即开始格式化所选定的磁盘。

图 3-46　"格式化"对话框

注：如果磁盘上的文件已打开、磁盘的内容正在显示或者磁盘包含系统、引导分区等，则该张磁盘不能进行格式化操作。

3.8.2　查看磁盘的属性

一个磁盘的属性包括磁盘的类型、卷标、容量大小、已用和可用的空间、共享设置等。用户可以利用下面的步骤查看任何一张磁盘的属性。

（1）打开"计算机"或"Windows 资源管理器"窗口，选择要查看属性磁盘符号（如 I:）。

（2）打开"文件"菜单，单击"属性"命令（或右击，在弹出的快捷菜单中选择"属性"命令），打开如图3-47所示的"属性"对话框。

（3）在弹出的"磁盘属性"对话框中，用户可以详细地查看该张磁盘的使用信息，如查看该磁盘的已用空间、可用空间以及文件系统的类型；进行一些必要的设置，如更改卷标名、设置磁盘共享等。

3.8.3 磁盘清理程序

在计算机的使用过程中，由于多种原因，系统将会产生许多"垃圾文件"，如"回收站"中的删除文件、系统使用的临时文件、Internet 缓存文件以及一些可安全删除的不需要的文件等。这些垃圾文件越来越多，它们占

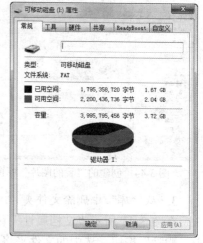

图 3-47 "磁盘属性"对话框

据了大量的磁盘空间并影响计算机的正常运行，因此必需定期清除。磁盘清理程序就是为了清理这些垃圾文件而特殊编写的一个程序。

磁盘清理程序的使用方法如下。

（1）依次单击"开始"→"所有程序"→"附件"→"系统工具"→"磁盘清理"命令，系统弹出如图3-48所示的"磁盘清理：驱动器选择"对话框。

（2）单击"驱动器"右侧的下拉列表框，选择一个要清理的驱动器符号，如 C:，并单击"确定"按钮。

（3）接下来，系统弹出如图3-49所示的"磁盘清理"对话框。在该对话框中，选择要清理的文件（夹），如果单击"查看文件"按钮，则用户可以查看文件中的详细信息。

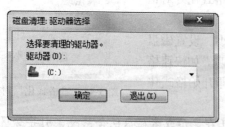

图 3-48 "驱动器选择"对话框

图 3-49 选择要清理的文件（夹）

（4）单击"确定"按钮，系统弹出"磁盘清理"确认对话框，单击"确定"按钮，系统开始清理并删除不需要的垃圾文件（夹）。

3.8.4 磁盘碎片整理程序

通常情况下，一个文件的大小都超过了一个扇区的容量，所以一个文件在磁盘上存储时

是分散在不同的扇区里，而这些扇区在磁盘物理位置上可以是连续的，也可以是不连续的。一个文件的存放无论是连续的，还是不连续的，计算机系统都能找到并读取，但速度不一样。

"磁盘碎片整理程序"的作用是重新安排计算机磁盘的文件、程序以及未使用的空间，以便程序运行得更快、文件打开和读取得更快。

【例 3-10】对 D 盘进行碎片整理。

操作步骤如下。

（1）依次单击"开始"→"所有程序"→"附件"→"系统工具"→"磁盘碎片整理程序"命令，系统弹出如图 3-50 所示的"磁盘碎片整理程序"窗口。

（2）接下来，选中要分析或整理的磁盘，如选择（D:）盘，单击"磁盘碎片整理"按钮，系统开始整理磁盘。

由于磁盘碎片整理的时间比较长，因此在整理磁盘前一般要先进行分析以确定磁盘是否需要进行整理。为此单击"分析磁盘"按钮，这样系统便开始对当前磁盘进行分析，以决定是否进行碎片整理。

图 3-50　"磁盘碎片整理程序"窗口

3.9　Windows 7 附件中的常用程序

在 Windows 7 中，系统自带了许多可以在日常工作中使用的程序。下面就几个常用程序的功能做一下介绍。

3.9.1　媒体播放器

使用 Windows Media Player 可以播放多种类型的音频和视频文件，还可以播放和制作 CD 副本、播放 DVD（如果有 DVD 硬件）、收听 Internet 广播站、播放电影剪辑或观赏网站中的音乐电视。

打开 Windows Media Player 的步骤是，单击任务栏中的 Windows Media Player 按钮 ，系统打开如图 3-51 所示的 Windows Media Player 播放器窗口。

图 3-51　Windows Media Player 窗口

要使用 Windows Media Player 来播放音频文件，需要有声卡和扬声器。在窗口的下方，有许多控制按钮，用于控制当前正在播放的文件。下面我们就播放一首歌和一个电影片断说明其使用的过程。

1. 播放歌曲

使用 Windows Media Player 播放歌曲的操作步骤如下。

（1）在 Windows Media Player 窗口中，单击"文件"菜单，选择"打开"命令，加载要播放的一首或多首歌曲，如"白狐-陈瑞.mp3"。

（2）按住鼠标左键移动窗口底部的音量滑块 ━━●━━━ 可以调节音量大小。

（3）单击按钮 |◀◀ 或 ▶▶| 可以播放上或下一首歌曲（按住这两个按钮，可快速后退或前进）。如果单击"播放"菜单中的"无序播放"命令（或按 Ctrl+H 组合键）可启动随机播放功能。

2. 播放一个影片

使用 Windows Media Player 播放影片的操作步骤如下。

（1）在 Windows Media Player 窗口中，单击"文件"菜单，选择"打开"命令。

（2）在随后出现的"打开"对话框中，选择要加载播放的影片，如"奴里"。如果光盘中一时找不到所需的文件，可在"文件类型"下拉列表框中选择"所有文件"，然后寻找所需文件。

（3）单击"打开"按钮，该影片即可放映。

3.9.2　计算器

在 Windows 7 中，系统提供了四种计算器，即标准型、科学型、程序员和统计信息计算器。使用"标准"计算器可以进行简单的算术运算，并且可以将结果保存在剪贴板中，以供其他应用程序或文档使用；使用"科学"计算器可以进行比较复杂的函数运算和统计运算；使用"程序员"计算器则可提供逻辑运算和数制转换；使用"统计信息"计算器还可以进行统计运算。

在使用计算器时，数字或字母的输入既可使用键盘，也可使用鼠标。

打开"计算器"的方法是，依次单击"开始"→"所有程序"→"附件"→"计算器"命令，打开如图 3-52 所示的计算器窗口。

　（a）标准型计算器　　　（b）科学型计算器　　　（c）程序员计算器　　　（d）统计信息计算器

图 3-52　"计算器"窗口

单击"查看"菜单中的"科学型"命令，即可打开科学型计算器窗口。

1. 执行简单的计算

【例 3-11】利用"标准型"计算器计算表达式 4*9+15 的值。

操作方法如下。

（1）打开如图 3-52（a）所示的"标准"计算器窗口。

（2）键入计算的第一个数字，如 4。

（3）单击"+"执行加、"-"执行减、"*"执行乘或"/"执行除，如本例为"*"。

（4）键入计算的下一个数字，如 9。

（5）输入所有剩余的运算符和数字，这里是"+15"。

（6）单击"="，最后得 51。

2. 科学计算

【例 3-12】利用"科学型"计算器计算表达式 10! 的值。

操作方法如下：

（1）单击"查看"菜单中的"科学型"，打开如图 3-52（b）所示"科学"计算器窗口。

（2）键入数字 10，再单击"n!"按钮 n! ，得到 10 的阶乘数 3628800。

3. 逻辑计算

【例 3-13】利用"程序员"计算器计算表达式 Not 5 的值。

操作方法如下：

（1）单击"查看"菜单中的"程序员"，打开如图 3-52（c）所示"程序员"计算器窗口。

（2）键入数字 5，再单击"Not"按钮 Not ，得到对 5 的取反值为-5。

4. 统计计算

【例 3-14】利用"统计信息"计算器计算表达式 1+2+3+…+10 的值。

操作方法如下：

（1）单击"查看"菜单中的"统计信息"命令，打开如图 3-52（d）所示"统计信息"计算器窗口。

（2）键入数字 1，然后单击"Add"按钮 Add ，将 1 添加到上方"数字"列表中。

（3）依次键入数字 2、3、…、10，每输入一个数字，都要单击一次"Add"按钮。

（4）单击"求和"按钮 Σx ，可以求出连加的和为 55。

单击"编辑"菜单中的"复制"命令（或按 Ctrl+C 组合键，可将计算结果保存到剪贴板中，以备将来其他程序使用。

3.9.3　记事本和写字板

"记事本"（NotePad）是一个纯文本编辑器，功能单一，常用于编辑简单的文本文档（*.txt）或创建网页（*.html）。"记事本"可以输入文字，但不能处理诸如字体的大小、类型、行距和字间距等格式。要创建和编辑带格式的文件，可以使用"写字板"或其他更好的字处理软件如Word、WPS 等。

"写字板"（WordPad）可以创建或编辑包含格式或图形的文件，也可以进行基本的文本编辑或创建网页。它的功能和 Word 程序软件相似，但不如 Word 程序软件功能强大。对于编辑一些不太长、不太复杂的文章，"写字板"完全能够胜任，其特点是启动快，不需要特别安装。

　　打开"记事本"或"写字板"的方法是，依次单击"开始"→"所有程序"→"附件"→"记事本"（或"写字板"）命令，打开如图 3-53 所示的对话框。

　　　（a）"记事本"窗口　　　　　　　　　　　　　　　　　　　（b）"写字板"窗口

图 3-53　　"记事本"与"写字板"窗口

　　如果"记事本"窗口是新打开的，则系统会赋予它一个无标题的文件名，用户可以直接在窗口工作区内输入和编辑文字；如果"记事本"窗口中原来有内容，而要创建新文件，则只需单击"文件"菜单，然后选择"新建"命令，接下来就可以编辑新文件了。

　　如果要编辑一个文件，则需要打开该文件；反之，则需要保存和关闭该文件。

　　1. 打开文件

　　打开一个现成的文本文件的步骤方法是：

- 单击"文件"菜单下的"打开"命令。如果使用"写字板"，则单击"写字板"按钮![写字板按钮]，在弹出下拉列表中执行"打开"命令。
- 在"打开"对话框中选取想要打开的文件，然后单击"打开"按钮。

　　2. 保存文件

　　如果处理过的文件需要保存，则有两种方式。如果是一个现有的文件，希望按原有的文件名保存，则单击"文件"菜单，从中选择"保存"命令即可；如果是一个新建文件，则单击"文件"菜单，选择"另存为"命令，在打开的"另存为"对话框中，用户需要输入保存文件的文件名，然后按 Enter 键。

　　如果使用"写字板"，则单击"写字板"按钮![写字板按钮]，在弹出下拉列表中执行"保存"命令，也可单击"快速访问工具栏"中的"保存"按钮![保存按钮]。

　　3. 关闭窗口

　　"记事本"窗口是一个标准 Windows 应用程序窗口，因此要关闭该窗口，可使用关闭 Windows 窗口的任何一种方法，也可按下 Alt+F4 组合键。

　　4. 打印

　　如果用户要把编辑的文件内容打印出来，可以使用"文件"菜单中的"打印"命令。在打印之前，可使用"文件"菜单中的"页面设置"命令对打印页面进行设置，如设置纸张大小、页边距以及打印方向等。

　　如果使用"写字板"，则单击"写字板"按钮![写字板按钮]，在弹出下拉列表中执行"页面设置"和"打印"命令，可对文档进行页面设置和打印的操作。

　　【例 3-15】利用"写字板"程序，完成如图 3-54 所示的操作。

　　操作方法如下：

　　（1）打开"写字板"程序，并首先完成图 3-54 所示的文字录入。

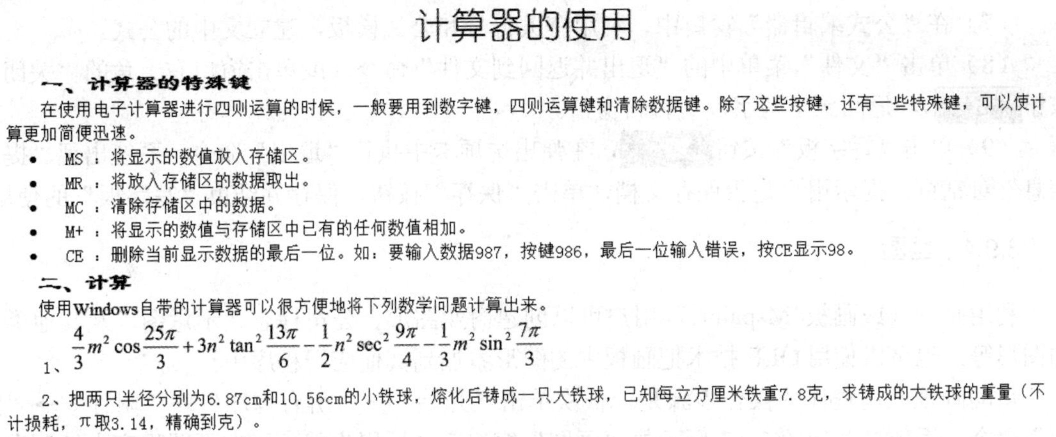

计算器的使用

一、计算器的特殊键

在使用电子计算器进行四则运算的时候，一般要用到数字键，四则运算键和清除数据键。除了这些按键，还有一些特殊键，可以使计算更加简便迅速。

- MS：将显示的数值放入存储区。
- MR：将放入存储区的数据取出。
- MC：清除存储区中的数据。
- M+：将显示的数值与存储区中已有的任何数值相加。
- CE：删除当前显示数据的最后一位。如：要输入数据987，按键986，最后一位输入错误，按CE显示98。

二、计算

使用Windows自带的计算器可以很方便地将下列数学问题计算出来。

1、$\dfrac{4}{3}m^2\cos\dfrac{25\pi}{3}+3n^2\tan^2\dfrac{13\pi}{6}-\dfrac{1}{2}n^2\sec^2\dfrac{9\pi}{4}-\dfrac{1}{3}m^2\sin^2\dfrac{7\pi}{3}$

2、把两只半径分别为6.87cm和10.56cm的小铁球，熔化后铸成一只大铁球，已知每立方厘米铁重7.8克，求铸成的大铁球的重量（不计损耗，π取3.14，精确到克）。

图 3-54　使用"写字板"程序制作的文档

（2）用鼠标拖动将"计算器的使用"选中，单击"主页"选项卡上"段落"组中的"居中"按钮 ≡；然后，在"字体"组中的"字体系列"列表框中选择"幼圆"，在"字体大小"框中选择或输入 22 磅。

（3）分别选中第二和第九自然段，设置字体和大小分别为隶书、14 磅。

（4）选中第四至第八自然段，单击"段落"组中的"启动一个列表"按钮 ≔▾ 右侧的下拉按钮"▼"，在弹出的列表框中选择"项目符号●"，完成段落项目符号的设定。

（5）将插入点定位在第十一自然段"1、"的后面，单击"段落"组中的"插入对象"按钮 ，弹出如图 3-55 所示的"插入对象"对话框。

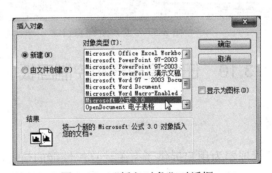

图 3-55　"插入对象"对话框

（6）选择"新建"单选按钮，在"对象类型"列表框中选择"Microsoft 公式 3.0"。单击"确定"按钮，"写字板"中出现一个公式编辑区域，同时打开如图 3-56 所示的"公式编辑器"窗口。

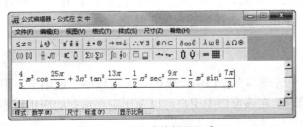

图 3-56　"公式编辑器"窗口

（7）在"公式编辑器"窗口中，利用有关符号和公式模板，建立文中的公式。

（8）单击"文件"菜单中的"退出并返回到文件"命令（或单击窗口右上角的"关闭"按钮 █ X █），返回到"写字板"编辑窗口。

（9）单击"写字板"按钮 █ ▤ ▾，在弹出选项卡中执行"退出"命令，系统出现"提示信息"对话框，提示用户是否保存文档，单击"保存"按钮，保存并结束"写字板"的使用。

3.9.4　画图

利用画图（或画板 Mspaint），用户可以创建商业图形、公司标志、示意图以及其他类型的图形等；也可以使用 OLE 技术把画板中的图形添加到其他应用程序中。

启动画板应用程序的操作步骤是，依次单击"开始"→"所有程序"→"附件"→"画图"命令，系统打开如图 3-57 所示的"画图"窗口，之后用户就可以在画图程序中绘制和处理图形了。

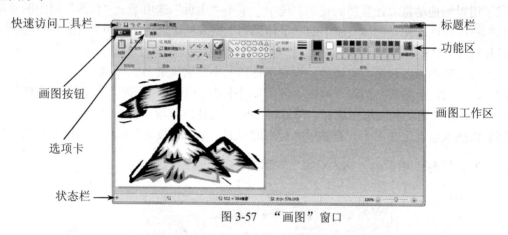

图 3-57　"画图"窗口

3.10　任务管理器和控制面板

3.10.1　任务管理器

Windows 7 中的任务管理器为用户提供了有关计算机性能的信息，并显示了计算机上所运行程序和进程的详细信息。如果计算机已经与网络连接，还可以使用任务管理器查看网络状态以及网络是如何工作的。这里介绍任务管理器的应用程序管理功能，如结束一个程序或启动一个程序等功能。

1. 启动任务管理器

右击任务栏上的空白区域，在弹出的快捷菜单中单击"任务管理器"（或同时按下 Ctrl+Alt+Del 组合键并单击"启动任务管理器"按钮），打开"Windows 任务管理器"窗口，如图 3-58 所示。

2. 管理应用程序

在"Windows 任务管理器"窗口中，单击"应用程序"选项卡，用户可看到系统中已启动的应用程序及当前状态。在该窗口中用户可以关闭正在运行的应用程序或切换到其他应用程序及启动新的应用程序。

● 结束任务

单击选中一个任务，再单击"结束任务"按钮，可关闭一个应用程序。

● 切换任务

单击选中一个任务，如选中图中的 Windows Media Player，再单击"切换至"按钮，这时系统切换到显示 Windows Media Player 窗口。

● 启动任务

单击"新任务"按钮（或单击"文件"菜单，选择"新建任务"命令），打开"创建新任务"对话框，如图 3-59 所示。

图 3-58　"Windows 任务管理器"窗口　　　　图 3-59　"创建新任务"对话框

在"创建新任务"对话框中的"打开"文本框处，输入要运行的程序，如：notepad.exe。单击"确定"按钮后，系统打开"记事本"应用程序。

3.10.2　Windows 7 的控制面板

"控制面板"提供了丰富的专门用于更改 Windows 7 的外观和行为方式的工具。在"控制面板"中，有些工具可用来调整计算机设置，从而使得操作计算机更加有趣。例如，可以通过"鼠标"选项将标准鼠标指针替换为可以在屏幕上移动的动画图标。

打开"控制面板"的方法是，依次单击"开始"→"控制面板"命令，出现如图 3-60 所示的"控制面板"窗口。

图 3-60　"控制面板"窗口

　　下面我们介绍如何删除一个程序，至于"控制面板"的其他功能，请读者参考有关资料和书籍，也可参考本书的配套上机教材，这里不再细述。

　　在使用 Windows 7 时，经常需要安装、更新和删除已有的应用程序。安装应用程序可以简单地从软盘或 CD-ROM 中运行安装程序（通常是 Setup.exe 或 Install.exe）；但删除一个应用程序就不是找到安装文件夹，直接按下 Del 键进行删除那么简单了。在"控制面板"中系统提供了一个添加和删除应用程序的工具。

　　"添加或删除程序"工具的优点是保持 Windows 7 对更新、删除和安装过程的控制，不会因为误操作而造成对系统的破坏。使用"添加或删除程序"工具的方法如下。

　　在"控制面板"窗口中，单击"程序和功能"图标，弹出如图 3-61 所示的"程序和功能"窗口，系统默认显示"卸载或更改程序"界面。

图 3-61　"程序和功能"窗口

　　如果要删除一个应用程序，可在"卸载或更改程序"列表框中选择要删除的程序名，再单击工具栏中的"卸载/更改"按钮 卸载/更改 即可。

习题 3

一、单选题

1. 在计算机系统中，操作系统是（　　）。
   A. 一般应用软件　　　　　　　　B. 核心系统软件
   C. 用户应用软件　　　　　　　　D. 系统支撑软件

2. 进程和程序的一个本质区别是（　　）。
   A. 前者为动态的，后者为静态的
   B. 前者存储在内存，后者存储在外存
   C. 前者在一个文件中，后者在多个文件中
   D. 前者分时使用 CPU，后者独占 CPU

3. 某进程在运行过程中需要等待从磁盘上读入数据，此时该进程的状态将（　　）。
   A. 从就绪变为运行　　　　　　　B. 从运行变为就绪

C. 从运行变为阻塞　　　　　　　　D. 从阻塞变为就绪

4. 下面关于操作系统的叙述正确的是（　　　）。

　　A. 批处理作业必需具有作业控制信息

　　B. 分时系统不一定都具有人机交互功能

　　C. 从响应时间的角度看，实时系统与分时系统差不多

　　D. 由于采用了分时技术，用户可以独占计算机的资源

5. （　　　）不是操作系统关心的主要问题。

　　A. 管理计算机裸机　　　　　　　　B. 设计，提供用户程序与计算机硬件系统的界面

　　C. 管理计算机系统资源　　　　　　D. 高级程序设计语言的编译器

6. 下列四个操作系统中，是分时系统的为（　　　）。

　　A. MS-DOS　　　　B. Windows 7　　　C. UNIX　　　　　D. OS/2 系统

7. 实时操作系统追求的目标是（　　　）。

　　A. 高吞吐率　　　　B. 充分利用内存　　C. 快速响应　　　　D. 减少系统开销

8. 从用户的观点看，操作系统是（　　　）。

　　A. 用户与计算机之间的接口　　　　B. 由若干层次的程序按一定的结构组成的有机体

　　C. 合理组织工作流程的软件　　　　D. 控制和管理计算机资源的软件

9. （　　　）是用户和应用程序之间信息交流的区域。

　　A. 剪贴板　　　　　B. 回收站　　　　　C. 对话框　　　　　D. 控制面板

10. Windows 中，在同一对话框的不同选项之间进行切换，不能采用的操作是（　　　）。

　　A. 用鼠标单击标签　　　　　　　　B. 按组合键 Ctrl+Tab

　　C. 按组合键 Shift+Tab　　　　　　　D. 按组合键 Ctrl+Shift+Tab

11. 在 Windows 中，下面文件的命名，不正确的是（　　　）。

　　A. QWER.ASD.ZXC.DAT　　　　　　B. QWERASDZXCDAT

　　C. QWERASDZXC.DAT　　　　　　　D. QWER.ASD\ZXC.DAT

12. 在 Windows 中，操作具有（　　　）的特点。

　　A. 先选择操作命令，再选择操作对象　B. 先选择操作对象，再选择操作命令

　　C. 需同时选择操作对象和操作命令　　D. 允许用户任意选择

13. 在 Windows 的"资源管理器"窗口中，为了将选定硬盘上的文件或文件夹复制到 U 盘，应进行的操作是（　　　）。

　　A. 先将它们删除并放入"回收站"，再从"回收站"中恢复

　　B. 用鼠标左键将它们从硬盘拖动到 U 盘

　　C. 先执行"编辑"菜单下的"剪切"命令，再执行"编辑"菜单下的"粘贴"命令

　　D. 鼠标右键将它们从硬盘拖动到 U 盘，并从弹出的快捷菜单中选择"移动到当前位置"

14. 当一个应用程序在执行时，其窗口被最小化，该应用程序将（　　　）。

　　A. 被暂停执行　　　　　　　　　　B. 被终止执行

　　C. 被转入后台执行　　　　　　　　D. 继续在前台执行

15. 在 Windows 的资源管理器中，选定多个连续文件的方法是（　　　）。

　　A. 单击第一个文件，然后单击最后一个文件

　　B. 双击第一个文件，然后双击最后一个文件

　　C. 单击第一个文件，然后按住 Shift 键单击最后一个文件

　　D．单击第一个文件，然后按住 Ctrl 键单击最后一个文件

16．在资源管理器中打开文件的操作，错误的是（　　　）。

　　A．双击该文件

　　B．在"编辑"菜单中选择"打开"命令

　　C．选中该文件，然后按 Enter 键

　　D．右击该文件，在快捷菜单中选择"打开"命令

17．在 Windows 中，下列说法错误的是（　　　）。

　　A．单击任务栏上的按钮不能切换活动窗口

　　B．窗口被最小化后，可以通过单击它在任务栏上的按钮使它恢复原状

　　C．启动的应用程序一般在任务栏上显示为一个代表该应用程序的图标按钮

　　D．任务按钮可用于显示当前运行程序的名称和图标信息

18．同一个目录内，已有一个"新建文件夹"，再新建一个文件夹，则此文件夹的名称为（　　　）。

　　A．新建文件夹　　　B．新建文件夹（1）　　　C．新建文件夹（2）　　　D．不能同名

19．以下有关 Windows 删除操作的说法，不正确的是（　　　）。

　　A．网络位置上的项目不能恢复

　　B．从 U 盘上删除的项目不能恢复

　　C．超过回收站存储容量的项目不能恢复

　　D．直接用鼠标拖入回收站的项目不能恢复

20．在应用程序窗口中，当鼠标指针为沙漏形状时，表示应用程序正在运行，请用户（　　　）。

　　A．移动窗口　　　　　　　　　　　　B．改变窗口位置

　　C．输入文本　　　　　　　　　　　　D．等待

21．由于用户在磁盘上频繁写入和删除数据，使得文件在磁盘上留下许多小段，在读取和写入的时候，磁盘的磁头必需不断移动来寻找文件的一个一个小段，最终导致操作时间延长，降低了系统的性能。此时用户应使用操作系统中的（　　　）功能来提高系统性能。

　　A．磁盘清理　　　　　　　　　　　　B．磁盘扫描

　　C．磁盘碎片整理　　　　　　　　　　D．文件的高级搜索

22．在 Windows 中，需要查找近一个月内建立的所有文件，可以采用（　　　）。

　　A．按名称查找　　　B．按位置查找　　　C．按日期查找　　　　D．按高级查找

23．下列关于"回收站"的叙述正确的是（　　　）。

　　A．"回收站"中的文件不能恢复

　　B．"回收站"中的文件可以被打开

　　C．"回收站"中的文件不占有硬盘空间

　　D．"回收站"用来存放被删除的文件或文件夹

24．下列关于"计算机"窗口中移动文件的不正确说法是（　　　）。

　　A．可通过"编辑"菜单中的"剪切"和"粘贴"命令来实现

　　B．不能移动只读和隐含文件

　　C．可同时移动多个文件

　　D．可用鼠标拖放的方式完成

25．关于 Windows 窗口的概念，以下说法正确的是（　　　）。

　　A．屏幕上只能出现一个窗口

B．屏幕上可出现多个窗口，但只有一个窗口是活动的

C．屏幕上可以出现多个窗口，且可以有多个窗口处于活动状态

D．屏幕上可出现多个活动窗口

26．在 Windows 中，窗口的排列方式没有（　　　）。

A．层叠　　　　　　　B．堆叠　　　　　　C．并排显示　　　　　　D．斜向平铺

27．把当前活动窗口作为图形复制到剪贴板上，使用（　　　）组合键。

A．Alt+PrintScreen　B．PrintScreen　　　C．Shift+PrintScreen　　D．Ctrl+PrintScreen

28．Windows 中查找文件时，如果输入"*.doc"，表明要查找当前目录下的（　　　）。

A．文件名为*.doc 的文件　　　　　　B．文件名中有一个*的 doc 文件

C．所有的 doc 文件　　　　　　　　　D．文件名长度为一个字符的 doc 文件

29．在 Windows 中，当一个应用程序窗口被关闭后，该应用程序将（　　　）。

A．仅保留在内存中　　　　　　　　　B．同时保留在内存和外存中

C．从外存中清除　　　　　　　　　　D．仅保留在外存中

30．由于突然停电原因造成 Windows 操作系统非正常关闭，那么（　　　）。

A．再次开机启动时，必须修改 CMOS 设定

B．再次开机启动时，必须使用软盘启动盘，系统才能进入正常状态

C．再次开机启动时，系统只能进入 DOS 操作系统

D．再次开机启动时，大多数情况下系统自动修复由停电造成损坏的程序

31．"开始"菜单中要显示最近打开的程序的数目，可以通过（　　　）修改。

A．资源管理器　　　　　　　　　　　B．任务栏和开始菜单属性

C．控制面板　　　　　　　　　　　　D．不能修改

32．在资源管理器窗口的左窗格中，文件夹图标含有"▷"时，表示该文件夹（　　　）。

A．含有子文件夹，并已被展开　　　　B．未含子文件夹，并已被展开

C．含有子文件夹，还未被展开　　　　D．未含子文件夹，还未被展开

33．在 Windows 的资源管理器中，选定一个文件后，在地址栏中显示的是该文件的（　　　）。

A．共享属性　　　　B．文件类型　　　　C．文件大小　　　　D．存储位置

34．下列说法正确的是（　　　）。

A．回收站中的文件全部可以被还原　　B．资源管理器不能管理隐藏的文件

C．回收站的作用是保存重要的文档　　D．资源管理器是一种附加的硬件设备

35．在 Windows 7 中，最小化窗口是指（　　　）。

A．窗口只占屏幕的最小区域　　　　　B．窗口尽可能小

C．窗口缩小为任务栏上的一个图标　　D．关闭窗口

二、填空题

1．操作系统的主要功能是处理机管理、_____、设备管理、文件管理和_____，除此之外还为用户使用操作系统提供了用户接口。

2．操作系统的基本特征是_____、_____和_____。

3．能使计算机系统接收到_____后及时进行处理，并在严格的规定时间内处理结束，再给出_____的操作系统称为"实时操作系统"。

4．当一个进程能被选中占用处理器时，就从_____态成为_____态。

5．Windows 的任务栏默认是_____，若取消则拖动边框可改变任务栏的_____。

6．窗口之间进行切换的快捷键为_____或_____。

7．选择全部文件的快捷键为_____，当选择多个连续的文件名时需按_____键，若全部选中，按_____键可以取消被选中的对象。

8．回收站是_____上的一块空间，将一个文件进行物理删除的快捷键为_____。

9．在 Windows 系统中，安装和删除应用程序要通过_____来执行。

10．在 Windows 管理计算机文件时，用_____可以标示文件的类型。

11．任务栏上显示的是_____以外的所有窗口。

12．当用户打开多个窗口时，只有一个窗口处于_____状态，称之为当前窗口，并且这个窗口覆盖在其他窗口之上。

13．对话框除了有标题栏、控制图标等与程序窗口相同的部分以外，还可能或多或少具有若干_____按钮和五种类型的矩形框：文本框、列表框、下拉式列表框、单选框和复选框。

14．窗口在非最大最小化情况下，可用鼠标左键拖曳_____完成窗口位置的调整。

15．要设置和修改文件夹或文档的属性，可用鼠标右键单击该文件夹或文档的图标，再选择_____命令。

16．对话框和窗口的标题栏非常相似，不同的是对话框的标题栏左上角没有控制图标，右上角没有改变_____的按钮。

17．在 Windows 的资源管理器中，当删除一个或一组子目录时，该目录或目录组下的_____也一起删除。

18．对话框和非最大最小化的窗口非常相似，不同之处之一是_____不能调整大小。

19．查找所有第一个字母为 A 且含有 wav 扩展名的文件，在"搜索"框中填入_____。

20．一般情况下，我们都是在任务栏上单击右键，选择"启动任务管理器"，或者按 Ctrl+Alt+Del 组合键，再选择"启动任务管理器"，打开"启动任务管理器"窗口，无论如何都要进行两个步骤。其实，在 Windows 环境中任何时候按下_____三个键，就可以直接启动任务管理器了。

三、判断题

1．在采用树形目录结构的文件系统中，各用户的文件名必须互不相同。　　　（　　）

2．Windows 的注销就是删除操作。　　　（　　）

3．要删除 Windows 应用程序，只需找到应用程序所安装的文件夹并将其删除。（　　）

4．要使用快捷键，必需打开"开始"菜单。　　　（　　）

5．打印文件时，任务栏上"通知区"中将出现一个打印机图标。　　　（　　）

6．将某程序的图标拖到"启动"文件夹中，启动 Windows 时，该程序将自动运行。（　　）

7．使用键盘操作打开"开始"菜单应按 Ctrl+Esc 组合键。　　　（　　）

8．Windows 打开的多个窗口，既可以平铺，也可以层叠。　　　（　　）

9．Windows 中，不同磁盘间不能用鼠标拖动文件名的方法来实现文件的移动。（　　）

10．在 Windows 环境中，鼠标是重要的输入工具，而键盘只能在窗口操作中使用，不能在菜单操作中使用。　　　（　　）

11．在 Windows 环境中，当运行一个应用程序时，就打开该程序自己的窗口，把运行程序的窗口最小化，就是暂时中断该程序的运行，但用户可以随时加以恢复。　　　（　　）

12．在 Windows 环境中，用户可以同时打开多个窗口，此时，只有一个窗口处于激活状态，

其他标题栏的颜色与众不同。　　　　　　　　　　　　　　　　　　　　（　　）

13．在 Windows 中，图标可以表示程序，也可以表示文档。　　　　　　（　　）

14．Windows 中，拖动标题栏可移动窗口位置，双击标题栏可最大化或还原窗口。（　　）

15．凡是有"剪切"和"复制"命令的地方，都可以把选取的信息放到剪贴板上去。（　　）

16．在 Windows 中，打开在桌面上的多个窗口的排列方式只能由系统自动决定。（　　）

17．在"控制面板"中可更改计算机的设置。　　　　　　　　　　　　　（　　）

18．Windows 中系统是以文件夹的形式组织和管理文件的。　　　　　　（　　）

19．将回收站清空或在"回收站"窗口内删除文件，被删除的文件还可以恢复。（　　）

20．将桌面上的快捷方式图标拖到回收站中，该项目仍然保留在磁盘中。（　　）

21．Windows 中的文件名不能有空格，但可以是汉字。　　　　　　　　（　　）

22．拖动文件时如原文件夹和目标文件夹在同一驱动器上则所做的操作是复制操作。（　　）

23．在"Windows 资源管理器"窗口菜单中，提供了对磁盘格式化的命令。（　　）

24．Windows 对所有的文件、文件夹可实现改名的操作。　　　　　　　（　　）

25．启动 Windows 后，出现在屏幕的整个区域称为桌面。　　　　　　　（　　）

参考答案

一、单选题

01-05　BACAD　　06-10　CCAAC　　11-15　DBBCC　　16-20　BACDD

21-25　CCDBB　　26-30　DACDD　　31-35　BCDAC

二、填空题

1．存储器管理　用户接口管理　　　2．并发　共享　异步性

3．外部信号　反馈信号　　　　　　4．就绪　运行

4．锁定的　大小和位置　　　　　　6．Alt+Tab　Alt+Esc

7．Ctrl+A　Shift　Ctrl　　　　　　8．硬盘　Shift+Delete

9．控制面板　　　　　　　　　　　10．扩展名

11．对话框　　　　　　　　　　　　12．活动

13．命令　　　　　　　　　　　　　14．标题栏

15．属性　　　　　　　　　　　　　16．大小

17．所有子目录及其所有文件　　　　18．对话框

19．A*.wav　　　　　　　　　　　　20．Ctrl+Shift+Esc

三、判断题

1．×　　2．×　　3．×　　4．×　　5．√　　6．√　　7．√　　8．√　　9．√　　10．×

11．×　　12．√　　13．√　　14．√　　15．√　　16．×　　17．√　　18．√　　19．×　　20．√

21．×　　22．×　　23．×　　24．×　　25．√

第4章 文字处理软件 Word 2010

Microsoft Office 2010 是美国 Microsoft 公司推出的新一代产品，它将用户、信息和信息处理结合在一起，使用户可以更方便地对信息进行有效的处理与管理，从而轻松提高工作效率并获得更好的效果。相比较以往的 Office 版本，新增加了图片艺术效果处理、随心截取当前屏幕画面、音乐的简单处理、将演示文稿直接创建为视频等功能，让用户在处理文字、表格、数据、图形或制作多媒体演示文稿的大型系列软件时感觉更简单、更方便。

本章将从 Office 2010 办公软件的基础讲起，使读者了解 Office 2010 的基础知识，并精选了 Word 2010 中最基础、最常用的功能进行说明，以便读者能尽快掌握 Word 2010 的核心内容并能开始独立工作。

第 5 章、第 6 章和第 10 章将陆续介绍 Excel 2010、PowerPoint 2010 和 Access 2010 的使用。并对这几个常用的办公组件进行介绍，帮助读者学会简单的操作和运用方法。

4.1 Office 2010 简介

Office 2010 主要包括 Word 2010、Excel 2010、PowerPoint 2010、Access 2010、Outlook 2010、InfoPath 2010、OneNote 2010、Project 2010、Publisher 2010、Visio 2010、Communicator 和 SharePoint WorkSpace 等组件，并拥有传统的 32 位和首次加入的 64 位两种版本。

4.1.1 Office 2010 介绍

1. Word 2010 文字处理软件

在 Office 2010 中用于处理文字的软件是 Word 2010（简称 Word），功能非常强大，可进行文字处理、表格制作、图表生成、图形绘制、图片处理和版式设置等操作，使办公变得更加简单快捷。使用 Word，读者可以通过它制作出精美的办公文档与专业的信函文件，还可以对文档进行不同的版式设置以满足用户的需要，这些功能大大地方便了用户的使用，如图 4-1 所示的是运用 Word 制作的精美文档。

图 4-1 制作精美的 Word 文档

2. Excel 2010 电子表格处理软件

Excel 2010（简称Excel）是一款常用的电子表格处理软件，用于数据的处理与分析，同时也具有图形绘制、图表制作的功能。其主要用于对数据的输入、输出、存储、处理、排序等，以及以图形的方式显示数据并分析结果、对数据进行统计、分析和整理、运用公式与函数求解数据等。

如图 4-2 所示的就是运用 Excel 制作的某公司员工的工资明细表。

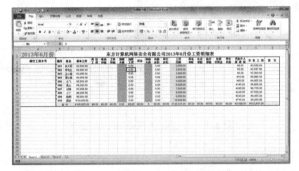

图 4-2　利用 Excel 制作的图表

3. PowerPoint 2010 演示文稿处理软件

PowerPoint 2010（简称 PowerPoint）是处理和制作精美演示文稿的软件，它常用于产品演示、广告宣传、会议流程、销售简报、业绩报告、电子教学等方面电子演示文稿的制作，并以幻灯片的形式播放，能达到更好的效果。在办公事务处理中合理运用 PowerPoint 制作演示文稿，以简单清晰的幻灯片形式来讲解需要表达的内容，可以大大简化事务的说明过程。图 4-3 就是用 PowerPoint 制作的幻灯片效果。

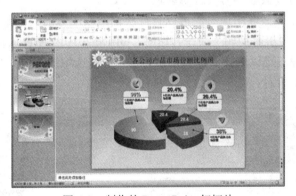

图 4-3　制作的 PowerPoint 幻灯片

4.1.2　Office 2010 新特性

1. 新增屏幕截图功能随时截取当前屏幕画面

"屏幕截图"功能贯穿于 Office 2010 各个组件，不仅 Word 2010 可以使用屏幕截图快速插入图片，在 PowerPoint 2010、Excel 2010、OneNote 2010 等组件中也可以使用屏幕截图快速截取屏幕图片。

利用 Office 2010 新增的"屏幕截图"功能，不需要借助任何截图工具就可以在文档、幻灯片、表格和日记便签中快速插入屏幕截图，这种设计相当人性化，有助于实现"办公自动化"。

屏幕截图是将屏幕上任何未最小化到任务栏中的程序窗口以图片形式插入到 Word 文档中。在截取图片的过程中，包括截取全屏图像和自定义截取图像两种方式。

要使用屏幕截图，需单击"插入"选项卡上"插图"组中"屏幕截图"按钮 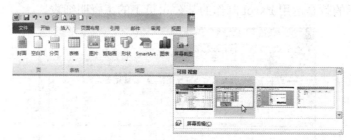，然后在下拉列表中选择要截取屏幕的方式，如图 4-4 所示。

图 4-4　可截取的活动窗口缩略图

● 快速插入窗口截图

Office 2010 的"屏幕截图"会智能监视活动窗口（打开且没有最小化的窗口），可以很方便地截取活动窗口的图片插入正在编辑的文章中。

首先打开要截取的窗口，然后在 Office 2010 中切换到"插入"选项卡，单击"屏幕截图"按钮，在弹出的命令列表中"可用视窗"以缩略图的形式显示当前所有活动窗口。单击窗口缩略图，Office 2010 会自动截取窗口图片并插入文档中。

● 快速插入屏幕剪辑

除了需要插入软件窗口截图，更多时候需要插入的是特定区域的屏幕截图，Office 2010 的"屏幕截图"功能可以截取屏幕的任意区域插入文档中。

任意区域截取就是在截取图像时，可以自行决定截取图像的大小范围、比例等。

在图 4-4 中，单击"屏幕剪辑"命令，这时，Office 2010 程序窗口自动隐藏。待鼠标指针变成十字时，按住鼠标左键以选择要捕获的屏幕区域，被选中的区域高亮显示，未被选中的部分朦胧显示，如图 4-5 所示。

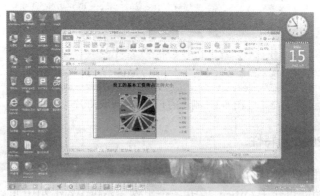

图 4-5　选择截取区域

如果有多个窗口打开，请单击要剪辑的窗口，然后再执行"屏幕剪辑"命令。当使用"屏幕剪辑"功能时，用户正在使用的程序将最小化，只显示它后面的可剪辑的窗口。

按下 Esc 键，可取消"屏幕剪辑"命令的执行。

选择好截取区域后，放开鼠标左键，Office 2010 就会截取选中区域的屏幕图像插入当前文档中，并自动切换到图片工具栏"格式"选项卡，便于对插入文档的图片进行简单处理。

2. 新增图片艺术效果处理使图片锦上添花

在 Office 2010 中新增了很多图片处理功能，用户可对图片进行颜色、艺术效果、图片样式的处理。

例如在图 4-6 中，左图为插入文档的原图片效果，中图为具有"三维旋转"艺术效果的图片，右图为具有"塑封"艺术效果的图片。

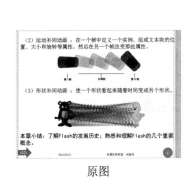 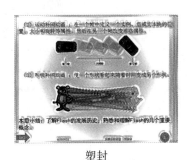

原图　　　　　　　　　　　三维旋转　　　　　　　　　　　塑封

图 4-6　图片的艺术效果处理

3. 新增带有图片的 SmartArt 图形使图形可视化

在 Office 2010 中为 SmartArt 图形新增了一种图片布局。例如，在插入 SmartArt 图形图片布局或添加照片和撰写说明性的文本中，就可以使用照片阐述案例。

4. 新型的导航和搜索窗格

在 Office Word 2010 中新增了文档"导航窗格"和"搜索"功能，让用户轻松应对长文档。例如，通过拖放各个部分，轻松重组用户的文档，也可以使用渐进式搜索功能查找内容，无需做大量复制和粘贴工作。

例如，要重排大型文档的结构，可以在导航窗格中，选取要调整位置的标题，按住鼠标左键拖动，拖至适当的位置释放鼠标左键，即可将文档中的标题及其下面的正文文本进行位置调换，即重排了文档结构，如图 4-7 所示。

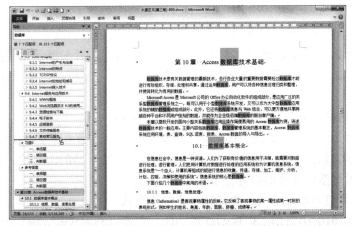

图 4-7　在"搜索"框（左）中输入关键字与搜索结果（右）

用户还可以在导航窗格中直接搜索需要的内容，程序会自动将其进行突出显示。例如，在图 4-7 的导航窗格左上方"搜索"框中输入"数据库"，程序会自动将搜索到的内容以突出显示的形式显示出来。

5. Exce 新增了一个直观形象的数据表现方式——迷你图

在 Excel 2010 中新增了迷你图功能，它是工作表单元格中的一个微型图表，可提供数据的直观表示且以可视化方式汇总趋势和数据。如图 4-8 所示，显示了如何通过折线迷你图大致查看某公司 1～6 月份在某地区的销售业绩趋势。

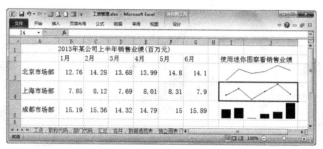

图 4-8　在 Excel 中使用"迷你图"

6. Excel 新增的切片器，方便在数据透视表中查看数据

"切片器"是 Excel 2010 中的新增功能，它提供了一种可视性极强的筛选方法来筛选数据透视表中的数据。一旦插入切片器，即可使用多个按钮对数据进行快速分段和筛选，仅显示所需数据。如图 4-9 所示，创建了"职称"和"姓名"两个切片器用于职工的工资发放情况。

图 4-9　在 Excel 中使用"切片器"

7. PowerPoint 新增的视频剪裁功能，使视频的控制更加得心应手

在 PowerPoint 2010 中，新增了一个视频剪裁功能，可以删除与演示文稿内容无关的部分，使视频更加简洁。如图 4-10 所示，在打开的"剪裁视频"对话框中，可以拖动滑块调整视频播放内容。

8. 新增一个逻辑"节"，方便组织管理大型演示文稿

在 PowerPoint 2010 中新增了一个逻辑"节"，将一张或多张幻灯片进行分"节"，可以与他人协作创建演示文稿。例如，每个同事可以负责准备单独一节的幻灯片。如图 4-11 所示，它以逻辑节来将大型演示文稿的内容分节管理。

9. 新增一个广播幻灯片功能，更好地共享演示文稿

在 PowerPoint 2010 中新增了广播幻灯片功能，它可以利用 Windows Live 账户或组织的 SharePoint 网站，直接向远程观众广播幻灯片放映。在广播幻灯片放映时，观众只需要一个浏览器或一部电话即可浏览，而且还不需要 PowerPoint 或网上会议软件（如 LiveMeeting）。

图 4-10　在 PowerPoint 中新增的"视频剪裁"功能

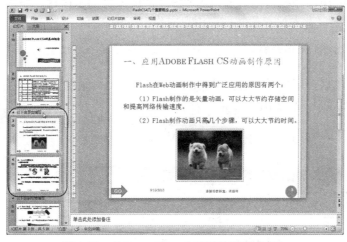

图 4-11　在 PowerPoint 中新增的逻辑"节"

在广播幻灯片时，发布者可以完全控制幻灯片的进度，观众只需要在浏览器中跟随浏览即可。

4.2　认识 Office 2010 的三个常用组件界面

启动应用程序后，即可对软件进行操作。在操作软件之前，首先认识一下 Office 2010 常用的 Word、Excel、PowerPoint 三大组件的工作界面，以便在今后的学习中更快地掌握这三个软件以及其他 Office2010 组件的操作方法。下面我们以 Word 2010 为例（其他套件的操作基本相同）进行介绍。

4.2.1　Word 的启动

启动 Word 的几种常用方法如下。

1. "程序"项启动 Word
（1）单击 Windows "开始"按钮（或按▩▩键），弹出"开始"菜单。
（2）单击"开始"→"所有程序"→Microsoft Office→Microsoft Office Word 2010 命令。

2. 通过已有的文档启动 Word

可以通过已有的 Word 文档来启动 Word，其操作方法是：在 Windows 的"计算机"或"资源管理器"中双击要打开的文档。

3. 通过快捷方式启动 Word

用户可以在桌面上为 Word 建立快捷方式图标，双击 Word 的快捷方式图标也可以启动 Word。

4.2.2　Word 的退出

退出 Word 的方法有以下几种。

（1）单击标题栏右上角的"关闭"按钮 ╳ ，或双击 Word 窗口标题栏控制菜单图标 W。

（2）按下快捷键 Alt+F4。

（2）单击"文件"→"退出"命令。

在退出 Word 的操作环境时，如果输入或修改后的文档尚未保存，那么 Word 将弹出一个对话框，询问是否要保存未保存的文档，用户应作出正确选择。

4.2.3　Word 2010 界面介绍

Word 2010 启动后，用户即可看到 Word 应用程序窗口，系统会自动建立一个名为"文档1"的空白文档，如图 4-12 所示。

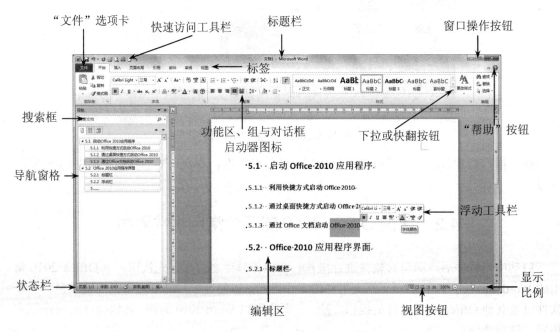

图 4-12　Word 2010 工作区主窗口

Word 2010 工作窗口与普通 Windows 窗口不同，它附加了许多与文档编辑相联系的信息，例如快速访问工具栏、标题栏、选项卡、功能区、组和对话框启动器（或称"对话框打开"按钮）、功能区最小化（折叠）按钮 ⌃、帮助按钮 ❓、浮动工具栏、滚动条、状态栏、视图按钮 ▤▥▦▨▤、显示比例 100% ⊝———⊕ 等。

　　Word 支持多文档操作，在 Word 中创建或打开文档时，文档将显示在一个独立的窗口中。单击任务栏上的文档按钮，将出现多个文档的预览小窗口，根据需要可再单击其中的某一个（或按下 Alt+Tab 组合键），即可由一篇文档快速切换到另一篇文档。还可以使用"窗口"选项卡的"全部重排"按钮 ，同时查看多篇打开的 Word 文档。

　　要快速地从一个文档切换到另一个文档，可以使用"窗口"选项卡的"切换窗口"按钮 ，在弹出的列表中选择要打开的 Word 文档。

　　为了充分利用屏幕的有效面积，通常将 Word 窗口最大化。熟悉 Word 窗口和文档窗口的主要组成部分和它们的功能对掌握 Word 的操作大有益处，下面对 Word 窗口各个组成部分作简要的说明。

　　1. 标题栏

　　标题栏位于 Word 主窗口的顶端，用于显示当前所使用的程序名称和文档名等信息。标题栏的最左端是控制菜单图标 ，单击它可打开一个下拉菜单，菜单中是一组用于控制 Word 窗口变化的命令。

　　标题栏右端的按钮 可以最小化、最大化/还原和关闭窗口。

　　2. 快速访问工具栏

　　在快速访问工具栏 中，集成了多个常用的按钮，默认状态下包括"保存"、"撤消"、"恢复"等按钮。用户也可以根据需要进行添加或更改，其操作方法是，单击快速访问工具栏右侧下拉按钮 ，选择一个列表中已有的命令，若无，可执行"自定义快速访问工具栏"命令，添加或删除一个命令按钮。

　　3. "文件"选项卡

　　包含与文件有关的操作命令选项，如"保存"、"另存为"、"打开"、"关闭"、"新建"、"打印"以及进行 Word 相关设置的"选项"命令。

　　4. 标签

　　单击相应的标签，可以切换至相应的选项卡，不同的选项卡中提供了多种不同的操作设置选项。

　　5. 功能区

　　在每个标签对应的选项卡下的功能区中收集了相应的命令，如图 4-13 所示的是 Word "开始"选项卡。在"开始"选项卡中，功能区收集了有关剪贴板、字体、段落、样式、编辑等各组操作按钮。

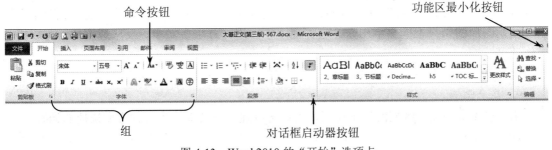

图 4-13　Word 2010 的"开始"选项卡

　　功能区上的命令按钮在使用时，只要将鼠标指针指向某一图标上稍停片刻，系统就会显示该图标功能的简明屏幕提示。

6．浮动工具栏

浮动工具栏是 Office 2010 中新增加的一个实用功能。在以前的版本中，如果要修改一段文本的格式，如字体、大小、颜色等，需要单击"开始"选项卡上"字体"组中的相关按钮，速度慢。现在，只需选中要修饰的文本，然后指向所选文本。这时，浮动工具栏将以淡入形式出现，用鼠标指向浮动工具栏，它的颜色会加深，单击其中一个格式选项，如"加粗"按钮，即执行了相应的操作。

7．"帮助"按钮

单击"帮助"按钮 ，可以打开相应的 Word 帮助文件。

8．"视图"按钮

"视图"就是查看文档的方式，Office 2010 中不同的组件有不同功能。Word 提供了页面视图、阅读版式视图、Web 版式视图、大纲视图和草稿视图等多种视图。对文档的操作需要不同，可以采取不同的视图。视图之间的切换可以利用"视图"选项卡"文档视图"组中相关命令，但更简便快捷的方法是使用水平滚动条右下方的视图切换按钮 。

下面介绍 Word 提供的视图按钮及其含义，Excel、PowerPoint 和 Access 的视图请参考第 6、7 和 10 章有关内容。

（1）页面视图 。页面视图主要用于版面设计，页面视图显示的文档的每一页都与打印所得的页面相同，即"所见即所得"。在页面视图下可以像普通视图一样输入、编辑和排版文档，也可以处理页边距、图文框、分栏、页眉和页脚、图形等。但在页面视图方式下占用计算机资源相对较多，使计算机处理速度变得较慢。

（2）阅读版式视图 。使用阅读版式视图可以对文档进行阅读。在该视图中对整篇文档分屏显示，没有页的概念，不会显示页眉和页脚。

（3）Web 版式视图 。Web 版式视图主要用于编辑 Web 页。当选择该视图时，其显示效果与使用浏览器打开该文档时一样。

（4）大纲视图 。用于编辑文档的大纲（所谓"大纲"就是系统排列的内容要点），以便能审阅和修改文档的结构。大纲视图中，可折叠文档以便于只查看某一级的标题或子标题，也可展开查看整个文档的内容。在大纲视图下，水平标尺由"大纲"工具栏代替了。使用"大纲"选项卡上"大纲工具"组中的相关命令可以容易地"折叠"或"展开"文档，对大纲标题进行"上移"或"下移"、"升级"或"降级"等调整操作。利用"大纲"工具栏可以全面查看、调整文档的结构。

（5）草稿视图 。草稿视图是用户第一次使用 Word 时的设置，多用于文档处理工作，如输入、编辑、格式的编排和插入图片。在草稿视图下，页眉、页脚、分栏显示、首字下沉以及绘制图形的结果不能显示出来。这种视图下占用计算机资源少，反应速度快，可以提高工作速度。

此外 Word 还有页眉与页脚视图。

9．显示比例

用于设置文档编辑区域的显示比例，用户可以通过拖动滑块来进行方便快捷的调整。

10．状态栏

位于 Word 窗口的最下方，显示当前的状态信息，如页数、字数及输入法等信息。在状态栏单击右键，可弹出有关在状态栏显示的命令菜单（多数是命令开关），如在编辑时可切换"插入"模式和"改写"模式等。

11．文档窗口

文档窗口由标尺、滚动条、文档编辑区等组成。

（1）标尺。标尺分为水平标尺和垂直标尺两种。普通视图下只能显示水平标尺，只有在页面视图下才能显示水平和垂直标尺。

（2）滚动条。滚动条分为水平滚动条和垂直滚动条两种。拖动垂直滚动条的滑块可以在工作区内快速滑动，并同时显示当前页号；单击滚动条中带有"▲"的按钮，工作区中的文档上移一行；反之，则工作区中的文档下移一行；单击滚动条中滑块的上、下方区域可使文档向上、下滚动一屏。拖动水平滚动条上的滑块可水平移动。

注意：利用滚动条显示文档时，其插入点的位置并没有改变。

（3）文档编辑区。占据文档窗口的空白区是文档编辑区。在这里可以建立、输入、编辑、排版和查看文档。

（4）插入点和文档结束点标记。当 Word 启动后就自动创建一个名为"文档 1"的文档，其工作区是空的。只是在第一行第一列有一个闪烁着的竖条（或称光标），称为插入点。在普通视图下还出现一小段水平横条"━"，称为文档结束标记。

Office 2010 中的 Excel、PowerPoint、Outlook 和 Access 四大软件的工作界面，我们将在第 6、7、9 和 10 章予以介绍。其他组件请读者参考有关资料。

4.2.4　自定义快速访问工具栏

在 Office 2010 中，为了便于用户操作可以根据工作习惯调整功能区中的命令，还可以将常用的命令或按钮添加到"快速访问工具栏"中。使用时，只需单击"快速访问工具栏"中的按钮即可。

"快速访问工具栏"位于 Office 2010 各应用程序标题栏的左侧，默认的"快速访问工具栏"中包含有"保存"按钮 ![save]、"撤消"按钮 ![undo] 与"恢复"按钮 ![redo] 等三个基本的常用命令，用户可以根据自己的需要把一些常用命令添加到其中，以方便使用。

例如在 Word 2010 的"快速访问工具栏"中添加打开、新建、打印预览、打印、另存为和关闭等命令按钮，具体的操作步骤如下：

（1）单击 Word 2010"快速访问工具栏"右侧的下拉列表按钮"![arrow]"，在弹出的菜单中包含了一些常用命令，如果希望添加的命令恰好位于其中，选择相应的命令即可，例如直接单击"打开"、"新建"、"打印预览"，将这三个命令添加到"快速访问工具栏"中。

（2）由于"打印"、"另存为"和"关闭"不在"快速访问工具栏"下拉列表中，这时需要执行"快速访问工具栏"下拉列表中的"其他命令"选项，弹出如图 4-14 所示的"Word 选项"对话框，并自动定位在"快速访问工具栏"选项组中。

（3）在对话框中，单击"从下列位置选择命令"列表选择添加的命令出现的位置，如"打开"可能在"文件"选项卡中，我们就选择"文件"选项卡；如果不清楚需要的命令在什么位置，则选择"所有命令"。在下面的命令列表中，选中所要添加的命令，如"关闭"并单击"添加"按钮 ![添加(A) >>]，将其添加到右侧的"自定义快速访问工具栏"命令列表中。设置完成后单击"确定"按钮，"快速访问工具栏"变为 ![toolbar icons]。

如果勾选"在功能区下方显示快速访问工具栏"复选框，则"快速访问工具栏"出现在功能区的下方。

图 4-14　"Word 选项"对话框

4.2.5　后台视图和自定义功能区

1. 后台视图

所谓 Office 2010 的"后台视图（BackStage View）"，指的是用于对文档或应用程序执行操作的命令集。在 Office 2010 中，单击各应用程序中的"文件"选项卡，即可查看 Office 后台视图。在后台视图中可以管理文档和有关文档的相关数据，例如，创建、保存和发送文档，检查文档中是否包含元数据或个人信息；文档安全控件选项；应用程序自定义选项等，如图 4-15 所示。

图 4-15　Office 2010 后台视图

2. 自定义 Office 功能区

Office 2010 根据多数用户的操作习惯来确定功能区中选项卡以及命令的分布，然而这可能依然不能满足各种不同的使用需求，因此，系统允许用户根据自己的使用习惯来自定义 Office 2010 应用程序的功能区。

下面我们以 Word 2010 为例，创建一个名为"常用"的选项卡，并将"开始"选项卡下的"字体"和"段落"组以及"插入"选项卡下的"表格"和"插图"组中的命令移至该选项卡中。

操作步骤如下：

（1）单击"文件"选项卡，并执行"选项"命令。弹出"Word 选项"对话框，如图 4-14 所示。

（2）在"Word 选项"对话框中左侧命令列表框中，单击"自定义功能区"选项，然后在"自定义功能区"列表框中选择"主选项卡"，并单击下方的"新建选项卡"按钮，如图 4-16 所示。

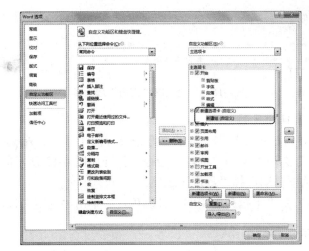

图 4-16 新建一个选项卡

从图中我们可以看出，在主选项卡"开始"的下方新建了一个选项卡。

（3）选中"新建选项卡（自定义）"，单击"重命名"按钮，将该选项卡更名为"常用"。

（4）移动现有命令组。在"从下列位置选择命令"列表框中选择"主选项卡"，分别选中"开始"选项卡中的"字体"和"段落"组、"插入"选项卡中的"表格"和"插图"组，单击"添加"按钮，添加到"常用（自定义）"选项卡中。

（5）选中"常用（自定义）"选项卡中的"新建组（自定义）"，并重命名为"我的组"。按照与步骤（4）几乎同样的方法，将常用的命令添加到"我的组（自定义）"中，如添加"保存"、"打开"、"新建"和"关闭"。

添加了组和命令的"常用（自定义）"选项卡，如图 4-17 所示。如果对添加的组或命令的位置不满意，可通过"上移"按钮 ▲ 或"下移"按钮 ▼ 来调整。也可添加或删除"常用（自定义）"选项卡中的命令。

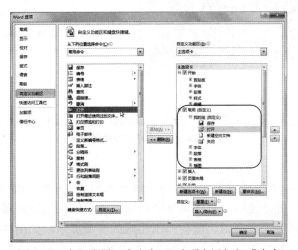

图 4-17 在"常用（自定义）"选项卡添加组或命令

（6）显示自定义选项卡信息。设置完成后，单击"确定"按钮返回文档中，可以看到在功能区中添加了"常用"选项卡，并显示了"字体"、"段落"、"表格"、"插图"和"我的组"等组命令，如图 4-18 所示。

图 4-18   自定义的"常用"选项卡

3. 自定义 Office 窗口外观颜色

在 Office 2010 中，用户可以根据个人的喜好来设置操作界面的外观颜色，其方法如下：

（1）执行"文件"选项卡中的"选项"命令，打开如图 4-13 所示的"Word 选项"对话框。"Word 选项"对话框自动选择"常规"选项。

（2）单击"配色方案"下拉列表中的一种颜色，并单击"确定"按钮，完成设置。

4.2.6 实时预览和屏幕提示

为了使用户更加容易地按照日常事务处理的流程和方式操作软件功能，Office 2010 应用程序提供了一套以结果为导向的用户界面，让用户可以用最高效的方式完成日常工作。

1. 实时预览

当用户将指针移动到相关的选项后，实时预览功能就会将指针所指向的选项应用到当前所编辑的文档中来。这种全新的、动态的功能可以提高文档布局设置、编辑和格式化操作的执行效率，因此用户只需要花费很少的时间就能获得较好的效果。

例如，当用户在 Excel 2010 文档中更改单元格样式时，只需要将鼠标在各个单元格样式集列表上滑过，而无需执行单击操作进行确认，即可实时预览到该样式集应用于当前表格的效果，如图 4-19 所示。

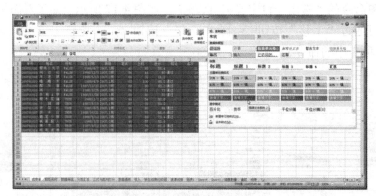

图 4-19   实时预览功能

2. 增加的屏幕提示

在 Office 2010 中，系统提供了比以往版本显示面积更大、容纳信息更多的屏幕提示，这个屏幕提示的另一个好处是还可以直接从某个命令的显示位置快速访问其相关的帮助信息。

当鼠标指针移动到某个命令时，就会弹出相应的屏幕提示，如图 4-20 所示，它所提供的信息使用户可快速了解其功能。当然，如果用户想获得更加详细的信息，可以利用该功能所提供的相关辅助信息的链接（这种链接已被转入用户界面当中），直接从当前命令对其进行访问，而不必打开帮助窗口进行搜索了。

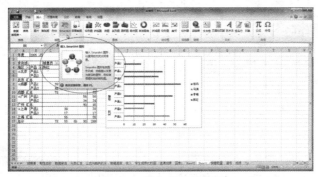

图 4-20　增加的屏幕提示

4.3　Office 2010 的基本操作

下面以 Word 2010 为例，简单介绍 Office 2010 的打开、新建、保存与关闭等基本操作。

4.3.1　打开文档

保存在磁盘上的文档，要想对其进行编辑、排版和打印等操作，就要先将其打开。常用的打开文档方法有下面两种。

（1）在 Windows "资源管理器" 窗口中，打开要操作的文档，双击文档图标。

（2）单击 "文件" 选项卡中的 "打开" 命令（或按下 Ctrl+O 组合键，也可单击 "快速访问工具栏" 中的 "打开" 按钮 ）。弹出 "打开" 对话框，选择文档所在文件夹，选择一个或多个文档，单击 "打开" 按钮即可。

若用户要打开的文档是最近使用过的，也可使用 "文件" 选项卡中的 "最近使用文件" 命令将其打开。

要想在查看文档时不修改文档，Word 允许以只读方式或副本方式打开文档，打开的方法是：在 "打开" 对话框中单击其右下角的 "打开" 按钮旁的下拉按钮 "▼"，再选择其中的 "以只读方式打开" 命令。

4.3.2　新建文档

启动 Word 2010 时，系统会自动创建一个名为 "文档 1" 的空白文档，标题栏上显示 "文档.docx-Microsoft Word"。

如果用户要创建新的文档，还可通过以下的方法。

1. 新建空白文档

新建空白文档的方法很简单，主要有以下三种方法。

（1）按下 Ctrl+O 组合键，即可创建一个空白文档。

（2）单击 "快速访问工具栏" 中的 "新建" 按钮 。

（3）单击 "文件" 选项卡，在弹出文件 "后台视图（Backstage View）" 中选择 "新建" 命令，如图 4-21 所示。

图 4-21   "文件"选项卡中的"新建"命令界面

在"可用模板"列表中，选中"空白文档"选项，然后单击右下方的"创建"按钮 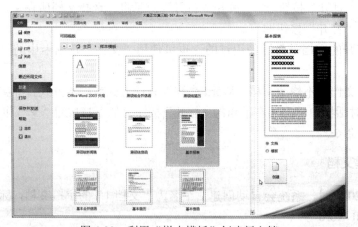，
即创建了一个空白文档。

2．新建模板文档

如果要创建具有某种格式的新文档，可在图4-20所示的对话框中，单击"可用模板"列表
中的"样本模板"选项或"我的模板"选项或"Office.com模板"选项。

模板文档为用户提供了多项已设置完成后的文档效果，若利用所选模板样式创建文档，
用户只需要对其中的内容进行修改即可，这样大大简化了工作，从而也提高了工作效率。

● "样本模板"选项

如图 4-22 所示，在"样本模板"列表中选择一个模板，单击"创建"按钮，可创建一个
文档。

图 4-22   利用"样本模板"创建新文档

● "我的模板"选项

如图 4-23（a）所示，在"新建"对话框中选择一个模板，选择要创建文档的类型"文档"
或"模板（*.potx）"，单击"确定"按钮，可创建一个文档。

● "Office.com 模板"选项

如图 4-23（b）所示，显示出从"Office.com"网站搜索到的模板，选择需要的模板选项，
然后单击"下载"按钮，可创建一个文档。

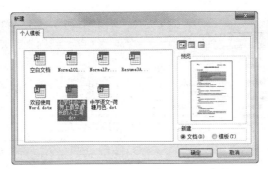

（a）利用"新建"对话框创建新文档

（b）利用"Office.com"网站提供的模板创建新文档

图 4-23　创建新文档

4.3.3　保存文档

为了永久保存所建立和编辑的文档，在退出 Word 前应将它作为磁盘文件保存起来。保存文档的方法可分为：保存新建文档和保存已有的文档。

1. 保存新建文档

当文档输入完毕后，此文档的内容还驻留在计算机的内存中，如要保存此文档，其方法有。

（1）单击"快速访问工具栏"上的"保存"按钮 🖫。

（2）单击"文件"选项卡中的"保存"命令，或直接按快捷键 Ctrl+S。

当对新建的文档第一次进行"保存"操作时，"保存"命令相当于"另存为"命令，出现如图 4-24 所示的"另存为"对话框。选择文件要保存的文件夹，在"文件名"处键入具体的文件名，在"保存类型"处选择一个保存的类型，系统默认为"Word 文档（*.docx）"，然后单击"保存"按钮，执行保存操作。文档保存后，该文档窗口并没有关闭，用户可以继续输入或编辑该文档。

2. 保存已有的文档

对已有的文件进行编辑和修改后，用上述方法可将修改的文档以原来的文件名、原来的类型，保存在原来的文件夹中。此时不再出现"另存为"对话框。

3. 换名保存文档

可以把已经保存过的且正在编辑的文件以另外的文件名、另外的类型，存在另外的文件夹中，方法是单击"文件"选项卡中的"另存为"命令（或按下 F12 功能键），打开"另存为"对话框，其后的操作与保存新建文档一样。

选择保存文件夹

输入保存文件名称

选择保存文件类型

图 4-24 保存新建文档的"另存为"对话框

例如，当前正在编辑的文档名为"阔的海.docx"，如果想以文件名"大海.docx"保存到另一个文件夹中，那么就可以使用"另存为"命令。

4. 自动保存文档

为了防止突然断电等意外事故，Word 提供了按指定时间间隔为用户自动保存文档的功能。依次单击"文件"→"选项"→"保存"选项卡标签，指定自动保存时间间隔，系统默认为 10 分钟，如图 4-25 所示。

图 4-25 设置自动保存文档的"Word 选项"对话框

如果要保留对文档的备份，可在"保存"选项中选中"如果我没保存就关机，请保留上次自动保留的版本"。

4.3.4 文档的保护

可以给文档设置"打开权限密码"和"修改权限密码"以保护文档，并将其记录下来保存在安全的地方。如果丢失密码，将无法打开或访问受密码保护的文档。密码可以是字母、数字、空格以及符号的任意组合，最长可达 40 个字符。密码区分大小写，因此如果在设置密码时有大小写的区别，则用户输入密码时也必需键入同样的大小写。

打开和修改权限密码设置后，必需输入"打开权限密码"和"修改权限密码"才能打开文档和对文档进行修改，否则不能打开或只能以"只读"方式打开文档。

设置打开和修改权限密码的方法是：

（1）依次单击"文件"→"另存为"命令，打开"另存为"对话框，如图 4-26 所示。

①打开"另存
　为"对话框

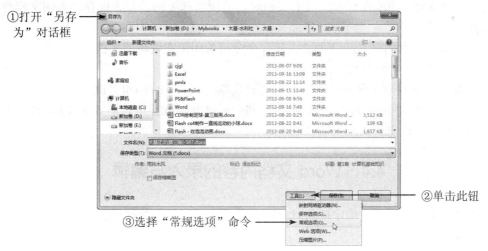

②单击此钮

③选择"常规选项"命令

图 4-26　"另存为"对话框

（2）单击"另存为"对话框中的"工具"下拉列表中的"常规选项"命令，打开"常规选项"对话框，如图 4-27 所示。

注意：设置"修改权限密码"之前该文档应已保存过。

（3）将插入点移到"常规选项"选项卡的"打开文件时的密码"和"修改文件时的密码"文本框处，并键入密码。对应密码的每一个字符会显示一个星号。

（4）单击"确定"按钮此时会出现"确认密码"对话框，要求用户再次键入所设置的密码，如图 4-28 所示。

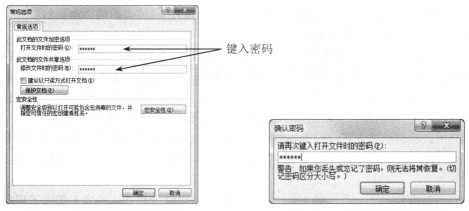

键入密码

图 4-27　"常规选项"对话框　　　　图 4-28　"确认密码"对话框

在"确认密码"对话框的文本框中重复键入所设置的密码并单击"确定"按钮。如果密码核对正确，则返回"另存为"对话框。

（5）当返回到"另存为"对话框后，单击"保存"按钮即可完成密码的设置。

用户可取消已设置的密码，其操作步骤如图 4-27 所示，只不过这时应删除在"打开文件时的密码"和"修改文件时的密码"文本框中已有的密码星号，再单击"确定"按钮返回"另存为"对话框。再次单击"另存为"对话框中的"保存"按钮即可取消。

4.3.5 关闭文档

关闭新创建的文档或保存修改过的文档时，关闭前都要回答是否保存。关闭文档有以下几种方法。

（1）单击"文件"选项卡下的"关闭"命令可关闭正在编辑的文档。

（2）按下 Ctrl+W 组合键。

（3）单击标题栏右上角的"关闭"按钮 ▉ x ▉，或按Alt+F4组合键。

其中方法（1）和方法（2），只能关闭文档但不退出Word系统，而方法（3）则是既关闭文档又关闭Word工作窗口。

4.4 Word 文档内容的录入与编辑

文档的基本操作包括：确定插入点位置、输入文字、文字的移动、复制与删除、文字的查找与替换等。

4.4.1 插入点位置的确定

在 Word 编辑窗口中，有一个垂直闪烁的竖光标"|"，这就是插入点，也称为当前输入位置。在插入状态下（这是 Word 的默认设置），按下 Insert 键（或在状态栏中单击左侧的"插入"方框 ▉插入▉），可改变插入状态为改写状态），每输入一个字符或汉字，插入点右面的所有文字都应该右移一个位置。

如果打开的是已有文档，在添加或修改内容前，首先要确定插入点所在位置，因为输入的内容总是出现在插入点上。确定插入点的方法为：移动文档内容到要插入的位置，单击即可。如果在文本区没有找到闪烁的插入点光标，可能有以下两种原因。

（1）当前窗口没有激活。这时，只需单击文稿区的任何位置激活当前窗口。

（2）可能用滚动条移动文稿到其他页面了。

若当前屏幕上没有插入点光标，这时若输入内容，将自动跳转到插入点所在的位置。

在做文字录入前，一定要掌握插入点的移动操作。当指针移动到文本区时，其形状会变成"Ｉ"形，但它不是插入点而是鼠标指针。只有当"Ｉ"形鼠标指针移动到文本的指定位置并单击，才完成了将插入点移动到指定位置的操作。移动插入点的常用方法如下：

（1）用鼠标移动插入点。对于一篇长文档，可首先使用垂直或水平滚动条，将要编辑的文本显示在文本窗口中，然后移动"Ｉ"形鼠标指针到所需的位置并单击。这样插入点就移到该位置了。

（2）用键盘移动插入点。插入点（光标）也可以用键盘移动。表 4-1 列出了用键盘移动插入点的几个常用键的功能。

表 4-1 用键盘移动插入点

按键	执行操作
←（→）	左（右）移一个字符
Ctrl+←（→）	左（右）移一个单词
Ctrl+↑（↓）	上（下）移一段

续表

按键	执行操作
Tab	在表格中，右移一个单元格
Shift+Tab 组合键	在表格中，左移一个单元格
↑（↓）	上（下）移一行
Home（End）键	移至行首（尾）
Alt+Ctrl+Page Up（Page Down）组合键	移至窗口顶端（结尾）
Page Up（Page Down）键	上（下）移一屏（滚动）
Ctrl+Page Up（Page Down）组合键	移至上（下）页顶端
Ctrl+Home（End）组合键	移至文档开头（结尾）
Shift+F5 组合键	移至前一处修订
Shift+F5 组合键	对新打开的文件，移至上一次关闭文档时插入点所在位置

（3）使用定位命令定位到特定的页、表格或其他项目。按下 Ctrl+G 组合键，这时弹出"查找和替换"对话框，如图 4-29 所示。

图 4-29　"查找和替换"对话框

在"定位目标"框中，单击所需的项目类型，如选择"行"。要定位到特定项目，请在"输入行号"框中键入该项目的名称或编号。然后单击"定位"按钮。

要定位到下一个或前一个同类项目，不要在"输入行号"框中键入内容，而应直接单击"下一处"或"前一处"按钮。

这时可将插入点定位到相应的位置。

4.4.2　文字的录入

新建或打开一个文档后，当插入点移动到所需位置时，就可以输入文本了。输入文本时，插入点自左向右移动。如果输入了一个错误的字符或汉字，可以按 BackSpace 键删除该错字，按 Del 键则删除插入点右边的字或字符，然后继续输入。

Word 中的"即点即输"功能，允许在文档的空白区域，通过双击方便地输入文本。

1. 自动换行与人工换行

当输入到达每行的末尾时不必按 Enter 键，Word 会自动换行，只在建立另一新段落时才按 Enter 键。按 Enter 键表示一个段落的结束，新段落的开始。可以按 Shift+Enter 组合键插入一个人工换行符，两行之间行距不增加。

2. 显示或隐藏编辑标记

单击"开始"选项卡上"段落"组中的"显示/隐藏编辑标记"按钮 ，可检查在每段结束时是否按了回车符和是否有其他隐藏的格式符号。

3．插入符号

在文档输入过程中，既可以插入特殊字符、国际通用字符以及符号，也可以用数字分键盘输入字符代码来插入一个字符或符号。

单击要插入符号的位置，设置插入点。单击"插入"选项卡"符号"组中的"符号"按钮 Ω，弹出"符号"列表，如果要插入的符号在此列表中，单击该符号即可插入到当前位置上。如果不在此列表中，可执行"符号"列表中的"其他符号"命令，打开"符号"对话框，单击"符号"选项卡，如图 4-30 所示。

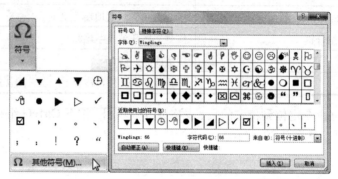

图 4-30　"符号"命令列表和"符号"对话框

单击要插入的符号后再单击"插入"按钮（或双击要插入的符号或字符），则插入的符号出现在插入点上。如果要插入多个符号或字符，可多次双击要插入的符号或字符。最后单击"取消"按钮退出。

【例 4-1】新建一个 Word 空白文档，录入如下内容，最后以文件名"Internet 改变世界.docx"保存到指定的文件夹中。

Internet 改变人类活动

Internet，是由各种不同的计算机网络按照某种协议连接起来的大网络，是一个使世界上不同类型的计算机能交换各类数据的通信媒介。

目前，Internet 成为世界上信息资源最丰富的电脑公共网络。Internet 被称作全球信息高速公路。

Internet 起源于 1969 年美国国防部的 DARPA 网络计划，该计划试图将各种不同的网络连接起来，以进行数据传输。1983 年该计划完成的高级研究项目机构网 ARPAnet，即现在 Internet 的雏形。

1986 年，美国国家科学基金会 NSF 使用 TCP/IP 通信协议建立了 NSFnet 网络，其层次性网络结构构成现在著名的 US Internet 网络。以 US Internet 网络为基础再连接全世界各地区网络，便形成世界性的 Internet 网络。

1991 年，CERN（欧洲粒子物理研究所）的科学家提姆·伯纳斯李（Tim Berners-Lee）开发出了万维网（World Wide Web），同时他还开发出了极其简单的浏览器（浏览软件）。1993 年，伊利诺斯大学学生马克·安德里森（Mark Andreesen）等人开发出了真正的浏览器 Netscape Navigator 并推向市场。此后，互联网开始得以爆炸性普及。

一、Internet 对个人而言

✓你可以上网进行探亲访友、寻医问药、求职求学、旅游观光甚至寻一张古老年代地中海的邮票等五花八门、风马牛不相及的活动。

　　✓你可以在网上建立自己的企业网点，实现营销的全球化，随时和世界各地的用户乃至潜在的用户沟通。

　　……

　　二、Internet 对人类而言

　　☑Internet 给人们带来很多新的生活方式。

　　☑Internet 给人类带来了一种点对面的交流，并打破人类行为中熟人和陌生人的界限。

　　……

　　Internet 的出现改变了人们交往、通信、娱乐、生活的方式；改变了人们的经商、从政、教育，甚至思维的方式。总之，Internet 改变了我们的世界，改变了人类活动的时间和空间。

　　操作步骤如下：

　　①启动 Word，系统自动建立了一个空白文档"文档 1"。

　　②录入上面的文字，每输入完一个自然段时，按 Enter（回车）键，另取一行作为新自然段的开始。

　　③要输入符号✓和☑，可单击"插入"选项卡上"符号"组中的"符号"按钮，查找这两种符号并插入到文档中。

　　④单击"快速访问工具栏"中的"保存"按钮，弹出"另存为"对话框。将此文件命名为"Internet 改变世界.docx"，单击"保存"按钮进行文件的保存。

　　4．插入数学公式

　　利用 Word 中的公式编辑器，只要选择了公式工具"设计"选项卡中相关的命令并键入数字和变量就可以建立复杂的数学公式。

　　【例 4-2】插入下面的数学公式。

$$P = \sqrt{\frac{x-y}{x+y} + \left(\int_{\frac{\pi}{4}}^{\frac{3\pi}{4}} (1+\sin^2 x)\mathrm{d}x + \cos 30° \right) \times \sum_{i=1}^{100} (x_i + y_i)}$$

　　插入编辑一个数学公式的操作步骤如下：

　　①打开文档，然后将插入点定位于要加入公式的位置，然后单击"插入"选项卡上"符号"组中的"公式"按钮，弹出公式列表，如图 4-31 所示。

　　②在公式列表中，如果你的公式是一个内置的公式，则可单击将此公式插入到文档中；否则，执行"插入新公式"命令，插入一个公式编辑框并进入公式编辑状态，如图 4-32 所示。与时同时，系统打开公式工具"设计"选项卡。

图 4-31　"公式"及命令列表

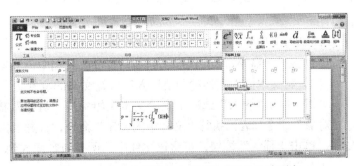

图 4-32　公式编辑区与公式工具"设计"选项卡

"设计"选项卡分为"工具"、"符号"和"结构"三组，其中：

- "工具"组

利用"专业型"按钮 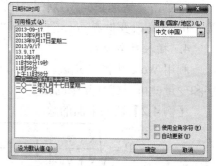 可将所选内容转换为二维形式，以便进行专业化显示（默认）；利用"线性"按钮 可将所选内容转换为一维形式，以便编辑；而"普通文本"按钮 方便在公式中使用一般文本。

- "符号"组

在公式中可以使用"符号"组中的有关符号，如四则运算符号、希腊字母等。

- "结构"组

"结构"是公式中的一种样板，样板有一个和多个插槽，可在其中插入一些积分、矩阵公式等符号。

③根据需要在公式工具"设计"选项卡的符号与样板中选择相应的内容。

④数学公式建立结束后，在文档窗口中单击，即可回到文本编辑状态，建立的数学公式图形插入到插入点所在的位置。

⑤单击公式编辑窗口的边框，可对公式进行字体、段落和样式的调整，也可以进行移动、缩放等操用。单击该公式，重新进入公式编辑状态，可重新对公式修改。

5. 插入日期和时间

在 Word 中可以插入一个所需的日期和时间。

- 插入当前日期和时间

如果要插入当前日期和时间，其操作步骤是：

（1）单击要插入日期或时间的位置。

（2）单击"插入"选项卡上"文本"组中的"日期和时间"按钮 ，弹出如图 4-33 所示的对话框。

（3）如果要对插入的日期或时间应用其他语言的格式，请单击"语言"框中的语言。

图 4-33　"日期和时间"对话框

④单击"可用格式"框中的日期或时间格式。

⑤如果要让日期和时间随系统日期和时间自动更新，这时需选中"自动更新"复选框；反之清除"自动更新"复选框。

- 自动插入当前日期

系统可以在输入日期时使用自动输入功能。

例如，如果当前日期为 2013 年 9 月 17 日，键入"2013 年"后，Word 会在该文字的右上方以灰色 进行屏幕提示，如果需要则直接按 Enter 键可插入当前日期。

6. 插入文件

可以将另一篇 Word 文档插入到当前打开的文档中，其操作方法如下。

（1）将文本插入点移动到要插入第二篇文档的位置。

（2）单击"插入"选项卡上"文本"组中的"对象"按钮 右侧的下拉按钮，弹出"对象"命令列表。执行"文件中的文字"命令，打开"插入文件"对话框，找到要插入的文件，单击"插入"按钮，可将该文件中的所有内容插入到当前文档中。

4.4.3　编辑文档

1.　对象的选取

在 Word 文档中，对象的选定是一项基本的操作。用户经常需要选取某个字符、某一行、某一段或整个文档进行处理，如移动、复制、删除或重排文本等。因此，就要用到选取文本的操作。被选取的文本，称为文本块，通常情况下以反白（即白字蓝灰底的方式）显示在屏幕上。选取操作也可以选一个图形等对象。

（1）使用鼠标选取对象。最简单的选取操作是使用鼠标，如在一个对象上单击即可选取一个对象。这里主要是指文本块的选取。

- 选定任何数量的文字：这里采用拖动方法选取文本，把鼠标指针移到要选择文本的开始位置的文字前，按下左键不放，拖动鼠标使所需内容都反白显示，松开鼠标左键，如图 4-34 所示。

图 4-34　选定一个文本块

- 选定一个单词：双击该单词。
- 选定一行或多行文字：将鼠标移动到该行的左侧，直到鼠标指针变成一个指向右上的箭头↗，该箭头称为选定区或选定栏，然后单击。按住左键不放，向上或向下拖动鼠标，可以选定多行。
- 选定一个句子：按下 Ctrl 键，然后在某句的任何地方单击。
- 选定一个段落：在选定区双击，或者在该段落的任何地方三击。
- 选定多个段落：将鼠标移动到选定区域后双击，并向上或向下拖动鼠标。
- 选定一大块文字：单击所选内容的开始处，滚动到所选内容的结束处，然后按下 Shift 键，并单击。
- 选定整篇文档：在选定区三击，或按 Ctrl 键后，单击左键（或按 Ctrl+A 组合键）。
- 选定页眉和页脚：单击"插入"选项卡上"页眉和页脚"组中的"页眉"或"页脚"按钮，在弹出命令列表中，执行"编辑页眉（页脚）"命令，或在页面视图中，双击灰色的页眉或页脚文字。然后将鼠标移动到选定区单击。
- 按下 Alt 键不放，然后拖动鼠标，可选定垂直的一块文字（不包括表格单元格），如图 4-35 所示。

（2）使用键盘选取文本。用户在编辑文档时，可以将光标移到想要选取的文本起始位置，按住 Shift 键不放，再用↑、↓、←、→等可以移动插入点的键（如表 4-1 所示）来选取范围。

图 4-35　选定一个矩形文本块

（3）使用扩展方式选取文本。在 Word 中，可以使用扩展方式来选取。当按下 F8 键表示已进入扩展选取方式，状态栏出现"扩展式选定"方框，单击此框表示"扩展式选定"结束。

注：在按下 F8 功能键时，状态栏若没有出现"扩展式选定"方框，可右击状态栏，在弹出的快捷菜单中单击"选定模式"项，如图 4-36 所示。

页面: 1/1　字数: 652　◎　中文(中国)　插入　**扩展式选定**　　　　　　　　100% ⊖　　　▽　　⊕

图 4-36　"扩展式选定"按钮变黑，表示进入扩展选取状态

在扩展方式下，使用↑、↓、←、→等可以移动插入点的键，就可以选取从原插入点到当前插入点之间的所有文本；单击则可以选取点到单击点之间的所有文本；如果按一个字符键，则选取从插入点到该字符最近出现的位置之间的所有文本。

此外，Word 还为用户提供了一个非常快捷的方式，就是将插入点移到要选取文本的起始处，按 F8 键进入扩展选取方式，然后再按 F8 键选取插入点的汉字或单词，第三次按 F8 键选取插入点所在的句子，第四次按 F8 键选取插入点所在的段落，第五次按 F8 键选取整个文档。而其间每按一次 Shift+F8 组合键可以逐步缩小选取范围。

当按下 Ctrl+Shift+F8 组合键，状态栏中的"扩展式选定"方框显示为"列方式选定"，此时用↑、↓、←、→等键，就可按矩形方式从文档中选取从插入点开始的任意大小的矩形文本块。

（4）多重选定。多重选定（或不连续）区域，选定一块区域后，再按住 Ctrl 键，选定其他的区域。

2. 删除、移动或复制文本

在选定了操作对象后，可在文档内、文档间或应用程序间移动文本或复制文本，也可以删除文本。

（1）删除文本。删除一个字符最简单的方法是把插入点置于该字符的右边，然后按 Backspace 键删除它，同时后面的字符左移一格不定期填补被删除的位置。

按 Delete 键可以删除插入点后面的字符。要删除插入点左边的词组或单词，可按 Ctrl+Backspace 组合键；要删除插入点右边的词组或单词，可按 Ctrl+Delete 组合键。

当需要删除一大块文本时，可选定该文本块，然后按 Delete 键或 Backspace 键（也可单击"开始"选项卡上"剪贴板"组中的"剪切"按钮 ✂ 剪切，或右击，在弹出的快捷菜单中选择"剪切"命令，或按 Ctrl+X 组合键）。

（2）在窗口内移动或复制文本。选定要移动或复制的文本对象，单击"复制"按钮 🗐 复制

（或按 Ctrl+C 组合键），确定目的地，单击"粘贴"按钮 （或按 Ctrl+V 组合键）。

　　选定要移动或复制的文本，若移动选定内容，可将选定内容拖放至粘贴位置；若复制选定内容，在按下 Ctrl 键的同时将选定内容拖放至粘贴位置。

　　如果拖动选定内容至窗口之外，则文档将向同方向滚动。

　　在移动或复制文本时，也可用鼠标右键拖动选定内容。在释放右键时，将出现一个菜单，显示移动和复制的有效选项。

　　（3）远距离移动或复制文本。如果是远距离移动或复制文本，或将其移动或复制至其他文档，就要借助于"剪贴板"任务窗格。剪贴板是特殊的存储空间，在 Word 内部系统共提供了 24 个剪贴板。

　　单击"开始"选项卡上"剪贴板"组右下角的"对话框启动器"按钮，打开"剪贴板"任务窗格，如图 4-37 所示。选中要粘贴的一项内容，直接单击即可。

　　如果要将文本移动或复制到其他文档，先把当前窗口切换到目标文档，单击文本要粘贴的位置，再单击"粘贴"按钮，则会自动将最后一次放入剪贴板的内容粘贴上去。

　　（4）使用键盘复制文本。使用键盘可以方便地复制文本。选取要复制的文档，按 Shift+F2 组合键，状态栏左侧将显示"复制到何处？"提示信息，将鼠标移动到目标位置处（此时光标呈虚线"｜"），然后按 Enter 键，完成复制。

图 4-37　"剪贴板"任务窗格

　　3．撤消与恢复

　　在输入或编辑文档时，经常要改变文档中的内容，若文本改变后发现不符合要求时，则可用撤消功能把改变后的文本恢复为原来的形式。

　　（1）撤消。Word 支持多级撤消，在"快速访问工具栏"上单击"撤消"按钮（或按 Ctrl+Z 组合键），可取消对文档的最后一次操用。多次单击"撤消"按钮，依次从后向前取消多次操作。单击"撤消"按钮右边的下拉箭头，打开可撤消操作的列表，从最后一次操作的位置上连续选定其中几次操作，一次性恢复此操作后的所有操作。撤消某操作的同时，也撤消了列表中所有位于它上面的操作。

　　（2）恢复。在撤消某操作后，在"快速访问工具栏"上单击"恢复"按钮（或按 Ctrl+Y 组合键）可以恢复被撤消的操作。

　　【例 4-3】在【例 4-1】建立的"Internet 改变世界.docx"中，完成如下操作。

　　（1）将原第三自然段，即"目前，……信息高速公路。"所在段移动到原第六自然段的后面。

　　（2）删除第四自然段，即"1986 年，美国……世界性的 Internet 网络"所在自然段。

　　操作步骤如下：

　　①启动 Word，按下 Ctrl+O 组合键，弹出"打开"对话框。找到"Internet 改变世界.docx"后，双击打开。

　　②将鼠标移动到第三自然段的左侧选定区，双击选定该自然段。按下 Ctrl+X 组合键。

　　③将鼠标移动到第七自然段的开始处，按下 Ctrl+V 组合键，将原第三段移动到此。

　　④将鼠标移动到第四自然段，即原文的第五自然段，选定该自然段，按下 Ctrl+X 组合键，

将此自然段删除。

⑤最后，单击"快速访问工具栏"中的"保存"按钮，将文档原名保存。

4. 查找

如果文本内容很长，用人工的方法找到其中的某个和某些相同字句是非常麻烦的，而且容易遗漏。为此 Word 提供了非常方便的查找和替换功能。

在 Word 中，可以使用多种方法进行查找。

（1）使用"导航窗格"进行查找

利用"导航窗格"，用户可以按照文本、图形、表格、公式、脚注/尾注和批注进行查找，具体操作方法如下：

1）在"视图"选项卡的"显示"组中，勾选"导航窗格"复选框 ☑ 导航窗格，即可在 Word 工作区左侧显示"导航窗格"，或按下 Ctrl+F 组合键。

2）选定需要搜索的区域，在导航窗格上方的"搜索"框中输入要搜索的内容，Word 会自动将搜索到的内容突出显示，如图 4-38 所示。单击"搜索"框右侧的"取消"按钮或按下 Esc 键，可取消查找和突出显示的标记。

3）单击"导航窗格"上的"浏览您的文档中的标题"按钮，可以查看包含查找文本的段落。

如果有更高级的查找要求，可以单击"搜索"框右侧的"查找选项和其他搜索命令"下拉按钮"   "，在弹出的如图 4-38 所示的列表命令中选择相应的操作命令。

搜索框

包含查找
结果位置

搜索选
项列表

搜索结果

图 4-38　"导航窗格"中的搜索功能

（2）使用"选择浏览对象"按钮进行查找

可以使用"选择浏览对象"按钮快速查找某项，如图形、表格或批注等，使用此按钮查询对象的方法如下。

1）单击垂直滚动条上的"选择浏览对象"按钮，打开如图 4-39 所示的对话框。

2）在该对话框中，将鼠标移动到各对象图标上，单击所需项，分别单击"前一次查找"按钮 ▲ 或"下一次查找" ▼ 按钮，查找同类型的下一项或上一项。

（3）使用"编辑"按钮进行查找

进行查找操作，还可使用"开始"选项卡上"编辑"组中的"查找"按钮 来实现，操作过程如下：

图 4-39　选择浏览对象窗口

　　1）单击"开始"选项卡上"编辑"组中的"查找"命令右侧的下拉按钮"▼"，在弹出的列表中执行"高级查找"命令。打开"查找和替换"对话框。在"查找内容"文本框内键入要查找的文本，如：人类，如图 4-40 所示。

　　2）单击"查找下一处"按钮。在查找过程中，可按 Esc 键取消正在进行的搜索。

　　3）查找特定格式。在图 4-40 中，单击"更多"按钮，此按钮变成"更少"，打开如图 4-41 所示的"查找和替换"对话框，用于查找特定的格式和字符，其中各选项的含义如下：

图 4-40　"查找"选项卡　　　　　图 4-41　扩展有"更多"选项的"查找"选项卡

- "搜索"下拉列表框：设置搜索的方向，方向有：向下、向上或全部；
- "区分大小写"：用于英语字母；
- "不限定格式"按钮：取消"查找内容"或"替换为"框下指定的所有格式；
- "格式"按钮：涉及到"查找内容"或"替换为"内容的排版格式，如字体、段落、样式的设置，如图 4-42 左图所示；
- "特殊格式"按钮：查找对象是特殊字符，如通配符、制表符、分栏符、分页符等，如图 4-42 右图所示。

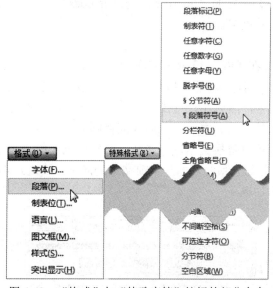

图 4-42　"格式"与"特殊字符"按钮的部分命令

要查找指定格式的文本，在"查找内容"文本框内输入文本。如果只查找指定的格式，则删除"查找内容"文本框内的文本。单击"格式"按钮，选择所需格式，然后单击"查找下一处"按钮。

5. 替换

在文档编辑过程中，有时需要对某一内容进行统一替换。对于较长的文档，如果用手工逐字逐句进行替换，工作量将是不可想象的。而利用 Word 中提供的替换功能，则可以方便地完成这个工作。

单击"开始"选项卡上"编辑"组中的"替换"按钮 ᵃᵇ꜀ 替换（或按下 Ctrl+H 组合键），打开如图 4-40 和图 4-41 所示"查找和替换"对话框。在"查找内容"文本框内输入要查找的文本，在"替换为"文本框内输入替换文本。单击"查找下一处"、"替换"或者"全部替换"按钮。

替换操作有如下几种功能：

（1）利用替换功能可以删除找到的文本。方法是在"替换为"文本框中不输入任何内容，替换时就会以空字符代替找到的文本，等于做了删除操作。

（2）可以替换指定的格式。如果只查找替换指定的格式，则删除"查找内容"文本框内的文本，单击"格式"按钮，然后选择所需格式，在"替换为"文本框选择所需格式。

（3）可以查找并替换段落标记、分页符和其他项。在"查找和替换"对话框中，单击"特殊格式"按钮（或键入该项的字符代码），选择所需项。如果要替换该项，在"替换为"文本框键入替换内容。

（4）使用通配符简化搜索。使用通配符可简化文本或文档的搜索，使用通配符"?"可以查找任意单个字符，例如在查找"RUM"和"RUN"时可搜索"RU?"。

要使用通配符，需在"查找和替换"对话框中选中"使用通配符"复选框。如果使用了通配符，在查找文字时会区分大小写。例如查找"s*t"可找到"sat"，但不会找到"Sat"或"SAT"。如果希望查找大写和小写字母的任意组合，请使用方括号通配符。例如键入"[Ss]*[Tt]"可找到"sat"、"Sat"或"SAT"。

【例 4-4】在【例 4-3】建立的"Internet 改变世界.docx"基础上，将文档中的"Internet"全部替换为"Internet（因特网）"。

操作步骤如下

①启动 Word，并打开在【例 4-3】所保存的"Internet 改变世界.docx"文档。

②按下 Ctrl+H 组合键，打开如图 4-40 所示的"查找和替换"对话框。

③单击"替换"选项卡，然后在"查找内容"文本框中输入要查找的文本"Internet"；在"替换为"文本框中输入替换的文本"Internet（因特网）"。

单击"格式"按钮，可对替换文本进行修饰，如替换成红色的"Internet（因特网）"。

④单击"全部替换"按钮，系统开始从当前文本处向下（默认）进行替换，出现如图 4-43 所示"系统提示信息"对话框。

图 4-43　"系统提示信息"对话框

　　如果手工进行替换，可单击"查找下一处"按钮，当找到下一处要替换的文本（反白显示），单击"替换"按钮可进行替换。同时，Word 自动定位到下一处要替换的文本上。

　　⑤单击"是"按钮，Word 从头开始查找并替换，替换完毕后，出现如图 4-44 所示"系统提示信息"对话框。

图 4-44　替换完毕后出现的"系统提示信息"对话框

　　⑥最后，单击"快速访问工具栏"中的"保存"按钮，将文档原名保存。

6. 自动更正

　　利用 Word 提供的自动更正功能可以帮助用户更正一些常见的键入错误、拼写和语法错误等。单击"文件"选项卡上"Word 选项"中的"校对"选项卡，如图 4-45 所示。

图 4-45　"Word 选项"对话框中的"校对"选项卡

　　系统已经为用户配置了一些自动更正的功能。例如，如果要一次性检查拼写和语法错误，可勾选"随拼写检查语法"复选框。这样，当系统检查到有错误的文本时，一般用红色波浪线标记输入有误码的或系统无法识别的中文和单词，用绿色波浪线标记可能的语法错误。

　　若要添加一些自动更正功能，可单击"自动更正选项"按钮。单击"自动更正"选项卡，选中"键入时自动替换"复选框，在"替换"和"替换为"框中输入原内容和需要替换的内容，可以简化输入。例如在文档中输入"JSJ"，将自动替换为"计算机"。

4.4.4　多窗口和多文档的编辑

　　在 Word 中，为了便于观察和操作，可以同时打开若干个文档窗口，对多个文档进行操作。也可以将文档逻辑上分成多个窗口，对一个文档的不同部分进行操作。

1. 多文档窗口的转换

　　如果同时打开了多个文档，而又没有"全部重排"，这时编辑窗口只显示一个文档；要编辑其他文档，就要转换文档窗口，转换文档窗口的方法如下。

（1）单击"视图"选项卡上"窗口"组中的"切换窗口"按钮，弹出文件列表，显示所有打开的文档名，文档名前面有 ✓ 的是当前屏幕显示的文档名。

（2）单击要编辑的文档名，则当前编辑窗口将显示选定的文档。

要切换不同的 Word 文档窗口，用户也可将鼠标指向任务栏中的 Word 图标（如果已打开多个文档，则 Word 图标为重叠图标）。稍停一会，任务栏上方显示打开的各文档预览图，单击某个预览图即可进行切换。

2．查看一个文档的不同部分

若需对一个文档的不同部分进行操作，可以通过下面的方法进行。

（1）单击"视图"选项卡上"窗口"组中的"新建窗口"按钮，可以将当前窗口文档再建一个窗口。

（2）使用"拆分"命令。如果要在长文档的两部分之间移动或复制文本，可将窗口拆分为两个窗格。在一个窗口中显示所需移动或复制的文字或图形，在另一个窗格中显示文字或图形的目的位置，然后选定并拖动文字或图形穿过拆分栏。拆分窗口的方法有两种：

1）单击"视图"选项卡上"窗口"组中的"拆分"按钮，这时窗口上出现拆分条，将拆分条调整上下位置，单击即可。

2）将指针指向垂直滚动条顶部的分栏框处，当箭头变成上下箭头时，将拆分条拖动到所需位置。

（3）取消拆分。双击拆分条；也可将鼠标指向拆分线并按住左键不放，向上拖动到标尺处；或单击"视图"选项卡上"窗口"组中的"取消拆分"按钮，即可恢复单个窗口。

3．多个文档窗口

如果打开多个文档，在"视图"选项卡上"窗口"组中单击"全部重排"按钮，可将已打开的多个文档同时显示在 Word 窗口中，如图 4-46 所示。如果希望恢复只显示一个文档，可双击要显示文档的标题栏。某一时刻只有一个活动窗口，只有在活动窗口才能进行输入、编辑等工作，改变活动窗口的方法其实很简单，在需要工作的窗口中单击任一处即可。

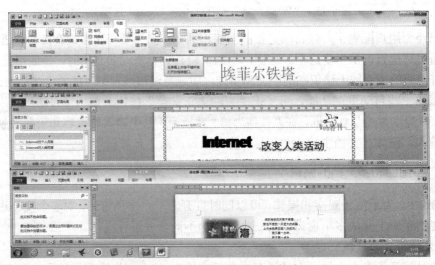

图 4-46　重排已打开的多个文档窗口

4.5　页面设置与文档排版

所谓排版就是将文档中插入的文本、图像、表格等基本元素进行格式化处理，以便打印输出。下面为读者介绍页面设置、文字格式的设置、段落的排版、分栏、首字下沉和文档的打印等主要功能。

4.5.1　页面设置

默认状态下，Word 在创建文档时，使用的是一个以 A4 纸大小为基准的 Normal 模板，内有预置的页面格式，其版面几乎可以适用于大部分文档。Word 文档中的内容以页为单位显示或打印到页上，如果用户不满意可以对其进行调整，即进行页面设置。在 Word 中，页面的结构如图 4-47 所示。

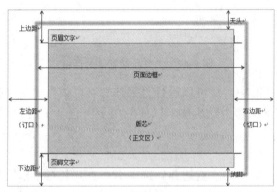

图 4-47　纸张大小、页边距和文本区域示意图

页面设置根据需要可以包括对整个页面、页边距、每页的行数和每行的字数进行调整，还可以给文档加上页眉、页脚、页码等。

要进行页面设置，可使用"页面布局"选项卡中相关按钮，或使用"页面设置"对话框。"页面布局"选项卡如图 4-48 所示。

图 4-48　"页面布局"选项卡

1. 选择纸型

在"页面布局"选项卡上"页面设置"组中，单击"对话框启动器"按钮 ，打开"页面设置"对话框，如图 4-49（a）所示。

在"纸张"选项卡中用户主要做的工作是选择纸张大小和纸张应用范围等。

如要修改文档中一部分的纸张大小，可在"应用于"文本框中选定"所选文字"选项，Word 自动在设置了新纸大小的文本前后插入分节符，如果文档已经分成节，可以单击某节中的任意位置或选定多个节，然后修改纸张大小。

所谓节是指由一个或多个自然段组成的，页面结构与其他页不同的文本块。

2. 调整行数和字符数

根据纸型的不同，每页中的行数和每行中的字符数都有一个默认值。若要满足用户的特殊需要，在"页面设置"对话框中单击"文档网格"选项卡，单击"指定行和字符网格"单选框，然后改变相应数值，如图 4-49（b）所示。

（a）"纸张"选项卡

（b）"文档网格"选项卡

图 4-49 "页面设置"对话框

在"页面设置"对话框中，还可以进行"字体"、"栏数"、"文字排列"等选项的设置。

如果要把改后的设置保存为默认值，以便应用于所有基于这种纸型的页面，可单击"设为默认值"按钮。

3. 页边距的调整

在"页面设置"对话框单击"页边距"选项卡，打开其对话框，如图 4-50（a）所示。在此对话框中，用户可以设置上、下、左、右的页边距；也可以选择页眉、页脚与边界的距离，装订线位置或对称页边距；还可以设置文档打印的方向等。

页边距的调整可以使用水平和垂直标尺来进行，其操作方法为：切换至页面视图，将鼠标指针指向水平标尺或垂直标尺上的页边距边界，待光标变成双向箭头↔或↕后进行拖动。

如果希望显示文字区和页边距的精确数值，可在拖动页边距边界的同时按下 Alt 键。

4. 版式

单击"版式"选项卡，打开其对话框，如图 4-50（b）所示。

（a）"页边距"选项卡

（b）"版式"选项卡

图 4-50 "页面设置"对话框

在该对话框中，可以在"页眉和页脚"栏中勾选"奇偶页不同"复选框，则页眉与页脚将在奇偶页中以不同方式显示；勾选"首页不同"复选框，则每节中，第一页与其他各面可设置不同的页眉和页脚；在"页眉"和"页脚"框中输入一个数字，可设置距离页边缘的大小。

单击"边框"按钮，打开"边框和底纹"对话框，用户可对页面进行边框等设置。

如果用 Word 进行程序源代码的编写，单击"行号"按钮，还可对程序源代码的每一行进行编号。

【例 4-5】在【例 4-4】建立的"Internet 改变世界.docx"基础上，按以下要求设置页面。

（1）纸张为"自定义"，大小为宽度 21 厘米、高度为 28.6 厘米。

（2）上下左右边距分别为 2.8 厘米、1.8 厘米、1.9 厘米和 1.8 厘米。

（3）页眉与页脚距上下边距的距离分别为 2 厘米和 1.2 厘米，为页面添加一个艺术边框，边框样式为 ▁∿∿∿▁ 。

操作步骤如下：

①打开在【例 4-4】所保存的"Internet 改变世界.docx"文档。

②打开"页面布局"选项卡，单击"页面设置"组右下角的"对话框启动器"按钮，打开如图 4-50 所示的对话框。

③设置上、下、左、右的边距分别为 2.8 厘米、1.8 厘米、1.9 厘米和 1.8 厘米，并"应用于"整篇文档。

④单击"纸张"选项卡，设置宽度为 21 厘米、高度为 28.6 厘米的"自定义大小"纸张。

⑤单击"版式"选项卡，设置页眉与页脚距离纸张边距的大小分别为 2 厘米和 1.2 厘米；单击"边框"按钮，打开如图 4-51 所示"边框和底纹"对话框，并自动切换到"页面边框"选项卡上。

⑥在对话框中，单击中下方"艺术型"下拉列表按钮，从中选择需要的边框样式，单击"确定"按钮，页面设置完成。页面样式如图 4-52 所示。

图 4-51　"页面边框"选项卡

图 4-52　设置了纸张大小和页边距的样张

此外，用户还可使用"页面背景"组中的"水印"按钮和"页面颜色"按钮，分别为页面设置在页面内容后面的虚影文字和背景图案。

4.5.2　分页与分节

1. 设置分页

在 Word 中，系统提供了自动分页和人工分页两种分页方式。

（1）自动分页。Word 可根据文档的字体大小、页面设置等，自动为文档分页。自动设置的分页符在文档中位置不固定，它是可变化的，这种灵活的分页特性使得用户无论对文档进行过多少次变动，Word 都会随文档内容的增减而自动变更页数和页码。

（2）人工分页。可以根据用户需要人工插入分页标记，例如，一本书某节的一部分内容可能放在了前一页的后两行，为了内容的统一，可以将前页的最后两行文字强行放在下一页打印输出，这就需要插入人工分页符。插入人工分页符的操作方法有下面三种：

①将插入点移到需要分页的位置，单击"页面布局"选项卡上"页面设置"组中的"分隔符"按钮 ，从下拉列表中选择"分页符"命令。

②单击"插入"选项卡上"页"组中的"分页"按钮 。

③直接按 Ctrl+Enter 组合键。

在页面视图、打印预览和打印的文档中，分页符后面的文字将出现在新的一页上。在普通视图中，自动分页符将显示为一条贯穿页面的虚线，人工分页符将显示为标有"分页符"字样的虚线 ┄┄┄ 分页符 ┄┄┄ 。

选定人工分页符，按 Delete 键可以删除该分页符。

2. 文档分节

节由一个或多个自然段组成，是 Word 用来划分文档的一种方式，系统默认整篇文档为一节。分节符使文档从一个整体划分为多个具有不同页面版式的部分。分节后，用户可以将纵向打印的文档，设置成横向打印的文档，也可以分隔文档中的各章，以使每一章的页码编号都从 1 开始，还可以为文档的某节创建不同的页眉或页脚。

Word 提供了"下一页"、"连续"、"偶数页"和"奇数页"四种分节符供用户选择，其具体含义如下：

- "下一页"。从插入分节符的位置强行分页，从下一页上开始新节。
- "连续"。在同一页上开始新节。
- "偶数页"。在下一个偶数页上开始新节。
- "奇数页"。在下一个奇数页上开始新节。

插入分节符的操作方法是：

（1）将插入点移到需要分节的最末位置。

（2）单击"页面布局"选项卡上"页面设置"组中的"分隔符"按钮，从下拉列表中选择一种"分节符"命令。

3. 页眉和页脚

多页文档显示或打印时，经常需要在每页的顶部或底部显示页码以及相关信息，如标题、名称、日期、标志等。这些信息如果出现在文档每页的顶部，就称页眉；若出现在文档的底部，就称页脚。在 Word 文档中，可以设置统一的页眉或页脚，也可以在不同节的页中设置不同的页眉和页脚。

添加页眉和页脚的具体操作步骤如下：

（1）单击"插入"选项卡上"页眉和页脚"组中的"页眉"按钮 或"页脚"按钮 ，弹出"页眉"或"页脚"命令列表。从中选择一种样式并进入编辑状态，会同时出现页眉与页脚工具"设计"选项卡，如图 4-53 和图 4-54 所示。

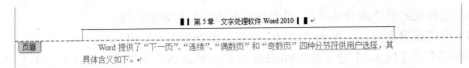

图 4-53　"页眉"编辑状态

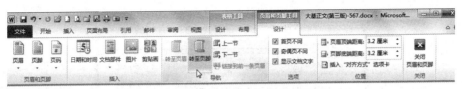

图 4-54　页眉与页脚工具"设计"选项卡

（2）在"页眉"或"页脚"的占位符（输入文本的位置方框）中输入内容，或单击页眉与页脚工具"设计"选项卡中的工具按钮向"页眉"或"页脚"中插入时间等内容。

（3）单击"导航"组中"转至页脚（页眉）"按钮 _{转至页脚}（_{转至页眉}），可切换到页脚（页眉）输入框中进行输入。

（4）页眉或页脚编辑完成后，单击"关闭"组中的"关闭页眉和页脚"按钮 _{关闭
页眉和页脚}（或按下 Esc 键），每页的上下端就显示出页眉和页脚的信息。

如果在页面设置时，勾选了"首页不同"和"奇偶页不同"两个复选框，则每节的页眉和页脚被划分成三种形式：首页页眉/页脚、偶数页页眉/页脚、奇数页页眉/页脚。用户可将本节的首页、奇偶页单独设置成不同的样式，操作方法同上。

如果不想在某页使用页眉或页脚，可将页眉和页脚内容清空。

在页面视图中，只需双击变暗的页眉或页脚或变暗的文档文本，就可迅速地在页眉或页脚与文档文本之间进行切换。

4. 插入页码

对于页数较多的文档，在打印之前最好为每一页设置一个页码，以免混淆文档的先后顺序。插入页码的方法如下：

（1）单击"插入"选项卡上"页眉和页脚"组中的"页码"按钮 _{页码}（或进入页眉和页脚编辑状态，单击页眉和页脚工具"设计"选项卡中的"页码"按钮），在弹出的菜单列表中选择一种页码位置和样式，如图 4-55 所示。

（2）页码插入到指定位置后，系统进入页眉和页脚编辑状态。此时，如果要修改页码的格式，可执行"页码"菜单列表中的"设置页码格式"命令，打开"页码格式"对话框，如图 4-56 所示。

图 4-55　"页码"按钮及菜单列表

图 4-56　"页码格式"对话框

（3）选择页码的"编号格式"，是否包含章节号和起始页码等。

（4）页码设置完成后，单击"确定"按钮，返回到正文编辑状态。

【例 4-6】在【例 4-5】建立的"Internet 改变世界.docx"基础上，按以下要求设置页眉和页脚，并在页面的右侧插入一个页码，如图 4-57 所示。

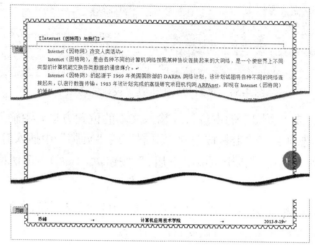

图 4-57　添加了页眉、页脚和页码的页面

操作步骤如下：

①打开在【例 4-5】所保存的"Internet 改变世界.docx"文档。

②打开"插入"选项卡，单击"页眉和页脚"组中的"页眉"按钮，在弹出列表中执行"编辑页眉"命令，进入页眉编辑状态。

③在页眉编辑区左侧输入文本：〖Internet（因特网）与我们〗。

④单击"页脚"按钮，弹出命令列表。单击"空白（三栏）"样式，在页脚中插入一个有三个占位符的页脚。

⑤在页脚处的三个占位符中，分别输入文本：乔峰、计算机应用技术学院、2013-9-19。

⑥单击"页码"按钮，弹出命令列表。执行"页边距"菜单下的"圆（右侧）"命令，在页面的右侧加一个带圆圈的页码。

⑦选中上面插入的页码，拖动到下方一个合适的位置。按下 Esc 键，页眉、页脚和页码设置完成。

4.5.3　文档排版

Word 是一个功能强大的桌面排版系统，它提供了多种字体、字形及其他漂亮的外观，可对文本进行正确合理的排版（格式或修饰），实现"所见即所得"（即 What You See Is What You Get，缩写：WYSIWYG）的效果。

1. 字符的格式化

字符的格式化就是对 Word 中允许出现的字符、汉字、字母、数字、符号及各种可见字符，进行字体、字号、字形、颜色等格式修饰。设置字符格式可以用以下两种方法。

● 先输入字符设置，其后输入的字符将按设置的格式一直显示下去。

● 先选定文本块，之后再进行设置。则只对该文本块起作用。

（1）设置字体、字号、字形、颜色等。进行字符修饰时，常用的方法是使用"开始"选项卡上"字体"组中的相关按钮，如图 4-58（左）所示。

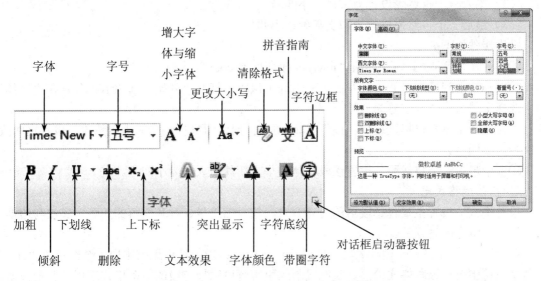

图 4-58　"字体"组与"字体"对话框

（2）单击"字体"组右侧的"对话框启动器"按钮，打开"字体"对话框，如图 4-58（右）所示。

- 在"字体"选项卡中，除可以设置字体、字形、字号、颜色、下划线、着重号外，还可以设置特殊效果，对于"西文字体"，设置为使用"中文字体"后将随中文设置的字体而自动适应。
- 在"效果"框中选择所需的选项。可以选择多个复选框，为该文字设置多种效果，新效果设置后，自动取消以前的设置。
- 单击"文字效果"按钮，在打开的"设置文本效果格式"对话框中，可以为选定的文本设置填充、文本边框、轮廓样式、阴影、映像、发光和柔化边缘及三维格式等特殊效果，如图 4-59 所示。
- 单击"高级"选项卡，设置字符的间距、缩放和位置，如图 4-60 所示。

图 4-59　"设置文本效果格式"对话框

图 4-60　"高级"选项卡

【例 4-7】对【例 4-6】所建立的"Internet 改变世界.docx"，按以下要求设置文本的格式。

（1）第五自然段设置为黑体五号。

（2）第六、十自然段设置为宋体、小四号。

（3）最后一个自然段设置为华文新魏、小四号。

操作步骤如下：

①打开在【例 4-6】所保存的"Internet 改变世界.docx"文档。

②鼠标移动到第五自然段的左侧，双击选中该段。打开"开始"选项卡，分别在"字体"组中选择字体为黑体、字号为五号。

③在选择了第六自然段之后，按下 Ctrl 键的同时，鼠标拖动到第十自然段，设置这两段的字号为小四号。

④选中最后一个自然段，设置该段字体为华文新魏、大小为小四号。

2．段落的格式化

段落格式的设置主要包括段落的对齐方式、相对缩进量、行和段落的间距、底纹与边框、项目符号与编号的设置等。

在 Word 中，按 Enter 键代表段落的结束，这时在该段的结束地方出现一个结束符"↵"。段落结束符中含有该段格式信息。复制段落结束符就可以把该段的段落格式应用到其他段落。

（1）设置对齐方式

● 更改段落文本水平对齐方式

文本水平对齐方式是指在选定的段落中，水平排列的文字或其他内容相对于缩进标记位置的对齐方式。分别有"文本左对齐"、"居中"、"文本右对齐"、"两端对齐"（默认）和"分散对齐"。

设置文本水平对齐方式可以使用"段落"组中的按钮或"段落"对话框进行，如图 4-67 所示。

● 在同一行应用不同的对齐方式

有时可能需要在某一行内使用不同的对齐方式，比如在页眉标题中，可能需要将标题左对齐，日期居中，页码右对齐。在 Word 中，按 Tab 键可实现这一效果。

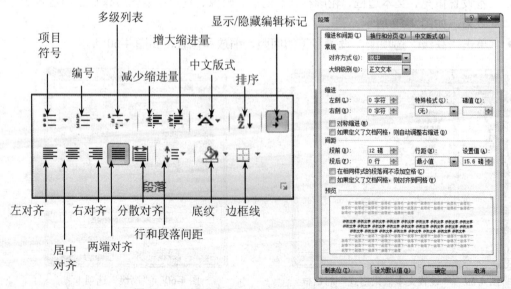

图 4-61　"段落"组（左）与"段落"对话框（右）

（2）设置制表位

一般来说，制表位是指按 Tab 键后，插入点所移动的位置。默认情况下，把插入点置于段落的开始处按下 Tab 键，原来顶格的文字自动右移两个字符，而无需连续按四个空格（在英文输入或在中文半角输入状态下）来进行首行缩进。

制表位分为默认制表位和自定义制表位，默认制表位自垂直标尺上端自动设置，默认间距为 0.74 厘米（2 个字符）；自定义制表位需要人工设置，可以使用水平标尺或者"制表位"对话框来设置。

制表位分为"左对齐" ⌊、"居中对齐" ⊥、"右对齐" ⌐、"小数点对齐" ⊥、"竖线对齐" |制表位等五种。

● 使用标尺设置制表位

将插入点移到要设置制表位的段落中，或者选定多个段落，然后单击垂直标尺上端的"制表位对齐方式"按钮，每次单击该按钮，显示的对齐方式制表符将按"左对齐" ⌊、"居中对齐" ⊥、"右对齐" ⌐、"小数点对齐" ⊥、"竖线对齐" |五个制表符以及"首行缩进" ▽、"悬挂缩进" ⌷两个缩进按钮的顺序循环改变。当出现了所需的制表符后，在标尺上设置制表位的地方单击，标尺上将出现相应类型的制表位，如图 4-62 所示。

图 4-62　使用"水平标尺"设置制表位

如果要移动制表位，用鼠标按住水平标尺上的该制表符后移动即可；如果要删除某个制表位，用鼠标指针按住水平标尺上的该制表符向下拖出标尺即可。

● 使用"制表位"对话框设置制表位

如果要精确设置制表位位置或要设置带前导符的制表位，则可在标尺上右击已有的任何一个制表符，弹出如图 4-63 所示的"制表位"对话框，然后在该对话框设置相应的选项。

图 4-63　"制表位"对话框

【例 4-8】在【例 4-7】所建立的"Internet 改变世界.docx"文档的最后输入下面的数据，且按下面的要求，将所给的数据进行排列对齐。

要求如下：时间左对齐，上网用户和手机上网右对齐。

文档开始

Internet（因特网）在中国的发展

时间	上网用户	手机上网	时间	上网用户	手机上网
2004 年 2 月	9400	4200	2008 年 2 月	22100	7300
2005 年 2 月	11100	9000	2009 年 2 月	33600	15500
2006 年 2 月	13700	1700	2010 年 2 月	45700	30300
2007 年 2 月	16200	4430	2011 年 2 月	51300	33000

单位（万人）单位（万台）

文档结束

在同一行应用不同的对齐方式的操作方法如下：

①打开【例 4-7】所建立的文档"Internet 改变世界.docx"，且将插入点定位于文档的最后，按 Enter（回车）键插入一个空行。

②输入文本：Internet（因特网）在中国的发展，并按 Enter（回车）键。

③在新的一行中，将鼠标移至垂直标尺的上端，单击选定"右对齐"制表符；鼠标移到水平标尺上一个合适的位置，单击一下，这样就设置了一个右对齐制表符。

④用同样的方法再设置一个右对齐、一个左对齐和两个右对齐制表符。

⑤输入文本"时间"后，按 Tab 键，输入"上网用户"；类似地，按 Tab 键，输入"手机上网"等信息。录完本行的文本内容后，按 Enter（回车）键，再录入"2004 年 2 月……33000"等四条具体信息。

⑥在文档的最后一行，输入文本：单位（万人）单位（万台），并使用图 4-63 所示的"制表符"对话框清除本行所有的制表符。

（3）行距和段落间距

行距表示文本行之间的垂直间距，而段落间距则是指当前段落与上一个自然段和下一个自然段的距离。

更改行距和段落间距的步骤如下：

1）选定要设置格式的一个或几个段落。

2）单击"行和段落间距"按钮右侧的下拉列表按钮，在弹出的列表中选择一个合适的间距大小。

若执行"行距选项"命令，则打开如图 4-61 所示的"段落"对话框，可进行精确设置。如果设置的是"最小值"、"固定值"或"多倍行距"，可在"设置值"框中输入数据。

如果某行包含大字符、图形或公式，Word 将自动增加行距。如要使所有的行距相同，单击"行距"框中的"固定值"选项，然后在"设置值"框中键入能容纳最大字体或图形的行距。如果字符或图形只能显示一部分，则应在"设置值"框中选择更大的行距值。

（4）段落缩进

页边距设置确定正文的宽度，也就是行的宽度。而段落缩进是确定文本与页边距之间的距离。在段落缩进时，可以进行左右缩进、首行缩进和悬挂缩进等操作。

在增加或减少左右缩进量时，改变的是文本和左右页边距之间的距离；首行缩进则定义的是某段落首行的缩进量；悬挂缩进用来控制段落中除第一行以外的其他行的起始位置。

段落缩进的设置方法有两种：使用标尺和使用菜单命令。

- 用标尺设置左、右缩进量

选定需要左右页边距缩进或偏移的段落。如果看不到标尺，将鼠标指向文档右侧垂直滚动条上端，单击"标尺"按钮，显示出标尺；也可勾选"视图"选项卡上"显示"组"标尺"复选框☑ 标尺。

　　拖动标尺顶端的"首行缩进"标记▽，可改变文本第一行的左缩进；拖动"左缩进"标记▢，可改变文本第二行的缩进，拖动左缩进标记下的方框，可改变该行中所有文本的左缩进，拖动"右缩进"标记△，可改变所有文本的右缩进。

　　单击"段落"组的"减少缩进量"按钮或"增大缩进量"按钮，可以减少或增大左缩进量。也可以通过"段落"对话框，精确地设置段落缩进量。

　　● 用 Tab 键设置缩进量

　　将插入点移到段落的起始处，反复按 Tab 键即可。要取消缩进，请在移动插入点之前，按 Backspace 键。

　　悬挂缩进是将第一个元素悬挂起来，从这行后的文本的左侧向右偏移。设置悬挂缩进可将鼠标指针指向"悬挂缩进"标记△，拖动到所需位置即可；也可用 Tab 键设置悬挂缩进，在左边键入文本或项目，按 Tab 键，再键入右边的文本直到换行，单击第二行文本前的位置，按 Tab 键直到文本到达所需位置。

　　在"段落"对话框中的"特殊格式"也可以设置悬挂缩进。

　　【例 4-9】在【例 4-8】所建立的"Internet 改变世界.docx"中，将第二至最后一个自然段，首行缩进 2 个字符；第二段段前距离 1 行，最后一个自然段段后距离 0.5 行。

　　完成上面设置的操作步骤如下：

　　①打开【例 4-8】所建立的文档"Internet 改变世界.docx"，选中第二至最后一个自然段。

　　②打开如图 4-61 所示的"段落"对话框，在"缩进和间距"选项卡中，设置"特殊格式"为"首行缩进"，大小为 2 字符。

　　③分别单击第二和最后一个自然段，在打开的如图 4-61 所示的"段落"对话框中，设置第一段的段前距离为 1 行；最后一个自然段的段后距离为 0.5 行。

　　3. 段落字体对齐方式

　　如果一行中含有大小不等的英文、汉字，该行就会有多种字体对齐方式，如按"底端对齐"、"中间对齐"等，使得该行整齐一致。设置的操作步骤为：

　　（1）选定需要对齐的文本，并打开"段落"对话框。

　　（2）在打开的"段落"对话框中，单击"中文版式"选项卡，如图 4-64 所示。单击"文本对齐方式"下拉列表框选择所需的对齐方式。

　　4. 使用"格式刷"复制字符和段落格式

　　如果要使文档中某些字符或段落的格式与该文档中其他字符和段落的格式相同，可以使用"格式刷"按钮。

　　（1）复制字符格式。字符格式包括字体、字号、字形等。选取希望复制格式的文本，但不包括段落结束标记，单击"开始"选项卡上"剪贴板"组中的"格式刷"按钮 ✔格式刷，这时鼠标指针变为刷子形状 ▟▎；将鼠标移动到应用此格式的开始处，按住鼠标拖动即可。

图 4-64　用"段落"对话框设置文字对齐方式

　　（2）复制段落格式。段落格式包括制表符、项目符号、缩进、行距等。单击希望复制格式的段落，使光标定位在该段落内，单击"格式刷"按钮，此时鼠标变为刷子形状。把"刷子"移动到希望应用格式的段落，单击段内任意位置。

（3）多次复制格式。将选定的格式多次应用到其他位置时，可以双击"格式刷"按钮，完成后再次单击此按钮，或按下 Esc 键取消格式刷的功能。

5．分栏

分栏类似于报纸、杂志等的排版方式，使文本从一栏的底端连接到下一栏的顶端，从而使文档更易阅读，版面更美观。在 Word 中，分栏功能可以将整个文档分栏，也可以将部分段落分栏。

【例 4-10】对【例 4-9】所建立的"Internet 改变世界.docx"文档的第三、四自然段分等宽的两栏，两栏之间有分隔竖线。

操作方法如下：

①打开【例 4-8】所建立的文档"Internet 改变世界.docx"，且选定第三、四自然段。

②单击"页面布局"选项卡上"页面设置"组中的"分栏"按钮，在弹出的列表中执行"更多分栏"命令，打开如图 4-65 所示"分栏"对话框。

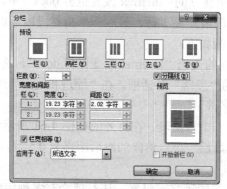

图 4-65　"分栏"对话框

③在"预设"中选择分栏数，也可在"栏数"文本框中输入分栏数（最大 11 栏），指定栏的宽度和间距，以及应用范围。如果需要具有相等的栏数，可以直接选中"栏宽相等"复选框。

④勾选"分隔线"复选框；在"应用于"下拉列表框选择"所选文字"。

⑤单击"确定"按钮，完成分栏操作。

如果用户对分栏的外观与内容排列不满意，还可以调整分栏的栏间距与栏内容，其方法是：

（1）将插入点移至已分栏内容的任意处。

（2）再将鼠标移到水平标尺上的分栏标记处，按住鼠标左键拖动分栏标记至所需位置即可。

一般地，多栏版式的最后一栏可能为空或者是一个不满的栏，为了分栏的美观，应该建立长度相等的栏。这时进行调整的方法如下：

（1）将插入点设置在要对齐的栏的末尾。

（2）单击"页面布局"选项卡上"页面设置"组中的"分隔符"按钮，选择"分节符"项下的"连续"选项。

6．首字下沉

在报纸杂志上，经常会看到首字下沉的情况，即文章开头的第一个字或字母被放大数倍并占据 2 行或 3 行（最大 10 行），以示突出。

【例 4-11】将"Internet 改变世界.docx"文档中的第五自然段设置成首字下沉，字体为"华文彩云"，下沉两行，其他选项采用默认。

操作方法如下：

①打开【例 4-10】所建立的文档"Internet 改变世界.docx"，并将插入点移到要设置首字下沉的第五自然段中。

②单击"插入"选项卡上"文本"组中的"首字下沉"按钮，在弹出列表中执行"首字下沉选项"命令，打开"首字下沉"对话框，如图 4-66 所示。

③在"位置"栏中单击"下沉"；在"字体"栏中选择"华文彩云"；在"下沉行数"框中输入下沉的行数：2，其他设置采用默认。

④单击"确定"按钮，完成首字下沉的设置。

7. 增加边框和底纹

为突出版面的效果，Word 可以为文本、段落或页面添加边框、底纹。

（1）文本块的边框和底纹

选定要添加边框的文本块，或把插入点定位到所在段落处，单击"开始"选项卡上"段落"组中的"边框和底纹"按钮，在弹出的列表中执行"边框和底纹"命令。屏幕出现如图 4-67 所示"边框和底纹"对话框（系统默认为"边框"选项卡）。

图 4-66　"首字下沉"对话框

图 4-67　"边框和底纹"对话框

- "设置"栏：预设置的边框形式分别有无边框、方框、阴影、三维和自定义五种。如果要取消边框可单击"无"选项。
- "样式"、"颜色"和"宽度"列表框：用于设置边框线的外观效果。
- "预览"栏：显示设置后的效果，也可以单击某边改变该边的框线设置。
- "应用于"：边框样式的应用范围可以是文字或段落。

（2）页面边框

在"边框和底纹"对话框中，单击"页面边框"选项卡，可进行页面边框的设置。该选项卡和"边框"选项卡基本相同，仅增加了"艺术型"下拉列表框。其应用范围针对整篇文档或节。

（3）添加底纹

添加底纹的目的是使内容更加醒目美观。选定要添加的文本块或段落，或把插入点定位于所在段落任意处。单击"边框和底纹"对话框中的"底纹"选项卡，用户可在该选项卡中设置合适的填充颜色、图案等。

如果单击"段落"组中的"底纹"按钮，则只能为所选定的文本设置底纹。

【例 4-12】如图 4-68 所示，在"Internet 改变世界.docx"文档中，完成如下设置：

（1）将第六、十自然段中的文本添加一个黑色边框；第六自然段设置成填充色为"橄榄色，强调文字颜色 3，淡色 40%"、图案样式为 12.5%的底纹。

（2）将第十四自然段设置成填充色为"蓝色，强调文字颜色 1，淡色 60%"、无图案样式的底纹。

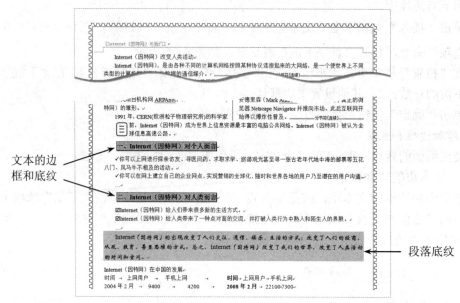

文本的边框和底纹

段落底纹

图 4-68　边框与底纹示例

操作过程如下：

①打开【例 4-11】所建立的文档"Internet 改变世界.docx"，并将第六和第十自然段选中。

②单击"开始"选项卡上"段落"组中的"边框和底纹"按钮，在弹出列表中执行"边框和底纹"选项命令，打开如图 4-57 所示的"边框和底纹"对话框。

③在"边框"选项卡中单击"设置"栏下的"方框"按钮，在"应用于"列表框中选择"文字"，其他设置为默认。

④单击"底纹"选项卡，在"填充"框中选中颜色为"橄榄色，强调文字颜色 3，淡色 40%"；在"图案"栏下的"样式"中选择"12.5%"色块。

以上两步，完成对第六和第十自然段的边框和底纹的设置。

⑤选中第十四自然段，打开"边框和底纹"对话框。单击"底纹"选项卡，在"填充"框中选中颜色为"蓝色，强调文字颜色 1，淡色 60%"，在"应用于"列表框中选择"段落"，其他设置为默认。

⑥单击"确定"按钮，完成对第十四自然段的底纹设置。

8. 项目符号与编号

如同一本书的目录一样，为使结构富于层次感，Word 可以为一些分类阐述内容添加一个项目符号或编号。在每一个项目中还可有更低的项目层次及文本内容，如此下去，整个文档结构如同阶梯一样，层次分明。项目的符号或编号，也可以用图片替代。

（1）自动创建项目符号和编号

当在段落的开始处输入如"1."、"①"、"一"、"a"等格式的起始编号时，然后键入文本，按 Enter 键后，Word 自动将该段转换为列表，同时将下一个编号加入下一段的开始。

在段落的开始处输入如"*"符号，后跟一个空格或制表符，然后输入文本。按 Enter 键后，Word 自动将该段转换为项目符号列表，"*"号转换为黑色的圆点"●"。

若要设置或取消自动创建项目符号和编号功能，操作步骤如下：

①可以选择"文件"选项卡上的"选项"命令，弹出"Word 选项"对话框，单击"校对"选项。

②单击"自动更正选项"栏下的"自动更正选项"按钮，在弹出的"自动更正"对话框中单击"键入时自动套用格式"选项卡，如图 4-69 所示。

③在"键入时自动应用"栏下，勾选"自动项目符号列表"和"自动编号列表"两个复选框。单击"确定"按钮，完成设置。

（2）添加编号或符号

对选定的文本段落，可以设置项目编号或符号。添加项目编号或符号的方法是：

①选定一个或几个自然段。

②单击"开始"选项卡上"段落"组中的"编号"按钮 或"项目符号"按钮 ，将自动出现编号"1."或符号"●"。

如果对出现的编号或符号样式不满意，可单击这两个按钮右侧的下拉按钮，在弹出的列表中选择一种编号或符号样式，也可执行"定义新编号格式"或"定义新项目符号"命令，再在出现的编号或符号对话框中进行设置。

（3）多级符号

多级符号可以清楚地表明各层次之间的关系。创建多级符号时可以通过"段落"组中的"多级列表"按钮 ，以及"减少缩进量"按钮 和"增加缩进量"按钮 来确定层次关系。

图 4-70 所示的是显示各项目符号和编号设置的效果。

图 4-69 "自动更正"对话框

图 4-70 项目编号、项目符号和多级符号的使用示例

【例 4-13】在【例 4-12】所建立的"Internet 改变世界.docx"文档中，完成如下设置：

（1）为第七、八、九三个自然段添加一个项目符号 。

（2）为第十一、十二、十三自然段添加一个项目编号"1."。

操作过程如下：

①打开【例 4-12】所建立的文档"Internet 改变世界.docx"，并选中第七、八和九三个自然段。

②单击"开始"选项卡上"段落"组中的"项目符号"按钮 右侧的下拉列表按钮，

执行列表中的"定义新项目符号"命令，弹出如图 4-71 所示的"定义新项目符号"对话框。

③在"项目符号字符"栏中，单击"图片"按钮，在打开的"图片项目符号"对话框中选择一种图片。单击"确定"按钮，选中的三个自然段前都添加了该项目符号。

④选中第十一、十二和十三这三个自然段，单击"开始"选项卡上"段落"组中的"编号"按钮 ，设置这三个自然段的编号格式"1."。

图 4-71　"定义新项目符号"对话框

4.5.4　打印预览与打印文档

打印前一般需要浏览一下版面的整体格式，如不满意还可以进行调整，然后再打印。

1. 打印预览

打印预览用于显示文档的打印效果，在打印之前可通过打印预览查看文档全貌，包括文本、图形、分栏、图文框、页码、页眉、页脚等。

进入"打印预览"的方法是：单击"快速访问工具栏"上的"打印预览"按钮，或选择"文件"选项卡中的"打印"命令，进入"打印及打印预览"状态。同时系统提供了一组"打印预览"工具按钮，可以选择不同的比例显示文档内容，图 4-72 所示的是一屏显示 3 页的效果。

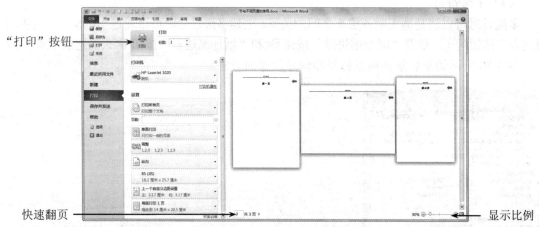

图 4-72　打印预览

查看完毕后，再次单击"文件"选项卡或按 Esc 键，可退出"打印及打印预览"状态。如果认为合适则可以单击"打印"按钮，打印输出。

2. 打印

通过"打印预览"，用户对所编辑文档满意后，接下来的一步就是利用打印机将文档打印出来。要打印一篇文档，可使用快速打印和一般打印两种方法。

（1）快速打印

选择直接打印时，请单击"快速访问工具栏"上的"打印"按钮，或在"打印及打印预览"窗口中单击"打印"按钮，都可以实现一次打印全部文档。

（2）一般打印

如果需要自行设置打印方式或打印文档的某一部分，则需要对打印进行一些必要的设置。

一般打印的使用过程如下。

①单击"文件"选项卡中的"打开"命令（或按 Ctrl+P 组合键），打开"打印"窗口，如图 4-72 所示。

②在"打印"窗口的中间窗格中进行相关的设置，如打印的页面范围；需要打印的份数；打印的方式，如逐份打印等。

【例 4-14】新建一个文档，文档以文件名"分节与不同页眉的使用.docx"进行保存，完成如下设置：

（1）启动 Word，系统自动创建一个空白文档"文档 1"。单击"快速访问工具栏"中的"保存"按钮，将"文档 1"以文件名"分节与不同页眉的使用.docx"进行保存。

（2）添加内容分别为"第一页"、"第二页"和"第三页"的三行文本；选中这三行文本，单击"开始"选项卡上"样式"组中的"标题 1"，将三行文本设置为三个标题。

（3）将插入点分别定位到第二个和第三个标题上，单击"页面布局"选项卡上"页面设置"组中的"分隔符"按钮，执行弹出列表中"分节符"项下的"下一页"命令，将文本分为三节，每节为一页。

（4）单击"插入"选项卡上"页眉和页脚"组中的"页码"按钮，执行弹出列表中"页边距"项下的"箭头（右侧）"命令，在每页右边距中插入一个带箭头的页码。

（5）单击"插入"选项卡上"页眉和页脚"组中的"页眉"或"页脚"按钮，执行弹出列表中的"编辑页眉"或"编辑页脚"命令，系统进入"页眉"或"页脚"编辑区域。同时，打开了页眉和页脚工具"设计"选项卡。

（6）在页眉和页脚工具"设计"选项卡中，单击"导航"组中的"上一节"按钮或"下一节"按钮，可以切换到上一节或下一节的"页眉"或"页脚"编辑区域。

（7）在第一节"页眉"编辑区域中，输入文本"第一节页眉"；单击"下一节"按钮，进入第二节"页眉"编辑区域中，首先单击"链接到前一条页眉"按钮，切断与第一节页眉的链接，否则第二节页眉与第一节相同。输入第二节页眉文本"第二节页眉"。

同理，输入第三节页眉文本"第三节页眉"，按下 Esc 键，回到页面视图。

（8）将插入点定位到第二节中，单击"页面布局"选项卡上"页面设置"组中的"纸张方向"按钮，在弹出的列表中选择"横向"命令，将第二节打印方向设置为横向。

（9）将插入点定位到第三节中，单击"页面布局"选项卡上"页面设置"组中的"纸张大小"按钮。在弹出的列表中选择"其他页面大小"命令，打开如图 4-47 所示的"页面设置"对话框。在"纸张"选项卡上的"纸张大小"列表框中，选择"16 开（18.4×26 厘米）"。单击"确定"按钮，第三节页面用纸设置为"16 开（18.4×26 厘米）"。

（10）单击"快速访问工具栏"上的"打印预览"按钮，进入"打印及打印预览"状态，如图 4-72 所示。

4.6　Word 的图文混排

用 Word 进行文档编辑时，允许在文档中插入多种格式的图形文件，也可在文档中直接绘图。如果需要，用户不仅可以任意放大、缩小图片，改变图片的纵横比例，还可以对图片进行裁剪、控制色彩，以及与绘制的图或其他图形进行组合等操作。

Word 文档中插入的图片并不是孤立的，人们可以将图形对象与文字结合在一个版（页）面上，实现图文混排，轻松地设计出图文并茂的文档。

4.6.1　插入图片

要将来自文件的图片插入到当前文档中，操作步骤如下：

（1）将插入点定位在要插入图片的位置。

（2）单击"插入"选项卡上"插图"组中的"图片"按钮，打开"插入图片"对话框。在对话框中找到包含所需图片的文件，并单击"插入"按钮，完成图片的插入。

用户也可以把其他应用程序中的图形粘贴到 Word 文档中，方法是：

（1）在用来创建图形的应用程序中，打开包含所需图形的文件，选定所需图形的全部或部分，按下 Ctrl+C 组合键，复制图形。

（2）打开 Word 文档窗口，把插入点移到要插入图形的位置，直接按 Ctrl+V 组合键。

4.6.2　插入剪贴画

在 Word 中，系统本身自带了丰富的图片剪辑库，可以直接将剪辑库中的图片插入到文档中，其操作方法如下：

（1）将插入点定位于要插入剪贴画的位置。

（2）单击"插图"组中的"剪贴画"按钮，弹出"剪贴画"窗格，如图 4-73 所示。

图 4-73　"剪贴画"窗格

（3）在"搜索文字"框中输入要搜索剪贴画的名称，在"结果类型"列表框中选择一个剪贴画类型，单击"搜索"按钮。系统开始搜索剪贴画，并将搜索到的结果显示在列表框中。

（4）选择某一幅剪贴画后，双击该剪贴画即可插入一幅剪贴画。

4.6.3　图片的格式化

对于插入到 Word 文档中的图片、图形，可以在 Word 文档中直接编辑它。插入到文档中的图片对象，Word 默认情况下，它和文档正文的关系是嵌入式。

单击已插入到文档中的图形，图形边框会出现 8 个空心圆圈的控制点，系统自动打开图片工具"格式"选项卡，如图 4-74 所示。这时就可以对该图形进行简单的编辑和修改，如图片大小的处理，明暗度的调整，改变图片颜色，设置艺术效果、图片样式、对齐、组合、旋转裁剪、压缩图片、文字环绕、重设图片、背景等。

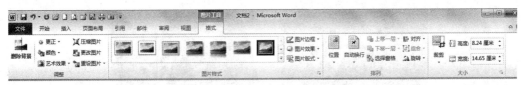

图 4-74　图片工具"格式"选项卡

1. 图片大小

在 Word 中可以对插入的图片进行缩放，其方法是：单击要调整大小的图片，此时该图片周围出现 8 个空心圆圈的控制点。移动鼠标到控制点上，当鼠标指针显示为双向箭头↔、↕、⤢、⤡之一时，拖动鼠标使图片边框移动到合适位置，释放鼠标，即可缩放图片的大小。

如果要精确地调整图片的大小，用户可在图片工具"格式"选项卡上"大小"组中的"高度"和"宽度"框输入一个数值。或单击"大小"组中的"对话框启动器"按钮，打开"布局"对话框，然后在"大小"选项卡中进行精确设置，如图 4-75 所示。

2. 裁剪图片

插入到 Word 中的图片，有时可能包含了一部分不需要的内容，利用图片工具"格式"选项卡上"大小"组中的"裁剪"按钮，可以裁剪去掉多余的部分，具体方法如下：

（1）选定需要裁剪的图片。

（2）打开图片工具"格式"选项卡，单击"大小"组中的"裁剪"按钮。

（3）将鼠标指针移到图片的控制点处，此时鼠标指针变成├、┤、┴、┬、┘、┐、┌或┘之一，拖动鼠标即可裁剪（隐藏，在重设图片时仍可再现）图片中不需要的部分。

如果要将图片裁剪成其他形状，可单击"裁剪"下拉按钮，弹出如图 4-76 所示下拉菜单，执行"裁剪为形状"命令，可将图片裁剪成指定形状的图片。

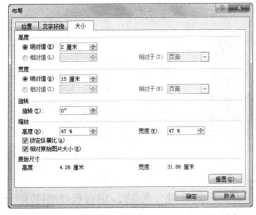

图 4-75　"布局"对话框之"大小"选项卡

图 4-76　"裁剪"按钮及下拉菜单

3. 设置图片样式

可以为插入到 Word 中的图片进行图片样式的设置，以实现快速修饰美化图片，具体操作步骤如下：

（1）选定需要应用样式的图片。

（2）打开图片工具"格式"选项卡，单击"图片样式"列表框图片样式，即可在 Word 文档中预览该图片的样式效果。如图 4-77 所示为应用图片样式前后图片的对比。

图 4-77　应用样式后图片的前后对比

4. 调整图片颜色

可以为插入到 Word 中的图片进行图片颜色和光线的调整，以达到图片的色调（色调指的是一幅画中画面色彩的总体倾向，是大的色彩效果或图像的明暗度）、颜色和饱和度（色彩的纯度，纯度越高，表现越鲜明，纯度较低，表现则较黯淡）的要求。

调整图片颜色的具体操作步骤如下：

（1）选定需要调整图片颜色的图片。

（2）打开图片工具"格式"选项卡，单击"调整"组中的"颜色"命令右侧的下拉按钮，在出现的列表框中执行不同的命令即可调整图片的颜色、饱和度、色调、重新着色以及其他效果。

5. 删除图片背景

删除背景是指图片主体部分周围背景删除，如图 4-78 所示。实现删除图片背景的具体操作步骤如下：

（1）选定需要删除背景的图片，如图 4-79 所示。

（2）打开图片工具"格式"选项卡，单击"调整"组中的"删除背景"按钮，图片进入背景编辑状态，同时功能区显示"背景消除"选项卡，如图 4-80 所示。

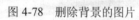

图 4-78　删除背景的图片　　　图 4-79　删除背景的编辑状态　　　图 4-80　"背景消除"选项卡

（3）拖动图片中的控制点调整删除的背景范围。

（4）使用"标记要保留的区域"和"标记要删除的区域"按钮，可以修正图片中标记，提高消除背景的准确度。

（5）设置完成后，单击"保留更改"按钮。

6. 设置图片的艺术效果

可以为插入的图片设置如铅笔素描、画图笔画、发光散射等特殊效果，具体操作步骤如下：

（1）选定需要应用艺术效果的图片。

（2）打开图片工具"格式"选项卡，单击"调整"组中的"艺术效果"按钮 艺术效果，在弹出列表中选择一种需要的艺术效果。

7．重设图片

对图片的格式进行设置后，如果不满意，可以取消前面所做的设置，使图片恢复到插入时的状态，操作步骤如下：

（1）选定需要重设格式的图片。

（2）打开图片工具"格式"选项卡，单击"调整"组中的"重设图片"按钮 重设图片，弹出其命令列表。如果执行"重设图片"命令，则取消对此图片所做的全部格式更改；如果执行"重设图片和大小"命令，则此图片将显示为原始的图片和大小。

至于图片格式化的其他功能，如设置图片边框、图片效果、图片的文字环绕效果、多个图片图形的组合等功能，我们将在后续章节中予以介绍。

4.6.4　绘制图形

在 Word 中，用户可以通过"形状"命令所提供的绘图按钮，绘制出符合自己需要的一些图形，绘制方法和 Windows 中的"画图"程序基本一样，这里不再详细叙述。

1．绘制自选图形

单击"插图"组中的"形状"按钮 形状，弹出形状列表，选择一种需要的形状，如图 4-81 所示。当前文档插入点处出现一个由淡灰色横线组成的"画布"框，同时鼠标变为"＋"。用户可在"画布"框中，也可在"画布"框外绘制图形，如图 4-82 所示是绘制图形的例子。

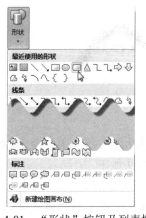

图 4-81　"形状"按钮及列表框

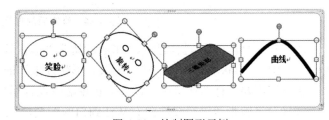

图 4-82　绘制图形示例

形状绘制完成后，系统打开绘图工具"设计"选项卡，如图 4-83 所示。用户可使用选项卡中的各种命令按钮对形状进行处理，如设置形状样式等。

图 4-83　绘图工具"设计"选项卡

2．为图形添加文字

大部分形状可以在其中添加文字，方法是：右键单击该图形，在快捷菜单中单击"添加文字"命令，然后键入要添加的文字，所添加的文字就成为该图形的一部分。直线等图形不能添加文字。

3．改变图形大小

单击选中图形，将鼠标移到控制点上，当光标变成双向箭头时，拖动这些控制点可以改变图形的大小。有许多自选图形还具有形状控制点，拖动黄色的控制点可以改变图形的形状，拖动绿色的控制点可以旋转图形。

4．调整图形的位置和叠放顺序

单击可选定一个对象（按下 Shift 键，再单击图形对象，可选择多个图形），然后用鼠标拖动（或用箭头方向键），可移动图形对象到其他位置（也可在按下 Ctrl 键的同时，使用箭头方向键进行微调）。

如果要改变图形的顺序，可单击绘图工具"设计"选项卡上"排列"组的"上移一层"按钮 或"下移一层"按钮 。

5．修饰图形

对插入的图形，可以利用绘图工具"格式"选项卡上"形状样式"组中的"样式"列表、"形状填充" 、"形状轮廓" 、"形状效果" 等功能按钮对其进行样式的修饰，如填充颜色或图案、设置边线颜色和图案、设置边线粗细和类型，还可以为形状添加映像、三维旋转等效果，例如对图 4-82 所示的形状进行填充、轮廓和效果修饰后，几个形状的效果如图 4-84 所示。

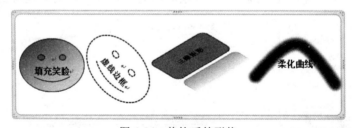

图 4-84　修饰后的形状

"样式"列表和"形状填充"、"形状轮廓"、"形状效果"等功能按钮的主要命令如图 4-85 所示。其中，"形状填充"、"形状轮廓"、"形状效果"的使用方法如下：

①选定需要进行形状填充、设置形状轮廓或设置形状效果的形状图形。

②如对笑脸形状进行线性向右从红到白的渐变填充，可打开绘图工具"格式"选项卡，单击"样式"组中的"形状填充"按钮，在弹出列表中单击"渐变"选项，弹出下级菜单并执行"其他渐变"命令，打开如图 4-86 所示"设置形状格式"对话框。

③完成渐变参数的设置，单击"关闭"按钮。

类似地，可对形状进行轮廓和效果的设置。

6．对齐图形对象

如果在文档中添加了多个图形对象，用移动的方式很难将多个图形排列整齐。单击绘图工具"格式"选项卡上"排列"组中的"对齐"按钮 ，执行弹出的命令列表中的相关对齐命令，即可快速地将多个选定的图形对齐。

（a）"样式"列表

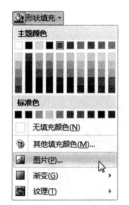

（b）"形状填充"功能列表

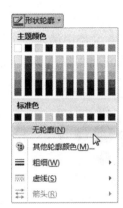

（c）"形状轮廓"功能列表

（d）"形状效果"功能列表

图 4-85　样式、形状填充、形状轮廓和形状效果等功能列表

图 4-86　"设置形状格式"对话框

7. 组合图形

利用自选图形功能可以将绘制的所有图形组合在一个图形中，便于对大图形的整体操作，也可以通过"取消组合"命令把组合好的图形拆分成原来的小图形。

组合的操作方法如下：按住 Shift 键，单击各个图形。然后，右击鼠标并执行快捷菜单中的"组合"菜单项下"组合"命令（或单击绘图工具"设计"选项卡上"排列"组的"组合"按钮 组合▾ 下拉功能列表中的"组合"命令）。

取消组合的操作方法如下：单击某组合图形，右击鼠标并执行快捷菜单中的"组合"菜单项下"取消组合"命令（或单击绘图工具"设计"选项卡上"排列"组的"组合"按钮，在弹出的下拉功能列表中选择"取消组合"命令）。

4.6.5　插入 SmartArt 图形

Word 2010 中的 SmartArt 图形，是预设好的列表、流程、循环、层次结构、关系、矩阵、棱锥图、图片 8 种类别的图形，每种类型的图形有各自的作用。

单击"插入"选项卡上"插图"组中的"SmartArt"按钮，打开如图 4-87 所示"选择 SmartArt 图形"对话框。

【例 4-15】新建一个文档，然后在文档中插入一个如图 4-88 所示 SmartArt 图形，最后文档以文件名"SmartArt 的使用.docx"进行保存。

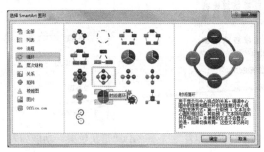

图 4-87　"选择 SmartArt 图形"对话框

图 4-88　SmartArt 图形

具体操作步骤如下：

①启动 Word，系统自动创建一个空白文档"文档 1"，按下 F12 功能键，将文档以文件名"SmartArt 的使用.docx"进行保存。

②单击"插入"选项卡上"插图"组中的"SmartArt"按钮，打开如图 4-87 所示"选择 SmartArt 图形"对话框。

③单击对话框左侧的"循环"选项，并在右侧的图形列表中选择"射线循环"，单击"确定"按钮，文档中就插入了一个"射线循环"图形，同时显示 SmartArt 工具"设计"选项卡，如图 4-89 所示。

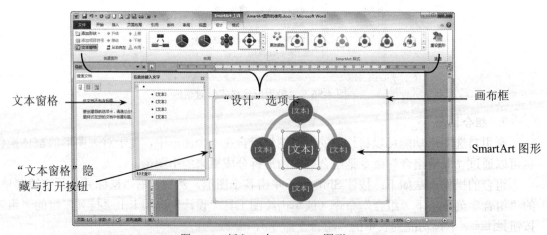

图 4-89　插入一个 SmartArt 图形

④在插入的 SmartArt 图形左侧单击按钮，弹出一个文本窗格。输入以下文字：记叙文六要素、时间、地点、人物、起因、经过、结果。

在"文本窗格"中每输入一个文本后按下 Enter（回车）键，当图中的图形元素个数不够时，会自动添加一个形状（或单击"创建图形"组中的"添加形状"按钮 ，可在某形状前或后添加一个相同的形状）。

⑤在 SmartArt 图形中，选中第一个"记叙文六要素"形状。打开 SmartArt 工具"格式"选项卡，单击"形状样式"组中的"形状填充"按钮 ，执行列表中的"渐变"菜单项下的"其他渐变"命令，打开如图 4-86 所示"设置形状格式"对话框。

⑥在"设置形状格式"对话框中，单击"填充"选项，再单击"渐变填充"。

⑦在"类型"框选择"线性"；在"方向"框选择"线性向下"；在"渐变光圈"区域内颜色标尺中单击第一个滑块，然后单击"颜色"按钮，在弹出的颜色列表中选择"红色"；单击颜色标尺中第二个滑块（如果中间还有光圈，可删除），然后单击"颜色"按钮，在弹出的颜色列表中选择"黄色"。最后单击"关闭"按钮，完成"记叙文六要素"形状的颜色填充。

⑧类似地，依次选择 SmartArt 图形中的其他形状，完成形状的颜色填充。设置了 SmartArt 图形中形状的样式后，会突出形状，文本就会显得不起眼，所以为了突出图形中的文本，文本样式也需要进行设置。

⑨选中 SmartArt 图形中要设置文本样式的形状，如单击选中"记叙文六要素"形状。然后切换到 SmartArt 工具"格式"选项卡，单击"艺术字样式"组列表框右下角的下拉（或快翻）按钮，弹出艺术字样式下拉列表后，单击"填充-白色，暖色粗糙棱台"选项，完成该形状"艺术字样式"的设置。

⑩打开"开始"选项卡，将"字体"设置为"隶书"，"字号"设置为"20"。用类似方法，将图形中其余的文本也进行相应地设置。

最后，设置了各种效果的 SmartArt 图形的样式，如图 4-88 所示。

4.6.6　艺术字的使用

Word 提供了一个为文字建立图形效果的功能，常用于制作各种海报、文档的标题，以增加视觉效果，这就是艺术字。建立艺术字的操作步骤如下：

（1）打开需要插入艺术字的文档，选定插入点的位置。

（2）单击"插入"选项卡上"文本"组中的"艺术字"按钮 。

（3）在弹出的艺术字样式列表中选择一种样式，如图 4-90（a）所示。插入点处即显示图形框和艺术字占位符，如图 4-90（b）所示。

（a）艺术字按钮与样式列表

（b）艺术字图形框和艺术字占位符

图 4-90　"艺术字"按钮与艺术字占位符

（4）单击占位符输入文本，如"Internet"。

（5）由于在 Word 中将艺术字视为图形对象，因此它可以像其他图形形状一样，切换到绘图工具"格式"选项卡，通过各组中的命令按钮进行格式化设置。

【例 4-16】在【例 4-13】所建立的"Internet 改变世界.docx"文档中，完成如下设置：

（1）将文档中的第一段内容删除。

（2）插入一个艺术字，文本内容为"Internet（因特网）改变人类活动"，黑体、28 磅，左对齐，首行不缩进。

（3）形状样式设置为"强烈效果-橙色，强调颜色 6"；艺术字样式设置为"填充-红色，强调文字颜色 2，粗糙棱台"。

（4）将艺术字嵌入到第一个文本行中，居中显示。

（5）将艺术字所在自然段，设置段距离为 1 行，段后距离为 0.5 行。

（6）插入一幅剪贴画"和平鸽"，高为 1.42 厘米、宽为 1.54 厘米；与文字的环绕效果为四周型。

（7）再插入一个艺术字，文本内容为"Web 特刊"，设置与文字的环绕效果为四周型，并与"和平鸽"图组合放在文档的右上角，如图 4-91 所示。

图 4-91　插入"艺术字"

操作过程如下：

①打开【例 4-13】所建立的文档"Internet 改变世界.docx"，并选中第一自然段中的所有文本内容，按下 Ctrl+X 组合键，将其剪切。

②单击"插入"选项卡上"文本"组中的"艺术字"按钮，在弹出的列表框中单击第一个艺术字样式。此时，在文档中插入一个艺术字图形框。

③在艺术字图形框占位符中输入文本"Internet（因特网）改变人类活动"，然后使用"开始"选项卡上的"字体"和"段落"组中相关命令，将艺术字设置为黑体、28 磅，左对齐，首行不缩进。

④切换到绘图工具"格式"选项卡上，在"形状样式"组列表框中选择"强烈效果-橙色，强调颜色 6"的形状样式；在"艺术字样式"组列表框中选择艺术字样式为"填充-红色，强调文字颜色 2，粗糙棱台"。

⑤单击"排列"组中的"位置"按钮，在其命令列表中选择"嵌入文本行中"，将艺术字嵌入到第一行文本行中。使用"开始"选项卡上"段落"组中的"居中"按钮，将艺术字居中显示。

⑥使用"开始"选项卡上"段落"组中的相关命令，将艺术字所在自然段，设置段距离

为 1 行，段后距离为 0.5 行。

⑦单击"插入"选项卡上"插图"组中的"剪贴画"按钮，打开"剪贴画"任务窗格，查找所有"和平鸽"剪贴画，从中挑选一幅剪贴画并插入到文档中。利用图片工具"格式"选项卡上"大小"组中的相关命令，将其设置成高 1.42 厘米、宽 1.54 厘米。

⑧单击"排列"组中的"位置"按钮，在其命令列表中选择"文字环绕"栏中的任何一种方式（图标），将其与文字的环绕效果设置为四周型。最后，将该图片拖动到页面右上角。

⑨重复步骤②和③，再插入一个艺术字，文本内容为"Web 特刊"，然后将艺术字与文字的环绕效果设置为四周型。

⑩选中"和平鸽"剪贴画与"Web 特刊"艺术字，单击"排列"组中的"组合"按钮 ，将剪贴画和艺术字组合在一起，形成一个整体。

4.6.7　使用文本框

通常，录入的文字、图片或表格等在 Word 中是按先后顺序显示的。有时为了实现某种效果，如将表格、图片、公式、自选图形、艺术字或某些文本放在版面的中央，其他正文文本从旁绕过，就需要使用文本框。

文本框是一种特殊的独立图形对象，因此可以对文本框进行修饰。

1. 建立文本框

建立文本框有两种方法：

● 插入一个具有内置样式的文本框

打开"插入"选项卡，单击"文本"组中的"文本框"按钮 ，从弹出的下拉列表框中选择一种文本框样式。

● 插入空文本框

单击"文本"组中的"文本框"按钮，从弹出的下拉列表中执行"绘制文本框"命令。鼠标指针变成"+"字形，同时在插入点处出现一个画布方框。在画布方框里（也可将文本框画在画布的外面）按住鼠标左键拖动文本框到所需的大小与形状之后放开，这时插入点已移到空文本框处，用户可输入文本。

2. 编辑文本框

文本框具有图形的属性，所以对它的编辑与图形的格式设置相同，用户可以通过处理图形的方式对文本框进行设置，包括移动、改变大小、填充颜色、设置边框以及调整位置等。除对文本框内的文本进行一般格式化外，人们还可以对文本框内的文本设置距离文本框内部的边距大小。

要对文本框进行格式化设置，可以切换到绘图工具"格式"选项卡，通过各选项组中的相关命令来进行操作，方法和前面介绍的图形格式设置大致相同。

如果要设置文本框内部的文本与文本框之间的距离，可以右击文本框，执行快捷菜单中的"设置形状格式"命令，在打开的"设置形状格式"对话框中进行有关设置。

3. 文本框应用

除内置的文本框外，文本框不能随着其内容的增加而自动扩展，但可通过链接各文本框使文字从文档一个部分排至另一部分。

【例 4-17】在【例 4-16】所建立的"Internet 改变世界.docx"文档中，完成如下设置：

（1）在文档中右侧插入一个空文本框，文本框中的文本内容（黑体，小四号）如下：世界每天都在改变，却不因为你上课小寐的时间而止步，计算机网络时代，一个因你而伟大的时代。

（2）设置文本框具有边框阴影，填充颜色为"橙色"。

（3）设置内部文本与文本框的上、下、左、右边距均为 0.4 厘米。

（4）设置文本框与文档正文的文字环绕效果为"四周型"，右对齐。

完成上述设置后，最终的效果如图 4-92 所示。

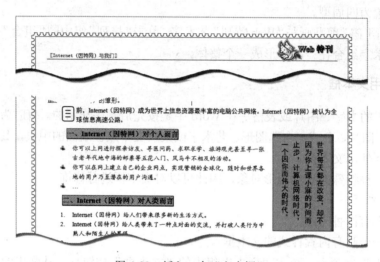

图 4-92　插入一个"文本框"

操作过程如下：

①打开【例 4-16】所建立的文档"Internet 改变世界.docx"，单击"插入"选项卡上"文本"组中的"文本框"按钮，从弹出的下拉列表中执行"绘制文本框"命令。此时，鼠标指针变成"+"字形，同时在插入点处出现一个画布方框。

②在画布的外面，画出一个文本框，同时将画布删除。

③在文本框中输入文本内容：世界每天都在改变，却不因为你上课小寐的时间而止步，计算机网络时代，一个因你而伟大的时代。

④按照图 4-92 所示样式，设置文本框中的文本为黑体、小四号；调整文本框的大小，让文本框中有 4 列文本。

⑤切换到绘图工具"格式"选项卡，利用"形状样式"组中的"形状填充"、"形状轮廓"和"形状效果"三个命令按钮设置文本框具有阴影边框、填充色为橙色。

⑥右击文本框，执行快捷菜单中的"设置形状格式"命令，打开如图 4-93 所示的"设置形状格式"对话框。

⑦单击"文本框"选项，并在"内部边距"栏下设置文本框正文距文本框上下左右边距大小均为 0.4 厘米。

⑧右击文本框，执行快捷菜单中的"其他布局选项"命令（或单击"排列"组中的"位置"按钮，执行下拉列表中的"其他布局选项"命令），打开如图 4-94 所示的"布局"对话框。

⑨单击"文字环绕"选项卡，在环绕方式栏下单击"四周型"。单击"确定"按钮，文本框与正文文字的环绕效果设置完毕。

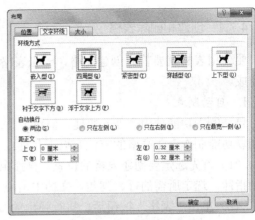

图 4-93　"设置形状格式"对话框　　　　　　图 4-94　"布局"对话框

【例 4-18】制作出如图 4-95 所示的具有五个文本框的分散框，每个框分别显示一个字。

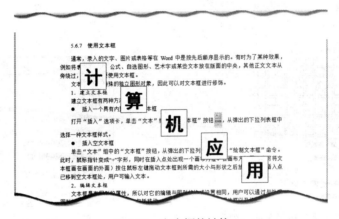

图 4-95　文本框的链接

具体制作方法如下：

（1）首先在文档中建立要链接的多个文本框，这里创建五个相同规格的文本框。

（2）选定第一个文本框，切换到绘图工具"格式"选项卡。单击"文本"组中的"创建链接"按钮 创建链接，鼠标指针变成一个直立的杯子，将鼠标指针指向要链接的文本框（该文本框需为空），这时直立的杯子变为倾斜的杯子，并单击，则两个文本框之间建立了链接，多个文本框的链接依此类推。按下 Esc 键，可取消文本框链接的功能。

（3）在第一个文本框中键入所需的文字，如果文本已满，超出的文字将自动转入下一个文本框。

4. 文本框的删除

在页面视图中，选定要删除的文本框，直接按 Delete 键即可。删除文本框时，文本框中的文本、图形等对象也一并被删除。

4.7　Word 的表格制作

利用 Word 的"绘制表格"功能可以方便地制作出复杂的表格，同时它还提供了大量精美、复杂的表格样式，套用这些表格样式，可使表格具有专业化的效果。

4.7.1　创建和删除表格

要使用表格就要首先创建表格，一张表格的创建可以采用自动制表也可以采用人工制表来完成。

1. 自动制表

自动制表功能使用方便、快捷，但对于不规则、复杂的表格却无能为力，利用 Word 的自动制表功能制作一张表格的方法有以下几种：

（1）首先选定要创建表格的位置，再弹出表格命令列表，如图 4-96 所示。然后，在框上拖动指针，选定所需的行、列数，文档中出现一个表格，释放鼠标后表格制作完成。

（2）单击"表格"按钮后，执行弹出的命令列表中的"插入表格"命令，打开"插入表格"对话框，如图 4-97 所示。选择需要的"列数"和"行数"，单击"确定"按钮，就可以得到一张空白的表格。

图 4-96　"表格"按钮及命令列表　　　　　图 4-97　"插入表格"对话框

（3）在单击"表格"按钮后，执行弹出的命令列表中的"快速表格"命令，在显示的下级菜单中浏览并单击某种内置的表格样式，就可以得到一张具有一定样式的表格。

上述三种方法绘制出表格后，Word 系统均出现表格工具"设计"和"布局"选项卡，并显示"设计"选项卡功能区。

"设计"和"布局"选项卡，如图 4-98 所示。

（a）"设计"选项卡

（b）"布局"选项卡

图 4-98　"设计"和"布局"选项卡

2. 人工制表

使用绘制表格的工具可以方便地画出不规则的各种表格，其操作步骤如下：

（1）在图 4-96 中，执行"表格"命令列表中的"绘制表格"命令。此时，鼠标指针变为笔形✎，首先从表格的一角向斜向拖动至其对角，以确定整张表格的大小。然后再画各行线和各列线。

（2）如果要擦除框线，单击表格工具"设计"选项卡上"绘图边框"组中的"擦除"按钮，鼠标指针变为✐。然后，在要擦除的框线拖动橡皮擦即可，如图 4-99 所示。

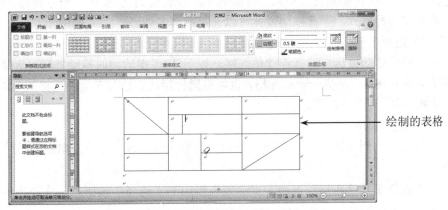

图 4-99　使用"绘制表格"命令绘制表格

3. 将文本转换成表格。

【例 4-19】将"Internet 改变世界.docx"文档中的最后七行数据，转换成一张表格。

将文档中的数据文本转换成表格，其操作步骤如下：

①打开【例 4-17】所建立的文档"Internet 改变世界.docx"，然后选定文档中的最后七行文本。

②单击"插入"选项卡上"表格"组中的"表格"按钮，执行弹出的命令列表中的"文本转换成表格"命令，弹出如图 4-100 的"将文字转换成表格"对话框。

③设置好各选项后，单击"确定"按钮，此时文档界面出现表格，如图 4-101 所示。

图 4-100　"表格与边框"工具栏

图 4-101　文本转换为表格

4.7.2　编辑表格

表格建立好后，用户就可以在表格中输入和编辑表格内容。在表格输入表文同输入其他文本一样，先用光标键或鼠标将插入点移到需要输入表文的位置再进行输入。每个单元格输入完成后可以用光标键、鼠标或按 Tab 键，将插入点移到其他单元格。

对表格中的数据文本可以进行编辑，如设置字体、字形、字号、颜色、对齐方式以及为单元格加框线、底线等。

也可以在表格中调整行高与列宽，进行合并、拆分、增加、删除单元格等有关操作。

1. 表格的选取

（1）选择行或列

当把鼠标指针移到表格左边界选取区时，单击会选定一行，垂直拖动鼠标可以选定连续多行；若把鼠标指针移到表格顶部并接触到第一条表线，它会变成一个方向向下的黑色箭头↓，这时单击将选择一列，平行拖动鼠标可以选定连续多列。

（2）选择单元格

在表格中拖动鼠标可选择连续单元格，按下 Ctrl 键的同时拖动鼠标可选择不连续的行、列或单元格。如果仅选择一个单元格，也可将鼠标指向该格与左侧单元格的分隔线上，鼠标指针变为➚，单击可选择该格。

（3）选择表格

将鼠标移动到表格的左上角或右下角，表格出现⊞或□符号，单击该符号，将选取整个表格。

单击表格工具"布局"选项卡上"表"组中的"选择"按钮，在弹出的命令列表中执行相关的命令，也可以对单元格、行、列或整个表格进行选取操作。

2. 调整列宽和行高

调整列宽有下面几种方法。

（1）不精确调整列宽和行高

● 把鼠标指针指向表格的列（行）边框或水平标尺上的表格列（行）标记，鼠标指针变为⇔或↔（指向行时，鼠标指针变为↕或↔）时按住鼠标左键，列（行）边框线会成一条垂直（水平）虚线，水平或垂直拖动虚线可以调整本列的列宽和行高。在拖动标尺上的列（行）标记的同时按下 Alt 键，Word 将显示列宽数值。

● 如果表格已有内容，可以将鼠标指向列分隔线，鼠标指针变成"↔"，双击，可根据左列单元格中的内容多少，自动调整列的宽度。

● 如果选定一个单元格，调整时只对选定的单元格起作用，而不影响同一列中其他单元格列宽。

（2）精确调整列宽

● 打开表格工具"布局"选项卡，在"单元格大小"组中的"宽度"框 3.25 厘米 和"高度"框 1.35 厘米 中，输入一个数据后，即可精确调整单元格宽度和高度。

● 选中某单元格，单击表格工具"布局"选项卡上"表"组中的"属性"按钮（或单击"单元格大小"组右下角"对话框启动器"按钮），打开"表格属性"对话框，然后单击"列（行）"选项卡，在"指定宽度（高度）"框中键入或选定数值，可以精确指定列宽或行高，如图 4-102 所示。

● 单击"单元格大小"组中的"自动调整"按钮，在弹出的列表中单击"根据内容调整表格"项，可以根据内容自动调整列宽或行高。

图 4-102　"表格属性"对话框

- 要使多列（行）或多个单元格具有相同的宽度，可先选定这些列（行）或单元格，再单击表格工具"布局"选项卡上"单元格大小"组中的"分布列"按钮 分布列 或"分布行"按钮 分布行，则选中的列（行）或单元格的列宽或行高平均分布。

3. 插入、删除行或列

如果要插入行和列，先选定行或列，再单击表格工具"布局"选项卡上"行和列"组中的"在左侧插入"按钮 （"在上方插入"按钮 ）或"在右侧插入"按钮 （"在下方插入"按钮 ），可插入一列（行）。

如果要删除某行、列、单元格或整个表格，先选定行、列、单元格或整个表格，再单击表格工具"布局"选项卡上"行和列"组中的"删除"按钮 ，在弹出的下拉列表中执行相应的命令即可。

4. 合并、拆分单元格或表格

如果要合并单元格，先选定需要合并的若干相邻单元格，单击表格工具"布局"选项卡上"合并"组中的"合并单元格"按钮 。

如果要拆分单元格，先选定某单元格，单击"合并"组中的"拆分单元格"按钮 ，将打开"拆分单元格"对话框，输入列数和行数，单击"确定"按钮即可。

如果要拆分表格，先将插入点定位到要拆分表格的下一行单元格，然后单击"合并"组中的"拆分表格"按钮 ，将打开"拆分单元格"对话框，输入列数和行数，单击"确定"按钮即可。

注：以上操作也可右击鼠标，执行快捷菜单中的相应命令。

4.7.3　设置表格的格式

对已制作好的表格，如果需要还可以进行修饰格式化。

1. 快速套用表格样式

Word 中预置了很多表格样式，套用这些现成的表格样式可以简化工作，具体操作如下：

（1）将插入点定位于要应用表格样式的表格内。

（2）单击表格工具"设计"选项卡上"表格样式"下拉（快翻）列表按钮，在列表框中选择一种样式。

2．添加边框和底纹

要给指定的单元格或整个表格添加边框或底纹，可选定指定的单元格或整张表格。单击表格工具"设计"选项卡上"表格样式"组中的"边框"按钮 ▦ 边框 ▾ 或"底纹"按钮 ◨ 底纹 ▾，在弹出的命令列表中执行相应命令即可。

3．单元格内文本的对齐方式、文字方向和边距大小

表格中单元格内的文本默认使用了两端对齐方式，若要调整对齐方式，可以按以下步骤进行。

（1）选定需要进行对齐操作的单元格或表格。

（2）单击表格工具"布局"选项卡上"对齐方式"组中的一种对齐方式即可。

（3）单击"对齐方式"组中的"文字方向"按钮 ▦，可横排或竖排单元格中的文字。

（4）单击"对齐方式"组中的"单元格边距"按钮 ▦，将打开"表格选项"对话框，输入合适的下、下、左、右边距大小，单击"确定"按钮，即可确定单元格中的文本距离边框的边距。

4．在后续各页中重复表格标题

如果制作的表格较长，需要跨页显示或打印时，往往在后续各页中重复表格标题。选定要作为表格标题的一行或多行文字，选定内容必需包括表格的第一行。单击表格工具"布局"选项卡上"数据"组中的"重复标题行"按钮 ▦。

Word 能够依据自动分页符，自动在新的一页上重复表格标题。

5．防止跨页断行

在 Word 的默认情况下允许跨页断行，为防止跨页断行，可以选中表格，单击表格工具"布局"选项卡上"表"组中的"属性"按钮 ▦，打开如图 4-102 所示"表格属性"对话框。再单击"行"选项卡，清除"允许跨页断行"复选框。

【例 4-20】在【例 4-19】制作表格的基础上，对表格进行如下修饰。

（1）表格的第一行和最后一行的所有单元格分别进行合并。合并后的第一行文本以斜体、水平居中显示；最后一行的文本中部右对齐显示。

（2）将表格应用样式"彩色底纹-强调文字颜色 6"，居中显示。

操作步骤如下：

①打开【例 4-19】所建立的文档"Internet 改变世界.docx"。分别选定第一行和最后一行的所有单元格，单击表格工具"布局"选项卡上"合并"组中的"合并单元格"按钮。

②选定合并后的第一行，再单击表格工具"布局"选项卡上"对齐方式"组中的"水平居中"按钮 ▦，将文本居中；单击"开始"选项卡上"字体"组中的"斜体"按钮 *I*，文本设置为斜体显示。

③选定合并后的最后一行，再单击表格工具"布局"选项卡上"对齐方式"组中的"中部右对齐"按钮 ▦，设置文本右对齐。

④选定表格或将插入点定位于表格内任意一个单元格中，然后在表格工具"设计"选项卡上"表格样式"列表框中，单击样式"彩色底纹-强调文字颜色 6"。

⑤选定表格，单击"开始"选项卡上"段落"组中的"居中"按钮 ▦，将表格水平居中显示并适当调整表格的宽度。

上述操作完成后，表格的效果如图 4-103 所示。

图 4-103 修饰后的表格

4.7.4 表格的排序与计算

表格中的内容一般是一些彼此相关的数据，在使用这些数据时，常常需要排序，有时也需要进行计算等工作。

1. 数据排序

所谓排序就是对表格中的所有行数据（第一行除外）按照某种依据（关键字）进行重排。对表格按某种关键字进行排序的操作方法如下：

（1）将插入点置于要排序的表格任意单元格中。

（2）打开表格工具"布局"选项卡，单击"数据"组中的"排序"按钮 ，打开"排序"对话框，如图 4-104 所示。

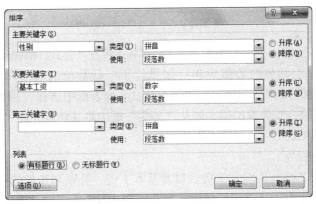

图 4-104 "排序"对话框

（3）在"主要关键字"下拉列表框中选择用于排序的主要关键字。

（4）在"类型"下拉列表框中选择排序类型，可以是笔画、数字、拼音及日期的一种。

（5）选中"升序"或"降序"单选按钮，设置排序方式。

2. 数据计算

如果需要，也可对表格中的数据进行计算。表格的计算通常是在表格的右侧或底部另加一列或一行，然后将计算结果写到新列或新行中。

【例 4-21】求出表 4-2 所示的每位教师的月实发工资和当月总计，然后按性别降序排序，性别相同时再按基本工资的升序排序。

表 4-2　某单位部分职工工资发放情况

编号	姓名	性别	基本工资	补贴	扣款	实发工资	月份
Z001	文田	男	1400.00	840.00	-240.36	1999.64	2013/9/12
Z004	赵玲	女	1100.00	660.00	-230.10	1529.9	2013/9/12
Z002	张丽	女	1300.00	780.00	-250.96	1829.04	2013/9/12
Z003	王康	男	800.00	480.00	-99.00	1181	2013/9/12
总计			4600.00	2760.00	-820.42		

操作步骤如下：

①单击要放置求和结果的单元格，如姓名"文田"所在行"实发工资"单元格。切换到表格工具"布局"选项卡，单击"数据"组中的"公式"按钮，打开如图 4-105 所示的"公式"对话框。

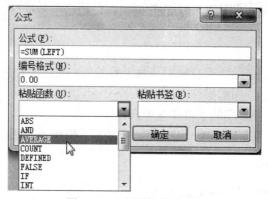

图 4-105　"公式"对话框

②如果选定的单元格位于一列数值的底端，Word 将在"公式"框中给出计算公式：=SUM（ABOVE），即对以上部分的数值求和；如果位于一行数值的右端，则给出公式：=SUM（LEFT），即对左端部分的数值求和。在"编号格式"列表框中选择一种显示格式，如"0.00"。

如果 Word 建议的公式并非所需，则从"公式"框中将其删除，在"粘贴函数"框中选择一个公式，如"AVERAGE"可用于求平均值。

③单击"确定"按钮。

类似地，可以求其他行的实发工资，以及基本工资、补贴和扣款的总和。

④单击"数据"组中的"排序"按钮，打开如图 4-104 所示的"排序"对话框。在"主要关键字"下拉列表框中选择"性别"作为排序的主要关键字，并选中"降序"单选按钮，设置降序排序；在"次要关键字"下拉列表框中选择"基本工资"作为排序的次要关键字，并选中"升序"单选按钮，设置升序排序。

⑤单击"确定"按钮，观察表格数据行的变化。

4.8　Word 的高级功能

其实 Word 的功能还有很多，这里向读者介绍一两个高级功能的使用，其他的高级功能请读者参考有关书籍。

4.8.1　生成目录

所谓目录就是文档中标题的列表，可以将其插入到指定的位置。通过目录可以了解在一篇文档中论述了哪些主题，并快速定位到某个主题。也可以为要打印出来的文档以及要在 Word 中查看的文档编制目录。例如，在页面视图中显示文档时，目录中将包括标题及相应的页号。当切换到 Web 版式视图时或在窗格中，标题将显示为超链接或相当于超链接，这时我们可以直接跳转到某个标题。

1. 目录的生成

Word 提供了很方便的目录生成功能，但必需按照一定的要求进行操作，例如需要将某文档中的 2 级标题均收录到目录中，其操作方法如下：

（1）将整个文档置于大纲视图下，然后对每一主题的章、节、小节等生成标题并安排好各层次关系。

（2）单击要插入目录的位置，打开"引用"选项卡，再单击"目录"中的"目录"按钮，弹出其命令列表，如图 4-106 所示。

（3）用户可在内置的目录列表中选择一种，这里可执行"插入目录"命令，打开如图 4-107 所示的"目录"对话框并自动切换到"目录"选项卡。

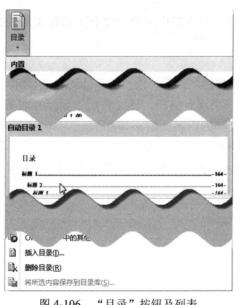

图 4-106　"目录"按钮及列表

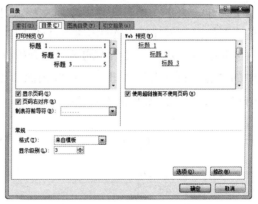

图 4-107　"目录"对话框

（4）在该对话框中，设置好各选项，单击"确定"按钮，则在插入点处生成目录。

2. 目录的修改与更新

在添加、删除、移动或编辑了文档中的标题或其他文本之后，就需要手动更新目录。例如，编辑了一个标题并将其移动到其他页，就需要保证目录反映出经过修改的标题和页码。目录更新方法如下：

（1）单击要更新的索引、目录或者其他目录的左侧。

（2）按 F9 键，或右击，在弹出的快捷菜单中选择"更新域"命令。

制作目录的具体实例，请读者参考本书的配套教材《大学计算机基础上机实践教程（第三版）——基于 Windows 7 和 Office 2010 环境》实验十三中的有关内容。

4.8.2　邮件合并

在实际工作中，常遇到需要处理大量日常报表和信件的情况。这些报表和信件的主要内容基本相同，只是具体数据有变化。为此 Word 提供了非常有用的邮件合并功能。

例如，要打印参加多媒体课程培训人员的通知书，通知书的形式相同，只是其中有些内容不同。在邮件合并中，只要制作一份作为通知书内容的"主文档"（它包括通知书上共有的信息），另一份是培训人员的名单，称为"数据源"，里面可存放若干个各不相同的培训人员的信息；然后在主文档中加入变化的信息，称为"合并域"的特殊命令，通过邮件合并功能，就可以生成若干份培训人员通知书。

由此可见，邮件合并通常包含以下四个步骤。

（1）创建主文档，输入内容不变的共有文本内容。

（2）创建或打开数据源，存放可变的数据。

（3）在主文档所需的位置中插入合并域名字。

（4）执行合并操作。

将数据源中的可变数据和主文档的共有文本进行合并，生成一个合并文档或打印输出。下面介绍邮件合并的操作过程。

【例 4-22】利用表 4-2 所示职工工资发放情况，对表格中的每一个职工打印工资发放通知单。

操作步骤如下：

①创建表 4-2 中的数据文件，删除最后一行及数据。然后，以"工资.docx"存盘退出。

②创建一个主文档。新建一个新文档或打开一个现有文档，该文档用于显示打印邮件合并的主要信息和创建插入变化数据的数据域。主文档的内容如图 4-108 所示。

③将插入点定位于文档中的第二行开始处，打开"邮件"选项卡，单击"开始邮件合并"组中的"选择收件人"按钮，在弹出的命令列表中执行"使用现有列表"命令，打开如图 4-109 所示的"选取数据源"对话框。

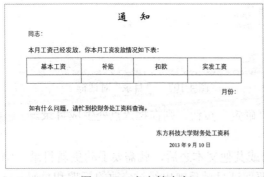

图 4-108　主文档内容

图 4-109　"选取数据源"对话框

④找到本例所使用的数据源"工资.docx"，单击"打开"按钮，数据源被打开。

⑤单击"编写和插入域"组中的"插入合并域"按钮，在弹出域名列表框中单击"姓名"，这时文档在插入点处出现"《姓名》"字样。

⑥同样地，将基本工资、补贴、扣款、实发工资和月份等域插入到相应位置，如图 4-110 所示。

⑦单击"预览结果"组中的"预览结果"按钮 ，可以预览真实数据。单击记录导航条 中的"下一记录"按钮 、"尾记录"按钮 、"上一记录"按钮 、"首 记录"记录 ，可观察一条记录的真实情况。

⑧单击"完成"组中的"完成并合并"按钮 ，在弹出命令列表中执行"编辑单个文档"命令。打开如图 4-111 所示的"合并到新文档"对话框。在该对话框中，选择"全部"项，并单击"确定"按钮，系统自动完成主文档和数据的合并，并形成一个合并后的新文档，如图 4-112 所示。

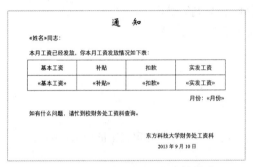

图 4-110　插入数据后的主文档样式

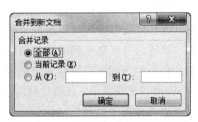

图 4-111　"合并到新文档"对话框

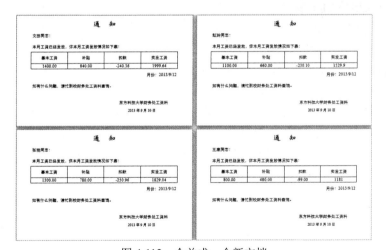

图 4-112　合并成一个新文档

习题 4

一、单选题

1. 在 Word 中，选择"视图"→"新建窗口"后，在两个窗口中（　　）。

　　A. 只有原来的窗口中有文档的内容　　B. 只有新建的窗口中有文档的内容

　　C. 两个窗口中都有文档的内容　　D. 两个窗口中都没有文档的内容

2. 以下关于节的描述中正确的是（　　　）。

　　A．一节可以包括一页或多页　　　　　B．一页之间不可以分节

　　C．节是章的下一级标题　　　　　　　D．一节是一个新的段落

3. 在 Word 编辑状态下，若光标位于表格外右侧的行尾处，按回车键，结果是（　　　）。

　　A．光标移到下一列　　　　　　　　　B．光标移到下一行，表格行数不变

　　C．插入一行，表格行数改变　　　　　D．在本单元格内换行，表格行数不变

4. 关于 Word 中的多文档窗口操作，以下叙述中错误的是（　　　）。

　　A．Word 的文档窗口可以拆分为两个文档窗口

　　B．多个文档编辑工作结束后，只能一个一个地存盘或者关闭文档窗口

　　C．Word 允许同时打开多个文档进行编辑，每个文档有一个文档窗口

　　D．多文档窗口间的内容可以进行剪切、粘贴和复制等操作

5. 在 Word 中，下述关于分栏操作的说法，正确的是（　　　）。

　　A．可以将指定的段落分成指定宽度的两栏

　　B．在任何视图下均可以看到分栏效果

　　C．设置的各栏宽度和间距与页面无关

　　D．栏与栏之间不可以设置分隔线

6. 在 Word 编辑状态下，只想复制选定的文字内容而不需要复制选定文字的格式，则应（　　　）。

　　A．直接使用"粘贴"按钮

　　B．使用"粘贴"列表框中的"选择性粘贴"命令

　　C．按下 Ctrl+V 组合键

　　D．在指定位置右击

7. 在 Word 中，关于使用图形，以下（　　　）是错误的。

　　A．Word 中的图形，可以从许多图形软件中转换过来

　　B．Word 本身也可以提供许多图形，供用户选用

　　C．Word 本身不能提供图形，也不能识别多种图形格式

　　D．Word 可以识别多种图形格式

8. 在 Word 中，关于在文档中插入图片，以下（　　　）是错误的。

　　A．在文档中插入图片，可以使版面生动活泼、图文并茂

　　B．插入的图片可以嵌在文字字符中间

　　C．插入的图片可以嵌入在文字字符上方

　　D．插入的图片既不可以嵌入文字字符中间，也不可以浮在文字上方

9. 在 Word 中，关于图片的操作，以下（　　　）是错误的。

　　A．可以移动图片

　　B．可以复制图片

　　C．可以编辑图片

　　D．既不可以按百分比缩放图片，也不可以调整图片的颜色

10. 关于 Word 的快速访问工具栏中的"打印"按钮和"文件"选项卡中的"打印"命令，下列叙述（　　　）不正确。

　　A．它们都可用于打印文档内容

　　B．它们的作用有所不同

C．前者只能打印一份，后者可以打印多份

D．它们都能打印多份

11．关于编辑 Word 的页眉页脚，下列叙述（　　）不正确。

　　A．文档内容和页眉页脚可以在同一窗口编辑

　　B．文档内容和页眉页脚一起打印

　　C．页眉页脚编辑时不能编辑文档内容

　　D．页眉页脚中也可插入剪贴画

12．下列关于 Word 段落符的叙述（　　）不正确。

　　A．可以显示但不会打印　　　　　　B．一定在屏幕显示

　　C．删除后则前后两段合并　　　　　D．不按 Enter 键不会产生

13．Word 中，如果在输入的文字或标点下出现绿色波浪线，表示（　　）。

　　A．语法或句法错误　　　　　　　　B．拼写错误

　　C．系统错误　　　　　　　　　　　D．输入法状态错误

14．在 Word 的输入过程中，如果想让插入点快速定位至文档结尾，可以按（　　）组合键。

　　A．Ctrl+Home　　　B．Ctrl+End　　　C．Alt+Home　　　　D．Alt+End

15．在 Word 中当用户键入"+------+------+"后按 Enter 键会出现（　　）。

　　A．+------+------+　　　　　　　　B．一个表格

　　C．一幅图片　　　　　　　　　　　D．自动退出 Word

16．在 Word 中，（　　）的作用是决定在屏幕上显示哪些文本内容。

　　A．滚动条　　　　B．控制按钮　　　C．标尺　　　　　　D．最大化按钮

17．在 Word 中，关于表格样式的用法，以下说法正确的是（　　）。

　　A．不能直接用表格样式生成表格

　　B．不能在生成新表时使用表格样式或在插入表格的基础上使用样式

　　C．每种表格样式的格式已经固定，不能对其进行任何形式的更改

　　D．在套用一种样式后，不能再更改为其他样式

18．首字下沉是指（　　）。

　　A．将文本的首字母放大下沉　　　　B．将文本的首单词放大下沉

　　C．将文本的首字母缩小下沉　　　　D．将文本的首单词缩小下沉

19．如果文本中有几十处文字都使用同样设置，但是这些文字是不连续的，无法同时选中，我们可以使用（　　）来进行设置。

　　A．模板　　　　　B．样式　　　　　C．格式刷　　　　　D．剪贴板

20．在 Word 格式复制的状态下，如果要退出此状态可以按（　　）键。

　　A．Enter　　　　　B．Space　　　　　C．End　　　　　　D．Esc

21．下列关于段落描述错误的是（　　）。

　　A．单独一个公式可以是一个段落

　　B．单独一个图片可以是一个段落

　　C．只有超过 10 个字符才能是一个段落

　　D．任意数量的公式都可以是段落

22．在复制一个段落时，如果想要保留该段落的格式，就一定要将该段的（　　）复制进去。

　　A．首字符　　　　B．末字符　　　　C．段落标记　　　D．字数统计

23．Word 中的水平标尺除了可以作为编辑文档的一种刻度，还可以用来设置（　　）。

    A．段落标记　　　　B．段落缩进　　　　C．首字下沉　　　　D．控制字数

24．在 Word 的编辑状态设置了标尺，可以同时显示水平标尺和垂直标尺的视图方式是（　　）。

    A．普通方式　　　　B．页面方式　　　　C．大纲方式　　　　D．全屏显示方式

25．设定打印纸张大小时，应当使用的命令是（　　）。

    A．"文件"选项卡中的"打印"命令

    B．"页面布局"选项卡中"页面设置"组及有关命令

    C．按下 Ctrl+P 组合键

    D．以上三项都不正确

26．在 Word 的编辑状态按先后顺序依次打开了 d1.docx、d2.docx、d3.docx、d4.docx 4 个文档，当前的活动窗口是（　　）文档的窗口。

    A．d1.docx　　　　B．d2.docx　　　　C．d3.docx　　　　D．d4.docx

27．以下（　　）设置可以为负值。

    A．段落缩进　　　　B．行间距　　　　C．段落间距　　　　D．字体大小

28．Word 编辑状态，被编辑文档的文字中有"四号"，"五号"，"16 磅"，"18 磅" 4 种，下列关于所设定字号大小的比较中，正确的是（　　）。

    A．"四号"大于"五号"　　　　B．"四号"小于"五号"

    C．"16 磅"大于"18 磅"　　　　D．字的大小一样，字体不同

29．在 Word 编辑状态下，不可以进行的操作是（　　）。

    A．对选定的段落进行页眉、页脚设置

    B．在选定的段落内进行查找、替换

    C．对选定的段落进行拼写和语法检查

    D．对选定的段落进行字数统计

30．若要输入 y 的 x 次方，应（　　）。

    A．将 x 改为小号字

    B．将 y 改为大号字

    C．选定 x，然后设置其字体格式为上标

    D．以上说法都不正确

二、填空题

1．在 Word 中打开文档的快捷键为＿＿＿＿＿，保存文档的快捷键为＿＿＿＿＿。

2．如果要输入∠这个符号，则要选择＿＿＿＿＿选项卡上的＿＿＿＿＿按钮。

3．在选定栏中，双击，可以选取＿＿＿＿＿。

4．快捷键 Ctrl+PageDown 组合键的作用是＿＿＿＿＿。

5．要选择文字的效果，需要打开＿＿＿＿＿选项卡，单击＿＿＿＿＿组中的相关命令按钮。

6．＿＿＿＿＿格式刷，才能多次使用，不使用，则需按＿＿＿＿＿键才能取消。

7．插入分页符，则需单击＿＿＿＿＿选项卡中的＿＿＿＿＿按钮。

8．能够显示页眉和页脚的视图方式为＿＿＿＿＿视图，能够编辑页眉和页脚的视图方式为＿＿＿＿＿视图。

9．模板文件的扩展名为＿＿＿＿＿。

10．拆分表格的快捷键为_____组合键。

11．两个单元格合并后，其中的内容会_____。

12．图片的插入方式有_____和浮动两种方式。

13．Word 文档窗口的左边有一列空列，称为选定栏，其作用是选定文本，其典型的操作是当鼠标指针位于选定栏，单击，则_____；双击，则_____；三击，则_____。

14．在 Word 中浏览文稿时，若要把插入点快速地移到文章头，可按_____组合键；若要把插入点快速地移到文章尾，可按_____组合键。

15．可以把用 Word 编辑的文稿按需要进行人工分页，人工分页又叫硬分页，设置硬分页符的方法是把插入点移到需分页的位置，按_____组合键。

16．利用 Word 制作表格的一种方法是把选定的正文转换为表格，在选定正文后，应选定_____选项卡中的_____按钮，在弹出命令列表中执行"文本转换成表格"命令。

三、判断题

1．Word 中的"格式刷"可用来刷字符和段落格式。　　　　　　　　　（　　）

2．Word 编辑以后的文本可直接保存成 HTML 格式的文本。　　　　　（　　）

3．"页面视图"方式可以查看 Word 最后编辑的全文的真正效果。　　　（　　）

4．"大纲视图"方式主要用于冗长文本的编辑。　　　　　　　　　　　（　　）

5．Word 输入文本时会自动进行分页，所以不能进行人工分页。　　　（　　）

6．Word 只能设定已有的纸张大小，不能自定义纸张大小。　　　　　（　　）

7．样式是一系列排版命令的集合，所以排版文档必需使用样式。　　　（　　）

8．用鼠标大范围选择文本时，经常使用选择区，它位于文本区的右边。　（　　）

9．绘图时，可以修改图形的线型、线条颜色和填充色。　　　　　　　（　　）

10．在不同节中可以设置不同的页眉/页脚。　　　　　　　　　　　　（　　）

11．段落对齐的缺省设置为左对齐。　　　　　　　　　　　　　　　　（　　）

12．可以通过文本框将文字和图片组合成一个图形对象。　　　　　　　（　　）

13．在打印预览状态下，不能编辑文本。　　　　　　　　　　　　　　（　　）

14．使用"快速访问工具栏"中的"新建"按钮创建一个新文档时，因采用默认设置，所以没有使用模板。　　　　　　　　　　　　　　　　　　　　　　　　　　　　（　　）

15．利用"分栏"命令可以将选中的某一段文本分成若干栏。　　　　　（　　）

16．利用"更改文字方向"按钮可以将选中的某一段文本竖排。　　　　（　　）

17．Word 在设置首字下沉时只能下沉一个字。　　　　　　　　　　　（　　）

18．无论把文本分成多少栏，在普通视图下只能看见一栏。　　　　　　（　　）

19．插入超链接时，可以链接到目标文档的某一部分，例如文档中的书签。　（　　）

20．可以为字符、段落、表格添加边框和底纹。　　　　　　　　　　　（　　）

21．插入到 Word 中的图片可以放在文本下面或浮在文字上方。　　　　（　　）

22．利用滚动条滚动文本时，插入点随着文本一起滚动。　　　　　　　（　　）

23．文本框只能放文字不能放图形。图文框只能放图形不能放文字。　　（　　）

24．不能在绘制出来的图形中添加文字。　　　　　　　　　　　　　　（　　）

25．文本框的位置无法调整，要想重新定位只能删掉该文本框以后重新插入。　（　　）

参考答案

一、单选题

01-05　CACBA　　　06-10　BCDDD　　　11-15　ABABB　　　16-20　ABACD

21-25　CCBBB　　　26-30　DAAAC

二、填空题

1．Ctrl+O　Ctrl+S　　　　　　　　2．插入　符号

3．整个段落　　　　　　　　　　　4．移到下页顶端

5．格式　字体　　　　　　　　　　6．双击　Esc

7．插入　分页　　　　　　　　　　8．页面　页眉和页脚

9．dotx　　　　　　　　　　　　　10．Ctrl+Shift+Enter

11．在一个单元格中　　　　　　　　12．嵌入

13．选定一行　选定一个自然段　全部选定　　14．Ctrl+Home　Ctrl+End

15．Ctrl+Enter　　　　　　　　　　16．插入　表格

三、判断题

1．√　　2．√　　3．√　　4．√　　5．×　　6．×　　7．×　　8．×　　9．√　　10．√

11．×　　12．×　　13．×　　14．×　　15．√　　16．×　　17．×　　18．√　　19．√　　20．√

21．√　　22．×　　23．×　　24．×　25．×

第5章 电子表格软件 Excel 2010

Excel 2010 中文版（以下简称 Excel）可以制作出各种表格，具有丰富的数据处理函数，便于用户对表格数据进行综合管理、数据分析、统计计算；提供了丰富的绘制图表功能，方便用户创建各种统计图表和进行图表制作；同时它还提供了数据清单（数据库）操作，广泛应用于财务、统计、金融、审计等各个领域。

5.1 Excel 的基础知识

5.1.1 Excel 的启动与退出

Excel 软件的启动与退出和 Word 一样，这里不再详述。只是要注意的是：在退出 Excel 时，表格文件没有命名或保存，将会有文件存盘的提示信息，只需根据需要确定是否命名或保存即可。

5.1.2 Excel 的窗口组成

启动 Excel 后，进入 Excel 的工作环境并创建一个新的空白工作簿。下面我们以工作簿"工资管理.xlsx"中的"工资"表为例，介绍 Excel 的使用。Excel 工作区主窗口如图 5-1 所示。

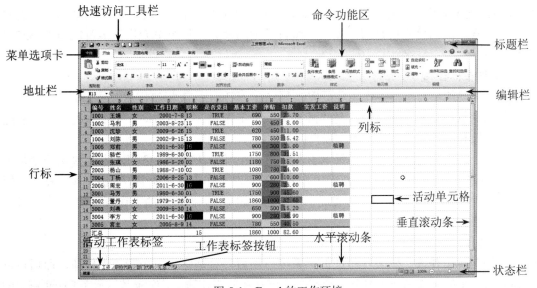

图 5-1 Excel 的工作环境

Excel 工作环境窗口中的标题栏、菜单选项卡、命令功能区等与 Word 相似。这里为读者介绍与 Word 不同的内容。

1. 编辑栏

一般地，编辑栏 `D2 ▼ × ✓ fx 15` 在菜单选项卡的下面、编辑工作区上方。编辑栏由名称框、编辑按钮和编辑框三部分组成。

名称框：显示当前单元格地址，如 D2。

编辑按钮：包括"取消"✖、"确认"✔和"函数"fx三个按钮。其功能是在编辑框内输入或编辑数据时，单击"取消"按钮会取消刚输入或修改过的字符，恢复原样；单击"确认"按钮表示确认单元格中的数据。当在编辑框处输入"="、"+"时，名称框将变为函数列表框 `SUMIF ▼`，从中可选取最近使用过的函数。单击"函数"按钮fx会打开"函数"对话框，在对话框中选择需要的函数，选中的函数会自动插入到光标位置。

编辑框：最右边是编辑框，主要用来显示、编辑单元格的数据和公式，在单元格内输入或编辑数据的同时也会在编辑框中显示其内容。

2. 全选按钮 `◢`

编辑工作区左上角的一个空白框，称为全选按钮。单击全选按钮会选中当前工作表的所有单元格，将光标移至其他地方后单击可取消该项选定。

3. 列号和行号

工作表是由列和行相交所形成的单元格组成的，每个单元格需用一个称为地址的名称来区别。单元格地址是将列号和行号连接在一起来描述。在为单元格命名地址时，先列号后行号，如 A1、B3、C12、D26 等。列号用字母 A~Z、AA~AZ、BA~BZ、...、XFA~XFD 表示，共 2^{14}（16384）列；行号用数字表示，共 $1~2^{20}$（1048576）行。每一张表的单元格总数为：$2^{14} \times 2^{20}$。

4. 单元格与活动单元格

单元格是电子表格的最小单元，用户可以把数据输入到单元格中保存起来。如果用鼠标指针✛单击某单元格，它便呈现黑色的边框，这个单元格就是活动单元格。活动单元格也称为当前单元格。活动单元格是用户输入、编辑数据的地方，每个单元格最多可以容纳 32767 个字符。

5. 工作表标签栏

工作表标签栏主要包括工作表翻页按钮 `|◀ ◀ ▶ ▶|` 和工作表标签按钮 `Sheet1 ◢`。

工作表翻页按钮从左向右依次是"翻到第一个工作表"、"向前翻一个工作表"、"向后翻一个工作表"和"翻到最后一个工作表"四个按钮。

建立一个工作簿时默认含有三张电子表格 Sheet1、Sheet2、Sheet3。Excel 允许用户增加工作表数，但最多不能超过 255 个。双击工作表标签可对工作表重新命名。单击工作表标签按钮（或按 Ctrl+PgDn/PgUp 组合键）可实现工作表之间的切换，被选中的工作表称为当前工作表，Excel 窗口显示当前工作表。

6. 工作簿

工作簿是由工作表、图表等组成的。系统启动后，总是建立一个新的工作簿，而后可以随时建立多个新的工作簿或者打开一个或多个已存在的工作簿。工作簿名显示在 Excel 窗口的标题栏上，默认的文件名是"工作簿 1"，其扩展名为.xlsx。

类似账本，工作簿作为存储和处理数据的一个文件，将多个有内在联系的电子表格组成在一起。一个工作簿由多个工作表组成，系统默认每个工作簿有 3 个工作表，用户还可以插入更多的工作表，但每个工作簿最多只能设置 255 张工作表。

7. 工作表

工作表是由行和列构成的一个电子表格，每一个工作表有一个名称，系统默认为 Sheet1、Sheet2、Sheet3 等。所有的工作表中，有一个是当前工作表，其标签显示为按下白色，用户还可以插入、删除或重命名工作表。

8. 状态栏

Excel 的状态栏用来显示有关当前工作表的状态信息，包括帮助信息、键盘以及当前状态等。另外，状态栏中有时还会显示一栏信息："求和:..."，这是 Excel 的自动计算功能。此外，在状态栏中的右侧还有一组视图按钮和一个显示比例调整器。

5.1.3　Excel 的工作流程

使用 Excel 会经过下面五个步骤：
（1）新建或打开已存在的工作簿。
（2）输入或编辑数据。
（3）数据的统计与计算。
（4）生成图表。
（5）修饰工作表和打印输出。

5.2　工作簿的基本操作

5.2.1　新建工作簿

Excel 在启动后，自动建立一个名为"工作簿 1"的空工作簿，光标自动定位在第一张工作表 Sheet1 的第一个单元格位置，等待用户输入数据。根据需要，用户也可以创建新的工作簿。创建新工作簿的方法有以下两种：
（1）单击"快速访问工具栏"上的"新建"按钮，或按 Ctrl+N 组合键。
（2）单击"文件"选项卡中的"新建"命令，打开"新建"任务窗格，然后根据需要，可以建立空工作簿、利用现有模板或 Office.com 网上模板创建新的工作簿，如图 5-2 所示。

图 5-2　"文件"选项卡中的"新建"命令

新建的工作簿名依次默认为"工作簿 1"、"工作簿 2"、……，以后在存储时可以根据需要更改文件名。

5.2.2　打开已存在的工作簿

常用以下三种方法打开已存在的工作簿。

（1）在"文件"选项卡中选择"打开"命令，或按 Ctrl+O 组合键。

（2）单击"快速访问工具栏"中的"打开"按钮。

（3）可以在"文件"选项卡中选择"最近所用文件"命令，在出现的列表中查找选择最近使用过的文件，双击即可打开。

5.2.3　保存工作簿

保存文件是指将 Excel 窗口中的工作簿工作表存储在磁盘中，保存 Excel 文件可分为 4 种情况：保存文件、按原文件名保存、换名保存和保存工作区。

1．保存文件

第一次保存新建文件，可以使用"文件"选项卡中的"保存"命令或"另存为"命令（或按下 F12 功能键）；也可以单击"快速访问工具栏"上的"保存"按钮（或按下 Ctrl+S 组合键），进行保存。

在第一次保存的时候，系统总是打开"另存为"对话框，让用户选择文件保存的路径、文件类型和文件名称。

2．保存工作区

有时我们会同时打开多个工作簿进行操作，但往往由于时间关系，不能在当天完成手头工作，第二天仍需要继续对这些工作簿进行操作。此时，我们可以把打开的所有工作簿保存为一个工作区文件（*.xlw），这样，下次我们打开工作文件时就打开了上次所使用的工作簿以及当时所操作的环境，从而避免了一个一个打开的麻烦，同时回到上次操作状态。

所谓"工作区"，实质上就是一个用来编辑作业的操作环境。

保存为工作区的方法是：打开"视图"选项卡，单击"窗口"组中的"保存工作区"按钮，打开"保存工作区"对话框，如图 5-3 所示。

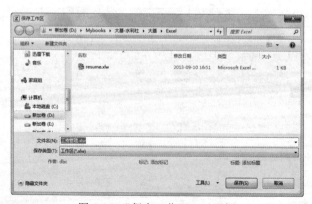

图 5-3　"保存工作区"对话框

选择文件保存的路径，给出工作区文件的名称，单击"保存"按钮，即可保存。

要打开一个工作区文件（*.xlw），操作方法和打开一个工作簿文件的方法一样。

3. 关闭工作簿

如果某 Excel 工作簿不再需要进行修改，应将其关闭，以释放该工作簿所占内存空间。关闭工作簿的基本方法是：选择"文件"选项卡中的"关闭"命令（或按下 Ctrl+W 组合键），则关闭当前的工作簿文件，工作簿将消失，但不退出 Excel 系统，用户还可以继续编辑或打开其他文件，也可以新建一个新工作簿文件。

4. 保护工作簿

可以为工作簿设置密码，以保护工作簿不被非法使用。保护工作簿的步骤如下：

（1）单击"文件"选项卡中的"另存为"命令，这时打开"另存为"对话框。

（2）单击对话框中下方的"工具"按钮，在弹出的命令列表中执行"常规选项"命令，这时弹出如图 5-4 所示的"常规选项"对话框。

（3）在"打开权限密码"和"修改权限密码"框处填入所需密码，密码显示为几个连续的"*"。如果勾选"生成备份文件"复选框，则可生成一个备份文件。最后单击"确定"按钮，完成对工作簿的保护。

图 5-4　"保存选项"对话框

5.3　数据的输入

5.3.1　光标定位

Excel 在启动之后，光标自动定位在第一个工作表 Sheet1 的 A1 单元格，周围呈现黑色边框"▢"，该单元格称为活动单元格，也称为当前单元格，即当前可以接受数据输入或编辑的单元格；其他单元格为非活动的单元格。

1. 单元格的光标定位

单击某单元格，光标就会立即移到那个单元格，使其变成活动单元格。

使用键盘也可以激活某单元格使其成为活动单元格，例如使用上、下、左、右方向键，可使相邻的单元格成为活动单元格。在工作表或工作簿中使用键盘移动和滚动活动单元格的按键如表 5-1 所示。

表 5-1　活动单元格的定位按键及其功能

按键	功能说明
↑、↓、←、→	向上、下、左或右移动单元格
Ctrl+↑、↓、←、→	移动到当前数据区域的边缘
Home	移动到行首
Ctrl+Home/End	移动到工作表的开头（最后一个单元格）
Page Down/Page Up	向下（上）移动一屏
Alt+Page Down/Page Up	向右（左）移动一屏
Ctrl+Page Down/Page Up	移动到工作簿中下（上）一个工作表
Ctrl+F6 或 Ctrl+Tab	移动到下一个工作簿或窗口
Ctrl+Shift+F6 或 Ctrl+Shift+Tab	移动到前一个工作簿或窗口

按键	功能说明
F6（Shift+F6）	移动到已拆分工作簿中的下一个（上一个）窗格
F5（Shift+F5）	显示"定位"（"查找"）对话框
Shift+F4	重复上一次"查找"操作（等同于"查找下一个"）
（Shift）+Tab	右（左）移一个单元格
（Shift）+Enter	（上）下移一个单元格

当按下 End 键，称为系统处于 End 模式，这时进行定位的操作如表 5-2 所示。

表 5-2　按下 End 键时的光标移动模式

按键	完成
End	打开或关闭 End 模式
End，然后按下←、↑、↓、→	在一行或一列内以数据块为单位移动
End，再按下 Home	移动到工作表的最后一个单元格，这个单元格位于数据区的最右列和最底行的交叉处（右下角）
End，再按下 Enter	在当前行中向右移动到最后一个非空单元格

按下 Scroll Lock 键，光标处于滚动锁定状态时进行定位的操作如表 5-3 所示。

表 5-3　按下 Scroll Lock 键时的光标移动模式

按键	完成
Scroll Lock	打开或关闭滚动锁定
Home/End	移动到窗口中左（右）上角处的单元格
←、↑、↓、→	向左、上、下或向右滚动一行（或列）

2．单元格内容的光标定位

单击某单元格，使之成为活动单元格，然后按 F2 键；或双击单元格；或按 Backspace 键；或将光标定位在编辑栏，待出现光标"|"后，如果该单元格已有数据，则使用键盘左右方向键将光标进行定位。

5.3.2　输入数据

在输入数据前，首先在单元格内定位光标，出现光标后，即可输入数据。单元格中可以输入字符型、数值型、货币型、日期或日期时间型和逻辑型等多种类型的数据；也可以在单元格中输入批注信息及公式。

1．输入字符

字符型数据是指由首字符为下划线、字母、汉字或其他符号组成的字符串。输入到单元格中，默认对齐方式为左对齐。

如果输入的字符数超过了该单元格宽度（默认宽度为 8.38 个字符，可显示 9 个字符）仍可继续输入，表面上它会覆盖右侧单元格中的数据，而实际上仍属于本单元格内容。显示时，如果右侧单元格为空，当前输入的数据照原样显示，否则显示本身的内容。

确认单元格输入的数据可以按 Enter 键，或单击其他单元格。

有时，需要把一些纯数字组成的数字串当作字符型数据，比如身份证号。为把这类数据当作字符型数据，需在输入数据前面添加单引号“'”或“=”，如：'87654321、=610075 等。确认输入后，输入项前后添加的符号将会自动消失。

单元格内输入的内容需要分段时，按 Alt+Enter 组合键。如果要在同一单元格中显示多行文本，请单击“开始”选项卡上“对齐方式”组中的“自动换行”按钮 自动换行 。

2. 数值型数据的输入

像+34.56、-123、1.23E-3 等有大小意义的数据，称为数值型数据。在输入时正数前面的加号可以省略，负数的输入则可以用“～”或“()”开始，如～110 或（110）。纯小数可以省略小数前面的 0，如 0.8 可输入.8；也允许加千分符，如 12345 可输入 12,345；数的前面可以加￥或$符号，具有货币含义，计算时大小不受影响；若在数尾加%符号，表示该数除以 100。如 12.34%，在单元格内虽然显示 12.34%但实际值是 0.1234。

可以以分数的形式输入数值，一个纯分数输入时必需先以零开头，然后按一下空格键，再输入分数如 0 1/2，带分数输入时，先输入整数，按一下空格键，然后再输入分数。

数值类型的数据在单元格中右对齐。

3. 输入日期与时间

输入日期的格式为年/月/日或月/日，如 2004/3/30 或 3/30，表示为 2004 年 3 月 30 日或 3 月 30 日；输入时间的格式为“时:分:秒”，如 10:35。

按下 Ctrl+：组合键，或按下 Ctrl+Shift+：组合键，则取当前系统日期或时间。

输入的日期与时间在单元格中右对齐。

4. 输入逻辑值

可以直接输入逻辑值 True（真）或 False（假），一般是在单元格中进行数据之间的比较运算时，Excel 判断后自动产生的结果，居中显示。

5. 插入一个批注信息

选定某个单元格，打开“审阅”选项卡，单击“批注”组中的“新建批注”按钮（或按下 Shift+F2 组合键），在系统弹出的批注文本框中输入备注信息。单元格一旦输入批注信息，在其右上角会出现一个红色的三角标记“◥”，当鼠标指针指向该单元格时就会显示批注信息。批注信息不需要时也可删除。

6. 数据的取消输入

在输入数据的过程中，如果取消输入，可按 Esc 键，或单击编辑栏左侧的“取消”按钮✖。

【例 5-1】使用 Excel 新建一工作簿，在工作表 Sheet1 中录入图 5-5 中的数据，然后将工作簿以“工资管理.xlsx”为名进行保存。

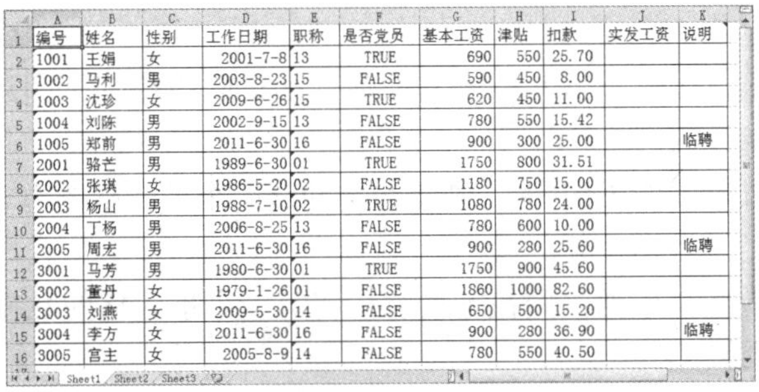

编号	姓名	性别	工作日期	职称	是否党员	基本工资	津贴	扣款	实发工资	说明
1001	王娟	女	2001-7-8	13	TRUE	690	550	25.70		
1002	马利	男	2003-8-23	15	FALSE	590	450	8.00		
1003	沈珍	女	2009-6-26	15	TRUE	620	450	11.00		
1004	刘陈	男	2002-9-15	13	FALSE	780	550	15.42		
1005	郑前	男	2011-6-30	16	FALSE	900	300	25.00		临聘
2001	骆芒	男	1989-6-30	01	TRUE	1750	800	31.51		
2002	张琪	女	1986-5-20	02	FALSE	1180	750	15.00		
2003	杨山	男	1988-7-10	02	TRUE	1080	780	24.00		
2004	丁杨	男	2006-8-25	13	FALSE	780	600	10.00		
2005	周宏	男	2011-6-30	16	FALSE	900	280	25.60		临聘
3001	马芳	男	1980-6-30	01	TRUE	1750	900	45.60		
3002	董丹	女	1979-1-26	01	FALSE	1860	1000	82.60		
3003	刘燕	女	2009-5-30	14	FALSE	650	500	15.20		
3004	李方	女	2011-6-30	16	FALSE	900	280	36.90		临聘
3005	宫主	女	2005-8-9	14	FALSE	780	550	40.50		

图 5-5　Excel 的数据输入形式

操作方法如下。

①启动 Excel，系统自动创建一个新工作簿"工作簿 1"。

②在 A1 单元格中输入文本"编号"，按下 Tab 键，定位到 B1 单元格，输入文本"姓名"。依次，在 C1:K1 单元格中，输入文本"性别"、"工作日期"、"职称"、"是否党员"、"基本工资"、"津贴"、"扣款"、"实发工资"和"说明"。

③单击 A2 单元格，输入"'1001"，按下 Enter（回车）键，活动单元格下移到 A3 单元格。接着输入"'1002"，类似地输入编号的其他内容。

④单击 B2 单元格，输入姓名列中的文本内容。

同样地，输入其他各列数据内容。

⑤单击"快速访问工具栏"中的"保存"按钮 ，将工作簿以文件名"工资管理.xlsx"保存在指定的文件夹中。

5.3.3　快速输入数据

向工作表中输入数据，除了前面已经介绍的数据输入方法外，Excel 还提供了以下几种快速输入数据的方法。

1. 在连续区域内输入数据

选中所要输入数据的区域，如果要沿着行（列）输入数据，则在每个单元格输入完后按 Tab（Enter）键。当输入的数据到达区域边界时，光标会自动转到所选区域的下一行或下一列的开始处。

2. 输入相同单元格内容

内容相同的单元格的输入方法：按下 Ctrl 键不放，选择所要输入的相同内容的单元格。单元格选定后，输入数据并按下 Ctrl+Enter 组合键，则刚才所选的单元格内都将被填充同样的数据，与此同时，新数据将覆盖单元格中已经有的数据。

3. 自动填充

Excel 设置了自动填充功能，利用鼠标拖动填充柄和定义有序系列。使用用户可以很方便地输入一些有规律的序列值，如 1、2、3、…等。

选定待填充数据的起始单元格，输入序列的初始值，如 10。如果要让序列按给定的步长增长，再选定下一单元格，在其中输入序列的第二个数值，如 12。两个起始数值之差，决定该序列的步长。然后选定这两个单元格，并移动鼠标指针到选定区域的右下角附近，这时指针变为黑"**+**"字，按下鼠标左键拖动填充柄至所需单元格，如图 5-6 所示。

自动填充完成后，仔细观察工作区界面，用户会发现在自动填充最后一个单元格的右下角出现一个"自动填充选项"图标 。单击该图标，弹出"自动填充选项"列表框，用户可决定自动填充的选项。

如果升序填充，则从上向下或从左到右拖动；如果降序排列，则从下向上或从右到左拖动。放开鼠标左键，完成输入。

在拖动鼠标的同时若按住 Ctrl 键，则将选定的这两个单元格的内容重复复制填充到后续单元格中。

如果没有第二个单元格数据，则在拖动时，将第一个单元格的数据自动填充；按住 Ctrl 键进行拖动，将自动增减 1。

也可以用鼠标右键拖动填充柄，在出现的快捷菜单中选择"以序列方式填充"选项。

4．使用填充命令输入数据

可以使用菜单命令进行自动填充，其步骤如下：

（1）在序列中第一个单元格输入数据，如输入 10，在后面的一个单元格中输入 12。

（2）选定序列所使用的单元格区域，如 C3:G3。

（3）打开"开始"选项卡，单击"编辑"组中的"填充"按钮 填充▾。在弹出的选项列表框中，单击"序列"命令，打开"序列"对话框，如图 5-7 所示。

图 5-6　利用填充柄自动输入数据　　　　图 5-7　"序列"对话框

（4）在该对话框中选择"行"和"自动填充"两个选项。

（5）单击"确定"按钮。

在"填充"命令列表中，如果选择了"向上"、"向下"、"向左"或"向右"，则把选定区域第一个单元格的数据复制到选定的其他单元格中，这样的结果可以当作单元内容的复制。

5．自定义序列

如果 Excel 提供的序列不能满足需要，这时可以利用 Excel 提供的自定义序列功能来建立所需要的序列，操作步骤如下：

（1）打开"文件"选项卡，单击"选项"命令，弹出"Excel 选项"对话框。单击左侧窗格中的"高级"选项，然后在右侧窗格中找到"常规"组，单击"创建用于排序和填充序列的列表"处右侧的"编辑自定义列表"按钮，打开如图 5-8 所示"自定义序列"对话框。

图 5-8　用"自定义序列"对话框添加一序列

（2）在"输入序列"列表框中分别输入序列的每一项，单击"添加"按钮，将所定义的序列添加到"自定义序列"列表中；或者单击"从单元格中导入序列"中，将它添入"自定义序列"列表中。

（3）单击"确定"按钮，如果用户在某单元格输入了"春季"后，拖动填充柄，可生成序列：春季、夏季、秋季、冬季。

按上述方法定义好自定义序列后，就可以利用填充柄或"填充"命令使用它了。

【例 5-2】打开例 5-1 所建立的工作簿"工资管理.xlsx"，分别在工作表 Sheet1 和 Sheet2 中录入图 5-9 中的数据。然后，以工作簿文件名进行保存。

图 5-9　"工资管理.xlsx"中 Sheet2（左）和 Sheet3（右）中的数据

操作方法如下：

①启动 Excel，打开工作簿文件"工资管理.xlsx"。

②在 Excel 工作区的左下方"工作表标签按钮"处，单击标签 Sheet2，录入图 5-9（左）中的数据。单击标签 Sheet3，录入图 5-9（右）中的数据。

③单击"快速访问工具栏"中的"保存"按钮，保存"工资管理.xlsx"工作簿。

5.4　工作表的编辑

5.4.1　选择单元格区域

选择单元格区域，主要是指单元格的选择和单元格内容的选择。单元格区域是输入和编辑工作的基础。

1. 单元格、列与行的选择

选择单个单元格、行、列：单个单元格的选择就是激活该单元格，其名称为该单元格的名称，如 B2、F6 等。

行和列的选择：对于行、列的选择，只需单击行标头或列标头。如果选择连续的行或列，只需按下鼠标左键的同时，拖动行标头或列标头。

选择一列，然后按下 Shift 键，单击其他列标头也可选择连续的多列；如果按下 Ctrl 键则可选择不连续的多列。

一行或多行的选择与列的选择方法一样。

2. 选择连续单元格

连续单元格在选定时，首先将光标定位在所选连续单元格的左上角，然后将鼠标从所选单元格左上角拖动到右下角，或者在按住 Shift 键的同时，单击所选单元格的右下角，即可选定连续区域。

在选定区域的第一个单元格为选定区域中的活动单元格，其为白色状态，其他选择区域为反黑高亮状态，名称框中显示活动单元格名。

3. 选择不连续单元格

按下 Ctrl 键的同时，单击所选的单元格，或在其他区域拖动，就可以选择不连续的单元格区域。

选择一行或多行、一列或多列、连续或不连续单元格示例如图 5-10 所示。

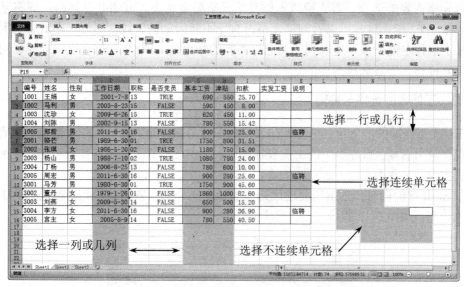

图 6-10　单元格选定时的不同形式

4. 选择当前工作表的全部单元格

单击工作表左上角的"全选"按钮 ◢ ，或者按下 Ctrl+A 组合键，可以选择当前工作表的全部单元格。

5. 使用定位命令进行选择

可以使用"开始"选项卡上"编辑"组中的"查找和选择"命令按钮 ，进行一些特殊的选择。

单击该按钮，弹出其命令列表框。执行"转到"命令，弹出"定位"对话框，单击"定位条件"按钮，打开如图 5-11 所示的"定位条件"对话框，在其中选择所需的条件，例如选择"常量"项，其结果将对具有公式项的单元格不予选择。

图 5-11　"定位"对话框及"定位条件"对话框

如果想要取消对单元格的选择，只需单击任意其他单元格。

5.4.2 单元格内容的选择

对单元格内容的选择，首先应进入到某单元格编辑状态，双击某单元格；或将某单元格选定后，按下 F2 键，这时可以看到单元格内有一不断闪动的竖线。然后，在所要选取内容的开始处按下鼠标左键不放，拖动到所要选择内容的结束处；或按下 Shift 键的同时，用左、右方向键将光标移到所要选择内容的结束处。

5.4.3 工作表的选择与编辑

在 Excel 工作簿的左下角，单击工作表翻页按钮的某一个，进行工作表翻页，当所需表的名称出现在紧邻右侧（或左侧）的工作表标签时，单击此工作表。该工作表被选定，标签为白色，即成为当前工作表。

按下 Shift 键的同时，单击所要连续选择的最后一个工作表标签，此时被选择的工作表标签呈白色状态，如图 5-12 所示。

图 5-12   按下 Shift 键进行连续工作表的选择

当按下 Ctrl 键的同时，分别单击所要选择的工作表标签，此时，被选择的工作表标签也呈白色状态，选择的工作表可以不连续。

选择多个工作表时，表明以后在其中任一工作表内的操作都将同时在其他所选的工作表中进行，例如，当在"成绩单"工作表中向 C3 单元格中输入内容时，则其他工作表中的 C3 单元格也会出现相同的内容。

如果想取消对多个工作表的选择，只需单击任一工作表的标签，或在所选工作表的任一标签上右击，在打开的快捷菜单中选择"取消组合工作表"命令即可。

5.4.4 编辑工作表

工作表的编辑工作主要包括：单元格内容的移动、复制、删除，单元格的插入，行、列的删除、插入，工作表的移动、复制、删除和插入等。

编辑过程中，可以随时使用"快速访问工具栏"上的"撤消"按钮和"恢复"按钮来撤消误操作。

1. 单元格部分内容的移动、复制、删除

选定要编辑的单元格并进入编辑状态，如果要复制，单击"开始"选项卡上"剪贴板"组中的"复制"按钮；如果要移动，单击"剪切"按钮。

复制或移动单元格，也可使用组合键 Ctrl+C、Ctrl+X 进行。

然后双击所要粘贴的单元格，并将光标定位到新的位置，单击"开始"选项卡上"剪贴板"组中的"粘贴"按钮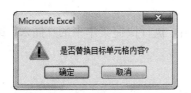（或按下 Ctrl+V 组合键）。

选定单元格中所要删除的部分内容，然后按 Delete 键，内容被删除。

2. 单元格内容的复制与移动

如果要复制单元格，将光标移到单元格边框下侧或右侧，出现箭头状光标"⬚"时，拖动单元格到新的位置；如果要移动单元格，则直接拖动单元格到新位置之后释放。如果目标位置已有数据，则系统弹出询问"是否替换目标单元格内容"对话框（按下 Ctrl 键的同时，拖动鼠标将不会出现该对话框），如图 5-13 所示。单击"确定"按钮进行替换，否则不替换。

单元格内容的复制与移动也可使用"剪切"、"复制"和"粘贴"按钮来完成。

进行复制与剪切操作时，选定的区域被闪烁的跑动虚线框所包围，称为"活动选定框"，如图 5-14 所示。按 Esc 键可取消选择区域，单击任一非选择单元格，可取消选择区域。

图 5-13　询问"是否进行替换"对话框　　　图 5-14　复制或剪切状态下的活动选定框

3. 使用选择性粘贴

"选择性粘贴"命令可以实现某些特殊的复制和移动操作。先选择要复制、移动的源单元格，并执行"复制"或"剪切"命令。再将光标移动到目标单元格处，单击"开始"选项卡上"剪贴板"组中的"粘贴"按钮下方的"下拉列表"按钮，并执行"选择性粘贴"命令，打开"选择性粘贴"对话框，如图 5-15 所示。

在该对话框中，如果选择"数值"选项则将源单元格内的公式计算成结果数值，粘贴到目标单元格内；选择"格式"选项将源单元格内的格式粘贴到目标单元格内；选择"转置"选项将源单元格的数据，沿行方向或列方向进行粘贴。单击"确定"按钮，完成操作。

图 5-15　"选择性粘贴"对话框

4. 单元格内容的删除

选择要删除内容的单元格，单击"开始"选项卡上"编辑"组中的"清除"按钮，在弹出命令列表中，可根据需要选择"全部清除"、"清除格式"、"清除内容"、"清除批注"、"清除超链接"等选项。

注：按 Delete 键相当于仅删除内容。

5. 插入、删除单元格

根据需要可以进行插入单元格的操作。选择要插入单元格的位置，单击"开始"选项卡上"单元格"组中的"插入"按钮，系统默认插入一个单元格，且原来的单元格下移。如果执行"插入"命令列表中的"插入单元格"命令，在出现的"插入"对话框中还要选择插入之后当前单元格移动的方向。

选择要删除的单元格，单击"删除"按钮，系统默认删除一个单元格，且下面的单元格上移。如果执行"删除"命令列表中的"删除单元格"命令，在出现的"删除"对话框中还要选择删除之后其他单元格移动的方向。

插入和删除单元格操作时出现的对话框，如图 5-16 所示。

图 5-16　插入（左）与删除（右）单元格的对话框

6. 行、列的插入与删除

"开始"选项卡上"单元格"组中的"插入"或"删除"命令，同样也适合对行和列的插入与删除动作，这里不再细述。

插入与删除行和列的操作也可在选定行或列时，右击，执行快捷菜单中的"插入"或"删除"命令完成。

5.4.5　工作表的操作

1. 插入工作表

在编辑工作簿时，可能要增加工作表的个数，插入一张工作表的方法有下面两种：

（1）单击"开始"选项卡上"单元格"组中的"插入"按钮右侧的"下拉列表"按钮，在弹出的命令列表中执行"插入工作表"命令。

（2）右击要插入工作表后面的一个工作表标签，在弹出的快捷菜单中选择"插入"命令，弹出"插入"对话框，如图 5-17 所示，选择所需的工作表项，单击"确定"按钮，插入一张新工作表。

图 5-17　"插入"对话框

（3）单击工作表标签右侧的"插入工作表"按钮（或按下 Shift+F11 组合键），可在当前工作表的前面插入一张新工作表。

2. 工作表的重命名

一个 Excel 工作簿默认的工作表名称为 Sheet1、Sheet2、Sheet3，……。为了使工作表的名字更能反映表中的内容，用户也可以改变工作表的名称。工作表表名的重命名有以下几种方法：

（1）双击某工作表标签，可直接输入新的工作表名称。

（2）右击某工作表标签，从弹出的快捷菜单中选择"重命名"命令。

3．删除工作表

选择要删除的工作表标签，右击所选标签，在出现的快捷菜单中选择"删除"命令；或单击"开始"选项卡上"单元格"组中的"删除"按钮右侧的"下拉列表"按钮，在弹出的命令列表中执行"删除工作表"命令。

4．隐藏工作表

使用 Excel 的隐藏工作表功能可以将工作表隐藏起来，以避免别人查看某些工作表。当一个工作表被隐藏时，其所对应的工作表标签也同时隐藏起来。

隐藏工作表的操作步骤为：激活要隐藏的一个或多个工作表，在工作表标签处右击，在弹出的快捷菜单中执行"隐藏"命令。

取消隐藏工作表的方法有两个：

（1）在工作表标签处右击，在弹出的快捷菜单中执行"取消隐藏"命令。系统弹出"取消隐藏"对话框，选择要解除隐藏的工作表并单击"确定"按钮。

（2）在"开始"选项卡上"单元格"组中，单击"格式"按钮 格式 ，在弹出的"格式"命令列表中单击"隐藏和取消隐藏"菜单下的"取消隐藏工作表"命令。

5．移动或复制工作表

Excel 允许将工作表在一个或多个工作簿中移动或复制。若将一个工作表移动或复制到不同的工作簿时，两个工作簿需同时被打开。

要移动或复制工作表时，可以在右击工作表标签后出现的快捷菜单中选择"移动或复制表"命令。Excel 弹出"移动或复制工作表"对话框，如图 5-18 所示。

在"将选定工作表移至"下拉列表框中选择要移动或复制到的工作簿，可以选择当前工作簿、新工作簿和其他已打开的工作簿。在"下列选定工作表之前"列表框中选择要插入的位置。如果是移动工作表，则不选中"建立副本"复选框；如果是复制工作表，则

图 5-18　"移动或复制工作表"对话框

选中"建立副本"复选框，然后单击"确定"按钮即可完成移动或复制工作表。

也可以使用鼠标移动或复制工作表，方法是：选择所要移动、复制的工作表标签，如果要移动，拖动所选工作表标签到所需位置；如果要复制，则在按住 Ctrl 键的同时，拖动所选标签到所需位置；拖动时，光标会出现一个黑三角符号"▼"来表示移动的位置。

【例 5-3】打开例 5-2 所建立的工作簿"工资管理.xlsx"，分别将工作表 Sheet1、Sheet2 和 Sheet3 命名为"工资"、"职称代码"和"部门代码"。然后，在"部门代码"的后面插入一张工作表并命名为"汇总"。

操作方法如下：

①启动 Excel，打开工作簿文件"工资管理.xlsx"。

②双击 Sheet1 工作表标签，输入工作表名称为"工资"；类似地，将工作表 Sheet2 和 Sheet3 命名为"职称代码"和"部门代码"。

③右击"部门代码"工作表标签，执行弹出快捷菜单中的"插入"命令，在弹出的如图 5-17 所示对话框中，选择"工作表"图标。单击"确定"按钮，在"部门代码"工作表前面

插入了一张新工作表，标签名称为 Sheet1。

④将鼠标移到 Sheet1 工作表标签处，拖动到"部门代码"工作表标签右侧即可。

⑤双击 Sheet1 工作表标签，输入工作表名称为"汇总"。

5.4.6 页面设置与打印预览

工作表创建后，为了提交或保留查阅方便，需要将工作表打印出来。要打印一份工作表，具体的操作步骤是：先进行页面设置，再进行打印预览，然后打印输出。

1. 页面设置

单击"页面布局"选项卡上"页面设置"组右下角的"对话框启动器"按钮，打开"页面设置"对话框，如图 5-19 所示。

（1）单击"页面"选项卡，设置打印方向、打印比例、纸张大小、起始页码等。

（2）单击"页边距"选项卡，输入数据到页边的距离及选择居中方式等。

（3）单击"页眉/页脚"选项卡，在此可给打印页面添加页眉和页脚。

图 5-19 "页面设置"对话框

（4）单击"工作表"选项卡，可以选择打印区域、是否打印网格线等。其中设置打印区域也可单击"页面布局"选项卡上"页面设置"组中的"打印区域"按钮。

2. 人工分页与设置打印区域

如果一张工作表较大，Excel 会自动为工作表分页，如果用户不满意这种分页，可以根据需要，自己对工作表进行人工分页。

人工分页时用户可手工插入分页符。分页包括水平分页和垂直分页。

水平分页（垂直分页）的操作步骤为：首先单击要另起一页的起始行行（列）号或选择该行（列）最上（左）边的单元格，

然后打开"页面布局"选项卡，单击"页面设置"组中的"分隔符"按钮，这时在起始行（列）上（左）端出现一条水平虚线表示分页成功。

如果选择的不是最左或最上的单元格，插入的分页符将在该单元格上方和左侧各产生一条分页虚线，如图 5-20 所示。

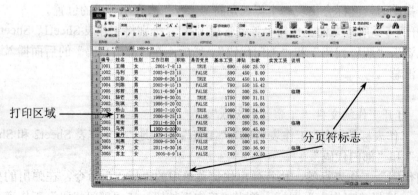

图 5-20 水平与垂直分页符及打印区域的设置

　　如果要删除水平分页符和垂直分页符，可选择该分页符下面的一行（列），然后单击"页面设置"组中"分隔符"按钮下的"下拉列表"按钮，执行命令列表中的"删除分页符"命令。

　　如果只打印工作表中的一部分数据，可将数据区域设置为打印区域。打印区域的设置可在"页面设置"对话框中的"工作表"选项卡进行；也可拖曳鼠标选定单元格区域后再进行设置，操作方法是：先选定单元格区域，再单击"页面设置"组中的"打印区域"按钮，并执行弹出命令列表中的"设置打印区域"命令。

　　再次单击"打印区域"按钮，在弹出命令列表中执行"取消打印区域"命令，可取消打印区域的设置。

　　3. 打印预览

　　单击"快速访问工具栏"上的"打印预览"按钮可以进行打印预览，如果不符合要求可进行修改，直到满意为止。

　　4. 分页预览

　　分页预览功能可以在窗口中直接查看工作表分页情况。单击"视图"选项卡上"工作簿视图"组中的"分页预览"按钮（或单击 Excel 工作区右下角的"分页预览"按钮），可进入分页预览视图，如图 5-21 所示。

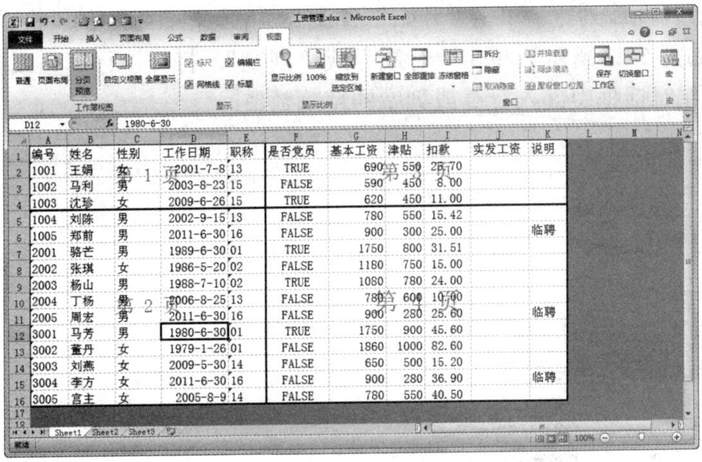

图 5-21　分页预览

　　在分页预览视图中，蓝色粗实线表示了分页情况，并具每页区域中都有暗淡页码显示。

　　如果是在设置的打印区域进行分页，则可以看到没有被蓝色粗线框住的最外层的数据，非打印区域为深色背景，打印区域为浅色背景。

　　在分页进行预览的同时，可以设置、取消打印区域，插入和删除分页符。

　　分页预览时，将鼠标移到打印区域的边界上，指针就变为双箭头，拖动即可改变打印区域，也可改变分页符的位置。

　　单击"视图"选项卡上"工作簿视图"组中的"普通"按钮（或单击 Excel 工作区右下角的"普通"按钮），即可结束分页预览回到普通视图中。

　　5. 打印

　　在完成打印区域、页面设置、打印预览后，工作表就可打印了。打印工作表的方法与 Word 中方法基本相同，这里不再详述。

5.5 工作表的格式化

5.5.1 行高与列宽的调整

工作表中的行高和列宽是 Excel 隐含设定的，行高自动以本行中最高的字符为准，列宽预设 10 个字符位置。根据需要，还可以手动调整。

在 Excel 中，一列的宽与行的高度必须一致。调整行高与列宽的方法有：

1. 使用鼠标调整行高，列宽

把鼠标移动到行与行或列与列的分隔线上，鼠标变成双箭头"✛"或"✚"时，按下鼠标左键不放，拖动行（列）标的下（右）边界来设置所需的行高（列宽），这时将自动显示高度（宽度）值。调整到合适的高度（宽度）后放开鼠标左键。

若要更改多行（列）的高度（宽度），先选定要更改的所有行（列），然后拖动其中一个行（列）标题的下（右）边界；如果要更改工作表中所有行（列）的宽度，单击全选按钮，然后拖动任何一列的下（右）边界。

2. 精确设置行高、列宽

可以精确设置行高或列宽。单击"开始"选项卡"单元格"组中的"格式"按钮 格式，弹出命令列表，如图 5-22 所示。单击"行高"或"列宽"，打开"行高"或"列宽"对话框，如图 5-23 所示，在对话框中键入行高或列宽的精确数值。

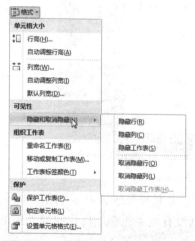

图 5-22 "格式"按钮及其命令列表

图 5-23 "行高"和"列宽"对话框

如果选择"自动调整行高"或"自动调整列宽"，系统将自动调整到最佳行高或列宽。

3. 隐藏行或列

选定行或列后，若执行"隐藏行（列）"命令，所选的行或列将被隐藏起来。如果选择"取消隐藏行（列）"，则再现被隐藏的行或列。在弹出的"行高"或"列宽"对话框中键入数值 0，也可以实现整行或整列的"隐藏"。

5.5.2 单元格、单元格区域的数字格式化

Excel 为单元格或所选单元格区域提供了多种数字格式。如可以为数字设置不同小数位数、

百分号、货币符号等，屏幕上的单元格显示的是格式化后的数字，而编辑栏中表现的是系统实际存储的数据。如果要取消数字的格式，可以在"开始"选项卡上单击"编辑"组中的"清除"命令列表里的"清除格式"选项。

1. 用命令按钮格式化数字

选定某单元格或某数字区域，例如 123.456，打开"开始"选项卡，单击"数字"组中的"数字格式"列表框按钮 常规 、"百分比样式"按钮 % ，或单击其他格式按钮，可以为选定的单元格设置"货币"、"百分比"、"千位分隔样式"、"增加小数位数"、"减少小数位数"等数字格式。

2. 用对话框格式化数字

单击"开始"选项卡"数字"组中右下角的"对话框启动器"按钮（或右击某单元格，执行快捷菜单中的"设置单元格格式"命令），弹出"设置单元格格式"对话框，如图 5-24 所示。在对话框中单击"数字"选项卡并在"分类"列表中选择一种分类格式，在对话框的右侧进一步按要求进行设置，可从"示例"栏中查看效果。

图 5-24 "设置单元格格式"对话框

5.5.3 单元格字体的格式化

通常情况下，输入的数据字体为"宋体"，字形为"常规"，字号为"11"（相当于中文字号大小的五号字），还可以通过"开始"选项卡上"字体"组中的有关命令进行设置。字体设置的方法与 Word 基本相同，在此不再细述。

单元格内容的字体格式化，也可使用如图 5-24 所示"设置单元格格式"对话框来为所选单元格区域设置字体。切换到"字体"选项卡，即可设置所需的"字体"、"字形"、"字号"、"下划线"、"颜色"以及"特殊效果"等。

5.5.4 单元格的对齐方式

默认情况下，输入单元格的数据是按照文字左对齐、数字右对齐、逻辑值居中对齐的方式来显示的。用户可以通过设置对齐方式，以满足版面的特殊需要。

要改变单元格的对齐方式，最方便快捷的方式是使用"开始"选项卡上"对齐方式"组中的有关命令进行设置。

注意： 选定两个或多个单元格，单击"对齐方式"组中"合并后居中"按钮 ，对所选

的单元格进行合并时，系统将弹出信息提示对话
框，如图 5-25 所示，单击"确定"按钮，第一个单
元格以外的单元格数据将不存在。

使用图 5-24 的"对齐"选项卡，也可对单元格
进行对齐方式、文字方向、合并单元格等设置。

图 5-25　在合并单元格时出现的提示信息

5.5.5　设置单元格的边框与底纹

打开 Excel 时，工作表中显示的网格线是为输入、编辑方便而预设置的，在打印或显示时，可以用它作为表格的格线，也可以取消它，但是为了强调工作表的某一特殊部分，则需要用"边框与底纹"选项来设置。

为所选单元格设置边框和底纹的方法如下：

（1）打开"开始"选项卡，单击"字体"组中的"边框"按钮 田▼，弹出图 5-24 所示的"设置单元格格式"对话框中的"边框"选项卡，用户可以很方便地进行单元格的边框设置。

如果只设置单元格的边框，也可单击"边框"按钮右侧的"下拉列表"按钮"▼"，在弹出的命令列表中选择一种边框。

另外，使用"设置单元格格式"对话框中的"填充"选项卡，可以设置单元格的底纹与颜色。

除此之外，系统还允许用户使用"样式"组中的"条件格式"按钮、"单元格样式"按钮、"套用表格样式"按钮 来为单元格设置格式。

5.5.6　格式设置的自动化

当格式化单元格时，某些操作可能是重复的，这就可以使用 Excel 提供的复制格式功能实现快速格式化的设置。

1. 使用"格式刷"按钮格式化单元格

选择所要复制的源单元格，单击"开始"选项卡上"剪贴板"组中的"格式刷"按钮，这时所选择单元格出现跑动的虚线框。用带有格式刷的光标 选择目标单元格即可完成操作。单击一次"格式刷"按钮，只能格式化一次，若双击"格式刷"按钮则可多次使用；取消"格式刷"的多次使用功能，直接按下 Esc 键，或再单击一次"格式刷"按钮。

2. 使用"复制"与"粘贴"命令格式化单元格

选择所要复制格式的源单元格，单击"剪贴板"组中的"复制"按钮，这时所选单元格出现跑动的虚线框；然后再选择要格式化的目标单元格，单击"粘贴"图标下方的"下拉列表"按钮▼，执行命令列表中的"选择性粘贴"命令，选择"格式"项，单击"确定"按钮，完成对单元格的格式化操作。

3. 使用"套用表格格式"格式化单元格

Excel 还提供了自动格式化的功能，它可以根据预设的格式，将我们制作的报表格式化，产生美观的报表，即表格的自动套用。这种自动格式化的功能，可以节省报表格式化的时间，而且制作出的报表很美观。

使用"套用表格格式"按钮格式化单元格的步骤如下：

（1）选择要格式化的单元格区域，单击"开始"选项卡上"样式"组中的"套用表格格式"按钮 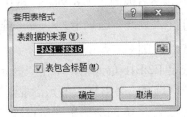，出现各种表格样式列表，如图 5-26 所示。

（2）单击选择所需样式，弹出"套用表格式"对话框，如图 5-27 所示。

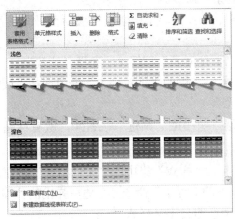

图 5-26　"套用表格格式"按钮及样式列表　　　图 5-27　"套用表格式"对话框

（3）确定表格数据范围是否正确，其中"表包含标题"是指表格的顶端是否为表头项目标题，表头通常需要特殊格式，与数据区分开，默认都会选中。

单击"确定"按钮，完成对所选单元格区域的格式化。

【例 5-4】打开例 5-3 所保存的工作簿"工资管理.xlsx"，为"工资"工作表进行表格修饰，效果如图 5-28 所示，具体要求如下：

图 5-28　格式化后的工作表

（1）利用"套用表格格式"中的"表样式中等深浅 19"样式修改工作表。

（2）在修饰后的表格下方添加一个汇总行，并在基本工资和津贴和扣款栏中填写最大值。

（3）利用"条件格式"为津贴添加一个"红－黄－绿"色阶；为扣款添加一个"绿色数据条"。

（4）为"职称"列中的代码"16"添加一个条件格式，设置蓝底白字。

操作方法如下：

①启动 Excel，打开工作簿文件"工资管理.xlsx"。

②单击"工资"工作表标签按钮，将"工资"工作表选择为当前工作表。

③单击 A1 单元格，按下鼠标左键拖动到 K16 单元格，选定区域为 A1:K16。

④单击"开始"选项卡上"样式"组中的"套用表格格式"按钮，在出现的各种表格样

式列表中单击"表样式中等深浅 19"图标。

⑤选定 H 列，单击"开始"选项卡上"样式"组中的"条件格式"按钮。在出现的列表框中选择"色阶"菜单项下"红—黄—绿"命令；选定 I 列，单击"条件格式"按钮。在出现的列表框中选择"数据条"菜单项下"绿色数据条"命令。

⑥打开表格工具"设计"选项卡，在"表格样式选项"组中勾选"汇总行"，即在"工资"表的下方添加一行汇总行。

⑦选定 E17 单元格，单击该单元格右侧的"下拉列表"按钮▼，选择"计数"。

⑧分别选定 G17、H17 和 I17 单元格，在单元格右侧的"下拉列表"框中选择"最大值"。在 K17 单元格右侧的"下拉列表"框中选择"无"。

⑨打开"数据"选项卡，单击"排序和筛选"组中的"筛选"按钮，所有标题行上出现"筛选"按钮 ▼。

⑩选定 E2:E16 单元格，单击"开始"选项卡上"样式"组中的"条件格式"按钮。在出现的列表中选择"突出显示单元格规则"菜单项下的"等于"命令。在随后弹出的"等于"对话框中为值等于 16 的所选单元格设置"蓝底白字"的自定义格式。

注：工作表应用"样式"后，会转化为"数据库"表。为后面的例题使用方便，建议读者在做完本例题后，单击表格工具"设计"选项卡上"工具"组中的"转换为区域"按钮 转换为区域，将表转换为普通的单元格区域。

5.6　公式和函数的使用

在 Excel 中，公式与函数是其重要的组成部分，提供了强大的计算能力，为分析和处理工作表中的数据提供了极大的便利。

5.6.1　公式

公式由运算符、常量、单元格引用值、名称和工作表函数等元素构成。

1. 运算符

Excel 为数据加工提供了一组运算指令，这些指令以某些特殊符号表示，称为运算符，简称算符。用运算符按一定的规则连接常量、变量和函数所组成的式子称为表达式。运算符可分为数值、文本、比较和引用等四类。

（1）数值运算符。用来完成基本的数学运算，数值运算符有：^（乘方）、±（取正负）、%（百分比）、*（乘）、/（除）、+（加）、-（减），其运算结果为数值型。

（2）文本运算符。文本运算符只有一个&，其作用是将一个或多个文本连接成为一个文本串。如果连接的操作对象是文本常量，则该文本串需用一对""括起来，例如："Excel"&"2010中文版"，其结果为："Excel 2010 中文版"。

（3）比较运算符。用来对两个数值进行比较，产生的结果为逻辑值 True（真）或逻辑值 False（假）。比较运算符有：<（小于）、<=（小于等于）、>（大于）、>=（大于等于）、=（等于）、<>（不等于）。

（4）引用运算符。引用运算符用来对单元格区域进行合并运算，引用运算符有三个，分别为："："、"，"和"空格"。

"："：表示对在两个单元格区域内的所有单元格进行引用，例如 AVERAGE(A1:D8)。

"," ：表示将多个引用合并为一个引用，例如 SUM(A1,B2,C3,D4,E5)。

"空格"：表示只处理各引用区域间相重叠的部分单元格。例如输入公式=SUM(A1:C3 B2:D4)，即只求出这两个区域中重叠的单元格 B2，B3，C2，C3 的和。

2. 运算符的优先级

各种运算符及其优先级如表 5-4 所示。

表 5-4　运算符优先级

运算符	优先级	说明
:, 空格	①	引用运算符
-	②	负号
%	③	百分号
^	④	指数
* /	⑤	乘、除法
+	⑥	加、减法
&	⑦	字符串连接符
= <><= >= <>	⑧	比较运算符

如果在公式中同时包含了多个具有相同优先级的运算符，则 Excel 将按照从左到右的顺序进行计算，若要更改运算的次序，就要使用 "()" 将需要优先的部分括起来。

3. 公式输入

在选定的单元格中输入公式，应先以 "=" 或 "+" 开始（单击 "插入函数" 按钮 f_x），然后再输入公式，如在 J2 单元格处输入公式：=G2+H2-I2。输入公式内容时，如果公式中用到单元格中的数据，可单击所需引用的单元格（也可直接输入所需引用单元格）。如果输入错了，在未输入新的运算符之前，可再单击正确的单元格。

公式输入完后，按 Enter 键或单击 "编辑公式" 按钮 ✓，Excel 会自动计算并将计算结果显示在单元格中，公式内容显示在编辑栏中。如果希望直接在单元格中显示公式，可以使用 Ctrl +`组合键，再次按下此键取消公式显示。公式输入时的情况如图 5-29 所示。

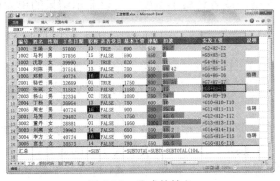

图 5-29　公式的输入

4. 公式填充

当某个单元格输入公式后，如果相邻的单元格中需要进行同类型的计算，如求学生成绩的平均分等。这时，用户不必一一输入公式，可以利用公式的自动填充功能来输入公式，方法是：

（1）选择公式所在单元格，移动鼠标到单元格右下角的黑十字方块 "填充柄" 处。

（2）当鼠标变成黑十字时，按住鼠标左键不放，拖动"填充柄"至目标区域。

（3）松开鼠标左键，公式自动填充完毕。

5．自动求和

自动求和是一种常用的公式计算，操作方法是：

（1）选定要求和单元格区域的下方或右侧的空白单元格。

（2）单击"开始"选项卡上"编辑"组中的"求和"按钮 Σ ▾，Excel 将在选定单元格区域的下方或右方空白单元格中自动出现求和函数 SUM 以及求和数据区域，如图 5-30 所示。

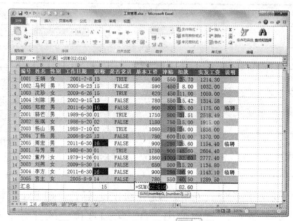

图 5-30　自动求和按钮 Σ ▾ 的使用

（3）按下 Enter 键或单击编辑栏上的"输入"按钮 ✔，确定公式后，当前单元格自动求和并显示出结果。

在操作时，如果单击"求和"按钮 Σ ▾ 右侧的"下拉列表"按钮，在弹出的命令列表中选择其他计算，如"平均值"，则计算的数值为单元格区域的平均值。

6．出错信息

Excel 会经常显示一些错误值信息，如#N/A!、#VALUE!、#DIV/O!等。出现这些错误的原因有很多，最主要的原因是由于公式不能计算正确结果。例如，在需要数字的公式中使用文本、删除了被公式引用的单元格，或者使用了宽度不足以显示结果的单元格。以下是 8 种 Excel 常见的错误及其解决方法。

（1）#####!

如果单元格所含的数字、日期或时间比单元格宽，或者单元格的日期时间公式产生了一个负值，就会产生#####!错误。解决方法是：通过拖动列表之间的宽度来修改列宽。

（2）#VALUE!

当使用错误的参数或运算对象类型时，或者当公式自动更正功能不能更正公式时，将产生错误值#VALUE!。解决方法是：确认公式或函数所需的运算符或参数正确，并且公式引用的单元格中包含有效的数值。例如，如果单元格 A1 包含一个数字，单元格 A2 包含文本"学籍"，则公式"=A1+A2"将返回错误值#VALUE!。这时可以用公式"=A1&A2"将两个单元格的内容相连，形成一个新字符串。

（3）#DIV/0!

当公式被零除时，将会产生错误值#DIV/0!。解决方法是：修改单元格引用，或者在用作除数的单元格中输入不为零的值。

（4）#NAME?

在公式中使用了 Excel 不能识别的文本、名称的拼写错误等情况时将产生错误值#NAME?。解决方法是：确认使用的名称确实存在。单击"公式"选项卡上"定义的名称"组中的"名称管理器"按钮，打开"名称管理器"对话框。如果所需名称没有被列出，请使用"新建"命令添加相应的名称。

（5）#N/A

当在函数或公式中没有可用数值时，将产生错误值#N/A。解决方法是：如果工作表中某些单元格暂时没有数值，请在这些单元格中输入"#N/A"，公式在引用这些单元格时，将不进行数值计算，而是返回#N/A。

（6）#REF!

当单元格引用无效时将产生错误值#REF!。解决方法是：更改公式所引用的单元格区域。

（7）#NUM!

当公式或函数中某个数字有问题时将产生错误值#NUM!，例如在需要数字参数的函数中使用了不能接受的参数，或由公式产生的数字太大或太小，Excel 无法表示。解决方法是：确认函数中使用的参数类型正确无误，或修改公式，使其结果在有效数字范围之间。

（8）#NULL!

当为两个并不相交的区域指定交叉点时将产生错误值#NULL!。如 SUM(A1:A13,D12:D23)。由于 A1:A13 和 D12:D23 并不相交，所以它们没有共同的单元格。解决方法是：如果要引用两个不相交的区域，可以使用运算符逗号","将公式改为对两个区域求和。

5.6.2　引用单元格

复制公式可以避免大量重复输入公式的工作，当复制公式时，若公式中使用了单元格或区域，应根据不同的情况使用不同的单元格引用。单元格的引用分三种：相对引用、绝对引用和混合引用。

1．相对引用

Excel 中默认的引用为相对引用。相对引用反映了该单元格地址与引用单元格之间的相对位置关系，当将引用该地址的公式或函数复制到其他单元格时，这种相对位置关系也随之被复制。例如，我们在为每位学生评分时，使用的是同一公式，但对每一位学生来说，评语公式所引用的成绩数据是随着公式所在的单元格而变化的。相对引用时，单元格的地址可用列标加行标表示，如：A5、B6 等。

例如单元格 C7 中有公式"=A5+B6"，当将此公式复制到 D7 和 C8 时，单元格 D7 的公式变化为"=B5+C6"；单元格 C8 的公式变化为"=A6+B7"。

2．绝对引用

绝对引用是指某一单元格在工作表中的绝对位置。绝对引用要在行号和列标前加一个"$"符号，如：$A$1+$B$2 等。

例如单元格 C7 中有公式"=$A$5+$B$6"，当将此公式复制到 D7 和 C8 时，单元格 D7 和 C8 的公式仍为"=$A$5+$B$6"。

3．混合引用

混合引用是相对引用与绝对引用的混合使用，例如 A$5 表示对 A 列是相对引用，对第 5 行是绝对引用。

例如单元格 C7 中有公式"=$A5+B$6"，当将此公式复制到 D7 和 C8 时，单元格 D7 的公式变化为"= $A5+C$6"；单元格 C8 的公式变化为"=$A6+B$6"。

在引用单元格时，反复按下 F4 功能键可以在相对引用、绝对引用和混合引用之间进行切换。

4. 表外单元格的引用

单元格在引用时，除可以引用工作表内的单元格外，还可以引用工作簿中其他工作表的单元格，也可以引用其他工作簿中的工作表单元格，称为表外单元格的引用。表外单元格引用的格式如下：

引用工作簿中其他工作表的单元格：工作表标签名!单元格地址，如 Sheet2!A1:C1。

引用其他工作簿中的工作表单元格：[工作簿名]工作表标签名!单元格地址，如[Book2]Sheet1!$C$1:$D$5。其中单元格地址必需使用绝对引用。

5.6.3 函数

所谓函数就是应用程序开发者为用户编写好的一些常用的数学、财务统计等学科的公式程序，它内置于 Excel 中，用户只要会用即可。当然，在 Excel 中，也允许编写自己的公式程序。这些函数包括：财务、日期与时间、数学与三角函数、统计、查找与引用、数据库、文本、逻辑等。

函数由函数名后跟括号括起来的参数组成，其语法格式为：

函数名称(参数 1,参数 2,...)

其中参数可以是常量、单元格、区域、区域名、公式或其他函数。

1. 函数的输入

对于比较简单的函数，以"="或"+"开始，直接在单元格内输入函数及所使用的参数；对于其他函数的输入，可采用粘贴函数的方法引导用户正确输入。

例如：根据基本工资、津贴和扣款，计算实发工资的数额。其操作方法步骤如下：

（1）选取要插入函数的单元格。单击"公式"选项卡上"函数库"组中的"插入函数"按钮，打开"插入函数"对话框，如图 5-31 所示。

（2）在"或选择类别"列表框中选择合适的函数类型，再在"选择函数"列表框中选择所需的函数名。

（3）单击"确定"按钮，弹出所选函数的"函数参数"对话框，如图 5-32 所示。在对话框中系统显示出函数的名称、各参数以及对参数的描述，提示用户正确使用该函数。

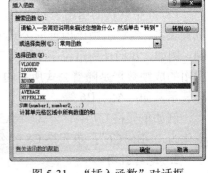

图 5-31　"插入函数"对话框

（4）根据提示在 Number1 框输入：G2，或单击参数框右侧的"对话框折叠"按钮，则在工作表上方显示参数编辑框，再从工作表上单击相应的单元格，然后再次单击该按钮，则恢复原对话框，如图 5-33 所示。

（5）依次为 Number2 和 Number3 输入框设置所需单元格参数。

（6）单击"确定"按钮，完成函数的使用。最后利用公式的复制，将公式复制到其他单元格中。

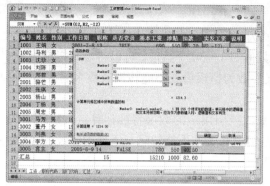
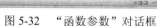

图 5-32　"函数参数"对话框

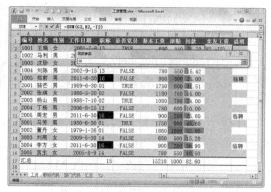

图 5-33　为参数输入或选定引用区域

注 1：在编辑区内输入"="或"+"，这时屏幕名称框内就会出现函数列表，如果用户需要，可以从中选择相应的函数。要是在该函数框中没有所需函数名，则单击"其他函数"（或在编辑区内直接单击 *fx* 按钮）打开如图 5-31 所示的"插入函数"对话框，从中选择所需函数。

注 2：要使用函数，用户也可在"公式"选项卡"函数库"组中，单击有关插入函数的命令按钮，在弹出命令列表中选择一种函数即可。

2. 常用函数的使用举例

（1）SUM()函数

返回某一单元格区域中所有数字之和，使用语法为：SUM(number1,number2,…)。

其中：number1, number2, …为 1～255 个需要求和的参数。

【说明】直接键入到参数表中的数字、逻辑值及数字的文本表达式将被计算。如果参数为数组或引用，只有其中的数字将被计算。数组或引用中的空白单元格、逻辑值、文本或错误值将被忽略。如果参数为错误值或不能转换成数字的文本，将会导致错误。

【例 5-5】SUM()函数使用示例。

①SUM(3,2)等于 5。

②SUM("3",2,TRUE)等于 6，因文本值被转换成数字，逻辑值"TRUE"被转换成数字 1，逻辑值"FALSE"则转换成数字 0。

③如果 A1 和 B2 所表示的单元格为空白，则 SUM(A1,B1,2)等于 2，因为对非数值型值的引用不能被转换成数值。

④如果单元格 A2:E2 中包含了 5, 15, 30, 40 和 50，则 SUM(A2:C2)等于 50；而 SUM(B2:E2,5)等于 140。

（2）SUMIF()函数

根据指定条件对若干单元格求和，使用语法为：SUMIF(range,criteria,sum_range)

其中：range 为用于条件判断的单元格区域；criteria 为确定哪些单元格将被相加求和的条件，其形式可以为数字、表达式或文本。条件可以表示为 32、"32"、">32"、"apples"等；sum_range 为需要求和的实际单元格。

【说明】只有当 range 中的相应单元格满足条件时，才对 sum_range 中的单元格求和。如果省略 sum_range。则直接对 range 中的单元格求和。

【例 5-6】SUMIF()函数使用示例。

假设 A1:A4 的内容分别为：100,000，200,000，300,000，400,000。B1:B4 的内容为：7,000，14,000，21,000，28,000，则 SUMIF(A1:A4,">160,000",B1:B4)等于 63,000。

（3）MAX/MIN()函数

返回数据集中的最大（小）数值，使用语法为：MAX(number1,number2,...)。

其中：number1,number2,...为需要找出最大数值的 1～30 个数值。可以将参数指定为数字、空白单元格、逻辑值或数字的文本表达式。如果参数为错误值或不能转换成数字的文本，将产生错误。

【说明】如果参数为数组或引用，则只有数组或引用中的数字将被计算。数组或引用中的空白单元格、逻辑值或文本将被忽略。如果逻辑值和文本不能忽略，请使用函数 MAXA 来代替。如果参数不包含数字，函数 MAX 返回 0。

【例 5-7】MAX/MIN()函数使用示例。

如果 A1:A5 包含数字 10、7、9、27 和 2，则：MAX(A1:A5,30)等于 30。

（4）ROUND()函数

返回某个数字按指定位数舍入后的数字，使用语法为：ROUND(number,num_digits)。

其中：number 是需要进行舍入的数字；num_digits 是指定的位数，按此位数进行舍入。

【说明】如果 num_digits 大于 0，则舍入到指定的小数位；如果 num_digits 等于 0，则舍入到最接近的整数；如果 num_digits 小于 0，则在小数点左侧进行舍入。

【例 5-8】ROUND()函数使用示例。

ROUND(2.15,1) 等于 2.2；ROUND(2.149,1) 等于 2.1；ROUND(-1.475,2) 等于 -1.48；ROUND(21.5,-1)等于 20。

（5）COUNT()函数

返回参数的数字项的个数，使用语法为：COUNT(value1,value2, ...)。

其中：value1, value2, ...是包含或引用各种类型数据的参数（1～30 个），但只有数字类型的数据才被计数。

【说明】函数 COUNT 在计数时，将把数字、日期或以文字代表的数计算进去；但是错误值或其他无法转化成数字的文字则被忽略。如果参数是一个数组或引用，那么只统计数组或引用中的数字。

【例 5-9】COUNT()函数使用示例。

如果 A1:A7 单元格的内容分别为："销售"、12/03/2004、␣（空格）、19、22.34、TRUE、#DIV/0!，则：COUNT(A1:A7)等于 3；COUNT(A4:A7)等于 2；COUNT(A1:A7,2)等于 4。

（6）COUNTIF()函数

计算给定区域内满足特定条件的单元格的数目，使用语法为：COUNTIF(range,criteria)。

其中：range 为需要计算其中满足条件的单元格数目的单元格区域；criteria 为确定哪些单元格将被计算在内的条件，其形式可以为数字、表达式或文本。

【说明】条件可以表示为 32、"32"、">32"、"apples"。

【例 5-10】COUNTIF()函数使用示例。

假设 A3:A6 中的内容分别为 "apples"、"oranges"、"peaches"、"apples"，则：COUNTIF(A3:A6,"apples") 等于 2。

假设 B3:B6 中的内容分别为 32、54、75、86，则：COUNTIF(B3:B6,">55") 等于 2。

（7）AVERAGE()函数

返回参数平均值（算术平均），使用语法为：AVERAGE(number1,number2, ...)。

其中：number1, number2, ...是要计算平均值的 1～30 个参数。参数可以是数字，或者是涉及数字的名称、数组或引用。

【说明】如果数组或单元格引用参数中有文字、逻辑值或空单元格，则忽略其值。但是，如果单元格包含零值则计算在内。

【例 5-11】AVERAGE()函数使用示例。

如果 A1:A5 命名为 Scores，其中的数值分别为 10、7、9、27 和 2，则：AVERAGE(A1:A5) 等于 11；AVERAGE(Scores) 等于 11；AVERAGE(A1:A5, 5) 等于 10；AVERAGE(A1:A5) 等于 SUM(A1:A5)/COUNT(A1:A5) 等于 11。

如果 C1:C3 命名为 OtherScore，其中的数值为 4、18 和 7，那么：AVERAGE(Scores, OtherScores) 等于 10.5。

（8）IF()函数

执行真假值判断，根据逻辑测试的真假值返回不同的结果，使用语法为：IF(logical_test, value_if_true,value_if_false)。

其中：logical_test 表示计算结果为 TRUE 或 FALSE 的任意值或表达式；value_if_true 是 logical_test 为 TRUE 时返回的值；value_if_false 是 logical_test 为 FALSE 时返回的值。

【说明】函数 IF 可以嵌套七层，用 value_if_false 及 value_if_true 参数可以构造复杂的检测条件。

在计算参数 value_if_true 和 value_if_false 后，函数 IF 返回相应语句执行后的返回值。

如果函数 IF 的参数包含数组，则在执行 IF 语句时，数组中的每一个元素都将计算。

【例 5-12】IF()函数使用示例。

1）在预算工作表中，单元格 A10 中包含计算当前预算的公式。如果 A10 中的公式小于等于 100，则下面的函数将显示"预算内"，否则将显示"超出预算"，IF()使用方法是：

IF(A10<=100,"预算内","超出预算")

2）如果单元格 A10 中的数值为 100，则 logical_test 为 TRUE，且区域 B5:B15 中的所有数值将被计算。反之，logical_test 为 FALSE，且包含函数 IF 的单元格显示为空白。

IF(A10=100,SUM(B5:B15),"")

3）某单元格的名称 AverageScore 表示学生平均分，现依据 AverageScore 给出评语，评语标准是：大于 89 分，评语为 A；80～89 分，评语为 B；70～79 分，评语为 C；60～69 分，评语为 D；小于 60 分，评语为 F。则可以使用下列嵌套 IF 函数：

IF(AverageScore>89,"A",IF(AverageScore>79,"B",IF(AverageScore>69,"C",IF(AverageScore>59,"D","F"))))

（9）VLOOKUP 函数

在指定单元格区域的第一列查找符合条件的数据，并返回指定列对应的行数据，使用语法为：VLOOKUP(lookup_value, table_array, col_index_num, [range_lookup])。

其中：

1）lookup_value（必需）。要在表格或区域的第一列中搜索的值。lookup_value 参数可以是值或引用。

2）table_array（必需）。包含数据的单元格区域。可以使用对区域（例如，A2:D8）或区域名称的引用。table_array 第一列中的值是由 lookup_value 搜索的值。这些值可以是文本、数字或逻辑值，且文本不区分大小写。

3）col_index_num（必需）。table_array 参数中必须返回的匹配值的列号。col_index_num

参数为 1 时，返回 table_array 第一列中的值；col_index_num 为 2 时，返回 table_array 第二列中的值，依此类推。

4）range_lookup（可选）。一个逻辑值，指定 VLOOKUP 是精确匹配值查找还是近似匹配值查找。默认为 TRUE，为精确查找，否则为 FALSE，为不精确查找。

【例 5-13】例如，假设区域 A2:C10 中包含职工列表，职工的编号存储在该区域的第一列，如图 5-34 所示。

	A	B	C
1	编号	部门	名称
2	A01	销售	周浩宇
3	A02	生产	谢立秋
4	A03	销售	孙河佑
5	A04	运营	黄雅玲
6	A05	销售	陈思平
7	A06	生产	金前
8	A07	销售	郭思奇
9	A08	运营	刘明杰
10	A09	生产	马文明

图 5-34 “职工”工作表

则公式 VLOOKUP("A06",A2:C10,3,FALSE)，将在 A2:C10 单元格区域中的第一列查找编号“A06”，如果找到则返回第 3 列对应行的数据“金前”。

（10）HLOOKUP 函数

在指定的单元格区域中，对首行查找指定的数值，并返回单元格区域指定行的同一列中的数值。语法格式为：HLOOKUP(lookup_value,table_array, row_index_num, [range_lookup])。

其中：

1）lookup_value（必需）。指定在第一行中进行查找的数值，其值可以为数值、引用或文本字符串。

2）table_array（必需）。指定进行查找的单元格区域，可以使用对区域或区域名称的引用。

3）row_index_num（必需）。table_array 中待返回的匹配值的行序号。

4）如果 range_lookup 为 TRUE，则 table_array 的第一行的数值必须按升序排列，否则，函数 HLOOKUP 将不能给出正确的数值。如果 range_lookup 为 FALSE，则 table_array 不必进行排序。

【例 5-14】如图 5-35 所示，是一张部分学生成绩的工作表，则公式：

	A	B	C	D	E
1	编号	姓名	语文	数学	英语
2	1	李琳	80	82	88
3	2	高辉	85	72	70
4	3	宋娜	80	76	83
5	4	刘侃	85	75	89
6	5	辛鑫	62	86	90
7	6	陈科	90	85	75
8					

图 5-35 “学生”工作表

=HLOOKUP("语文",A1:D7,5,0) //85——刘侃同学的语文成绩

=HLOOKUP(88,B2:D7,4,0) //89——李琳同学英语成绩为 88，刘侃同学的同科成绩

（11）LOOKUP 函数

LOOKUP 函数可在一行或一列区域（称为矢量）中查找值，然后返回另一行或一列区域中相同位置处的值。其语法格式如下：LOOKUP(lookup_value,lookup_vector,result_vector)。

其中：

1）lookup_value 是 LOOKUP 在 lookup_vector 区域中搜索到的值，lookup_value 可以是数字、文本、逻辑值，也可以是代表某个值的名称或引用。

2）lookup_vector 是一个仅包含一行或一列的区域。lookup_vector 中的值必须按升序顺序排列，否则，LOOKUP 返回的值可能不正确。大写和小写文本是等效的。

3）result_vector 是一个仅包含一行或一列的区域。它的大小必须与 lookup_vector 相同。

【例 5-15】如图 5-36 所示为一张频率与颜色的关系表，则公式：

①=LOOKUP(4.19,A2:A6,B2:B6)

将在 A 列中查找 4.19，然后返回 B 列中同一行内的值，结果为橙色。

②=LOOKUP(7.66,A2:A6,B2:B6)

将在 A 列中查找 7.66，与接近它的最小值（6.39）匹配，然后返回 B 列中同一行内的值，结果为蓝色。

	A	B	C
1	频率	颜色	
2	4.14	红色	
3	4.19	橙色	
4	5.17	黄色	
5	5.77	绿色	
6	6.39	蓝色	

图 5-36　频率与颜色的关系表

（12）RANK.AVG 与 RANK.EQ 函数

- RANK.AVG 函数

RANK.AVG 将返回一个数字在数字列表中的排位。数字的排位是其大小与列表中其他值的比值，如果多个值具有相同的排位，则将返回平均排位。语法格式如下：RANK.AVG (number,ref,[order])。

其中：

1）number（必需）。要查找其排位的数字。

2）ref（必需）。数字列表数组或对数字列表的引用，ref 中的非数值型值将被忽略。

3）order（可选）。一个指定数字的排位方式的数字。如果 order 为 0（零）或忽略，对数字的排位就会基于 ref 是按照降序排序的列表。如果 order 不为零，ref 是按照升序排序的列表。

- RANK.EQ 函数

RANK.EQ 返回一个数字在数字列表中的排位。其大小与列表中的其他值相关。如果多个值具有相同的排位，则返回该组数值的最高排位。语法格式如下：RANK.EQ(number,ref,[order])。

参数与 RANK.AVG 相同。此外，在 Excel 2010 还支持使用向下兼容的 RANK()函数，其用法大同小异，只不过在排序时相同的数据，产生位次一样。

【例 5-16】在 A2:A6 单元格中分别有数据：7、3.5、3.5、1、2，则下面的公式：

=RANK.AVG(A3,A2:A6,1)　　//结果为 3.5，其含义是：A3 单元格（数为 3.5）的排位是第三名和第四名之间的平均值（3+4）/2=3.5

=RANK.EQ(A2,A2:A6,1)　　//7 在上表中的排位（5）

=RANK.EQ(A4,A2:A6,1)和=RANK.EQ(A4,A2:A6,1)　　//则返回的排位都是 3

【例 5-17】打开工作簿“工资管理.xlsx”，完成如下计算。

（1）在“工资”工作表中，计算所有职工的实发工资。

（2）的“汇总”工作表中，对不同职称的职工基本工资、津贴、扣款和实发工资进行汇总，结果如图 5-37 所示。

	A	B	C	D	E
1	统计并显示各类职称的基本工资、津贴、扣款和实发工资的总额				
2	职称	基本工资	津贴	扣款	实发工资
3	教授	5360	2700	159.71	7900.29
4	副教授	2260	1530	39	3751
5	讲师	2250	1700	51.12	3898.88
6	工程师	1430	1050	55.7	2424.3
7	助教	1210	900	19	2091
8	工人	2700	860	87.5	3472.5
9	合计:	15210	8740	412.03	23537.97

图 5-37　“汇总”工作表

操作方法如下。

①启动 Excel，打开工作簿文件"工资管理.xlsx"并选定"工资"工作表。单击 J2 单元格，输入公式：=SUM(G2,H2,-I2)，计算出编号为"1001"的实发工资。拖动 J2 单元格右下角的填充柄，将公式填充到 J3～J16，计算出所有职工的实发工资。

②单击"汇总"工作表标签，作为当前工作表。然后，选定列 A～E，右击鼠标，执行快捷菜单中的"列宽"命令。在弹出的"列宽"对话框中，设置列宽为 14。同时，设置 A～E 列单元格中"字号"大小为 14 磅。

③再选定单元格 A1:E1，单击"开始"选项卡上"对齐方式"组中的"合并后居中"按钮。录入文本"统计并显示各类职称的基本工资、津贴、扣款和实发工资的总额"。

④在 A2～A9、B2～E2 各单元格中输入图 5-37 所示的文本内容。

⑤单击 B3 单元格，输入如下的公式，计算出所有职称为"教授"职工的基本工资总额。

=SUMIF(工资!$E$2:$E$16,VLOOKUP(A3,职称代码!$A$2:$B$7,2,),工资!$G$2:$G$16)

同理，计算其他职称的工资总额、津贴、扣款和实发工资总额。

⑥单击 B9 单元格，输入公式"=SUM(B3:B8)"，计算出所有职称的基本工资总额。拖动该单元格的填充柄，将公式填充到 C9～E9，到此所有计算完成。

5.7　数据清单的管理与分析

Excel 除具有简单数据处理功能外，还具有对数据的排序、筛选、分类汇总、统计和建立数据透视表等功能。数据的管理与分析工作主要使用"数据"选项卡中的各项命令来完成。

5.7.1　建立数据清单

1．数据清单的概念

数据清单是 Excel 中一个包含列标题的连续数据区域。它由两部分构成，即表结构和纯数据。表结构是数据清单中的第一行，即为列标题，Excel 利用这些标题进行数据的查找、排序以及筛选。每一行为一条记录，每一列为一个数据项（或字段）；纯数据是数据清单中的数据部分，是 Excel 实施管理功能的对象，不允许有非法数据出现。

在 Excel 中，创建数据清单的原则如下。

（1）在同一个数据清单中列标题必须是唯一的。

（2）列标题与纯数据之间不能用空行分开。如果要将数据在外观上分开，可以使用单元格边框线。

（3）同一列数据的类型应相同。

（4）在一个工作表上避免建立多个数据清单，因为数据清单的某些处理功能每次只能在一个数据清单中使用。

（5）在纯数据区中不允许出现空行或空列。

数据清单与无关的数据之间至少留出一个空行和一个空列，例如在图 5-37 中，单元格区域 A2～E8，它就是工作表"汇总"下的一个连续数据区域。

2．使用"记录单"管理数据清单

在 Excel 中创建的数据清单，是用来对大量数据进行管理的。它采用对话框展示出一个数据记录中所有字段的内容，并且提供了增加、修改、删除及检索记录的功能。使用"记录单"

管理数据清单的操作方法为：

（1）将光标放在数据清单所在工作表中任一单元格内。

（2）单击"快速访问工具栏"中的"记录单"按钮，打开"记录单"对话框，首先显示的是数据库中的第一条记录的基本内容（未格式化的），带有公式的字段内容是不可编辑的，如图 5-38 所示。

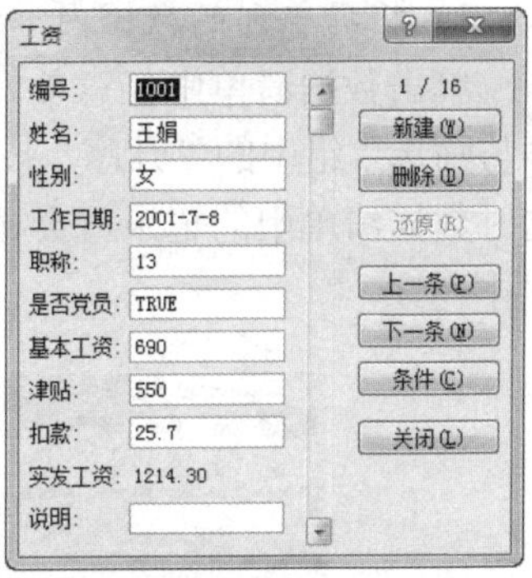

（3）使用"上一条"或"下一条"按钮或按滚动条，可以在每条记录间上下移动。

（4）单击"新建"按钮，屏幕出现一个新记录的数据清单，按 Tab 键（或按 Shift+Tab 组合键）依次输入各项。

（5）单击"删除"按钮，Excel 将出现确认删除操作对话框。

（6）单击"条件"按钮，Excel 可进行记录查找定位。

（7）单击"关闭"按钮，关闭"记录单"对话框。

图 5-38 "记录单"对话框

注 1： 在"快速访问工具栏"中增加"记录单"按钮的方法，请参考第 4 章第 2 节。

注 2： 使用数据清单增加记录时，数据清单中的公式项不能输入或修改；第一条记录及记录内的公式必需在工作表中输入，在数据清单中新增的记录会自动显示公式计算结果。

【例 5-18】使用"记录单"完成如下操作。

（1）为"工资"工作表增加一条记录，具体数据如下：

1006	胡梅	女	2005-7-10	13	TRUE	680	550	23.0

（2）在记录单中查找姓名为"杨山"的职工。

（3）删除刚才增加的记录。

操作方法如下：

①启动 Excel，打开工作簿文件"工资管理.xlsx"并选定"工资"工作表。

②单击"快速访问工具栏"中的"记录单"按钮，打开如图 5-38 所示"记录单"对话框。

③单击"新建"按钮，屏幕出现一个新记录的数据清单，依次输入各项数据。

④单击"条件"按钮，如图 5-39 所示。在"姓名"栏中输入"杨山"，单击"下一条"按钮，记录单出现"杨山"的信息，如果要修改其中的数据，可在此界面直接进行。

⑤单击"关闭"按钮，关闭"记录单"。找到新添加的记录行并删除。

图 5-39 利用"记录单"进行定位

5.7.2 数据的排序

在 Excel 中，可以根据一列或多列的内容按升序或降序对数据清单进行排序。在对数据排序时，Excel 是按单元格大小进行排序的，在对文本排序时，Excel 按字符逐个的自左到右进行排序。

1. 根据单列的数据内容进行排序

单击数据清单中任意单元格，如果数据需要"升序"排列，则单击"数据"选项卡上"排序与筛选"组中的"升序"按钮 ↑↓；反之单击"降序"按钮 ↓↑，则数据清单按"降序"排列。这时数据清单中的记录就会按要求重新排列，如图 5-40 所示。图中的数据按"津贴"字段降序排列。

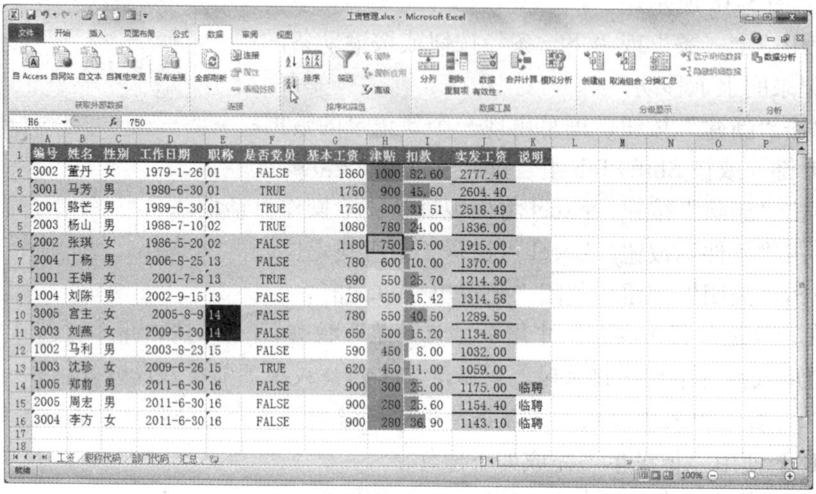

图 5-40 数据清单按"津贴"字段降序排列

2. 根据多列数据内容进行排序

利用单列数据内容进行排序时，数据清单中的记录可能并不能严格地区分开来，例如，数学成绩都相同的多条记录集中在一起。如果需要区分这些记录，就要根据多列的数据内容对数据清单进行排序。利用多列数据内容进行排序的方法如下。

（1）在数据清单中单击任意单元格，单击"数据"选项卡上"排序与筛选"组中的"排序"按钮。

（2）这时 Excel 会自动选择整个数据清单，并打开"排序"对话框，如图 5-41 所示。

（3）在"排序"对话框中，Excel 允许用户一次按多个关键字（排序依据）进行排序。单击"添加条件"按钮，可增加排序的条件；单击"删除条件"按钮，可减少排序的条件；单击"复制条件"按钮，可将光标所在的条件行复制为一个排序条件，然后再进行修改；单击"选项"按钮，弹出如图 5-42 所示"排序选项"对话框，根据需要可设置按行或按列（默认）排序，按字母（默认）还是按笔划排序。

图 5-41 "排序"对话框

图 5-42 "排序选项"对话框

单击“主要关键字”、“次要关键字”及“第三关键字”下拉列表框箭头▼，在弹出的下拉列表框中选择所需字段名，设置好“排序依据”和“次序”。

（4）单击“确定”按钮，完成操作。

注：在排序时，用户也可在“开始”选项卡上单击“编辑”组中的“排序和筛选”按钮，然后在弹出的命令列表中执行“升序”、“降序”或“自定义排序”命令。

【例 5-19】对“工资”工作表，建立排序依据分别为性别、基本工资和姓名的多关键字排序。

操作方法如下：

①启动 Excel，打开工作簿文件“工资管理.xlsx”并选定“工资”工作表。

②将汇总行，即行号为 17 的行删除。然后，在单元格区域 A2～K16 中单击任意一个单元格。

③单击“数据”选项卡上“排序与筛选”组中的“排序”按钮，打开如图 5-41 所示的对话框。在该对话框中，添加排序关键字，并设置好排序的依据和次序。

④单击“确定”按钮，完成排序。

从排序的结果看，“工资”表先按“性别”的升序排序，即将职工分成男性职工和女性职工两大类；“性别”相同者，再按“基本工资”的降序排列，“基本工资”相同者，再按“姓名”的不同进行升序排序，如图 5-43 所示。

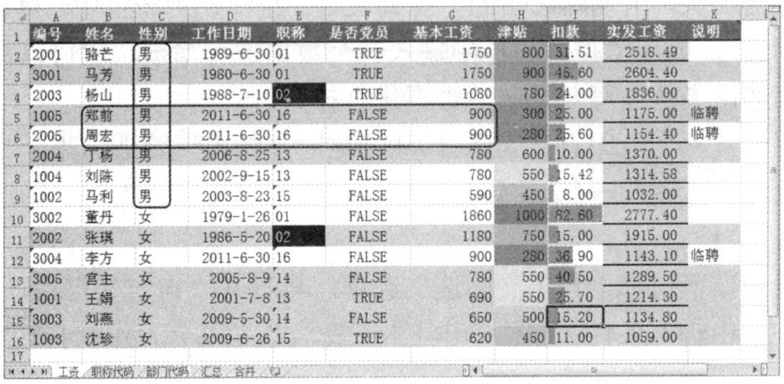

编号	姓名	性别	工作日期	职称	是否党员	基本工资	津贴	扣款	实发工资	说明
2001	骆芒	男	1989-6-30	01	TRUE	1750	800	31.51	2518.49	
3001	马芳	男	1980-6-30	01	TRUE	1750	900	45.60	2604.40	
2003	杨山	男	1988-7-10	02	TRUE	1080	780	24.00	1836.00	
1005	郑前	男	2011-6-30	16	FALSE	900	300	25.00	1175.00	临聘
2005	周宏	男	2011-6-30	16	FALSE	900	280	25.60	1154.40	临聘
2004	丁杨	男	2006-8-25	13	FALSE	780	600	10.00	1370.00	
1004	刘陈	男	2002-9-15	13	FALSE	780	550	15.42	1314.58	
1002	马利	男	2003-8-23	15	FALSE	590	450	8.00	1032.00	
3002	董丹	女	1979-1-26	01	FALSE	1860	1000	82.60	2777.40	
2002	张琪	女	1986-5-20	02	FALSE	1180	750	15.00	1915.00	
3004	李方	女	2011-6-30	16	FALSE	900	280	36.90	1143.10	临聘
3005	宫主	女	2005-8-9	14	FALSE	780	550	40.50	1289.50	
1001	王娟	女	2001-7-8	13	TRUE	690	550	25.70	1214.30	
3003	刘燕	女	2009-5-30	14	FALSE	650	500	15.20	1134.80	
1003	沈珍	女	2009-6-26	15	TRUE	620	450	11.00	1059.00	

图 5-43　按性别、基本工资和姓名三个关键字排序后的“工资”

5.7.3　数据筛选

筛选就是指从数据清单中找出符合某些条件特征的一条或多条记录，这时就需要使用 Excel 的数据筛选功能。

1. 使用记录单进行筛选

利用“记录单”对话框进行筛选的方法步骤为：

（1）单击“快速访问工具栏”上的“记录单”按钮，打开“工资”记录单对话框。

（2）单击“条件”按钮，出现空白清单等待输入条件，并且“条件”按钮变为“表单”按钮 表单(F) 。

（3）在一个或几个字段框中输入查询条件，例如查找津贴在 750 元以上且扣款小于 50 元的职工记录，只要在“津贴”框中输入“>750”，在“扣款”框中输入“<50”，如图 5-44 所示。

（4）单击“表单”按钮，然后单击“上一条”或“下一条”按钮，可以查看筛选后的记录结果。

2．自动筛选命令

使用自动筛选的操作方法是：单击数据清单中的任一位置，单击"数据"选项卡上"排序和筛选"组中的"筛选"按钮 ![img] （或按下 Ctrl+Shift+L 组合键）。这时在每个字段右侧显示出黑色下拉箭头 ![img] ，此箭头称为筛选器按钮，如图 5-45 所示。

图 5-44　在记录单设置筛选条件

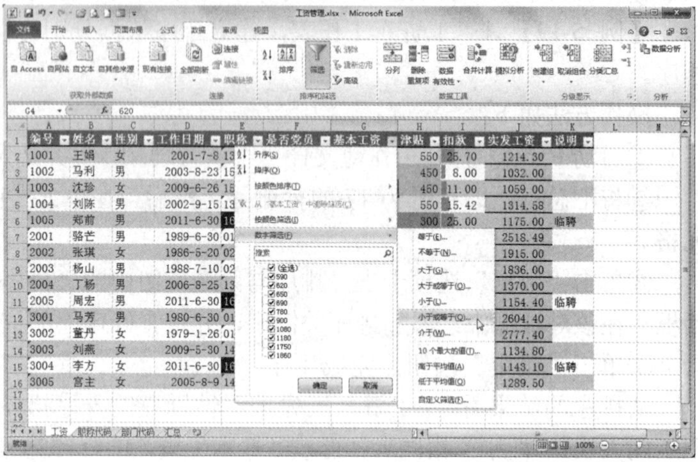

图 5-45　"自动筛选"及"筛选器"的使用

单击每个筛选器箭头，出现筛选器的下拉列表框。在筛选列表框中，可以按"颜色筛选"，也可以按"数字筛选"，或在"搜索"框中输入一个数据进行筛选，也可以直接在该字段数据列表中勾选进行筛选，当然还可对筛选后数据进行排序。

例如，在该字段数据列表中直接勾选 1080，这时系统出现筛选结果。当出现结果后，已筛选的数据颜色变为"蓝色"，筛选的数据行标号，也呈现蓝色。同时，筛选器中的下拉箭头按钮 ![img] ，变成 ![img] 。

在"数字筛选"项下选择"自定义筛选"选项，将打开"自定义自动筛选方式"对话框，如图 5-46 所示。在其中输入条件，如筛选出基本工资大于 750 元，且小于 1080 元的职工记录。

图 5-46　"自定义自动筛选方式"对话框

若要取消自动筛选，恢复原来的数据清单，可在筛选箭头的下拉列表中，选择"全部显示"命令。或直接单击"排序和筛选"组中的"清除"按钮 ![清除] 即可。

单击"排序和筛选"组中的"重新应用"按钮 ![重新应用] ，可对筛选后的数据进行修改后，重新筛选并排列。

如果取消数据清单的筛选箭头，可再次单击"排序和筛选"组中的"筛选"按钮。

【例 5-20】在"工资"工作表中，选择出性别="女"、津贴<890 和扣款≥25 的所有记录。
操作方法如下：
①在"工资"工作表中，单击数据清单中的任意单元格，如 D5。

②单击"数据"选项卡上"排序和筛选"组中的"筛选"按钮,这时数据清单标题行上每个字段名称右侧出现一个 ▼。

③单击"性别"筛选器按钮,在弹出的列表框中直接勾选性别值"女",这时数据清单中出现全部为"女"性记录。

④单击"津贴"筛选器按钮,在弹出的列表框中执行"数字筛选"项下的"自定义筛选"命令,打开如图 5-46 所示的对话框,输入条件:津贴<890。

同样地,在扣款的"自定义筛选"命令中,设置输入条件:扣款津贴≥25。

⑤筛选完成后,观察数据清单的变化,如图 5-47 所示。

图 5-47　自动筛选后的数据清单

3. 高级筛选

当筛选条件比较复杂时,使用自动筛选功能就显得不便,这时可利用筛选中的高级筛选功能来进行。

要使用高级筛选,首先要建立条件区域。一般地,高级筛选要求至少在数据清单的上方或下方留出 3 个空行作为条件区域。在条件区域的第一行,输入含有待筛选数据的列的标志,然后在列标志下面输入要进行筛选的条件。条件区域建立后,接下来就可以进行高级筛选了。

条件设置的含义如下:

● 并列条件

如选择的条件为 █性别█ █津贴█扣款█ 就是并列条件,含义为筛选出性别为"女",津贴小于 500 元且扣款 25 元以上的所有记录。

● 设置多个或者条件

如选择的条件为 █性别█ █津贴█ 就是多个或者条件,含义为筛选出性别为"女",津贴小于 500 元或者津贴大于 900 元的所有记录。

【例 5-21】在"工资"工作表中,选择出性别="女"、津贴<500 且≥900 以及扣款≥25 的所有记录。

进行高级筛选的操作方法如下:

①在数据清单的上面插入四行空行,然后再选择数据清单中含有要筛选值的列标,单击"复制"按钮。

②选择条件区域的第一个空行,然后单击"粘贴"按钮。

③在条件标志下面的一行中,键入所要匹配的条件。请确认在条件值与数据清单之间至少要留一个空白行,如图 5-48 所示。

④单击数据清单中的任意单元格。

⑤单击"数据"选项卡上"排序和筛选"组中的"高级"按钮,弹出"高级筛选"对话框,如图 5-49 所示。

⑥单击"在原有区域显示筛选结果"选项,Excel 可把不符合筛选条件的数据行在原数据区域暂时隐藏起来,单击"清除"按钮重现。本例使用"将筛选结果复制到其他位置"选项。

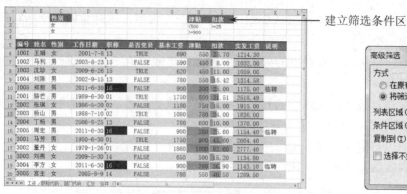

图 5-48　"条件区域"的建立

图 5-49　"高级筛选"对话框

⑦在"复制到"编辑框中单击，然后单击粘贴区域的左上角，可把符合条件的数据行复制到工作表的其他位置。

⑧在"条件区域"编辑框中输入条件区域的引用，并包括条件标志。单击"对话框折叠"按钮，暂时将"高级筛选"对话框移开，选择条件区域。

⑨单击"确定"按钮，筛选结果如图 5-50 所示。

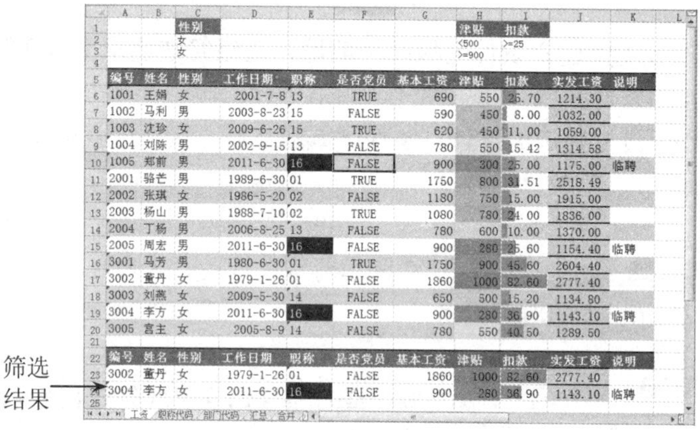

图 5-50　"高级"筛选的结果

5.7.4　分类汇总

如果在工作中需要对一系列数据进行汇总、分类，就要用到 Excel 的分类汇总命令。

【例 5-22】在"工资"工作表中，按性别查看基本工资、津贴、扣款和实发工资的平均值。

分类汇总的主要步骤如下：

①首先对分类列的数据进行排序，例如对"工资"工作表中的"性别"标志进行排序，升序或降序均可。

②单击数据清单中的任意单元格。

③单击"数据"选项卡上"分级显示"组的"分类汇总"按钮，打开"分类汇总"对话框，如图 5-51 所示。

④在打开的"分类汇总"对话框中设置有关选项：在"分类字段"下拉列表框中选择分类排序字段：性别；在"汇总方式"下拉列表框中选择汇总计算方式：平均值；在"选定汇总项"列表框中选择需要汇总项：基本工资、津贴、扣款和实发工资。

⑤单击"确定"按钮完成操作,结果如图 5-52 所示。

图 5-51 "分类汇总"对话框

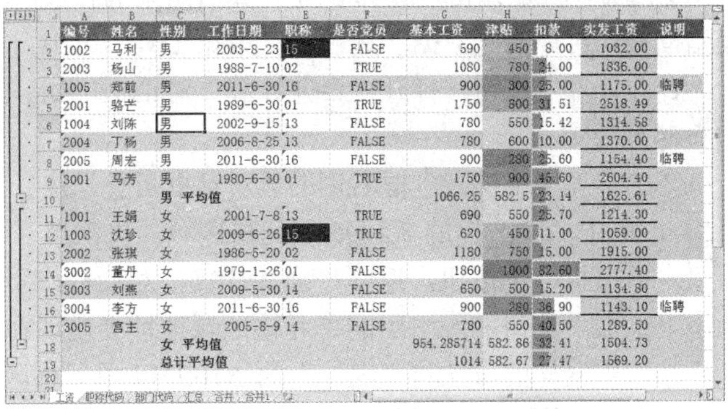

图 5-52 按性别进行"分类汇总"的结果

在分类汇总结果中,单击屏幕左边的━按钮,可以仅显示平均值而隐藏原始数据表的数据,这时屏幕左边变为➕按钮;再次单击➕按钮,将恢复显示隐藏的原始数据。

要显示隐藏分类汇总后的部分记录信息,也可单击汇总工作表左上方的1 2 3按钮组。汇总信息共分三层,其中1表示最高层,单击只显示总的汇总;单击2按钮,显示分类和汇总信息,不显示分类后的原始信息;单击3按钮,将显示整个汇总和原始数据。

如果要取消分类汇总,重复上述操作,在打开的如图 5-51 所示的"分类汇总"对话框中单击"全部删除"按钮即可。

5.7.5 数据的合并

数据合并就是把来自不同源数据区域的数据进行汇总,并进行合并计算。不同源数据区域的数据可以是同一工作表、同一工作簿的不同工作表以及不同工作簿中的数据区域。数据合并通过建立合并表的方式来进行。其中,合并表可以建立在某源数据区域所在的工作表中,也可以建立在同一个工作簿或不同的工作簿中。数据合并可以利用"数据"选项卡上"数据工具"组中的"数据合并"按钮 来完成。

1. 按类别合并

【例 5-23】在图 5-53 中,有两个结构相同的数据表"表一"和"表二"(标题相同,记录内容不同),利用合并计算将这两个表进行各班所拥有的各类电子设备合并。

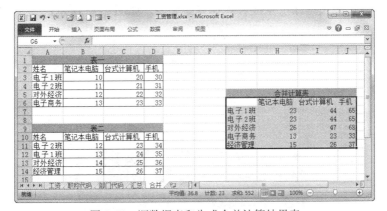

图 5-53 源数据表和生成合并计算结果表

操作步骤如下：

①选中 G6 单元格，作为合并计算后结果的存放起始位置，再单击"数据"选项卡"数据工具"组中的"合并计算"按钮，打开"合并计算"对话框，如图 5-54 所示。

②单击"引用位置"框右侧的"对话框折叠"按钮，选中"表一"的 A2:D6 单元格区域。再次单击"对话框折叠"按钮，返回"合并计算"对话框，

图 5-54　"合并计算"对话框

单击"添加"按钮，所引用的单元格区域地址会出现在"所有引用位置"列表框中。

③使用同样的方法将"表二"的 A10:D14 单元格区域添加到"所有引用位置"列表框中。

④在"函数"列表框选择一种计算方式，本例是"求和"；依次勾选"首行"复选框和"最左列"复选框，然后单击"确定"按钮，即可生成合并计算结果表。

在使用"合并计算"时，要注意以下几点：

（1）在使用按类别合并的功能时，数据源列表必须包含行或列标题，并且在"合并计算"对话框的"标签位置"框中勾选相应的复选框。

（2）合并的结果表中包含行列标题，但在同时选中"首行"和"最左列"复选框时，所生成的合并结果表会缺失某个源表的第一列的列标题。

（3）合并后，结果表的数据项排列顺序是按第一个数据源表的数据项顺序排列的，然后再按第二个数据源表的数据项顺序排列。

（4）合并计算过程不能复制数据源表的格式。如果要设置结果表的格式，可以使用"格式刷"将数据源表的格式复制到结果表中。

【例 5-24】在"工资管理.xlsx"工作簿的"汇总"工作表中，用"合并计算"的方法统计各类职称的基本工资、津贴、扣款和实发工资总额。

操作步骤如下：

①打开"工资管理.xlsx"工作簿，单击选中"汇总"表。

②选中 A11 单元格，作为合并计算后结果的存放起始位置，再单击"数据"选项卡"数据工具"组中的"合并计算"按钮，打开"合并计算"对话框。

③在"所有引用位置"列表框中，将"工资!$E$1:$J$16"和"职称代码!$B$1:$B$7"两个单元格区域添加到"所有引用位置"列表框中。

④单击"确定"按钮，即可生成合并计算结果表，如图 5-55 所示。

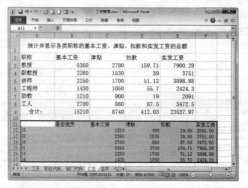

图 5-55　源数据表和生成合并计算结果表

和上面的汇总对照比较，计算结果一样。

2. 按位置合并

Excel 中的"合并计算"，除了可以按类别合并计算外，还可以按数据表的数据位置进行合并计算。沿用【例 5-23】所用的表格，如果执行合并计算功能，并在步骤④中取消勾选"标签位置"框的"首行"和"最左列"复选框，然后单击"确定"按钮，生成合并后的结果表如图 5-56 所示。

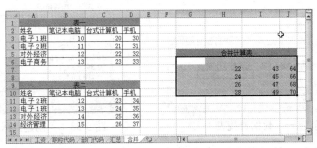

图 5-56　按位置合并

使用按位置合并的方式，Excel 不关心多个数据源表的行列标题内容是否相同，而只是将数据源表格相同位置上的数据进行简单合并计算。这种合并计算多用于数据源表结构完全相同情况下的数据合并。如果数据源表格结构不同，则会发生计算错误。

由以上三个例子，我们可以简单地总结出合并计算功能的一般性规律。

（1）合并计算的计算方式默认为求和，但也可以选择为计数、平均值等其他方式。

（2）当合并计算执行分类合并操作时，会将不同的行或列的数据根据标题进行分类合并。相同标题的合并成一条记录、不同标题的则形成多条记录。最后形成的结果表中包含了数据源表中所有的行标题或列标题。

（3）当需要根据列标题进行分类合并计算时，则选取"首行"；当需要根据行标题进行分类合并计算时，则选取"最左列"。如果需要同时根据列标题和行标题进行分类合并计算时，则同时选取"首行"和"最左列"。

（4）如果数据源列表中没有列标题或行标题（仅有数据记录），而用户又选择了"首行"和"最左列"，Excel 会将数据源列表的第一行和第一列框分别默认作为列标题和行标题。

（5）如果用户对"首行"或"最左列"两个复选框都不勾选，则 Excel 将按数据源列表中数据的单元格位置进行计算，不会进行分类计算。

5.7.6　数据透视表

1. 创建数据透视表

数据透视表是一种对大量数据快速汇总和建立交叉列表的交互式表格。利用透视表，可以转换行和列查看源数据的不同汇总结果；可以以不同的页面显示符合某种条件的数据；可以根据需要显示区域中的详细数据。

数据透视表建立后，可以重排列表，以便从其他角度查看数据，并可以随时根据数据源的改变来自动更新数据。

【例 5-25】使用"工资"工作表，创建一个数据透视表，分析不同职称的男女职工工资发放情况，如图 5-57 所示。

操作步骤如下：

①单击"工资"工作表中数据清单中的任意单元格。

②打开"插入"选项卡，单击"表格"组中的"数据透视表"按钮，并执行命令列表中的"数据透视表"命令，出现如图 5-58 所示的"创建数据透视表"对话框。

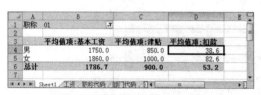

图 5-57　创建一个数据透视表

图 5-58　"创建数据透视表"对话框

③在"请选择要分析的数据"栏中，单击"选择一个表或区域"项，在"表/区域"框中输入待分析的单元格区域：工资!$A$1:$K$16。

④在"选择放置数据透视表的位置"栏中，单击"新工作表"项，即所创建的数据透视表放在一个新工作表中。如果单击"现有工作表"项，则需要选择数据透视表放置的工作表和单元格区域。

⑤单击"确定"按钮，Excel 系统便会在一个新工作表中插入一个空白的数据透视表，如图 5-59 所示。

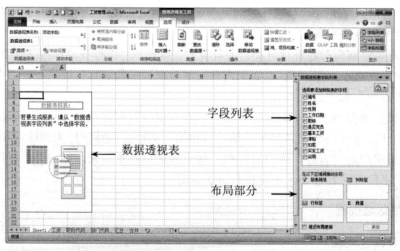

图 5-59　插入的空白数据透视表及其设计功能区

⑥利用右侧的"数据透视表字段列表"任务窗格，可根据需要向当前的数据透视表中添加数据。如，将"职称"字段拖至下面的"报表筛选"区域；将"性别"字段拖至下面的"行标签"区域；将"基本工资"、"津贴"和"扣款"字段拖至"Σ 数值"区域，此时"列标签"处出现"Σ 数值"。在操作过程中，每操作一步，Excel 左侧的数据透视表就会发生变化（默认），如图 5-60 所示。

⑦将鼠标移到左侧的"数据透视表"区域，并在"基本工资"、"津贴"和"扣款"汇总

行上单击。然后，打开数据透视表工具"选项"选项卡，单击"活动字段"组中的"字段设置"按钮 **字段设置**，Excel 弹出如图 5-61 所示"值字段设置"对话框。

图 5-60　设计数据透视表

图 5-61　　"值字段设置"对话框

在"值汇总方式"选项卡中的"计算类型"列表框中，选择"平均值"；单击"数字格式"按钮，设置"平均值"的"数字格式"为：数字，保留 1 位小数；对"津贴"和"扣款"都做同样处理。

上面的设置，用户也可右击执行快捷菜单中的"值汇总依据"命令，或单击"计算"组中的"按值汇总"命令 **按值汇总** 和"值显示方式"命令 **值显示方式** 完成。

⑧至此，数据透视表制作完成。查看数据时，单击"职称"筛选器下拉列表按钮，可以选择查看选定项目的数据，例如查看职称为"01"，即教授的工资发放情况。

⑨如果要删除据透视表，其操作方法是：在数据透视表的任意位置单击，打开数据透视表工具"选项"选项卡。在"操作"组中单击"选择"下方的箭头 ，选择"整个数据透视表"，然后按下 Delete 键。

2. 切换器

在数据透视表中，如果要查看同一类别的个体数据，可以使用"切片器"。利用"切片器"无需打开下拉列表，可以快速地查找需要筛选的项目。

【例 5-26】以【例 5-25】中所创建的数据透视表为例，说明如何使用"切片器"，操作步骤如下：

①单击【例 5-25】中所创建的数据透视表的任意位置。

②打开数据透视表工具"选项"选项卡，单击"排序和筛选"组中的"插入切片器"按钮 。在弹出下拉列表中选择"插入切片器"选项，弹出"插入切片器"对话框，如图 5-62 所示。

③在对话框中，选中要为其创建切片器的数据透视表字段的复选框。

④单击"确定"按钮，完成切片器的创建，如图 5-63 所示。

⑤单击"职称"切片器中的一个职称，然后再单击"姓名"切片器中的颜色较深的一个姓名，观察数据透视表中的变化。

图 5-62　"插入切片器"对话框

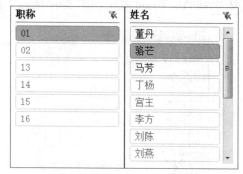

图 5-63　插入的两个"切片器"

⑥如果对"切片器"的格式外形不满意，可以双击切片器，这时出现切片器工具"选项"选项卡。然后，用户可使用"切片器样式"组中的样式对切片器的外观进行修改。

5.7.7　数据的图表化

将数据以图表化的形式显示，可使数据更加清楚、易于理解，同时也可以帮助用户分析数据，比较不同数据之间的差异。与数据透视表不同的是，当工作表中的数据源发生变化时，图表中对应项的数据也将自动更新变化。

1.　创建数据图表

Excel 中的图表分两种：一种是嵌入式图表，它和创建工作表上的数据源放置在一张工作表中，打印的时候会同时打印；另一种是独立图表，它是一张独立的图表工作表，打印时将与数据分开打印。

Excel 的图表类型有十一大类，有二维图表和三维图表，每一类又有若干种子类型。对应"插入"选项卡上"图表"组中的各类图表命令。

其中常用的图形含义如下：

● 柱形图

柱形图也称作直方图，通常用来描述不同时期数据的变化情况或是描述不同类别数据（称作分类项）之间的差异，也可以同时描述不同时期、不同类别数据的变化和差异。一般将分类数据或是时间在水平轴上标出，而把数据的大小在垂直轴上标出。

● 折线图

折线图是用直线段将各数据点连接起来而组成的图形，以折线方式显示数据的变化趋势。在折线图中，数据是递增还是递减、增减的速率、增减的规律（周期性、螺旋性等）、峰值等特征都可以清晰地反映出来。例如可用来分析某类商品或是某几类相关商品随时间变化的销售情况，从而进一步预测未来的销售情况。

● 饼图

饼图通常只用一组数据系列作为源数据。它将一个圆划分为若干个扇形，每个扇形代表数据系列中的一项数据值，其大小用来表示相应数据项占该数据系列总和的比例值。所以饼图通常用来描述比例、构成等信息。

● 条形图

条形图有些像水平的柱形图，它使用水平横条的长度来表示数据值的大小。条形图主要用来比较不同类别数据之间的差异情况。一般把分类项在垂直轴上标出，而把数据的大小在水平轴上标出。这样可以突出数据之间差异的比较，而淡化时间的变化。例如要分析某公司在不同地区的销售情况，可使用条形图：在垂直轴上标出地区名称，在水平轴上标出销售额数值。

● XY 散点图

XY 散点图与折线图类似，它不仅可以用线段，而且可以用一系列的点来描述数据。XY 散点图除了可以显示数据的变化趋势以外，更多地用来描述数据之间的关系。例如几组数据之间是否相关，是正相关还是负相关，以及数据之间的集中程度和离散程度等。

【例 5-27】使用"工资"工作表中的数据，首先制作一个基本工资的"柱形图"，然后将"柱形图"修改为"饼图"。

创建图表的具体方法如下：

①在"工资"工作表中，选择单元格区域 B2:B16 和 G2:G16，即选择姓名和基本工资两列作为绘图的数据依据。

②打开"插入"选项卡，单击"图表"组中的"柱形图"按钮 ，弹出"柱形图"命令列表。选择二维柱形图的第一个图标"簇状柱形图" ，Excel 立刻在当前工作表中插入了一个柱形图，如图 5-64 所示，同时出现图表工具"设计"选项卡。

③拖动柱形图边框，可将图形移到指定的位置。

④在图表工具"设计"选项卡上"类型"组中单击"更改图表类型"按钮 ，打开"更改图表类型"对话框，如图 5-65 所示。

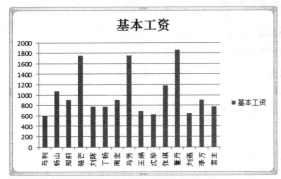

图 5-64 插入的柱形图

图 5-65 "更改图表类型"对话框

⑤单击"饼图"类型中的"分离型饼图"。然后，单击"确定"按钮图形立刻由"柱形图"更改为"饼图"，如图 5-66 所示。

图 5-66 更改后的"饼图"

2. 图表的修改与编辑

对于刚建立好的图表，要选定该图表，直接单击即可；单击其他位置，即取消对此图表的选定。图表边框上有 8 个控制点（控制柄），通过鼠标可以将图表移动到其他位置；也可以拖动控制柄，调整图表的大小。

一个图表的构成主要有七个部分，如图 5-67 所示。

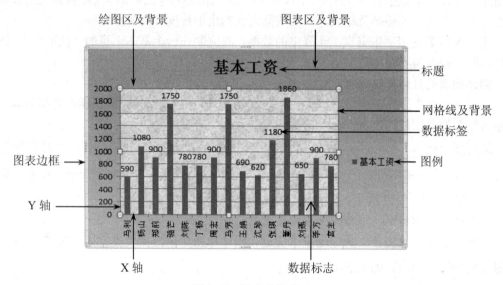

图 5-67　图表的构成

（1）图表区。整个图表及其全部元素的容器。

（2）图表标题。描述图表的名称，默认在图表的顶端，可有可无。

（3）坐标轴和坐标标题。坐标轴由 X 轴和 Y 轴组成，坐标标题是 X 轴或 Y 轴的名称，可有可无。

（4）图例。包含图表中相应的数据系列的名称和数据系列在图中的颜色。

（5）绘图区。以坐标轴为界的区域。

（6）数据系列。一个数据系列对应工作表中选定区域的一行或一列数据。

（7）网格线。从坐标轴刻度线延伸出来并贯穿整个"绘图区"的线条系列，可有可无。

（8）数据标签。为数据标记提供的附加信息的标签，代表源于数据表单元格的单个数据点或值。

创建图表主要利用"插入"选项卡上的"图表"命令组完成。当生成图表后单击图表，Excel 功能区会自动出现"图表工具"选项卡。其中的"设计"、"布局"和"格式"选项卡可以完成图表图形颜色、图表位置、图表标题、图例位置、图表背景等的设计和布局，以及颜色的填充格式设计。

要完成对图表的修改与编辑，用户在图表区选择不同对象或区域，右击鼠标并执行快捷菜单中相应命令即可。

【例 5-28】为图 5-66 的图表区和绘图区各添加一个背景，修改图表标题文本为"员工的基本工资所占比例大小"；在数据标志上添加一个数据标记，将图表的位置移动到 C18 单元格，大小固定；最后得到如图 5-68 所示的图表。

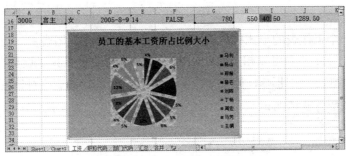

图 5-87　格式化后的"饼图"

操作步骤如下：

①单击【例 5-27】中制作的饼图。

②打开图表工具"格式"选项卡，使用"形状样式"组中的"形状填充"命令，采用"渐变"的形式，由"深蓝，文字 2，淡色 60%"渐变到"橙色，强调文字颜色 6，淡色 40%"（或右击，执行快捷菜单中的"设置图表区域格式"命令）。

③打开图表工具"格式"选项卡，在"当前所选内容"组中的"图表元素"列表框中选择"绘图区"，这时图表区中出现绘图区的框线。用步骤②同样的操作，为绘图区设置一个由"水滴"纹理组成的背景，拖动绘图区四角之一，可调整绘图区在图表区的大小。

④打开图表工具"布局"选项卡，单击"标签"组中的"数据标签"按钮 。弹出命令列表，执行"最佳匹配"命令，为饼图添加一个数据标记。

⑤右击图表区，在弹出的快捷菜单中执行"设置图表区域格式"命令，打开如图 5-69 所示的"设置图表格式"对话框。

图 5-69　"设置图表格式"对话框

⑥单击"属性"选项，在"对象位置"选择"大小固定，位置随单元格而变"。

3. 嵌入式图表与独立图表

"嵌入式图表"与"独立图表"的创建操作基本相同，主要的区别在于它们存放的位置不同。

● 嵌入式图表

嵌入式图表是指图表作为一个对象与其相关的工作表数据存放在同一个工作表中。

● 独立图表

独立图表以一个工作表的形式插入在工作簿中，打印时独立图表占一个页面。

嵌入式图表与独立图表可以相互转化，方法是：单击图表工具"设计"选项卡上的"位置"组中的"移动图表"按钮 ，打开如图 5-70 所示的"移动图表"对话框。在此对话框中，选择图表要移动的位置选项即可。

图 5-70　"移动图表"对话框

5.8　保护数据

Excel 除具有数据编辑和处理功能外，还可以对工作簿中的数据进行有效保护，如设置密码，不允许无关人员访问，也可以保护某些工作表或工作表中的某些单元格的数据，防止不法人员非法修改。

一般情况下，任何人都可以自由访问并修改未经保护的工作簿和工作表。

1．保护工作簿

（1）保护工作簿

为了保护工作簿，可进行如下操作：

1）打开工作簿，选择"文件"选项卡中的"另存为"命令，打开"另存为"对话框，如图 5-3 所示。

2）单击"另存为"对话框右下方的"工具"旁边的"下拉列表框"按钮▼，并在出现的下拉列表中单击"常规选项"，出现"常规选项"对话框，如图 5-4 所示。

3）在"常规选项"对话框的"打开权限密码"和"修改权限密码"框中输入密码。

4）单击"确定"按钮，回到"另存为"对话框，再单击"保存"按钮，就设置了对工作簿的打开和修改的权限密码。只有正确输入了打开和修改的权限密码后，用户方可对工作簿和工作表进行浏览和编辑。

如果要修改或取消设置的工作簿保护密码，可再次打开"常规选项"对话框。在打开或修改权限密码框中输入新的密码或按下 Delete 键，可对密码进行重新设置或取消。

（2）保护工作簿的结构

如果不允许对工作簿中的工作表进行移动、删除、插入、隐藏、重新命名等操作，可按下面的步骤对工作簿做如下设置。

1）打开"审阅"选项卡，单击"更改"组中"保护工作簿"按钮 ，出现"保护结构和窗口"对话框，如图 5-71 所示。

图 5-71　"保护结构和窗口"对话框

2）勾选"结构"复选框，表示保护工作簿的结构，工作簿中的工作表将不能进行移动、删除、插入等操作。

3）勾选"窗口"复选框，表示每次打开工作簿时保持窗口的固定位置和大小，工作簿的窗口不能进行移动、缩放、隐藏等操作。

4）在"密码"框中输入密码，可以防止他人取消工作簿保护（取消工作簿保护，可在图5-3 中，打开"工具"下拉列表框，执行"保护"命令下的"撤消工作簿保护"），单击"确定"按钮，完成保护工作簿的操作。

2. 保护工作表

除了可以保护整个工作簿外，用户也可以保护工作簿中指定的工作表，操作步骤如下：

（1）选择要保护的工作表为当前工作表。

（2）打开"审阅"选项卡，单击"更改"组中的"保护工作表"按钮 ，出现"保护工作表"对话框，如图 5-72 所示。

（3）勾选"保护工作表及锁定的单元格内容"复选框。

（4）在"允许此工作表的所有用户进行"列表框中，选择允许用户操作的选项，在"取消工作表保护时使用的密码"框中输入密码，单击"确定"按钮，完成保护工作表的操作。

图 5-72　"保护工作表"对话框

3. 保护公式

在工作表中，可以将不希望他人看到的单元格中的公式隐藏，选择该单元格时公式不会出现在编辑栏内。设置保护公式的步骤如下：

（1）选择需要隐藏公式的单元格，打开"开始"选项卡，单击"单元格"组中的"格式"按钮 ，在弹出的命令列表中执行"设置单元格格式"命令，出现如图 5-73 所示的"设置单元格格式"对话框。

图 5-73　"设置单元格格式"对话框中的"保护"选项卡

（2）单击"保护"选项卡，勾选"隐藏"复选框，单击"确定"按钮。

（3）打开"审阅"选项卡，单击"更改"组中的"保护工作表"按钮，完成保护工作表的设置，同时"保护工作表"按钮改变为"取消保护工作表"按钮。

选中被保护的单元格，单击"审阅"选项卡上"更改"组中的"取消保护工作表"按钮，可撤消保护公式。

习题 5

一、单选题

1. 在 Excel 工作表中，要在某单元格中输入电话号码"022-27023456"，则应首先输入（   ）。

    A. =   B. :   C. !   D. '

2. 在 Excel 中，"&"运算符的运算结果是（   ）。

    A. 文字型   B. 数值型   C. 逻辑型   D. 公式型

3. 引用运算符"A1:C3 B2:D6"占用单元格的个数为（   ）。

    A. 2   B. 6   C. 3   D. 9

4. 在单元格中如果数据显示宽度不够，则显示（   ）。

    A. ####   B. #DIV/0!   C. #REF!   D. #VALUE!

5. 在中文 Excel 工作表中，单元格 C4 中有公式"=A3+$C$5"，在第三行之前插入一行后，单元格 C5 中的内容是（   ）。

    A. =A4+$C$6   B. A4+$C35   C. A3+$C$6   D. =A3+$C35

6. 中文 Excel 关于筛选掉的记录的叙述，下面（   ）是错误的。

    A. 不打印   B. 不显示   C. 永远丢失了   D. 可以恢复

7. 在中文 Excel 中，选中一个单元格后按 Del 键，这是（   ）。

    A. 删除该单元格中的数据和格式   B. 删除该单元格

    C. 仅删除该单元格中的数据   D. 仅删除该单元格中的格式

8. 中文 Excel 新建立的工作簿通常包含（   ）张工作表。

    A. 3   B. 9   C. 16   D. 255

9. Excel 的"开始"选项卡上"编辑"组中的"清除"按钮 ❷清除▾，可以（   ）。

    A. 清除格式   B. 清除内容

    C. 清除批注   D. 以上三项均能实现

10. Sheet1:Sheet3! A2:D5 表示（   ）。

    A. Sheet1，Sheet2，Sheet3 的 A2:D5 区域

    B. Sheet1 的 A2:D5 区域

    C. Sheet1 和 Sheet3 的 A2:D5 区域

    D. Sheet1 和 Sheet3 中不是 A2:D5 的其他区域

11. 如想在 B2:B11 区域中产生数字序号 1，2，3，……10，则先在 B2 单元格中输入数字 1，再选中单元格 B2，按住（   ）键不放，然后用鼠标拖动填充柄至单元格 B11。

    A. Alt   B. Ctrl   C. Shift   D. Insert

12. 选择要计算数据的区域后，可以右击（   ）的任意位置，在弹出的快捷菜单中选择要执行的计算类型。

    A. 状态栏   B. 选项卡   C. 快速访问工具栏   D. 标题栏

13. 以下是文本运算符的为（   ）。

    A. &   B. %   C. >   D. }

14. 以下是比较运算符的为（   ）。

A. <>　　　　　B. &　　　　　C. %　　　　　D. *

15.（　　）公式时，公式中引用的单元格是不会随着目标单元格与原单元格相对位置的不同而发生变化的。

    A. 移动　　　　B. 复制　　　　C. 修改　　　　D. 删除

16. 图表中包含数据系列的区域叫（　　）。

    A. 绘图区　　　B. 图表区　　　C. 标题区　　　D. 状态区

17. Excel 的三要素是（　　）。

    A. 工作簿、工作表和单元格　　　　B. 字符、数字和表格

    C. 工作表、工作簿和数据　　　　　D. 工作簿、数字和表格

18. 若 C2:C4 命名为 vb，数值分别为 98、88、69，D2:D4 命名为 Java，数值为 94、75 和 80，则 AVERAGE(vb,Java)等于（　　）。

    A. 83　　　　　B. 84　　　　　C. 85　　　　　D. 504

19. 在排序时，将工作表的第一行设置为标题行，若选取标题行一起参与排序，则排序后标题行在工作表数据清单中将（　　）。

    A. 总出现在第一行　　　　　　B. 总出现在最后一行

    C. 依指定的排序顺序确定其出现位置　D. 总不显示

20. 在 Excel 数据清单中，按某一字段内容进行归类，并对每一类作出统计的操作是（　　）。

    A. 排序　　　　B. 分类汇总　　　C. 筛选　　　　D. 记录处理

21. 求工作表中 H7 到 H9 单元格中数据的和，不可用（　　）。

    A. =H7+H8+H9　B. =SUM(H7:H9)　C. =(H7+H8+H9)　D. =SUM(H7+H9)

22. 在 Excel 中，关于区域名字的叙述不正确的是（　　）。

    A. 同一个区域可以有多个名字

    B. 一个区域名只能对应一个区域

    C. 区域名可以与工作表某一单元格地址相同

    D. 区域的名字既能在公式中引用，也能作为函数的参数

23. 在 Excel 中，数值型数据中（　　）。

    A. 能使用全角字符　　　　　B. 可以包含圆括号

    C. 不能使用逗号分隔　　　　D. 能使用方括号和花括号

24. 在 Excel 数据输入时，可以采用自动填充的操作方法，它是根据初始值决定其后的填充项，若初始值为纯数字，则默认状态下序列填充的类型为（　　）。

    A. 等差数据序列　　　　　　B. 等比数据序列

    C. 初始数据的复制　　　　　D. 自定义数据序列

25. 在默认方式下，Excel 工作表的行以（　　）标记。

    A. 数字　　　　B. 字母　　　　C. 数字+字母　　　D. 字母+数字

26. 在 Excel 中，关于工作表区域的叙述错误的是（　　）。

    A. 区域名字不能与单元格地址相同

    B. 区域地址由矩形对角的两个单元格地址之间加 ":" 组成

    C. 在编辑栏的名称框中可以快速定位已命名的区域

    D. 删除区域名，同时也删除了对应区域的内容

27. 在 Excel 中，图表中的（　　）会随着工作表中数据的改变而发生相应的变化。

A．图例　　　　　B．系列数据的值　　C．图表类型　　　　　D．数据区域

28．以下说法正确的是（　　　）。

　　A．在公式中输入 "=$C3+$D4" 表示对 C3 和 D4 的列地址绝对引用

　　B．在公式中输入 "=$C3+$D4" 表示对 C3 和 D4 的行地址绝对引用

　　C．在公式中输入 "=$C3+$D4" 表示对 C3 和 D4 的行、列地址绝对引用

　　D．在公式中输入 "=$C3+$D4" 表示对 C3 和 D4 的行、列地址相对引用

29．在 Excel 中，对数据表进行条件筛选时，下面关于条件区域的叙述中错误的是（　　　）。

　　A．条件区域必须有字段名行

　　B．条件区域中不同行之间进行 "或" 运算

　　C．条件区域中不同列之间进行 "与" 运算

　　D．条件区域中可以包含空行或空列，只要包含的单元格中为 "空"

30．Excel 中的嵌入式图表是指（　　　）。

　　A．工作簿中只包含图表的工作表　　　　B．包含在工作表中的工作簿

　　C．置于工作表中的图表　　　　　　　　D．新创建的工作表

二、填空题

1．Excel 文件的扩展名为_____。

2．位于 Excel 工作簿窗口左上角，列标行和行号列交汇处，称为_____。

3．在 Excel 中，输入当前时间的快捷键是_____。

4．在 Excel 单元格中，已知其内容为数值 123，则向下填充的内容为_____。

5．在单元格中输入 ={1,2;3,4} 后，再按_____组合键可以实现数组输入。

6．公式中对单元格的引用中，$A5 称为_____引用。

7．运算符 A1，B2，C3 占用_____个单元格。

8．函数是预定义的_____公式。

9．在 Excel 中进行分类汇总的前提条件是_____。

10．工作簿是用于运算和保存数据的文件，其内最多可保存_____个工作表。

11．选中单元格区域内可以自动输入的数据序列有等差数列、等比序列和_____。

12．引用区域时，可以用_____来定义一个连续的区域，用_____来连接两个或两个以上的区域，用_____来引用两个或两个以上区域的公共部分。

13．Excel 中，对数据列表进行分类汇总以前，必需先对分类依据的字段进行_____操作。

14．快速定位到 M895 单元格的方法是_____。

15．在 Excel 中创建的图表有两种方式：一种称为_____，另一种称为_____。

三、判断题

1．选定 Excel 中 4～6 三行，单击 "开始" 选项卡上 "单元格" 组中的 "插入" 按钮，插入了 3 行。　　　　　　　　　　　　　　　　　　　　　　　　　　　　　　　　（　　　）

2．在公式中引用单元格地址时，不能同时包含相对引用和绝对引用。　　　（　　　）

3．Excel 建立的文本可直接保存成 HTML 格式的文本。　　　　　　　　　（　　　）

4．在 Excel 中可以撤消以前的操作，但操作被撤消以后就不能再恢复了。　（　　　）

5．Excel 提供一种非常好用的快捷菜单，菜单中的命令随右击的对象不同而变化。（　　）

6．工作表是 Excel 的基本工作平台和电子表格，它是用于运算和保存数据的文件。（　　）

7．在 Excel 打开的工作簿中，只能有一个是活动（当前）工作表。（　　）

8．若想把输入的数字作为文本处理，可在其前面增加一个撇号（'），如'30093。（　　）

9．单元格区域的引用运算符仅有冒号（:）。（　　）

10．在 Excel 工作表中，同一列不同单元格的列宽可以不相同。（　　）

11．若 COUNT(B2:B4)=2，则 COUNT(B2:B4,3)=5。（　　）

12．在对 Excel 图表操作时，必需选定图表，然后再将图表激活，可以双击选定的图表来将其激活。（　　）

13．将 D2 单元格中的公式"=A2+A3-C2"，复制到 D4 单元格，则 D4 单元格的公式应为 A4+A5-C4。（　　）

14．执行 SUM(A1:A10)和 SUM(A1,A10)这两个函数的结果是相同的。（　　）

15．若当前工作表有 Sheet1 和 Sheet2，在 Sheet1 工作表的 B2 单元格输入"3 月"，则在 Sheet2 工作表的 B2 单元格也出现"3 月"。（　　）

16．对于数据拷贝操作，可以用拖拽单元格填充柄来实现。（　　）

17．中文 Excel 要选定相邻的工作表，必需先单击想要选定的第一张工作表的标签，按住 Ctrl 键，再单击最后一张工作表的标签来实现。（　　）

18．在 Excel 中，分类汇总数据必需先创建公式。（　　）

19．Excel 的公式中，不能包括"空格"。（　　）

20．一个函数的参数可以为函数。（　　）

21．"零件 1、零件 2、零件 3、零件 4…"，不可以作为自动填充序列。（　　）

22．SUM(A1:A3,5)的作用是求 A1 与 A3 两个单元格的和，再加上 5。（　　）

23．Excel 中的日期和时间数据类型，不可以包含到其他运算中，也不可以相加减。（　　）

24．运算符号具有不同的优先级，并且这些优先级是不可改变的。（　　）

25．相对地址在公式复制到新的位置时一定保持不变。（　　）

26．公式单元格中显示的是公式，而且公式计算的结果显示在下面的单元格。（　　）

27．若选择不连续区域打印，按 Shift 键+鼠标来选择多个区域，多个区域将分别被打印在不同页上。（　　）

28．COUNT()函数的参数只可以是单元格、区域，不能是常数。（　　）

29．Excel"开始"选项卡功能区中的"Σ 自动求和"按钮，表示使用"SUM()"函数。（　　）

30．Excel 输入一个公式时，允许以等号开头。（　　）

参考答案

一、单选题

01-05　DABAA　　06-10　CCADA　　11-15　BAAAA
16-20　AABAB　　21-25　DCBAA　　26-30　DBADC

二、填空题

1．.xls	2．全表选择框	3．Ctrl+Shift+;
4．123	5．Shift+Ctrl+Enter	6．混合引用
7．3	8．内置	9．排序
10．255	11．日期	12．冒号 ":" 逗号 "," 空格
13．排序	14．在名称框中输入 M895	15．独立图表 嵌入式图表

三、判断题

1．√   2．×   3．√   4．×   5．√   6．×   7．√   8．√   9．×   10．×

11．×   12．√   13．√   14．×   15．×   16．√   17．×   18．×   19．√   20．√

21．×   22．×   23．×   24．×   25．×   26．×   27．×   28．×   29．√   30．√

第6章 演示文稿软件 PowerPoint 2010

PowerPoint 2010 中文版（简称 PowerPoint）主要用于制作具有多媒体效果的幻灯片，常应用于演讲、教学、产品展示等场合。利用 PowerPoint 可以轻松制作包含文字、图形、声音以及视频图像等的多媒体演示文稿，在幻灯片上可方便地输入标题、正文，添加剪贴画、表格和图表等对象，改变幻灯片中各个对象的版面布局，方便快捷地管理幻灯片的结构，对音视频进行剪辑，随意调整各个图片的放映顺序，删除和复制电子幻灯片等。

通过对幻灯片的动画设计、切换方式设计和放映方式设置可使演示文稿更加绚丽多彩、赏心悦目。此外，利用 PowerPoint 还可制作出动感十足的动画。

6.1 PowerPoint 基础知识

6.1.1 PowerPoint 窗口的组成

启动 PowerPoint 程序后，其工作区主窗口，如图 6-1 所示。

图 6-1 PowerPoint 的主窗口界面

与微软的办公套件 Office 2010 的其他组件窗口类似，PowerPoint 窗口主要由标题栏、快速访问工具栏、选项卡、功能区、幻灯片/大纲浏览窗格、幻灯片编辑窗口、备注窗格、视图按钮、显示比例按钮以及状态栏等部分组成。

（1）标题栏。在标题栏的最左端是控制菜单图标，双击此图标可以关闭 PowerPoint，在控制菜单图标的右侧是"快速访问工具栏"，其后才是标题文字，即"Microsoft PowerPoint"。如果正在编辑一个演示文稿，标题栏还会显示当前编辑文稿的文件名。右侧是"最小化"按钮

▭ 、"最大化/还原"按钮 ▭ / ▭ 和"关闭"按钮 ✕ 。单击"关闭"按钮退出 Excel 时，表格文件如果没有命名或保存，将会有文件存盘的提示信息，只需根据需要确定是否命名或保存即可。

（2）幻灯片/大纲浏览窗格。有幻灯片和大纲两个选项卡。幻灯片选项卡可显示幻灯片的缩略图，大纲选项卡可显示幻灯片中的文本大纲。

（3）幻灯片编辑窗口。在该窗口中可对幻灯片进行编辑。在幻灯片编辑窗口下面是备注窗格，可对幻灯片进一步说明。

（4）视图按钮。单击各个按钮，可以改变幻灯片的查看方式，分别有普通视图 ▭ 、幻灯片浏览 ▭ 、阅读视图 ▭ 和幻灯片放映 ▭ 四个视图按钮。

（5）显示比例按钮。"显示比例"按钮 100% ⊖ ──── ⊕ ▣ 由缩放级别、缩小、滑块、放大和使幻灯片适应当前窗口等组成，用于调节幻灯片的显示比例。

（6）状态栏位于应用程序窗口的最下方，显示 PowerPoint 在不同运行阶段的不同信息。例如在幻灯片视图中，状态栏左侧显示当前的幻灯片编号和总幻灯片数（幻灯片 1/2）。如果应用了某个主题，状态栏还将显示当前幻灯片所用的主题名称。

6.1.2 PowerPoint 的基本概念

（1）演示文稿与幻灯片。用 PowerPoint 创建的文件就是演示文稿，其扩展名是.pptx。一个演示文稿通常由若干张幻灯片组成。制作一个演示文稿的过程，实际上就是制作一张张幻灯片的过程。

（2）幻灯片对象与布局。一张幻灯片由若干对象组成，所谓对象，是指插入幻灯片中的文字、图表、组织结构图以及图形、声音、动态视频等元素。制作一张幻灯片的过程，实际上就是制作、编排其中每一个被插入的对象的过程。

幻灯片布局是指其包含对象的种类以及对象之间相互的位置，PowerPoint 提供了 11 种幻灯片参考布局（又称版式）。一个演示文稿的每一张幻灯片可以根据需要选择不同的版式。PowerPoint 也允许用户自己定义、调整这些对象的布局。

（3）模板。模板是指一个演示文稿整体上的外观设计方案，它包含版式、主题颜色、主题字体、主题效果、背景样式，甚至可以包含内容。在"新建"命令中，PowerPoint 提供了多种模板。

一个演示文稿的所有幻灯片同一时刻只能采用一种模板，可以在不同的演讲场合为同一演示文稿选择不同的模板。

（4）母版。幻灯片母版是幻灯片层次结构中的顶层幻灯片，用于存储有关演示文稿的主题和幻灯片版式的信息，包括背景、颜色、字体、效果、占位符大小和位置。

修改和使用幻灯片母版的主要优点是可以对演示文稿中的每张幻灯片（包括以后添加到演示文稿中的幻灯片）进行统一的样式更改。使用幻灯片母版时，由于无需在多张幻灯片上键入相同的信息，因此节省了时间。如果演示文稿非常长，其中包含大量幻灯片，则使用幻灯片母版特别方便。

母版有幻灯片母版、讲义母版和备注母版三种。在 PowerPoint 2010 中，版式有几种，幻灯片母版就有多少。

（5）主题是一组统一的设计元素，可以使用颜色、字体和图形设置演示文稿的外观，如果对局部效果不满意，还可以使用颜色、字体和效果进行修饰。

（6）视图。视图是用于编辑、打印和放映演示文稿的视图，主要有普通视图、幻灯片浏览视图、备注页视图、幻灯片放映视图（包括演示者视图）、阅读视图和母版视图（幻灯片母版、讲义母版和备注母版）等。

● 普通视图

普通视图包含三种窗格：幻灯片/大纲浏览窗格、幻灯片窗格和备注窗格。这些窗格使用户可以在同一位置使用文稿的各种特征，其中：

①大纲选项卡：以大纲形式撰写和显示幻灯片纲要文本，并能移动幻灯片和文本。

②幻灯片选项卡：以缩略图的图像形式在演示文稿中观看幻灯片。使用缩略图能方便地遍历演示文稿，并观看任何更改的设计效果。在此处还可以轻松地重新排列、添加或删除幻灯片。

③幻灯片窗格：在 PowerPoint 主窗口的右上方，幻灯片窗格显示当前幻灯片的大视图。在此视图中显示当前幻灯片时，可以添加文本，插入图片、表格、SmartArt 图形、图表、图形对象、文本框、电影、声音、超链接和动画。

④备注窗格：在备注窗格中，可以键入要应用于当前幻灯片的说明和补充，以后，可以将备注打印出来并在放映演示文稿时进行参考。

注：移动窗格边框可调整其大小。

● 幻灯片浏览

在幻灯片浏览视图中，所有幻灯片按比例被缩小，并按顺序排列在窗口中。用户可以在此设置幻灯片切换效果、预览幻灯片切换、动画和排练时间的效果；同时可对幻灯片进行移动、复制、删除等操作，如图 6-2 所示。

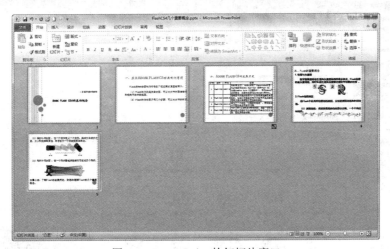

图 6-2　PowerPoint 的幻灯片窗口

● 阅读视图

在阅读视图窗口中，用户可以按"↑"、"↓"、"←"和"→"四个方向移动键中的任意一个，以非全屏的幻灯片放映视图查看演示文稿。按下 Esc 键，结束阅读视图回到前一个视图方式中。

● 幻灯片放映

在幻灯片放映视图中，幻灯片放映以最大化方式按顺序在全屏幕上显示每张幻灯片，单击或按 Enter 键显示下一张，也可以用上下左右光标键来回显示各张幻灯片。

结束幻灯片的放映，右击并选择"结束放映"命令，可结束放映。

- 母版视图

母版视图包括幻灯片母版视图、讲义母版视图和备注母版视图。它们是存储有关演示文稿信息的主要幻灯片，其中包括背景、颜色、字体、效果、占位符大小和位置。使用母版视图的一个主要优点在于，在幻灯片母版、备注母版或讲义母版上，可以对与演示文稿关联的每个幻灯片、备注页或讲义的样式进行全局更改。

- 演示文稿的打印与打印预览视图

在打印与打印预览视图，PowerPoint 提供了一系列视图和设置，用于指定要打印的内容（幻灯片、讲义或备注页）以及这些作业的打印方式（彩色打印、灰度打印、黑白打印、带有框架等）。

6.2 创建与保存 PowerPoint 演示文稿

6.2.1 PowerPoint 演示文稿的创建

在 PowerPoint 中，创建一个演示文稿可选用以下方式：

（1）PowerPoint 启动后，系统自动创建了一个空演示文稿。

（2）单击"快速访问工具栏"上的"新建"按钮 ，或直接按下 Ctrl+N 组合键。

（3）单击"文件"选项卡的"新建"命令，系统出现如图 6-3 所示的"新建"窗格，然后根据需要，新建一个空演示文稿或具有一定模板或主题的演示文稿。

图 6-3 "新建"窗格

【例 6-1】使用"空白演示文稿"方式来创建演示文稿。

操作方法如下：

①单击"文件"选项卡的"新建"命令，系统出现如图 6-3 所示的"新建"窗格。

②在"可用的模板和主题"栏下，选择"空白演示文稿"后，单击"创建"按钮，可创建一个空白演示文稿，如图 6-4 所示。

要创建一个空白演示文稿，也可直接按下 Ctrl+N 组合键。新建的空白演示文稿中仅含有一个"标题幻灯片"。

图 6-4　新建一个"空白演示文稿"

【例 6-2】创建一个主题为"夏至"的演示文稿。

操作步骤如下：

①单击"文件"选项卡的"新建"命令，系统出现如图 6-3 所示的"新建"窗格。

②在"可用的模板和主题"栏下，单击"主题"按钮，系统弹出"主题"列表框，单击"夏至"主题按钮。

③单击"创建"按钮，可创建一个主题为"夏至"的演示文稿，如图 6-5 所示。

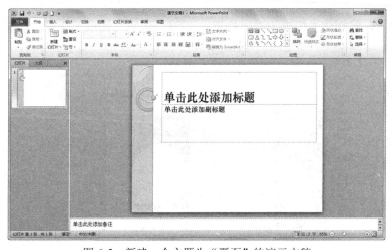

图 6-5　新建一个主题为"夏至"的演示文稿

④单击"快速访问工具栏"中的"保存"按钮 ，以文件名"FlashCS4 几个重要概念.pptx"保存到指定的文件夹中。

【例 6-3】创建一个模板为"中秋贺卡-嫦娥与玉兔"的演示文稿。

操作步骤如下：

①单击"文件"选项卡的"新建"命令，系统出现如图 6-3 所示的"新建"窗格。

②在"Office.com 模板"栏下，单击"贺卡"按钮。稍过一会儿，系统查询到和贺卡有关的模板文件夹。单击"节日"文件夹按钮，系统弹出从 Office.com 网站找到的有关贺卡的"主题"列表框，如图 6-6 所示。

图 6-6 "新建"命令中的模板列表框

③单击"中秋贺卡-嫦娥与玉兔"主题按钮，然后再单击主题列表框右侧的"下载"按钮，系统出现如图 6-7 所示的"正在下载模板"对话框。

图 6-7 "正在下载模板"对话框

下载完毕后，就创建了模板为"中秋贺卡-嫦娥与玉兔"的演示文稿，如图 6-8 所示。

图 6-8 新建一个模板为"中秋贺卡-嫦娥与玉兔"的演示文稿

6.2.2 保存、打开与关闭演示文稿

1. 保存演示文稿

在 PowerPoint 中，要保存演示文稿，其操作方法与 Office 中其他组件保存文件的方法类似，主要有：

（1）单击"文件"选项卡中的"保存"或"另存为"命令。

（2）单击"快速访问工具栏"上的"保存 ■"按钮。

（3）按下 Ctrl+S 或 Ctrl+W 组合键（也可按下 F2 功能键），也可以对演示文稿进行保存。

对于新建的演示文稿，上述几种方法都会打开"另存为"对话框，用户可根据"另存为"对话框的提示，将制作的演示文稿以指定的文件名保存在指定的文件夹中。

2．演示文稿的打开

要编辑修改一个演示文稿，就需打开它，打开演示文稿的方法有：

（1）启动 PowerPoint 后，单击"文件"选项卡中的"打开"命令，或单击"快速访问工具栏"上的"打开"按钮 。

（2）按下 Ctrl+O 组合键。

无论用以上哪种方法打开文件，屏幕都将出现"打开"对话框，如图 6-9 所示。接着，确定要打开的文件所在的驱动器和文件夹，并选中要打开的演示文稿文件名，例如"FlashCS4 几个重要概念.pptx"，单击"打开"按钮，即可打开指定的演示文稿文件。

图 6-9　"打开"对话框

3．演示文稿的关闭

要关闭编辑修改的演示文稿，其操作方法是：选择"文件"选项卡中的"关闭"命令，用户也可按下 Ctrl+W 组合键。

若该演示文稿进行了修改，在使用"关闭"命令之前没有进行过保存，PowerPoint 会询问是否保存对演示文稿的修改。单击"是"按钮，则保存；否则，放弃已做修改后关闭。

6.3　制作和编辑幻灯片

6.3.1　插入新幻灯片

演示文稿由一张张幻灯片组成，如果需要可以在已建立的演示文稿中插入新的幻灯片。

【例 6-4】在"FlashCS4 几个重要概念.pptx"中添加一个幻灯片。

操作步骤如下：

①启动 PowerPoint，并打开"FlashCS4 几个重要概念.pptx"演示文稿。

②在"幻灯片"大纲视图（也可在"幻灯片浏览"视图）窗口中选定要插入新幻灯片的位置。

③打开"插入"选项卡，单击"幻灯片"组中的"新建幻灯片"按钮 ，也可按 Ctrl+M 组合键，插入一张新幻灯片，如图 6-10 所示。

④单击"幻灯片"组中的"版式"按钮 ，在弹出"版式"列表框中根据需要选择某种版式，如选择"两栏内容"版式，如图 6-11 所示。

注：要弹出幻灯片版式列表框，用户也可单击"新建幻灯片"按钮右下角的▼。

图 6-10　插入一张新幻灯片

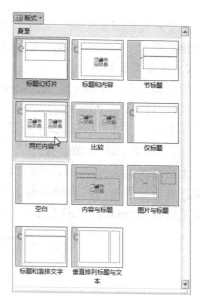

图 6-11　"版式"列表框

新建的幻灯片中有多个用作占位符的虚线方框，在虚线方框中有诸如"单击此处添加标题"、"单击此处添加文本"等文字；在有些虚线方框中，还有"插入表格"等图标。只要单击或双击这些区域（图标），其中的文字提示信息就会消失，用户即可添加标题、文本、图标、表格、组织结构图和剪贴画等对象。

1. 在幻灯片中添加文本

可以在幻灯片占位符中添加文本，如果要添加额外的文本，用户也可使用文本框完成。

【例 6-5】在"FlashCS4 几个重要概念.pptx"的第一张幻灯片中添加标题文字和副标题文字。

操作步骤如下：

①启动 PowerPoint，并打开"FlashCS4 几个重要概念.pptx"演示文稿。

②在"幻灯片/大纲"视图（也可在"幻灯片浏览"视图，并双击选中该幻灯片）窗口中选定要添加标题文本的幻灯片。

③单击幻灯片中的"单击此处添加标题"，此处出现一个空白文本框，进入编辑模式，接着在文本框内输入标题内容：Adobe Flash CS4 的基础概念。

④单击幻灯片中的"单击此处添加副标题"位置，输入副标题文本：—多媒体技术教研室。

⑤单击标题或副标题占位符以外的地方，表示标题和副标题文本输入完毕。单击副标题占位符框线处，按下鼠标左键适当拖动占位符的位置，如图 6-12 所示。

⑥打开"插入"选项卡，单击"幻灯片"组中的"新建幻灯片"按钮，也可按 Ctrl+M 组合键，插入一张"仅标题"的新幻灯片。

⑦单击幻灯片中的"单击此处添加标题"，输入标题内容：一、应用 Adobe Flash CS 动画制作原因。

⑧打开"插入"选项卡，单击"文本"组中的"文本框"按钮，从中选择"横排文本框"或"竖排文本框"命令，这时鼠标箭头变为"↓"，在所需要的位置单击或按住鼠标左键不放拖出一个虚框，松开后，就插入一个文本框，接着就可输入文本了。选定占位符和文本框，

利用"开始"选项卡"字段"和"段落"组中的相关命令，调整文本的大小和段落位置，最后得到如图 6-13 所示的幻灯片。

图 6-12　在"文本占位符"处输入文本

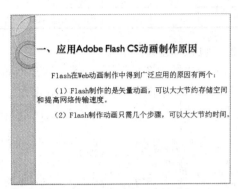
图 6-13　在"文本占位符"处输入文本

　　类似地，用户可以在幻灯片中插入所需要的表格、图片、剪贴画、绘图、SmartArt 图形、艺术字、日期和时间或动态链接插入由其他软件创建的对象、公式、视频和音频等。操作方法与 Word 和 Excel 类似，这里不再细述。

　　2．在幻灯片中插入一个表格或一个图表

　　使用表格可以使得数据和事例更加清晰、直接。而图表是把一些数据，通过建立柱状图、饼图等比较形象的图表形式，给人一种更加直观表示，不像数据或表格那么死板。

　　【例 6-6】在"FlashCS4 几个重要概念.pptx"的第三张幻灯片中，添加标题文字和一个 5×4 表格，并为表格录入内容。

　　操作步骤如下：

　　①启动 PowerPoint，并打开"FlashCS4 几个重要概念.pptx"演示文稿。

　　②在"幻灯片/大纲视图"窗口中，选定第三张幻灯片。

　　③单击第二栏占位符边框处，按下 Delete 键将其删除。在幻灯片中的标题占位符处输入标题内容：二、Adobe Flash CS 的发展历史。

　　④单击第二栏占位符中的"插入表格"图标，打开"插入表格"对话框，如图 6-14 所示。

　　⑤设置好列数和行数，单击"确定"按钮，插入一张表格并输入内容，如图 6-15 所示。

图 6-14　"插入表格"对话框

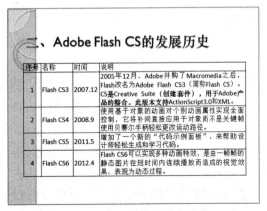
图 6-15　插入表格并输入内容

同样地，也可以插入一个图表，数据如下：

销售员	李梅	马涛	陈红	张丹	钱灵	何亮	张扬	王海	刘昆	赵敏
销售数	23	96	78	100	38	78	45	86	56	98

操作过程如下：

①单击"插入图表"图标，打开"插入图表"对话框，选择所需要的图表类型，如饼图，并选择一个子图类型，如图 6-16 所示。

②单击"确定"按钮，进入 Excel 编辑窗口，如图 6-17 所示。

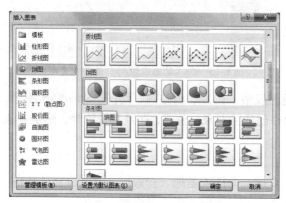

图 6-16   "插入图表"对话框

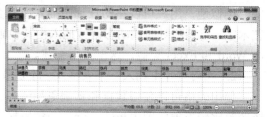

图 6-17   Excel 窗口

③删除原有数据，并输入所需要的数据。关闭 Excel，回到 PowerPoint 中，这时我们看到图表并不是用户所需要的图表。

④打开图表工具"设计"选项卡，单击"数据"组中的"选择数据"按钮，在打开的 Excel 中，重新选择数据范围，这时弹出图 6-18 所示的对话框。

⑤对行列数据做调整，单击"确定"按钮，幻灯片中出现的图表就是用户需要的图表，如图 6-19 所示。

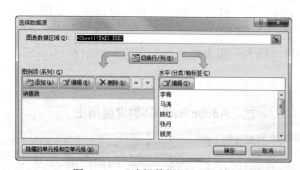

图 6-18   "选择数据源"对话框

图 6-19   最终形成的饼图

3. 在幻灯片中插入剪贴画

为了美化自己的文档，用户可以在幻灯片中插入一幅剪贴画，使幻灯片图文并茂并起到画龙点睛的作用。

【例 6-7】在"FlashCS4 几个重要概念.pptx"中插入第四张和第五张幻灯片，版式为"比较"。输入有关内容，并适当调整占位符的位置，最后结果如图 6-20（a）和图 6-20（b）所示。

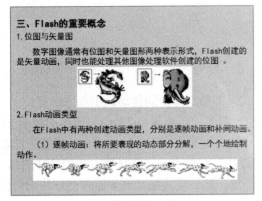
（a）第四张幻灯片

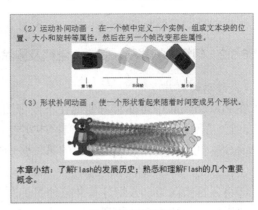
（b）第五张幻灯片

图 6-20　第四、五张幻灯片

操作步骤如下：

①启动 PowerPoint，并打开"FlashCS4 几个重要概念.pptx"演示文稿，并在演示方向的最后插入第四张幻灯片，版式为"比较"，如图 6-21 所示。

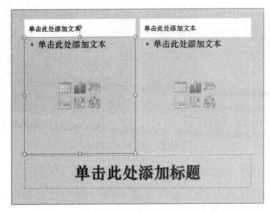

图 6-21　插入版式为"比较"的幻灯片

②在标题占位符处添加文本：三、Flash 的重要概念。

③单击左侧上方"单击此处添加文本"处，输入三行文本内容：

1. 位图与矢量图

数字图像通常有位图和矢量图形两种表示形式，Flash 创建的是矢量动画，同时也能处理其他图像处理软件创建的位图。

④单击左侧中部"单击此处添加文本"处的"插入来自文件的图片"图标，打开"插入图片"对话框，选择要插入的图片，本例读者可以自定义一幅图片。

⑤同样，单击右侧上方"单击此处添加文本"处，输入以下三行文本内容：

2. Flash 动画类型

在 Flash 中有两种创建动画类型，分别是逐帧动画和补间动画。

（1）逐帧动画：将所要表现的动态部分分解，一个个地绘制动作。

单击右侧中部"单击此处添加文本"处的"插入来自文件的图片"图标，插入一幅图片。

⑥分别单击各占位符的边框处，拖动占位符适当调整各占位符的位置和大小，最后形成的幻灯片如图 6-20 所示。

⑦类似地，重复步骤第①～⑥，插入第五张幻灯片和输入内容。

6.3.2 幻灯片的移动、复制、隐藏及删除

1．移动幻灯片

在 PowerPoint 中可非常方便地在不同视图方式下实现幻灯片的移动，主要方法有：

（1）在"幻灯片/大纲浏览"窗格中实现移动。例如，要将图 6-22（a）所示的演示文稿"FlashCS4 几个重要概念.pptx"中的第二张幻灯片移动到第五张幻灯片的前面，操作方法是：

①在"幻灯片/大纲浏览"窗格中，单击"幻灯片"选项卡，并选择第二张幻灯片图标。

②将鼠标指向第二张幻灯片并按住鼠标左键不放，然后将其拖动到第五张幻灯片的前面，再释放鼠标，幻灯片 2 被移到原幻灯片 5 的前面。

（2）在幻灯片浏览方式下实现移动。例如，要将图 6-22（b）所示的演示文稿"FlashCS4 几个重要概念.pptx"中的第二张幻灯片移动到第五张幻灯片的前面，操作方法是：

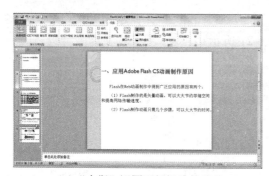 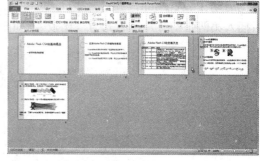

（a）"大纲"视图下幻灯片的移动　　　　　（b）"幻灯片浏览"视图下幻灯片的移动

图 6-22　幻灯片移动

①将演示文稿切换到幻灯片浏览视图方式，并选择第二张幻灯片。

②将鼠标指向第二张幻灯片并按住鼠标左键不放，然后将其拖动到第五张幻灯片的前面，再释放鼠标，幻灯片 2 被移到原幻灯片 4 的后面。

2．复制幻灯片

例如，现将图 6-22（b）中的幻灯片 2 复制到第五张幻灯片的位置上，其操作方法如下：

（1）将演示文稿切换至幻灯片浏览视图方式，然后单击第二张幻灯片。

（2）按住鼠标左键不放，同时按下 Ctrl 键，将鼠标指针拖动到第五张幻灯片的位置上，这时光标旁边出现一条竖线，同时鼠标指针变为 。

（3）将鼠标指针拖动到指定位置上时，释放鼠标，幻灯片复制就成功了。

单击选定一张幻灯片后，按住 Shift 键的同时，再单击其他位置的幻灯片，可一次选择多张连续的幻灯片；按下 Ctrl 键，依次单击其他幻灯片，可选择不连续的幻灯片。

3．隐藏幻灯片

制作好演示文稿后，由于观众或播放场合的不同，所涉及到的内容也有所不同。因此，在播放演示文稿时可以将暂时不用的幻灯片隐藏起来。在演示文稿中隐藏幻灯片，可以采用如下方法之一：

方法 1：在"幻灯片/大纲浏览"窗格，或在"幻灯片浏览"视图中，选择要隐藏的幻灯片，然后右击，在出现的快捷菜单中执行"隐藏幻灯片"命令即可，此时在该幻灯片左上角或

右下角的编号出现一个带斜线的方框数字，如 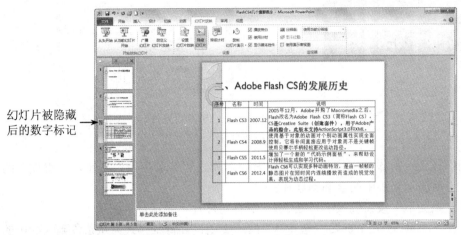，如图 6-23 所示。

方法 2：选择要隐藏的幻灯片，在"幻灯片放映"选项卡上，单击"设置"组中的"隐藏幻灯片"按钮。

幻灯片被隐藏
后的数字标记

图 6-23　隐藏幻灯片

要将隐藏的幻灯片显示出来，重复上述步骤即可。

4. 删除幻灯片

要删除一张幻灯片，可在多种视图方式下进行，下面介绍删除幻灯片的几种方法。

在"幻灯片/大纲浏览"窗格中，单击需要删除的幻灯片，然后按 Del 键，就可删除该幻灯片。

也可在"幻灯片浏览"视图方式下删除幻灯片。其方法是将演示文稿切换到幻灯片浏览视图方式，单击需要删除的幻灯片，然后按 Del 键，即可删除该幻灯片。

6.4　演示文稿的格式化

制作好的幻灯片可以使用文字格式、段落格式来对文本进行修饰美化；也能通过合理地使用母版和模板，在最短的时间内制作出风格统一、画面精美的幻灯片。

在 PowerPoint 中，利用母版、主题和设计模板使演示文稿的所有幻灯片具有一致的外观。

6.4.1　更改幻灯片背景样式

为了使幻灯片更美观，可适当改变幻灯片的背景颜色，更改幻灯片背景颜色的步骤如下：

（1）选定要更改背景颜色的幻灯片。

（2）打开"设计"选项卡，单击"背景"组中的"背景样式"按钮，打开"背景样式"列表框，如图 6-24（a）所示。

（3）单击可选择一种背景样式，如"样式 11"，并应用当前演示文稿中的所有幻灯片。

（4）如果将背景样式只应用于当前幻灯片，或还要做进一步的背景样式设置，单击"背景样式"列表框中的"设置背景格式"命令，打开"设置背景格式"对话框，如图 6-24（b）所示。在"设置背景格式"对话框中，可对背景样式作颜色填充、图片更正、图片颜色、艺术效果等比较复杂的设置。

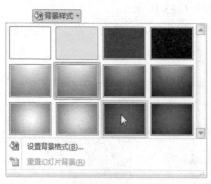

（a）"背景样式"列表框   （b）"设置背景格式"对话框

图 6-24   更改背景

单击"关闭"按钮，将设置应用于当前幻灯片，若单击"全部应用"按钮，可将设置的背景样式应用于当前演示文稿中的全部幻灯片。

勾选"隐藏背景图形"按钮□ 隐藏背景图形，所有幻灯片不显示背景图形。

【例 6-8】为"FlashCS4 几个重要概念.pptx"演示文稿设置背景样式为从茶色到水绿色的线性"渐变填充"，应用于全部幻灯片，且隐藏背景图形。

操作步骤如下：

①启动 PowerPoint，并打开"FlashCS4 几个重要概念.pptx"演示文稿。

②打开"设计"选项卡，单击"背景"组中的"背景样式"按钮，在弹出的图 6-24（a）所示界面中，执行"设置背景格式"命令，打开如图 6-24（b）所示对话框。

③在左侧导航窗格中单击"填充"，再单击"渐变填充"，勾选"隐藏背景图形"。

④然后，在"类型"列表框，选择"线性"；单击"渐变光圈"条的左（右）滑块▌，再单击"颜色"按钮，设置起始（结束）颜色为"茶色（水绿色）"

⑤最后单击对话框右下角的"全部应用"按钮，背景样式设置生效。

6.4.2   应用主题与模板

主题由主题颜色、主题字体和主题效果三者构成。

PowerPoint 提供了多种设计主题，包含协调配色方案、背景、字体样式和占位符位置。使用预先设计的主题，可以轻松快捷地更改演示文稿的整体外观。

一般情况下 PowerPoint 会将主题应用于整个演示文稿，除非需要在幻灯片母版视图中先添加一个母版，然后才能应用不同的主题和模板。

1．应用主题

在"设计"选项卡上的"主题"组中列出了一系列的主题，如图 6-25 所示。单击所需要的主题，将其应用到当前演示文稿中。

也可以将主题仅应用到某一张或几张幻灯片中，通过变换不同的主题来使幻灯片的版式和背景发生显著的变化，其方法是：

（1）选定要更改主题的幻灯片。

（2）在"设计"选项卡上的"主题"组中，右击所需要的主题，执行快捷菜单中的"应用于选定幻灯片"。如果右击所选的主题，弹出快捷菜单，执行"应用于相应幻灯片"或"应用于选定幻灯片"可将该主题应用于所选的幻灯片。

图 6-25　"主题"列表框

【例 6-9】将"FlashCS4 几个重要概念.pptx"演示文稿应用"凸显"主题。

操作步骤如下：

①打开"FlashCS4 几个重要概念.pptx"演示文稿。

②打开"设计"选项卡，单击"主题"组中的"主题"按钮右侧列表框 ，在弹出图 6-24 界面中选择"凸显"主题。

如果对应用主题的局部效果不满意，用户还可对主题的"颜色"、"字体"和"效果"进行更改。

● 主题效果

每个主题中都包含一个用于生成主题效果的效果矩阵，此效果矩阵包含三种样式级别的线条、填充和特殊效果，如阴影效果和三维（3D）效果。选择不同的效果矩阵可获得不同的外观，如一个主题可能具有磨砂玻璃外观，而另一个主题具有金属外观。

应用主题效果的方法如下：

1）选择对幻灯片应用某一主题。

2）在"设计"选项卡上的"主题"组中，单击"效果"按钮 ，弹出效果列表框，选择一种主题效果即可，如图 6-26 所示。

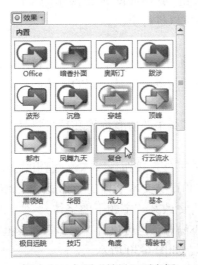

图 6-26　主题"效果"列表框

- 主题颜色

主题颜色对演示文稿的更改效果最为显著（除主题更改之外），方法如下：

1）单击"主题"组中的"颜色"按钮，打开主题"颜色"列表框，如图 6-27（a）所示。

2）单击某一颜色组，即可更改某一主题下的颜色。

3）如果对内置的颜色组不满意，也可执行"颜色"列表框下方的"新建主题颜色"命令，弹出"新建主题颜色"对话框，如图 6-27（b）所示。

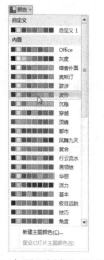

（a）主题"颜色"列表框　　　　　　　　　　（b）"新建主题颜色"列表框

图 6-27　设置主题

4）主题颜色包含 12 种颜色槽。前四种颜色用于文本和背景。用浅色创建的文本总是在深色中清晰可见；对应的是，用深色创建的文本总是在浅色中清晰可见。接下来的六种颜色为强调文字颜色，它们总是在四种潜在的背景色中可见。最后两种颜色为超链接和已访问的超链接保留。

5）单击需要更改的颜色按钮，弹出如图 6-28 所示的"主题颜色"列表框，单击选定颜色以进行更改。

- 主题字体

在 PowerPoint 中，每个主题均定义了两种字体：一种用于标题；另一种用于正文文本。两者可以是相同的字体，也可以是不同的字体。

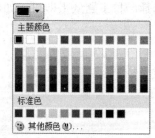

图 6-28　"主题颜色"对话框

更改主题字体可以对演示文稿中的所有标题和项目符号文本进行更新，方法如下：

1）单击"主题"组中的"字体"按钮，打开主题"字体"列表框，如图 6-29 所示。每种主题字体的标题字体和正文文本字体的名称显示在相应的主题名称下。

2）单击某一字体组，即可更改某一主题下的字体。

3）如果对内置的字体组不满意，也可执行"字体"列表框下方的"新建主题字体"命令，弹出"新建主题字体"对话框，如图 6-30 所示。

在此对话框中，可对主题字体重新设置。

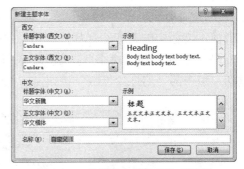

图 6-29　主题"字体"列表框　　　　　图 6-30　"新建主题字体"对话框

2. 应用模板

将模板应用于演示文稿的方法是：

（1）打开已存在的演示文稿。

（2）在"设计"选项卡上的"主题"组中，单击主题右侧下拉列表按钮，在弹出的列表框中执行"浏览主题"命令，打开如图 6-31 所示"选择主题或主题文档"对话框。

图 6-31　"选择主题或主题文档"对话框

（3）依次单击"本地磁盘(C:)"→Program Files→Microsoft Office→→Templates→2052。

（4）单击对话框右下角的"Office 主题和 PowerPoint 主题文档"按钮，在打开的列表框中选择文件类型为"Office 主题和 PowerPoint 模板"，最后在列表区选择所需要的模板。

6.4.3　利用母版设置幻灯片

主题或模板是别人已经做好的 PPT 样式，在制作 PPT 时可以随时借用的一种包含各种日常格式（如信件，展示，订单，邀请函等）的 PPT，利用它们使用者可以更加方便、快捷地制作一些常用格式的演示文稿。

母版是指在一个具体的幻灯片里，为了使每一张或者某几张幻灯片具有同一种格式而使用的包含在具体幻灯片里的一种格式文件，其本身是一种格式，可以方便地控制和修改特定幻灯片的格式（使用母版的好处就在于随时可以修改多张幻灯片的总体格式）。

对于某一张幻灯片来说，主题或模板和母版的作用是一样的，都是控制和修改其格式的一个载体。

1. 幻灯片母版

当演示文稿中的某些幻灯片拥有相同的格式时，可以采用幻灯片母版来定义和修改。在幻灯片视图中按住 Shift 键不放，单击"幻灯片视图"按钮（或在"视图"选项卡上单击"母版视图"组中的"幻灯片母版"按钮，进入"幻灯片母版"视图，如图 6-32 所示。

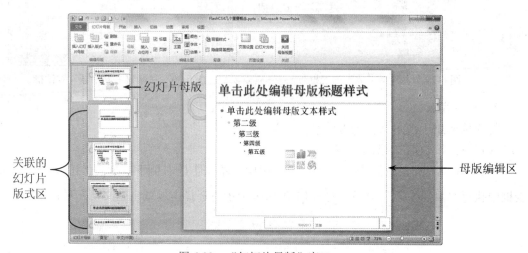

图 6-32　"幻灯片母版"窗口

幻灯片由左右两个窗格组成，其中左侧窗格中的第一个母版缩略图是幻灯片母版视图，下面的是一组与幻灯片母版相关联的幻灯片版式，右侧窗格则是幻灯片母版编辑窗格。

在幻灯片母版中可以更改的元素包括母版中的模板、主题、背景样式、占位符的字体、字号、字形、形状样式与效果等，其具体的操作步骤如下：

（1）启动幻灯片母版视图。

（2）在"幻灯片母版"选项卡上，使用"编辑主题"与"背景"组中的相关命令按钮，对幻灯片母版设置主题样式与背景样式等。

（3）单击要更改的占位符边框处，按需要对它的位置、大小或格式等进行设置。

（4）在母版上设置每张幻灯片上都要设置的内容，如日期、页脚等，如果要使用其他幻灯片中没有的元素，可插入一个占位符、表格、图片、剪贴画、形状、SmartArt 图形、图表、文本框、音视频等，并安排好这些元素的布局等。

（5）如果还需要新的母版，可以使用"插入版式"按钮，插入一个用户自定义的版式；还可以使用"插入幻灯片母版"按钮，插入一个新幻灯片母版。

设置好母版后，切换回普通视图，则上面的设置被自动应用到演示文稿的所有幻灯片。

并不是所有的幻灯片在每个细节部分都必须与幻灯片母版相同，如果需要使某张幻灯片的格式与其他幻灯片的格式不同，可以更改与幻灯片母版相关联的一张幻灯片版式，这种修改不会影响其他幻灯片或母版。

【例 6-10】在"FlashCS4 几个重要概念.pptx"演示文稿的母版中插入一个按钮，设置幻灯中出现的页脚。

操作步骤如下：

①打开"FlashCS4 几个重要概念.pptx"演示文稿，并进入"幻灯片母版"视图。

②单击"幻灯片母版"视图左侧窗格中的"幻灯片母版"图标。

③在"插入"选项卡上单击"插图"组中的"形状"按钮，弹出其列表框。找到箭头总汇栏，单击右箭头符号。鼠标变成"＋"，将鼠标移动到幻灯片母版编辑窗格左下角处，按下鼠标左键不动，拖动画出一个右箭头符号，并适当调整其大小、位置和形状效果。

④在右箭头符号中添加一个字符"GO"。

⑤在绘图工具"格式"选项卡上，单击"页眉和页脚"按钮，打开如图 6-33 所示的"页眉和页脚"对话框。

⑥在"幻灯片"选项卡中，勾选"日期和时间"、"幻灯片编号"、"标题幻灯片中不显示"等选项；勾选"页脚"，并在下面文本框中输入文本，如：多媒体教研室：何振林。单击"应用"按钮，应用于使用本版式的所有幻灯片；单击"全部应用"按钮，将应用于整个演示文稿。

⑦调整"日期和时间"、"页脚"和"幻灯片编号"占位符的方向和位置到幻灯片的下方，如图 6-34 所示。

图 6-33　"页眉和页脚"对话框

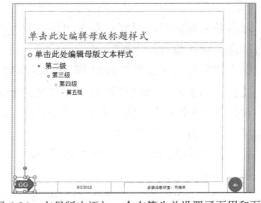

图 6-34　在母版中添加一个右箭头并设置了页眉和页脚

⑧关闭"幻灯片母版"视图，观察幻灯片上的变化。读者会发现，演示文稿中所有幻灯片上均出现读者添加的档案库箭头图标；除第一张幻灯片没有"日期和时间"、"页脚"和"幻灯片编号"，其他幻灯片都出现这三项信息。

2. 讲义母版

用于控制幻灯片以讲义形式打印的格式，如增加页码、页眉和页脚等，可利用"讲义母版"工具栏控制在每页纸中打印几张幻灯片，如在每一页设置打印 2、3、4、6、9 张幻灯片。

3. 备注母版

PowerPoint 为每张幻灯片设置了一个备注页，供用户添加备注。备注母版用于控制注释的显示内容和格式，使多数注释有统一的外观。

6.4.4　格式化幻灯片中的对象

幻灯片是由标题、正文、表格、图像、剪贴画等对象组成，对这些对象的格式化主要包括大小，在幻灯片中的位置，填充颜色，边框线、文本的修饰、段落的修改等。

1. 设置文本字体和字号

选定要设置字体和字号的文本，如果要对某个占位符整体进行修饰，可选择该占位符，然后打开"开始"选项卡，再单击"字体"组中的相关命令。

2. 设置文本颜色

选定要设置颜色的文本，打开"开始"选项卡，单击"字体"组中的"字体颜色"按钮 **A** 右侧的下拉三角按钮▼，打开"字体颜色"列表框。选择所需要的颜色，所选文本即采用该颜色。

3. 段落格式化

段落格式化包括段落的对齐方式、设置行间距、文字方向、对齐文本及使用项目。

设置文本段落的对齐方式：先选择文本框或文本框中的某段文字。单击"段落"组的"文本左对齐"按钮、"居中"按钮、"文本右对齐"按钮、"两端对齐"按钮和"分散对齐"按钮。

行距和段落间距的设置：单击"格式"组右下角的"对话框启动器"按钮，在打开的"段落"对话框中可对选中的文字或段落设置行距或段后的间距。如只设置行距的大小，可单击"行距"按钮。

文字方向的设置：单击"文字方向"按钮，可设置文本的方向。

对齐文本的设置：单击"对齐文本"按钮，可设置文本相对于占位符的对齐方式。

项目符号和编号的设置：单击"项目符号"按钮或"编号"按钮，可插入一个项目符号（默认为圆点"●"）或一个编号。

单击"降低列表级别"按钮或"提高列表级别"按钮，可降低或提高项目的级别。

【例 6-11】对"FlashCS4 几个重要概念.pptx"中的第一张幻灯片，完成以下设置：

（1）标题文字的字体、大小、颜色分别为楷体、46 磅、蓝色；居中对齐。

（2）副标题文本靠右对齐。

幻灯片修饰后的效果，如图 6-35 所示。

操作步骤如下：

①启动 PowerPoint，并打开"FlashCS4 几个重要概念.pptx"演示文稿，并选中第一张幻灯片。

②在标题占位符边框处单击，打开"开始"选项卡"字体"组，单击"字体"右侧的下拉列表按钮，从中选择一种字体，本例为楷体。

③单击"字号"右侧的下拉列表按钮，从中选择一种字号大小，如果没有出现该字号大小，则直接在"字号"框输入，本例输入 46。

图 6-35　修饰后的幻灯片

④将鼠标移动到"字体颜色"按钮 **A** 上，单击右侧的下拉列表按钮，弹出字体颜色列表框，从中单击某种色块，如图 6-36（a）所示。如果列表框中没有所需要的颜色，则执行"其他颜色"命令，打开如图 6-36（b）所示"颜色"对话框。

在"标准"选项卡中单击某种色块即可。若"标准"选项卡中不好选择，用户也可单击"自定义"选项卡，弹出如图 6-36（c）所示自定义颜色界面。然后在"颜色模式"框选择一种模式，本例为 RGB，在"红色"、"绿色"和"蓝色"框中分别输入 0、0 和 255。

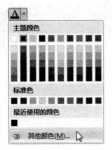 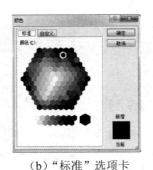 

（a）"字体颜色"列表框　　　（b）"标准"选项卡　　　（c）"自定义"选项卡

图 6-36　设置颜色

⑤单击"段落"组中的"居中"按钮，将标题居中对齐。

⑥单击副标题占位符边框，然后再单击"段落"组中的"文本右对齐"按钮，将副标题文本右对齐。

4. 对象格式的复制

在文本处理过程中，有时对某个对象做了上述格式化后，希望其他对象也有相同的格式，这时并不需要做重复的工作，只要单击"格式刷"按钮就可以复制，鼠标变为然后单击要应用该格式的对象。双击"格式刷"按钮可应用多次，按 Esc 键（或再次单击"格式刷"按钮），可取消格式刷的功能。

5. 格式化图片

在演示文稿中插入剪贴画、图片和艺术字，是美化幻灯片的一种常用手段，将使幻灯片更加生动、形象。

要插入剪贴画、图片和艺术字，用户可以使用"插入"选项卡上的"图像"组、"插图"组和"文本"组中的相关命令。

要插入剪贴画和图片，也可使用相关版式中的"剪贴画"按钮和"插入来自文件的图片"按钮。

（1）格式化图片

在幻灯片中双击选定要为其设置格式的图片，PowerPoint 将自动打开图片工具"格式"选项卡，如图 6-37 所示。

图 6-37　图片工具"格式"选项卡

图片工具"格式"选项卡包含"调整"、"图片样式"、"排列"和"大小"四个选项组，使用其中的命令按钮，将对图片颜色、透明度、边框效果、阴影效果、排列方式等格式进行设置。

● 调整图片

如图 6-38 所示，在"调整"组中，可以调整图片的颜色浓度（饱和度）和色调（色温）、对图片重新着色或更改某个颜色的透明度。如果要精确地调整图片，可在"更正"、"颜色"或"艺术效果"列表框中执行"图片更正选项"、"图片颜色选项"或"艺术效果选项"命令，打开如图 6-39 所示"设置图片格式"对话框。

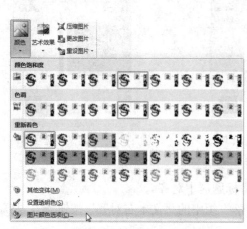

图 6-38 "调整"组及各命令按钮　　　　图 6-39 "设置图片格式"对话框

- 添加或更改图片效果

通过添加阴影、发光、映像、柔化边缘、凹凸和三维（3D）旋转等效果可以增强图片的感染力，也可以对图片添加艺术效果、更改图片的亮度、对比度或模糊度。

例如，对图片添加一个"全映像，4pt 偏移量"映像效果，其操作方法是：在幻灯片中双击要添加效果的图片，在打开的图片工具"格式"选项卡中单击"图片样式"组中的"图片效果"按钮 图片效果，如图 6-40 所示。

在"图片效果"列表框中，单击"映像"下级列表的"全映像，4pt 偏移量"按钮即可。

在如图 6-39 所示的"设置图片格式"对话框中，用户也可对图片的效果进行设置。

（2）设置占位符、形状等格式化

用户可以为占位符、形状等对象设置形状样式（形状填充、形状轮廓及形状效果）、排列（对齐、组合和旋转）等效果。

- 添加快速样式

占位符、形状等的快速样式包括来自演示文稿主题的

图 6-40 "图片效果"列表框

颜色、阴影、线型、渐变和三维（3D）透视等。利用实时预览，可以找到用户喜欢的样式。设置快速样式的操作方法如下：

①选择要更改的占位符、形状等。

②在绘图工具"格式"选项卡下，单击"形状样式"按钮 右侧的列表图标" "，打开形状样式列表框，单击所需的快速样式。

- 设置形状填充、形状轮廓和形状效果

使用"形状样式"组中的"形状填充"按钮 形状填充，可以对占位符、形状等图形设置以主题颜色、渐变色、纹理、图片和图案进行填充。也可以通过"形状轮廓"按钮 形状轮廓，设置轮廓颜色、轮廓边框的粗细大小、是否虚线、是否带箭头等；还能利用"形状效果"按钮 形状效果，设置占位符、形状的阴影、映像、发光等效果。

【例 6-12】对 "FlashCS4 几个重要概念.pptx" 中的第一张幻灯片，完成如下操作：

（1）添加一个双波形形状，在双波形形状添加一行文字 "欢迎来到 Flash 动画世界"，文字大小为 28 磅，如图 6-41 所示。

（2）设置双波形形状效果为 "金色，强调文字颜色 4，深色 50%"。

（3）为双波形形状设置从蓝色到绿色的水平向右线性渐变。

操作步骤如下：

①打开 "FlashCS4 几个重要概念.pptx" 演示文稿，并选中第一张幻灯片。

②在幻灯片右下方处，插入一个双波形形状 "⚛"，在其中输入一行文字：欢迎来到 Flash 动画世界。

③在绘图工具 "格式" 选项卡中单击 "形状填充" 按钮。在其下拉列表框中，依次单击 "渐变" → "其他渐变" 命令，打开如图 6-42 所示 "设置形状格式" 对话框。

图 6-41　在幻灯片上插入双波形状

图 6-42　"设置形状格式" 对话框

④在 "填充" 选项卡中单击 "渐变填充" 项。在 "类型" 中选择 "线性"；在 "方向" 中选择 "线性向右"；在 "渐变光圈" 栏中，设置渐变起始颜色为 "蓝色"，结束颜色为 "绿色"。

⑤单击 "形状轮廓" 按钮，设置双波形形状 "无轮廓"；单击 "形状效果" 按钮，设置双波形形状效果为 "金色，强调文字颜色 4，深色 50%"。

6.5　制作多媒体幻灯片

为了改善幻灯片在放映时的视听效果，用户可以在幻灯片中加入多媒体对象，如音乐、电影、动画等，从而获得满意的演示效果，增强演示文稿的感染力。

6.5.1　在幻灯片中插入声音

可以在幻灯片中插入并播放音乐，如可插入文件中的音频、剪贴画音频和录制音频等，使得演示文稿在放映时有声有色。

1. 插入剪贴画音频

在幻灯片中插入剪贴画音频的操作方法如下：

（1）将演示文稿切换到 "普通视图" 方式下。

（2）打开"插入"选项卡，单击"媒体"组中的"音频"按钮，接着在幻灯片编辑窗格右侧出现"剪贴画"任务窗格，如图 6-43 所示。

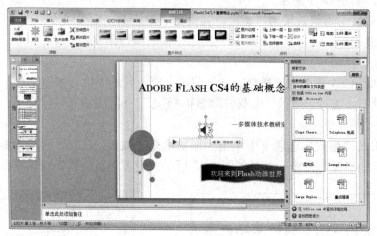

图 6-43　"剪贴画"任务窗格

（3）在出现的声音列表框中双击要插入的声音文件图标，将其插入到当前幻灯片，这时在幻灯片中可以看到声音图标，同时出现开始播放声音导航条。

（4）打开音频工具"播放"选项卡，如图 6-44 所示。利用选项卡中提供的音频处理命令可对音频进行"淡化持续时间"加工，设置"音量"大小，"剪辑音频处理"，"开始"播放时间的确定，是否循环播放、幻灯片放映时是否隐藏等的设置。

图 6-44　音频工具"播放"选项卡

2．插入文件中的声音

通常使用"剪贴画音频"不符合用户的要求，这时用户可从网络下载或者使用自己编辑的音频文件，然后通过"文件中的音频"命令插入一个音频。

【例 6-13】在"FlashCS4 几个重要概念.pptx"中的第一张幻灯片，插入一个用户制作好的音频文件，并设置幻灯片放映时播放。

操作步骤如下：

①启动 PowerPoint 后，打开"FlashCS4 几个重要概念.pptx"演示文稿，并选中第一张幻灯片。

②单击"媒体"组中的"音频"按钮，在弹出下拉列表框中执行"文件中的音频"命令，出现"插入音频"对话框，如图 6-45 所示。

③选中要插入的声音文件，如"好听的背景音乐.mp3"。单击"插入"按钮，将此音乐文件插入到第一张幻灯片之中，如图 6-46 所示。

④切换到音频工具"播放"选项卡中的"音频选项"组中，在"开始"列表框中选择"自动"；勾选"放映时隐藏"和"循环播放，直到停止"两个复选框。

图 6-45　"插入音频"对话框

图 6-46　插入音频后的幻灯片

⑤按下 F5 功能键，幻灯片从头开始播放，试听一下背景音乐的播放效果。

3．录制音频

在幻灯片中，也可插入一段用户自己的"录制音频"，方法如下：

（1）单击"媒体"组中的"音频"按钮，在弹出下拉列表框中执行"录制音频"命令，出现"录音"对话框，如图 6-47 所示。

（2）单击"开始录音"按钮 ● ，系统开始录音；单击"停止录音"按钮 ■ ，停止录音；单击"播放录音"按钮 ▶ ，可以试听，单击"确定"按钮，将录制的音频插入到幻灯片之中。

图 6-47　"录音"对话框

6.5.2　在幻灯片中插入影片

用户不仅可以在幻灯片中加入图片、图表和组织结构图等静止的图像，还可以在幻灯片中添加视频对象，如影片等。视频可以来自于"剪贴画视频"、"文件中的视频"和"来自网站的视频"等。

其中，插入"剪贴画视频"的方法与插入"剪贴画音频"的方法基本相同，本书不再细述。而插入"来自网站的视频"，则让用户可以从 PowerPoint 演示文稿链接至使用嵌入代码的 YouTube、Hulu 等网站上的视频。尽管大多数包含视频的网站都包括嵌入代码，但是嵌入代码的位置各有不同，具体取决于每个网站。并且，某些视频不含嵌入代码，因此，用户可能无法进行链接。本节只介绍"文件中的视频"的插入和使用方法。

如果在幻灯片中插入"文件中的视频"，可以按照下面的步骤进行操作。

（1）在普通视图中，选定要插入影片的幻灯片。

（2）在"插入"选项卡上单击"媒体"组中的"视频"按钮，在其展开的命令列表框中执行"文件中的视频"命令，弹出如图 6-48（a）所示的"插入视频文件"对话框，从中选择要插入的视频，并将其插入到当前幻灯片中。

（3）视频插入后，出现视频工具"格式"与"播放"选项卡。"播放"选项卡与图 6-43 所示的音频"播放"选项卡一样，其使用方法也相同。

【例 6-14】在"FlashCS4 几个重要概念.pptx"中的第二张幻灯片，插入一个用户制作好的 Flash 动画（.SWF），并设置幻灯片放映时播放。

操作步骤如下：

①启动 PowerPoint 后，打开"FlashCS4 几个重要概念.pptx"演示文稿，并选中第二张幻灯片。

②单击"媒体"组中的"视频"按钮，在弹出下拉列表框中执行"文件中的视频"命令，出现如图 6-48（a）所示的"插入视频文件"对话框，从中选择要插入的视频，本例为"鸭子.swf"并将其插入到当前幻灯片中。

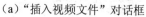

（a）"插入视频文件"对话框　　　　（b）插入视频文件并设置预览图像和框架的幻灯片

图 6-48　插入视频

③选择刚才插入的视频对象，打开视频工具"格式"选项卡。单击"调整"组中的"标牌框架"按钮，在弹出的命令列表框中执行"文件中的图像"命令（或右击，执行快捷菜单中的"更改图片"命令），打开"插入图片"对话框，从中选择一幅图片作为向观众提供视频预览的图像。

④单击"视频样式"组中的一种样式，如"外部阴影矩形"，为视频画面设置一个播放图像框架，如图 6-48（b）所示。

⑤切换到视频工具"播放"选项卡中的"视频选项"组，在"开始"列表框中选择"单击时"。

⑥按下 Shift+F5 组合键，单击幻灯片中的视频图像，视频（动画）开始播放，试看观看一下视频（动画）的播放效果。

6.6　设置幻灯片的动画与超链接

6.6.1　设置动画效果

在幻灯片上为文本、插入的图片、表格、图表等对象设置动画效果，这样就可提高演示的趣味性，达到突出重点，控制信息流程的目的。在设计动画时，有两种不同的动画设计：一是幻灯片内的动画，二是幻灯片间的动画。

1. 幻灯片内的动画设计

幻灯片内的动画设计指在演示一张幻灯片时，随着演示的进展，逐步显示片内不同层次、对象的内容。比如首先显示的是第一层次的内容标题，然后一条一条显示正文。这时可以用不同的切换方法，如飞入法、展开法、升起法来显示下一层内容，这种方法称为幻灯片内的动画。

　　设置幻灯片内的动画效果可以在"幻灯片编辑"窗口进行。也可以利用"动画"选项卡中各项命令设置动画效果。在 PowerPoint 2010 中有以下四种不同类型的动画效果。

- "进入"效果：可以使对象逐渐淡入焦点、从边缘飞入幻灯片或者跳入视图中，"进入"效果动画的图标为 。
- "强调"效果：强调效果包括使对象缩小或放大、变换颜色或沿其中心旋转等。
- "退出"效果：包括使对象飞出幻灯片、从视图中消失或者从幻灯片中旋出，"退出"效果动画的图标为 。
- "动作路径"效果：使用动作路径效果可以使对象上下移动、左右移动或者沿着星形、圆形或线条、路径移动（与其他效果一起）。

　　可以单独使用任何一种动画，也可以将多种效果组合在一起，例如，可以对某个形状如十字星形的一行文字应用"轮子"进入效果及"放大/缩小"强调效果，使文本在出现的同时逐渐放大。

　　还可以利用"动画"命令来定义幻灯片中各对象显示的顺序，方法有如下两种：

　　（1）利用"动画"选项卡的"动画"列表框设计动画。

　　操作步骤如下：

　　①在某幻灯片中，选择要设置动画的对象。

　　②打开"动画"选项卡，如图 6-49 所示。

图 6-49　"动画"选项卡

　　③在"动画"组中，单击动画列表框中的一种动画方案（默认为"进入"效果）。如果要应用其他动画效果，可单击动画列表框右侧的下拉列表按钮 ，弹出"动画"列表框，如图 6-50 所示。

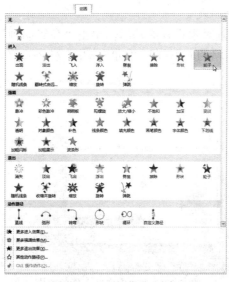

图 6-50　"动画"列表框

　　值得注意的是，此种添加动画的方法只能是单一的，即只能使用一种动画。如果要对同一对象应用多种动画，则需要使用"高级动画"组中的"添加动画"按钮，从中可以为同一对象添加多种动画方案，如图 6-51 所示。若需要某类型的更多效果，可执行"更多进入/强调/退出/动作路径"命令，在弹出的效果对话框中选取某种效果。

　　④单击"效果选项"按钮，在其弹出的列表框中选择一种效果为动画设置。

　　⑤利用"计时"组相关的命令可以调整各动画对象的显示顺序，以及触发动画的动作、动画的持续时间和延迟时间等。

　　（2）利用"高级动画"组有关命令设置动画。

　　①在某幻灯片中，选择要设置动画的对象。

　　②单击"高级动画"组中的"添加动画"命令按钮，在弹出命令列表框中选择一种效果。

　　③重复过程②可以为同一对象设置多种叠加效果。

　　④单击"效果选项"按钮，在其弹出的列表框中选择一种效果为动画设置。

图 6-51　"添加动画"列表框

　　⑤利用"计时"组相关的命令可以调整各动画对象的显示顺序，以及触发动画的动作、动画的持续时间和延迟时间等。

　　使用"动画刷"按钮，可以为其他动画对象设置一个相同的动作。

　　此外，还可为动画对象设置触发器功能。在幻灯片放映期间，使用触发器可以在单击幻灯片上的对象或者播放视频的特定部分时，显示动画效果。由于触发器功能较为复杂，我们在本书的配套实验教材的实验十九中，安排了一个课后练习题。读者也可以参考有关介绍触发器功能的书籍，或上网查询有关这方面的资料。

　　2. 查看幻灯片上的动画列表

　　当用户将幻灯片中的动画对象设置成功后，单击"高级动画"组中的"动画窗格"按钮，在幻灯片编辑窗格的右侧打开"动画窗格"任务窗格，如图 6-52 所示。

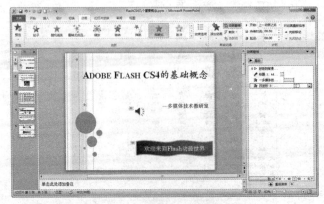

图 6-52　"动画窗格"任务窗格

"动画窗格"中显示有关动画效果的重要信息，如效果的类型、多个动画效果之间的相对顺序、受影响对象的名称以及效果的持续时间。将鼠标停留在某个动画上，可显示该动作的名称。

"动画窗格"主要由四个部分组成：

（1）编号：表示动画效果的播放顺序，该编号与幻灯片上显示的不可打印的编号标记相对应，如图 6-53 所示。

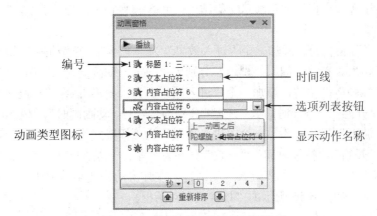

图 6-53　"动画窗格"中的图标说明

（2）时间线：代表效果的持续时间，是一个淡黄色的长方块。

（3）动画类型图标：代表动画效果的类型，如"〜"表示动作路径。

（4）选项列表按钮：在"动画窗格"中，单击选中的动画项目后，将光标置于项目右侧的下拉箭头 ，单击该图标选项，即可显示相应菜单，如图 6-54 所示为动画效果开始计时选项，有如下三种。

- "单击开始（鼠标图标 ）"：动画效果在用户单击时开始。
- "从上一项开始（无图标）"：动画效果开始播放的时间与列表中上一个效果的时间相同。此设置可在同一时间组合多个效果，等效于"计时"组中的"开始"列表中的"与上一动画同时"。
- "从上一项之后开始（时钟图标 ）"：动画效果在列表中上一个效果完成播放后立即开始播放。

图 6-54　动画效果开始计时选项

【例 6-15】在"FlashCS4 几个重要概念.pptx"的第一张幻灯片中，分别对标题、副标题、形状和声音设置不同的动画。

操作步骤如下：

①启动 PowerPoint 后，打开"FlashCS4 几个重要概念.pptx"演示文稿，并选中第一张幻灯片。

②单击"声音"图标 ，在"动画"选项卡的"计时"组上，设置"开始"、"持续时间"、"延迟"分别为"上一动画之后"、"自动"和"00.00"。

③打开音频工具"播放"选项卡，在"编辑"组中的"设置淡化持续时间"栏里，分别

设置"淡入"和"淡出"为"00.75"和"00.25"。

在"音频选项"组中，设置"开始"为"自动"；勾选"放映时隐藏"和"循环播放，直到停止"复选框。

在"动画窗格"中，右击"播放音频"动画行，在弹出的快捷菜单中执行"效果选项"或"计时"命令，弹出如图 6-55 所示的"播放音频"对话框。

在对话框的"停止播放"栏中选择"当前幻灯片之后"，即当前幻灯片播放完后，音频播放停止；如果要让音频一直播放到演示文稿结束，可单击"在……张幻灯片后"项，并输入最后一张幻灯片的编号。

④选定"标题"占位符，添加一个"进入效果"为"上浮"；在"动画"选项卡的"计时"组上，设置"开始"、"持续时间"、"延迟"分别为"与上一动画同时"、"01.50"和"00.00"。

⑤选定"副标题"占位符，添加一个"进入效果"为"菱形"；在"动画"选项卡的"计时"组上，设置"开始"、"持续时间"、"延迟"分别为"与上一动画同时"、"01.50"和"00.00"。

⑥选定"双波形"形状，添加一个"进入效果"为"挥鞭式"；在"动画"选项卡的"计时"组上，设置"开始"、"持续时间"、"延迟"分别为"与上一动画同时"、"01.50"和"00.00"。

在"动画窗格"中，右击"挥鞭式"动画行，在弹出的快捷菜单中执行"效果选项"或"计时"命令，弹出如图 6-56 所示的"挥鞭式"对话框。

图 6-55　"效果"选项卡

图 6-56　"挥鞭式"对话框

在此对话框中，去掉勾选"动画形状"复选框。

⑦打开"幻灯片放映"选项卡，单击"开始放映幻灯片"组中的"从当前幻灯片开始"按钮，幻灯片开始播放，观察幻灯片中的动画效果。

【例 6-16】制作一个知识选择题，了解触发器的使用，幻灯片如图 6-57 所示。

操作步骤如下：

● 制作答案选项

①启动 PowerPoint 后，在自动创建的演示文稿中，将标题（第一张）的版式改为空白。

②分别插入九个文本框，并从上到下、从左到右输入如图 6-57 所示的文本内容。

③选定四个答案文本框，添加一个从左侧"飞入"的进入动画效果，设置"计时"时间为"上一动画之后"。

④选中 A 选项（即"A．一帘幽梦"）后面的"×"文本框，先添加一个"翻转式由远及

近"单击进入动画效果。然后，在"动画窗格"中选中该动画行，右击，在弹出的快捷菜单中执行"计时"命令，打开如图 6-58 所示"翻转式由远及近"对话框。

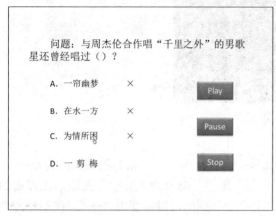
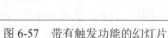

图 6-57　带有触发功能的幻灯片　　　　　图 6-58　"翻转式由远及近"对话框

⑤单击"触发器"按钮，列出触发器选项。在"单击下列对象时启动效果"列表框中选择"TextBox5:A.一帘幽梦"。

其他选项的答案进行类似地设置。

● 制作音乐控制按钮

①在"插入"选项卡的"媒体"组上，单击"音频"按钮，利用"文件中的音频"命令插入一个音乐文件"一剪梅"。同时，插入的音频文件具有了一个动画，动画设置为"播放时隐藏"，其他参数用户不用改动。

②插入三个"圆角矩形"，再使用绘图工具"格式"选项卡，修改三个"圆角矩形"的形状样式为"强烈效果－水绿色，强调颜色 5"。

依次在三个"圆角矩形"中输入文字：Play、Pause和 Stop。

③选中插入的音频图标 ，打开"动画"选项卡，单击"高级动画"组中"触发"按钮 ，展开其命令列表，如图 6-59 所示。

依次选择"单击"→"矩形 15"，即单击 Play 按钮可播放音频文件。

④选中音频图标 ，单击"添加动画"按钮，展开添加效果列表框，单击"暂停"图标 ，为音频添加一个"暂

图 6-59　"触发"按钮及命令列表

停"效果。单击"触发"按钮，为音频设置一个触发器为矩形 16（即 Pause 按钮）。单击 Pause按钮，可暂停播放音频，再次单击该按钮，可继续播放。

重复第④步的工作，为音频添加一个"停止"效果 ，即单击 Stop 按钮可中止音频文件的播放。

⑤单击幻灯片编辑窗格右下角的"幻灯片放映"按钮 ，单击一个答案选项和一个音频播放按钮，观察幻灯片上将会出现的动作。

【例 6-17】制作一个星星不断变化的幻灯片片头，如图 6-60 所示。

图 6-60   星星不断变化的幻灯片片头

操作步骤如下：

①启动 PowerPoint 后，在自动创建的演示文稿中，将标题（第一张）的版式改为空白。

②绘画一个星星。打开"插入"选项卡，单击"插图"组中的"形状"按钮，在弹出的形状列表框中找到"星与旗帜"栏。单击选择"十字星"图形，鼠标变为"十"，在幻灯片中绘画大小随意的一个十字星。

③双击"十字星"形状，系统自动切换到"格式"选项卡，单击"形状样式"组中的"形状填充"按钮，设置"黄色"填充色；单击"形状轮廓"按钮，设置"无轮廓"格式，调整好星星形状的大小和位置。

④打开"动画"选项卡，单击"高级动画"组中的"添加动画"按钮，添加一个进入效果为"出现"、动作开始时间为"与上一动画同时"的动画；再添加一个强调效果为"放大缩小"、动作开始时间为"与上一动画同时"、持续时间设置为"02.00"、重复为"直到幻灯片末尾"的动画。

⑤一个十字星设置完毕后，单击这个十字星，复制与粘贴出另外三个相同的十字星。

⑥单击选择第三个十字星，添加三个动画。一个是强调效果为"填充颜色"、动作开始时间为"与上一动画同时"、持续时间设置为"02.00"、重复为"直到幻灯片末尾"的动画。

为第三个十字星再添加一个动作路径为"水平数字 8"、动作开始时间为"与上一动画同时"、持续时间设置为"02.00"、重复为"直到幻灯片末尾"的动画。

为第三个十字星再添加一个强调效果为"放大/缩小"、动作开始时间为"与上一动画同时"、持续时间设置为"02.00"、重复为"直到幻灯片末尾"的动画。

⑦重复第⑥步，为第四个十字星添加三个动画效果。

⑧设置幻灯片的背景为黑色。打开"设计"选项卡，单击"背景"组中的"背景格式"按钮，在其弹出的"背景格式"列表中单击"样式 4"即可。

⑨将四个十字星同时选中，调整到幻灯片左上角一个合适的位置，然后按下 Shift+F5 组合键，观察幻灯片的播放效果。

3. 设置幻灯片间动画效果

幻灯片间的动画效果是指幻灯片放映时两张幻灯片之间切换时的动画效果，即切换动画效果。切换动画设置后，用户还可以控制切换效果的速度、声音，甚至可以对切换效果的属性进行自定义。

要设置幻灯片切换效果，一般在"幻灯片浏览"窗口进行，操作步骤如下：

（1）选择要进行效果切换的连续或不连续的多张幻灯片。

（2）单击打开"切换"选项卡，如图 6-61 所示。

图 6-61　"切换"选项卡

（3）在"切换到此幻灯片"组中，单击要应用于该幻灯片的幻灯片切换效果。如要查看更多的切换效果，可单击切换效果列表右侧的下拉列表按钮 。

（4）使用"计时"组中的相关命令按钮，可对幻灯片切换效果进行调整，其中：

- "声音"列表框。在此框中可选择幻灯片切换时出现的声音，如"风铃"声。
- "持续时间"框。在此框中可以设置幻灯片切换时所持续的时间（以秒为单位）。
- "换片方式"选项。换片方式有两种，一种是鼠标单击换片，另一种是间隔一定的时间自动换片，用户根据需要选择一种适合当前演示文稿的换片方式。
- "全部应用"按钮。单击此按钮，可将选定的切换效果应用于当前演示文稿中的所有幻灯片。

【例 6-18】为"FlashCS4 几个重要概念.pptx"演示文稿设置幻灯片切换效果为"时钟"，持续时间为"1.50"，单击换片。

操作步骤如下：

①启动 PowerPoint 后，打开"FlashCS4 几个重要概念.pptx"演示文稿。

②在如图 6-61 所示"切换"选项卡中，单击切换效果列表右侧的下拉列表按钮，弹出下拉列表框。浏览并单击切换效果为"时钟"。

③在"计时"组中，设置"持续时间"为 1.50；单击"全部应用"按钮 ，将"时钟"切换方式应用到全部幻灯片。

④按下 Shift+F5 组合键，观察幻灯片的切换效果。

6.6.2　演示文稿中的超链接

在演示文稿中添加超链接，然后利用它跳转到不同的位置。例如跳转到演示文稿的某一张幻灯片、其他演示文稿、Word 文档、Excel 电子表格、公司 Internet 地址等。

如在幻灯片上已设置了一个指向文件的超链接，幻灯片放映时当鼠标移到下划线显示处，就会出现一个超链接标志（鼠标成小手形状），单击，就跳转到超链接设置的相应位置。

1.　创建超链接

创建超链接起点可以是任何文本或对象，代表超链接起点的文本会添加下划线，并且显示成系统配色方案指定的颜色。

激活超链接最好用单击的方法，单击就能跳转到为超链接设置的相应位置。

有两种方法创建超链接，一是使用"超链接"命令，二是使用"动作按钮"。

（1）使用"超链接"命令创建。在幻灯片视图中选择代表超链接起点的文本、图片或图表等对象，使用下面三种方法建立超链接。

方法 1：打开"插入"选项卡，单中"链接"组中的"超链接"按钮 。

方法 2：右击鼠标，在弹出的快捷菜单中执行"超链接"命令。

方法 3：按下 Ctrl+K 组合键。

以上三种方法，均可打开如图 6-62 所示的"插入超链接"对话框。在对话框左侧的 4 个按钮"现有文件或网页"、"本文档中的位置"、"新建文档"和"电子邮件地址"可链接到不同位置的对象；右侧在按下不同按钮时会出现不同的内容。

单击"链接到"框中"现有文件或网页"按钮后，在"查找范围"栏可以选择一个子范围，如"当前文件夹"。用户可在文件列表框中选择或直接在"地址"输入框中输入要链接文件的名称，如：鸭子.FLA；在"要显示的文字"输入框中输入显示的文字，如：鸭子，则可替代原有的文本；单击"屏幕提示"按钮，可输入在超链接处显示的文本，如：大鸭带小鸭。最后单击"确定"按钮，超链接设置完毕。

带有超链接的幻灯片在播放时出现的界面，如图 6-63 所示。

图 6-62   "插入超链接"对话框

图 6-63   "插入超链接"的幻灯片

（2）使用"动作"命令或"动作按钮"形状建立超链接。

有以下两种方法建立动作超链接。

● 使用"动作"按钮

打开"插入"选项卡，单击"链接"组中的"动作"按钮。

● 使用"动作按钮"形状

利用"动作按钮"，也可以创建超链接。操作方法如下：打开"插入"选项卡，单击"插图"组中的"形状"按钮，弹出"形状"列表框，如图 6-64 所示。在"动作按钮"项目栏中的某个需要的按钮形状上单击，鼠标变为"十"。在幻灯片按下鼠标左键不放，拖动鼠标画出一个形状，如 ▶ 。

使用以上两种方法之一后，系统弹出如图 6-65 所示"动作设置"对话框。

在图 6-65 中，"单击鼠标"选项卡设置单击鼠标启动转跳；"鼠标移过"选项卡设置移过鼠标启动转跳。"超链接到"选项可以在列表框中选择跳转的位置。

2. 编辑和删除超链接或动作

如果要更改超链接或动作的内容，可以对超链接或动作进行编辑与更改。

编辑超链接的方法：指向或选定需要编辑超链接的对象，按下 Ctrl+K 组合键；或右击，在快捷菜单中选择"编辑超链接"命令，显示"编辑超链接"对话框或"动作设置"对话框，改变超链接的位置或内容即可。

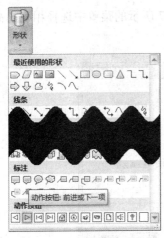

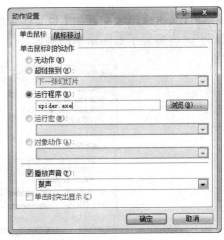

图 6-64　"形状"列表框　　　　　　图 6-65　"动作设置"对话框

删除超链接或动作的操作方法同上，只要在"编辑超链接"对话框选择"删除链接"命令按钮或在"动作设置"对话框选择"无动作"选项即可；要删除超链接，也可以右击，在弹出的快捷菜单中选择"删除超链接"命令。

【例 6-19】在例 6-10 的基础上，为"FlashCS4 几个重要概念.pptx"母版上添加的右箭头形状添加一个单击切换到下一张幻灯片的动作。

操作步骤如下：

①启动 PowerPoint 后，打开"FlashCS4 几个重要概念.pptx"演示文稿。

②打开"视图"选项卡，在"母版视图"组单击"幻灯片母版"按钮，打开幻灯片母版视图窗口。

③在幻灯片母版编辑窗格中，找到右箭头形状⇨。然后，打开"插入"选项卡，单击"链接"组中的"动作"按钮，打开如图 6-65 所示的"动作设置"对话框。

④在"单击鼠标"选项卡上单击"超链接到"选项，并在下面的列表框中选择"下一张幻灯片"。单击"确定"按钮，动作设置完成。

⑤单击"关闭母版视图"按钮，按下 Shift+F5 组合键，播放演示文稿。单击右箭头图标，观察幻灯片所作的动作。

6.7　演示文稿的放映

演示文稿创建后，用户可以根据使用者的不同需求，设置不同的放映方式。

6.7.1　设置放映方式

打开"幻灯片放映"选项卡，单击"设置"组中的"设置幻灯片放映"按钮（或在按下 Shift 键的同时，单击"幻灯片放映"按钮），就可以看到"设置放映方式"对话框，如图 6-66 所示。

在对话框的"放映类型"框中有三个单选按钮，它们决定了放映的方式。

（1）演讲者放映（全屏幕）：以全屏幕形式显示，在幻灯片放映时，可单击鼠标左键、按 N 键、Enter 键、PgDn 键或→、↓键顺序播放；要回到上一个画面可按 P 键、PgUp 键或←、

↑键。也可在放映时右击或按 F1 键，在弹出的如图 6-67 所示的菜单中选择相应的命令，如选择"帮助"，屏幕显示右图所示的画面。

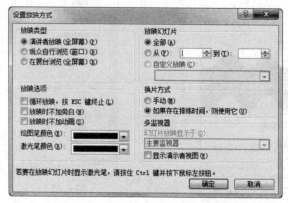

图 6-66 "设置放映方式"对话框

图 6-67 放映时右击鼠标出现的菜单（左）及按 F1 键出现的帮助选项（右）

按 Ctrl+P 组合键和 Ctrl+A 组合键可显示或隐藏绘图笔，供用户用绘图笔进行涂画；按 E 键可清除屏幕上的绘图。

（2）观众自行浏览（窗口）：以窗口形式显示，用户可以利用滚动条或"浏览"菜单显示所需的幻灯片，可以利用"编辑"菜单中的"复制幻灯片"命令将当前幻灯片图像复制到 Windows 的剪贴板上，也可以通过"文件"菜单的"打印"命令打印幻灯片。

（3）在展台放映（全屏）：以全屏形式在展台上做演示用。在放映前，一般先利用"幻灯片放映/排练计时"将每张幻灯片放映的时间规定好，在放映过程中，除了保留鼠标指针用于选择屏幕对象外，其余功能全部失效（连中止也要按 Esc 键）。

在"放映幻灯片"选项框提供了幻灯片放映的范围：全部、部分，还是自定义幻灯片。其中自定义放映是通过"幻灯片放映"菜单中的"自定义放映"命令，逻辑地组织演示文稿中的某些幻灯片以某种顺序组成，并以一个自定义放映名称命名，然后在"放映幻灯片"选项框中选择自定义放映的名称，就仅放映该组幻灯片。

"换片方式"选项框供用户选择换片方式是手动还是自动。

若选中"循环放映，按 Esc 键终止"，可使演示文稿自动放映，一般用于在展台上自动重复地放映演示文稿。

6.7.2　自定义放映

针对不同的场合和不同的观众，演示文稿在播放时可能播放的内容也不相同。为实现这样的播放要求，可通过自定义放映来实现。使用自定义放映不但能够选择性地放映演示文稿的部分幻灯片，还可以根据需要调整幻灯片的播放顺序，而不改变原演示文稿内容和顺序。

创建自定义放映的方法如下：

（1）打开要创建自定义放映的演示文稿。

（2）打开"幻灯片放映"选项卡，单击"开始放映幻灯片"组中的"自定义幻灯片放映"按钮 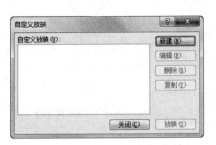。在弹出的"自定义幻灯片放映"列表框中，执行"自定义放映"命令，系统弹出如图 6-68 所示的"自定义放映"对话框。

（3）单击该对话框中的"新建"按钮，显示如图 6-69 所示的"定义自定义放映"对话框。

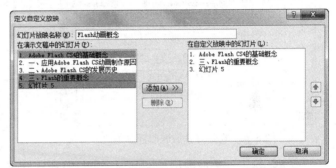

图 6-68　"自定义放映"对话框　　　　图 6-69　"定义自定义放映"对话框

（4）在"幻灯片放映名称"框中输入自定义放映的名称，如"Flash 动画概念"。

（5）在"在演示文稿中的幻灯片"列表框中，选择要添加到自定义放映幻灯片中的一个或一组幻灯片，单击"添加"按钮。

（6）如果要改变自定义放映中幻灯片的顺序，可在"在自定义放映中的幻灯片"列表框中选定要改变顺序的幻灯片，单击"上移"按钮📤或"下移"按钮📥。

也可以单击"删除"按钮，删除在自定义放映中的幻灯片。

（7）单击"确定"按钮，自定义放映设置完成。

6.7.3　幻灯片的放映

1. 幻灯片的放映

演示文稿制作完成后，或在制作过程中 PowerPoint 随时都可以进入幻灯片放映视图，用于察看幻灯片的演示效果。进入幻灯片放映的方法有以下几种：

方法 1：按下 F5 功能键，演示文稿总是从第一张幻灯片开始播放。

方法 2：打开"幻灯片放映"选项卡，单击"开始放映幻灯片"组中的"从头开始"按钮📽️，演示文稿从第一张幻灯片开始播放。此方法和按下 F5 功能键的放映方式相同。

方法 3：单击幻灯片编辑窗格右下角的"幻灯片放映"按钮 ☄，从当前幻灯片开始播放。

按下 Shift+F5 组合键，或打开"幻灯片放映"选项卡，单击"开始放映幻灯片"组中的"从当前幻灯片开始"按钮📺，也可以从当前幻灯片进行放映。

在放映时，演讲者通过鼠标指针为听众指出幻灯片重点内容，也可通过在屏幕上画线或加入文字的方法增强表达效果，如图 6-70 所示。

打开演讲者所使用的"笔"的方法是：右击鼠标，在弹出的快捷菜单中执行"指针选项"子菜单中的"笔"命令，如果对"笔"的颜色不满意，可在"墨迹颜色"子菜单中选择一种颜色，如图 6-71 所示。

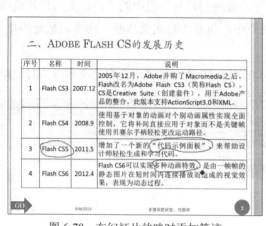

图 6-70　在幻灯片放映时添加笔迹

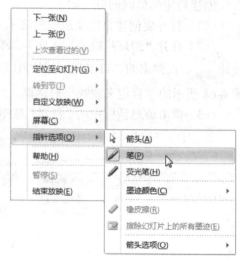

图 6-71　幻灯片放映时的快捷菜单

按 Esc 键，结束放映屏幕回到原来幻灯片所在状态。

2．放映自定义放映

创建好自定义放映幻灯片后，接下来就可以对自定义放映的幻灯片进行放映了，其方法如下：

（1）打开用于创建自定义放映的演示文稿。

（2）打开"幻灯片放映"选项卡，单击"开始放映幻灯片"组中的"自定义幻灯片放映"按钮。在弹出图 6-72 所示的"自定义幻灯片放映"列表框中，选择自定义幻灯片放映的名称，即可放映。

图 6-72　"自定义幻灯片放映"列表框

6.8　演示文稿的打包与发布

6.8.1　演示文稿的打包

演示文稿制作完毕后，有时会在其他计算机中播放幻灯片文件，而所用计算机上未安装有 PowerPoint 软件、或缺少幻灯片中使用的字体等，这样就无法放映幻灯片或放映效果不佳。解决此问题的办法是将演示文稿文件打包，然后使用 PowerPoint 的播放器 pptview.exe 来播放幻灯片就可解除上述烦恼。

将已经制作完成的演示文稿打包到磁盘中的操作步骤如下：

（1）打开准备打包的演示文稿。

（2）单击"文件"选项卡，在弹出的命令列表框中依次单击"保存并发送"→"将演示文稿打包成 CD"命令→"打包成 CD"命令，弹出如图 6-73 所示的"打包成 CD"对话框。

在图 6-73 中，单击"选项"按钮，打开"选项"对话框，如图 6-74 所示。从"选项"对话框中可以选择包含的文件、设置保护文件的密码等。如果选择了"嵌入的 TrueType 字体"，则可在其他计算机上显示幻灯片中使用的未安装字体。当然选择越多，生成的文件包越大。设置完成后，单击"确定"按钮返回原对话框。

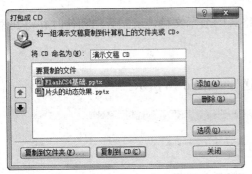
图 6-73　"打包成 CD"对话框

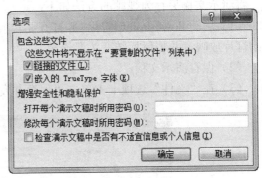
图 6-74　"选项"对话框

PowerPoint 播放器还允许我们加入多个演示文稿和其他文件。单击图 6-73 中的"添加"按钮，在弹出的对话框中选择要加入的文件，添加即可。通过左边的上下箭头可以改变演示文稿的播放顺序等。

在"将 CD 命名为"文本框处输入打包后生成文件夹的名称，如"PS&LashCS5 设计"。

"打包成 CD"对话框，根据需要设置完成后，单击"复制到文件夹"按钮，根据提示将其打包存放到磁盘上。这时磁盘上会产生一个以该 CD 名命名的文件夹，里面存放着 PowerPoint 播放器播放时所需要的全部文件，如图 6-75 所示。

图 6-75　打包后的文件夹

如果用户要将演示文稿复制到 CD，请单击"复制到 CD"按钮。我们只要将该文件夹复制到 U 盘或 CD 上，以后无论到哪里，不管计算机上是否安装有 PowerPoint 或需要的字体，幻灯片均可正常播放了。

6.8.2 将演示文稿转换为视频或直接放映格式文件

1. 放映自定义放映

在 PowerPoint 2010 中，可以将演示文稿另存为 Windows Media 视频（*.wmv）文件，这样就可以确保演示文稿中的动画、旁白和多媒体内容可以顺畅播放，分发时可更加放心。如果不想使用.wmv 文件格式，也可以使用相关程序将文件转换为其他格式（*.avi、*.mov）等。

将演示文稿另存为视频的方法如下：

（1）启动 PowerPoint 程序，并打开要转换格式的演示文稿，录制旁白和计时并将其添加到幻灯片放映，并将鼠标转变为激光笔。

（2）保存演示文稿。

（3）在"文件"选项卡上单击"保存并发送"，如图 6-76 所示。

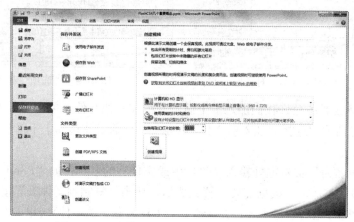

图 6-76　"文件"选项卡之"保存并发送"菜单

（4）在"保存并发送"菜单中，单击"创建视频"按钮 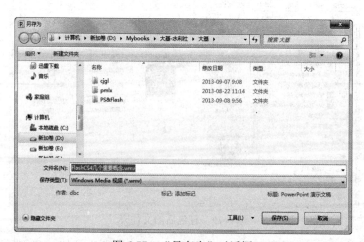，打开如图 6-77 所示的"另存为"对话框。

图 6-77　"另存为"对话框

在执行"创建视频"之前，需要做以下准备工作：

①若要显示所有视频质量和大小选项，请单击"创建视频"下的"计算机和 HD 显示"下

拉箭头，执行下列操作之一：

- 选择"计算机和 HD 显示"选项，系统将创建质量很高的视频（文件会比较大）。
- 选择"Internet 和 DVD"选项，创建具有中等文件大小和中等质量的视频。
- 选择"便携式设备"选项，可以创建文件最小的视频（质量低）。

②单击"不要使用录制的计时和旁白"下拉箭头，并选择下列选项之一。

- 如果没有录制语音旁白和激光笔运动轨迹并对其进行计时，可选择"不要使用录制的计时和旁白"。
- 如果录制了旁白和激光笔运动轨迹并对其进行了计时，可选择"使用录制的计时和旁白"。

③每张幻灯片的放映时间默认设置为 5 秒。若要更改此值，可在"放映每张幻灯片的秒数"右侧，单击上箭头"▲"来增加秒数或单击下箭头"▼"来减少秒数。

（5）在"文件名"框中为该视频输入一个文件名，通过浏览找到将包含此文件的文件夹，然后单击"保存"按钮。

（6）若要播放新创建的视频，找到指定的文件夹位置，然后双击该文件。

2. 将演示文稿转换为直接放映格式

将演示文稿转换为直接放映格式，可以在没有安装 PowerPoint 的计算机上直接放映，操作方法和过程如下：

（1）启动 PowerPoint 程序，并打开要转换格式的演示文稿。

（2）单击"文件"选项卡上的"保存并发送"命令。

（3）单击"更改文件类型"菜单下的"PowerPoint 放映（*.ppsx）"命令，打开"另存为"对话框。

（4）在"另存为"对话框中，系统会自动选择保存类型为"PowerPoint 放映（*.ppsx）"，用户需选择存放位置和文件名后，单击"保存"按钮，将演示文稿另存为"PowerPoint 放映（*.ppsx）"格式文件。

要将演示文稿（*.pptx）文件转换为放映格式的文件（*.ppsx），用户也可以使用"文件"选项卡中的"另存为"命令。

6.8.3 打包演示文稿的放映

演示文稿打包后，就可以在没有安装 PowerPoint 的机器上放映该演示文稿。具体的方法如下：

（1）打开打包的文件夹 PresentationPackage 子文件夹。

（2）在联网情况下，双击该文件夹的 PresentationPackage.html 网页文件，在打开的网页上单击 Download Viewer 按钮，下载 PowerPoint 播放器 PowerPointView.exe 并安装，如图 6-78 所示。

（3）启动 PowerPoint 播放器，出现 Microsoft PowerPoint Viewer 对话框，如图 6-79 所示。定位到打包文件夹选择某个演示文稿文件，并单击"打开"按钮，即可放映演示文稿。

（4）放映完毕，还可以在对话框中选择播放其他演示文稿。在运行打包的演示文稿时，不能进行即兴标注。

若演示文稿打包到 CD，则将光盘放到光驱中会自动播放。

图 6-78　PresentationPackage.html 网页文件

图 6-79　Microsoft PowerPoint Viewer

6.9　打印演示文稿

可以通过打印设备输出幻灯片、大纲、演讲者备注及观众讲义等多种形式的演示文稿。只是这时的文稿只能以图形和文字的形式表现演示内容。

如果要打印演示文稿中的幻灯片、讲义或大纲，可按下列步骤操作：

（1）打开"设计"选项卡，单击"页面设置"组中的"页面设置"按钮 ，PowerPoint 打开如图 6-80 所示的"页面设置"对话框。

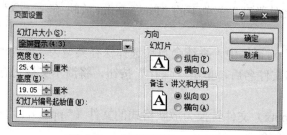

图 6-80　"页面设置"对话框

在"页面设置"对话框中，用户可以对幻灯片的大小、宽度、高度、幻灯片编号起始值、方向等参数进行设置。当设置好这些参数后，单击"确定"按钮。

（2）切换到"文件"选项卡，并单击"打印"命令，如图 6-81 所示。

（3）"打印机"选项用于选择打印的打印机。

（4）"设置"选项用于设置被打印的幻灯片的范围。

（5）在"幻灯片"框中输入要打印幻灯片的范围，如打印 2～4 三张幻灯片，则输入 2-4。

（6）在"打印版式"（默认为"整页幻灯片"）处，可设置每页打印几张幻灯片。

（7）在"单面打印"栏中，设置是单面打印还是双面打印。

（8）在"调整"栏中，设置是否逐份打印幻灯片。

（9）设置打印的纸张方向和打印的颜色。

（10）单击"打印"，然后在"打印设置"下的"副本"框中，输入要打印的副本数。

（11）单击"打印"按钮 ，开始打印。

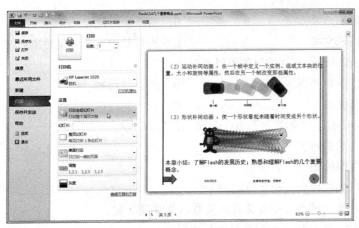

图 6-81　"打印"对话框

习题 6

一、单选题

1. 下列（　　）方式不能用于放映幻灯片。
    A．按下 F6 键
    B．单击"视图"选项卡中的"幻灯片放映"按钮
    C．按下 F5 键
    D．单击幻灯片编辑窗格右下角处的"幻灯片放映"按钮

2. 在 PowerPoint 中，不能对个别幻灯片内容进行编辑修改的视图方式是（　　）。
    A．幻灯片/大纲浏览视图　　　　　　　B．幻灯片浏览视图
    C．普通视图　　　　　　　　　　　　　D．以上三项均不能

3. 对于 PowerPoint，有下列说法，不正确的一条是（　　）。
    A．在 PowerPoint 中，一个演示文稿由若干张幻灯片组成
    B．当插入一张新幻灯片时，PowerPoint 要为用户提供若干种幻灯片版式参考布局
    C．用 PowerPoint 既能创建、编辑演示文稿，又能播放演示文稿
    D．使用"设计"选项卡中的相关命令，不可以为个别幻灯片设计外观

4. 在 PowerPoint 中，对于已创建的多媒体演示文档可以用（　　）命令转移到其他未安装 PowerPoint 的机器上放映。
    A．文件/保存并发送/将演示文稿打包成 CD
    B．文件/保存并发送/创建 PDF/XPS 文档
    C．复制与粘贴
    D．幻灯片放映/设置幻灯片放映

5. 如果要从第二张幻灯片跳转到第七张幻灯片，不能使用"插入"选项卡中的（　　）。
    A．SmartArt 图形　　　　　　　　　　B．"动作按钮"形状
    C．超链接　　　　　　　　　　　　　　D．动作

6. 在幻灯片的"动作设置"对话框中设置的超链接对象不允许链接到（　　）。

  A．下一张幻灯片   B．一个应用程序

  C．其他演示文稿   D．幻灯片中的某一个对象

7．制作 PowerPoint 幻灯片的对象可以是（ ）。

  A．文字、图形与图表   B．声音、动画

  C．视频影像等   D．以上均可以

8．在 PowerPoint 中，"幻灯片版式"是确定幻灯片上的（ ）。

  A．组成对象的种类

  B．对象之间的相互位置关系

  C．组成对象的种类及相互位置的关系

  D．组成对象的种类、相互位置的关系以及背景图案

9．下列操作中，不能插入新幻灯片的是（ ）。

  A．在"幻灯片/大纲浏览"视图下，右击某张幻灯片，在弹出的快捷菜单中选择"新建幻灯片"命令

  B．单击"开始"选项卡中的"新幻灯片"命令

  C．单击"文件"选项卡中的"新建"命令

  D．按下 Ctrl+M 组合键

10．在 PowerPoint 的"幻灯片浏览"视图中，不能完成的操作是（ ）。

  A．调整个别幻灯片位置   B．删除个别幻灯片

  C．编辑个别幻灯片内容   D．复制个别幻灯片

11．PowerPoint 中，要全屏演示幻灯片，可将窗口切换到（ ）。

  A．普通视图   B．幻灯片/大纲浏览视图

  C．幻灯片浏览视图   D．幻灯片放映视图

12．在 PowerPoint 普通视图下包括"幻灯片/大纲浏览"窗格、"幻灯片编辑"窗格、（ ）等三个部分。

  A．"备注"窗格   B．"动画"窗格

  C．"幻灯片浏览"视图   D．幻灯片放映区

13．PowerPoint 中，对文稿的背景，以下说法错误的是（ ）。

  A．可以对某张幻灯片的背景进行设置

  B．可以对整套演示文稿的背景进行统一设置

  C．可使用图片作背景

  D．添加了模板的幻灯片，不能再使用"背景"命令

14．PowerPoint 中，有时需要显示一些在每一页的同一位置上都出现的对象，如页码、日期等，则可以在（ ）中插入这些对象。

  A．视窗   B．屏幕   C．幻灯片   D．母版

15．PowerPoint 中，若要在幻灯片上配合讲解做些记号，可使用（ ）。

  A．"指针选项"中的各种笔   B．"画笔"软件

  C．"绘图"工具栏   D．光笔

16．在"幻灯片/大纲浏览"视图中，为使某个层次的小标题右移而进入下一个层次，插入点定位后，应单击键盘上的（ ）键或者使用快捷菜单中的"降级"按钮。

  A．Shift+F1   B．Shift+Tab   C．Tab   D．F1

17．如果在幻灯片上所插入的图片盖住了先前输入的文字，则可使用图片快捷菜单中的（　　）命令，来调整这些对象的放置顺序。

  A．置于底层   B．置于顶层   C．超链接   D．设置图片格式

18．利用 PowerPoint 的绘图笔功能，可以在演示时配合讲解在幻灯片上做些记号或写些临时的板书，在键盘上按下（　　）键可将这些记号或板书擦除。

  A．R   B．E   C．C   D．W

19．在演示文稿中设置了隐藏的幻灯片，那么在打印时这些隐藏了的幻灯片（　　）。

  A．是否打印将根据用户的设置决定 B．不会打印

  C．将同其他幻灯片一起打印   D．只能打印出纯黑白效果

20．要从当前幻灯片开始放映，应单击（　　）按钮。

  A．幻灯片切换   B．"幻灯片放映"按钮

  C．按 F5 键   D．自定义幻灯片放映

21．PowerPoint 中，可以改变单个幻灯片背景的（　　）。

  A．颜色和底纹   B．颜色、灰度和纹理

  C．图案和字体   D．颜色、底纹、图案和纹理

22．PowerPoint 中，不能将一个新幻灯片版式加到（　　）。

  A．一个幻灯片的一部分

  B．幻灯片视图中的一个新的或已有的幻灯片中

  C．多个幻灯片中

  D．大纲视图中的一个新的或已有的幻灯片中

23．PowerPoint 中的页眉可以（　　）。

  A．用作标题   B．将文本放置在讲义打印页的顶端

  C．将文本放置在每张幻灯片的顶端 D．将图片放置在每张幻灯片的顶端

24．将一个幻灯片上多个已选中自选图形组合成一个复合图形，使用（　　）。

  A．"编辑"菜单 B．快捷菜单 C．"格式"菜单 D．"工具"菜单

25．PowerPoint 中，不能插入幻灯片的视图是（　　）。

  A．放映视图   B．普通视图

  C．幻灯片浏览视图   D．幻灯片/大纲浏览视图

26．PowerPoint 中，执行了插入新幻灯片的操作，被插入的幻灯片将出现在（　　）。

  A．当前幻灯片之前   B．当前幻灯片之后

  C．最前   D．最后

27．在 PowerPoint 中，不属于文本占位符的是（　　）。

  A．标题   B．副标题   C．图表   D．普通文本框

28．演示文稿中的每一张演示的单页称为（　　），它是演示文稿的核心。

  A．版式   B．模板   C．母版   D．幻灯片

29．下列说法正确的是（　　）。

  A．通过背景命令只能为一张幻灯片添加背景

  B．通过背景命令只能为所有幻灯片添加背景

  C．通过背景命令既可以为一张幻灯片添加背景也可以为所有幻灯片添加背景

  D．以上说法都不对

30．在 PowerPoint 中，下列说法错误的是（　　　）。

A．PowerPoint 和 Word 文稿一样，也有页眉与页脚。

B．用大纲方式编辑设计幻灯片，可以使文稿层次分明、条理清晰。

C．幻灯片的版式是指视图的预览模式

D．在幻灯片的播放过程中，可以用 Esc 键停止退出。

二、填空题

1．PowerPoint 演示文稿文件的存盘扩展名是_____。

2．一个演示文稿通常由若干张_____组成。

3．PowerPoint 的"视图"选项卡中的"演示文稿视图"组中包括普通视图、幻灯片浏览视图、备注页视图和_____。

4．"动作按钮"形状，可以创建_____和_____。

5．为了增强 PowerPoint 幻灯片的放映效果，打开"切换"选项卡，单击选择_____组中的一种切换效果，可为每张幻灯片设置切换方式。

6．从当前幻灯片开始放映幻灯片，可以单击_____下的"幻灯片放映"按钮，或按下_____键。

7．使用幻灯片的_____功能，可以有选择地放映演示文稿中的某一部分幻灯片。

8．在放映幻灯片时，若中途要退出播放状态，应按的功能键是_____。

9．设置幻灯片切换效果可针对所选的幻灯片，也可针对_____幻灯片。

10．在"幻灯片/大纲浏览"视图窗格中，单击拖动某张幻灯片，可以将幻灯片从一个位置_____到新的位置。

11．如果有一个具有 8 张幻灯片的演示文稿，需要循环地从第二张起播放到第六张，应该在_____对话框中的_____与_____中进行设置。

12．要隐藏幻灯片，可打开_____选项卡，单击"设置"组中的"隐藏幻灯片"按钮。

三、判断题

1．在 PowerPoint 的幻灯片上可以插入多种对象，除了可以插入图形、图表外，还可以插入公式、声音和视频。（　　　）

2．在 PowerPoint 的"幻灯片/大纲浏览"窗格中，可以增加、删除、移动幻灯片。（　　　）

3．在幻灯片编辑窗格中，单击一个对象后，按住 Ctrl 键，再单击另一个对象，则两个对象均被选中。（　　　）

4．在幻灯片放映过程中，用户可以在幻灯片上写字或画画，这些内容将保存在演示文稿中。（　　　）

5．PowerPoint 在放映幻灯片时，必须从第一张幻灯片开始放映。（　　　）

6．PowerPoint 中，插入到占位符内的文本无法修改。（　　　）

7．在 PowerPoint 中，用"文本框"在幻灯片中添加文字时，文本框的大小和位置是确定的，用户不能改变。（　　　）

8．在 PowerPoint 中，用形状图形在幻灯片中添加文本时，插入的图形是无法改变其大小的。（　　　）

9．在 PowerPoint 中，可以对普通文字进行三维效果设置。（　　　）

10．某个动画效果，在演示时，希望单击幻灯片中的特定图片时才出现，否则不出现此动画，可在此动画的"计时"中设置"触发器"。　　　　　　　　　　　　　　　　　　　　（　　）

11．在"幻灯片编辑"窗格中所编辑的文字格式不能在大纲视图区中显示出来。　（　　）

12．我们要进行文本升级与降级的最方便方法是在"幻灯片/大纲浏览"窗格中。（　　）

13．在 PowerPoint 中无法直接生成表格，只能借助其他工具软件完成。　　　（　　）

14．PowerPoint 文件中可以插入声音。　　　　　　　　　　　　　　　　　　（　　）

15．幻灯片放映过程的控制方法有人工控制放映、用鼠标控制放映、设置自动循环放映等。
　　　　　　　　　　　　　　　　　　　　　　　　　　　　　　　　　　　　（　　）

参考答案

一、单选题

01-05　ABDAA　　06-10　DDCCC　　11-15　DADDA　　16-20　CABAB
21-25　DABBB　　26-30　BCDCC

二、填空题

1．PPTX

2．幻灯片

3．阅读视图

4．超链接　跳转

5．切换到此幻灯片

6．"大纲与幻灯片"窗格　Shift+F5

7．自定义放映

8．Esc

9．所有

10．移动

11．设置放映方式　放映选项　放映幻灯片

12．幻灯片放映

三、判断题

1．√　　2．√　　3．√　　4．×　　5．×　　6．×　　7．×　　8．×　　9．√　　10．√
11．×　　12．×　　13．×　　14．√　　15．√

第7章 多媒体技术简介

随着计算机软硬件技术的不断发展，计算机的处理能力逐渐提高，具备了处理图形图像、声音视频等多媒体信息的能力。

计算机多媒体技术近几年发展迅速，并已在教育、宣传、训练、仿真等方面得到了广泛的应用。

7.1 多媒体技术概述

7.1.1 基本知识

1. 多媒体的概念

所谓媒体（Media）就是信息表示、传输和存储的载体，通常指广播、电视、电影和出版物等。媒体无处存在，人们在使用媒体的同时，也被当作媒体使用，即通过媒体获得信息或把信息保存起来。但是，这些媒体传播的信息大都是非数字的，且相互独立。在多媒体计算机出现之前，人们不能同时处理文字、图形和音视频等信息。

随着计算机技术的不断发展，现在可以把上述各种媒体信息数字化并综合成一种全新的媒体——多媒体。多媒体的实质是将以不同形式存在的各种媒体信息数字化，然后用计算机对它们进行组织、加工，并以友好的形式提供给用户使用。信息形式包括文本、图形、图像、声音和动画。

2. 媒体的分类

根据媒体的表现，媒体有如下几类。

（1）感觉媒体（Preception Media）。感觉媒体是指能直接作用于人的感官，使人能产生直接感觉的媒体。用于人类感知客观环境，如人的语言、文字、音乐、声音、图形图像、动画、视频等都属于感觉媒体。

（2）表示媒体（Representation Media）。表示媒体是为了加工、处理和传输感觉媒体而人为研究和构造出来的一种媒体，即信息在计算机中的表示。表示媒体表现为信息在计算机中的编码，如 ASCII 码、图像编码、声音编码等。

（3）表现媒体（Presentation Media）。表现媒体又称为显示媒体，是指感觉媒体和利用于通信的电信号之间转换用的一类媒体，是计算机用于输入/输出信息的媒体，如键盘、鼠标、光笔、显示器、扫描仪、打印机、绘图仪等。

（4）存储媒体（Storage Media）。存储媒体用于存放表示媒体，以便于保存和加工这些信息，也称为介质，常见的存储媒体有硬盘、软盘、磁带和 CD-ROM 等。

（5）传输媒体（Transmission Media）。传输媒体是指用于将媒体从一处传送到另一处的物理载体，如电话线、双绞线、光纤、同轴电缆、微波等。

3. 多媒体技术

多媒体技术是指把文字、图形、图像、动画、音频、视频等各种媒体通过计算机进行数字化采集、获取、加工处理、存储和传播而综合在一体的技术。涉及的技术包括信息数字化处理技术、数据压缩和编码技术、高性能大容量存储技术、多媒体网络通信技术、多媒体系统软硬件核心技术、超媒体技术等。其中信息数字化处理技术是基本技术，数据压缩和编码技术是核心技术。

4. 常见媒体信息

多媒体技术处理的感觉媒体信息类型有以下几种。

（1）文本信息。文本信息是由文字编辑软件生成的文本文件，由汉字、英文或其他字符构成。文本是人类表达信息的最基本的方式，具有字体、字号、样式、颜色等属性。在计算机中，表示文本信息主要有两种方式：点阵文本和矢量文本。目前计算机中主要采用矢量文本。

（2）图形图像。在计算机中，图形图像分为两类，一类是由点阵构成的位图图像，另一类是用数学描述形成的矢量图形。由于对图形图像信息的表示存在两种不同的方式，对它们的处理手段也是不同的。

（3）动画。动画是一种通过一系列连续画面来显示运动的技术，通过一定的播放速度，来达到运动的效果。利用各种各样方法制作或产生的动画，是依靠人的"视觉暂留"功能来实现的，将一系列变化微小的画面，按照一定的时间间隔显示在屏幕上，就可以得到物体运动的效果。

（4）音频信息。即声音信息，声音是人们用于传递信息最方便最熟悉的方式，主要包括人的语音、音乐、自然界的各种声音、人工合成声音等。

（5）视频信息。连续的随时间变化的图像称为视频图像，也叫运动图像。人们依靠视觉获取的信息占依靠感觉器官所获得信息总量的 80%，视频信息具有直观和生动的特点。

7.1.2　多媒体的特点

与传统媒体相比，多媒体有几个突出的特点：

（1）数字化。传统媒体信息基本上是模拟信息，而多媒体处理的信息都是数字化信息，这正是多媒体信息能够集成的基础。

（2）集成性。所谓集成性是指将多种媒体信息有机地组织在一起，共同表达一个完整的多媒体信息，使文字、图形、声音、图像一体化。如果只是将不同的媒体存储在计算机中，而没有建立媒体间的联系，比如只能实现对单一媒体的查询和显示，则不是媒体的集成，只能称为图形系统或图像系统。

（3）多样性。多样性是指信息载体的多样性，即计算机能够处理的信息范围呈现多样性。多种信息载体使信息的交换更加灵活、直观。多种信息载体的应用也使得计算机更容易操作和控制。

（4）交互性。传统媒体只能让人们被动接受，而多媒体则利用计算机的交互功能使人们能对系统进行干预。比如，电视观众无法改变节目顺序，而多媒体用户却可以随意挑选光盘上的内容播放。

（5）实时性。多媒体是多种媒体的集成，在这些媒体中有些媒体（如声音和图像）是与时间密切相关的，这就要求多媒体必须支持实时处理。

多媒体的众多特点中，集成性和交互性是最重要的，可以说它们是多媒体的精髓。从某种意义上讲，多媒体的目的就是把电视技术所具有的视听合一的信息传播能力同计算机系统的交互能力结合起来，产生全新的信息交流方式。

7.1.3 多媒体技术的发展和应用

1. 多媒体技术的发展

多媒体技术以 1939 年法国的达盖尔发明的照相术为开端，此后，人们除了继续将文本和数值处理作为信息处理的主要方式以外，开始进行图形图像、音频（Audio）和视频（Video）技术在信息领域的作用研究。自 20 世纪 80 年代开始，个人计算机（PC）在性能上的不断进步和应用的不断扩展，使人们利用计算机处理多媒体信息成为可能。至此，基于计算机的多媒体技术大体上经历了 3 个阶段。

第一个阶段是 1985 年以前，这一时期是计算机多媒体技术的萌芽阶段，在这个时期，人们已经开始将声音、图像通过计算机数字化后进行处理加工。该阶段具有代表性的事件是美国 Apple 公司推出了具有图形用户界面和图形图像处理功能的 Macintosh 计算机，并且提出了位图（Bitmap）的概念。

第二阶段是 1985～1990 年，是多媒体计算机初期标准的形成阶段。这一时期发表的重要标准有：CD-I 光盘信息交换标准、CD-ROM 及 CD-R 可读写光盘标准、MPC 标准 1.0 版、PhotoCD 图像光盘标准、JPEG 静态图像压缩标准和 MPEG 动态图像压缩标准等。

第三个阶段是 1990 年至今，是计算机多媒体技术飞速发展的阶段。在这一阶段，种类标准进一步完善，各种多媒体产品层出不穷，价格不断下降，多媒体技术的应用日趋广泛。

2. 多媒体技术的应用

多媒体技术集声音、图像、文字于一体，集电视录像、光盘存储、电子印刷和计算机通信技术之大成，将把人类引入更加直观、更加自然、更加广阔的信息领域。

多媒体技术的应用涉及到教育和培训、商业和服务行业、家庭娱乐和休闲、电子出版业、Internet 上的应用以及虚拟现实等。

7.2 多媒体计算机系统

在开发和利用多媒体技术的过程中，形成了多种专用的交互式多媒体系统。1986 年由 Philips 和 Sony 公司开发出光盘交互系统（Compact Disc-Interactive，CD-I），1989 年由 IBM 和 Intel 公司开发出数字视频交互系统（Digital Video Interactive，DVI）等专用的多媒体系统。现在，使用最为广泛的是多媒体个人计算机（Multimedia Personal Computer，MPC），MPC 是指在个人计算机（PC）的基础上，融合了图形图像、音频、视频等多媒体信息处理技术，包括软件技术和硬件技术，构成的多媒体计算机系统。

7.2.1 多媒体计算机系统的构成

可以将多媒体计算机系统看作一个分层结构，如图 7-1 所示。

多媒体应用系统		
多媒体开发系统	多媒体数据准备工具	
	多媒体制作工具	
多媒体软件平台		
多媒体硬件系统		

图 7-1　多媒体计算机的分层结构

1. 多媒体硬件系统

计算机的硬件系统在整个系统的最底层，包括多媒体计算机中的所有硬件设备和由这些设备构成的一个多媒体硬件环境。

2. 多媒体软件平台

多媒体软件平台是多媒体软件核心系统，其主要任务是提供基本的多媒体软件开发的环境，它应具有图形和音视频功能的用户接口，以及实时任务调度、多媒体数据转换和同步算法等功能，能完成对多媒体设备的驱动和控制，对图形用户界面、动态画面的控制。多媒体软件平台依赖于特定的主机和外围设备构成的硬件环境，一般是专门为多媒体系统而设计或在已有的操作系统的基础上扩充和改造而成的。

多媒体操作系统有 Intel 和 IBM 公司为 DVI 系统开发的 AVSS 和 AVK 操作系统，Apple 公司在 Macintosh 上的 System7.0 中提供的 QuickTime 操作平台。在个人计算机上运行的多媒体软件平台，应用最广泛的是 Microsoft 公司的 Windows XP/7 操作系统。

3. 多媒体开发系统

多媒体开发系统主要包括多媒体数据准备系统（工具）和制作系统（工具）。多媒体数据准备系统的功能是收集多媒体的素材；多媒体制作系统的功能是将多媒体素材组织成一个结构完整的多媒体应用系统。

（1）多媒体数据准备工具。多媒体数据准备工具用于多媒体素材的收集、整理和制作。通常按照多媒体素材的类型对多媒体数据准备工具进行分类，如声音录制编辑软件、图形图像处理软件、扫描软件、视频采集编辑软件、动画制作软件等。

（2）多媒体制作工具。多媒体制作工具为多媒体开发人员提供组织编排多媒体数据和连接形成多媒体应用系统的软件工具。具有编辑、写作等信息控制能力，还具有将各种多媒体信息编入程序、时间控制、调试能力以及动态文件输入或输出的能力。多媒体制作工具主要包括以下几类。

①以图标为组织形式。如 Macromedia 公司的 Authorware 软件，这种制作工具中的数据是以对象或事件的顺序来组织，并且以流程图为主干，将各种图表、声音、控制按钮等放在流程图中，形成完整的多媒体应用系统。这类多媒体制作工具一般只用于多媒体素材的组成，而多媒体素材的收集、制作、整理都由其他软件完成。

②以时间为组织形式。如 Macromedia 公司的 Director 软件，数据是以一个时间顺序来组织的，这类工具使用起来如同电影剪辑，可以精确地控制在什么时间播放什么镜头，能精确到每一帧。

③以页为组织形式。如 Microsoft SharePoint Designer（以前称 FrontPage）、PowerPoint、Macromedia Dreamweaver 以及 Asymetrix 公司的 ToolBook 等。在这些多媒体制作工具中，文件与数据是用类似一叠卡片或书页来组织的，这些数据大多用图标表示，使得它们很容易理解和使用。这类多媒体制作工具的超文本功能最为突出，适合于制作电子图书。

④以程序设计语言为基础的多媒体制作工具，此类程序设计语言很多，如 Microsoft 的 Visual Basic、Borland 公司的 JBuilder 等都是适用于多媒体编辑的程序设计语言。

在多媒体开发系统中，除了多媒体准备工具和制作工具以外，还包括媒体播放工具和其他媒体处理工具，如多媒体数据库管理系统、VCD 制作工具等。

4. 多媒体应用系统

多媒体应用系统是由多媒体开发人员利用多媒体开发系统制作的多媒体产品，它面向多媒体的最终用户。多媒体应用系统的功能和表现是多媒体技术的直接体现。

7.2.2 多媒体计算机硬件系统构成

多媒体个人计算机是一种能对多媒体信息进行获取、编辑、存取、处理和输出的计算机系统。20 世纪 80 年代末、90 年代初，几家主要 PC 厂商联合组成的 MPC 委员会制定过 MPC 的三个标准。按当时的标准，多媒体计算机除应配置高性能的微机外，还需配置的多媒体硬件有：CD-ROM 驱动器、声卡、视频卡和音箱（或耳机）。显然，对于当前的 PC 机来讲，这些都已经是常规配置了。

对于从事多媒体应用开发的行业来说，除较高的微机配置外，还要配备一些必需的插件，如视频捕获卡、语音卡等。此外，也要有采集和播放软件和音频信息的专用外部设置，如数码相机、数字摄像机、扫描仪和触摸屏等。

当然，除了基本的硬件配置外，多媒体系统还应配置相应的软件。首先是支持多媒体的操作系统，如 Windows XP 等；其次是多媒体开发工具和压缩、解压缩软件等。顺便指出，声音和图像数字化之后会产生大量的数据，一分钟的声音信息就要存储 10MB 以上的数据，因此必需对数字化后的数据进行压缩，即去掉冗余或非关键信息。待播放时再根据数字信息重构原来的声音或图像，就是解压缩。

也就是说 MPC 硬件系统是在 PC 硬件设备的基础上，附加了多媒体附属硬件。多媒体附属硬件主要有两类：适配卡和外围设备。

1. 多媒体适配卡

多媒体适配卡的种类和型号很多，主要有：视频卡、声卡、电话语言卡、传真卡、图形图像加速卡、电视卡、CD-I 仿真卡、Modem 卡等。

（1）声卡。声卡能完成的主要功能有：录制和播放音频、音乐合成等。主要由以下部分组成：

1）输入输出接口。声卡主要的输入输出接口有 LINEIN（线路输入）、LINEOUT（线路输出）、MICIN（麦克风输入）、SPKOUT（声音输出）、JOYSTICK/MIDI（游戏杆/MIDI）等。目前微型计算机主流声卡是支持杜比 AC-3 的具有 3D 音效的声卡，原来的 LINEOUT 接口已经被 REAR（环绕）接口取代。

2）专用芯片。由数字声音处理器、FM 音乐合成器以及 MIDI 控制器等专用芯片组成。

（2）视频卡。MPC 上用于处理多媒体视频信号的是视频卡，视频卡的外观如图 7-2 所示。

图 7-2　各种视频卡的外观

视频卡按其功能大致分为以下几种。

1）视频采集卡。视频采集卡（Video Capture Card）的主要功能是从摄像机、录像机等视频信息源中捕捉模拟视频信息并转存到计算机外存中，以便进行后期编辑处理。视频采集卡主要有两种：静态视频采集卡和动态视频采集卡，分别用于视频信息中捕捉静态图像和连续的动态图像。

2）视频转换卡。视频转换卡（Video Conversion Card）用于将计算机的 VGA 信号与模拟电视信号相互转换。

3）视频播放卡。又称解压缩卡，用于把压缩视频文件经过解压缩处理后播放。

2. 多媒体外围设备

以外围设备连接到计算机上的多媒体硬件设备有：光盘驱动器、扫描仪、打印机、数码照相机、触摸屏、摄像机、投影仪、传真机、麦克风、多媒体音响等。

（1）扫描仪。扫描仪是一种图形输入设备，用于将黑白或彩色图片资料、文字资料等平面素材扫描形成图像文件或文字。

（2）数码照相机。数码照相机的关键技术是 CCD（电荷耦合器件，用于实现光电转换）。进入照相机镜头的光线聚集在 CCD 上，CCD 就将照在各个光敏单元上的光线，按照强度转换成模拟电信号，再转换成数字信号，存储在相机的存储卡中，再转存到计算机中进行处理。

数码照相机的外观如图 7-3 所示。

图 7-3　便携式和专业数码照相机

通常按照结构特点和性能，将数码照相机分为以下几种。

- 经济型数码照相机。采用 120～300 万像素的 CCD，成像质量一般，适合家用。
- 中档数码照相机。300～500 万像素的 CCD，适合家用和要求不高的场合。
- 高档数码照相机。500～800 万像素的 CCD，成像质量高，适合图像素材的拍摄及数码艺术品的制作。
- 专业数码照相机。800～1000 万像素的 CCD，成像质量高，色彩表现完美，适合于各种专业摄影、平面印刷出版等领域。

（3）数码摄像机。数码摄像机（Digital Video，DV）是一种使用数字视频格式记录音频、视频数据的摄像机。DV 在记录视频时采用数字信号处理方式，它的核心部分就是将视频信号经过处理后转变为数字信号，并通过磁鼓螺旋扫描记录在数码录像带上，视频信号的转换和记录都是以数字形式存储的。DV 可以获得很高的图像分辨率，色彩的亮度和频宽也远比普通摄像机高，音视频信息以数字方式存储，便于加工处理，可以直接在 DV 上完成视频的编辑处理。另外，DV 可以像数码照相机一样拍摄静态图像。

数码摄像机的外观如图 7-4 所示。

图 7-4　各类数码摄像机

（4）投影仪。投影仪是一种用来放大显示图像的投影装置。广泛应用于教学、会议室演示、通过连接 DVD 影碟机等设备在大屏幕上观看电影等。

3．通信设备

（1）Modem。Modem（中文称为调制解调器）是指当两台计算机要通过电话线进行数据传输时，可以将数字信号转换成模拟信号（或反过来，将模拟信号转换成数字信号）的一种设备，从而实现了两台计算机之间的远程通信。

根据 Modem 的形态和安装方式，大致可以分为：外置式 Modem、内置式 Modem、PCMCIA 插卡式 Modem 和机架式 Modem。

除以上四种常见的 Modem 外，现在还有 ISDN 调制解调器和一种称为 Cable Modem 的调制解调器，另外还有一种 ADSL 调制解调器。

（2）网络接口卡。网卡是网络接口卡（Network Interface Card，NIC）的简称，是计算机局域网中最重要的连接设备之一，用于实现联网计算机和网络电缆之间的物理连接，为计算机之间相互通信提供一条物理通道，并通过这条通道进行高速数据传输。

此外多媒体外围设备还包括：

①网络附加存储（Network Attached Stored，NAS），它是一种特殊的专用数据存储服务器，内嵌系统软件，可提供跨平台文件共享功能。

②存储局域网，通过一个单独的网络（通常是高速光纤网络）把存储设备和挂在 TCP/IP 局域网上的服务器群相连。当有海量数据的存取需求时，数据可以通过存储局域网在相关服务器和后台存储设备之间高速传输。

7.3　图形与图像

图形图像媒体所包含的信息有直观、易于理解、信息量大等特点，是多媒体应用系统中最常用的媒体形式。图形图像不仅用于界面美化，还用于信息表达，在某些场合中，图形图像媒体可以表达文字、声音等其他媒体所无法表达的含义。

7.3.1　图形图像的基本知识

1．位图图像（Bitmap）

也称为点阵图像或绘制图像，是由称作像素（图片元素）的单个点组成的。这些点可以进行不同的排列和染色以构成图样。由于每一个像素都是单独染色的，人们可以通过以每次一个像素的频率，操作选择区域而产生近似相片的逼真效果，诸如加深阴影和加重颜色。缩小位图尺寸会使原图变形，因为此举是通过减少像素来使整个图像变小的。

当放大位图时，可以看见构成整个图像的无数单个方块。扩大位图尺寸的效果是增大单个像素，从而使线条和形状显得参差不齐。然而，如果从稍远的位置观看它，位图图像的颜色和形状又显得是连续的。同样，由于位图图像是以排列的像素集合体形式创建的，所以不能单独操作（如移动）局部位图。

（1）在位图中，当每一个小"方块"中填充了颜色时，它就能表达出图像信息，其中每一个小"方块"称为像素。像素是位图图像的基本构成元素。

（2）在一个彩色图像中，每一个像素的颜色在计算机中是用若干个二进制"位"来记录的。表示每个像素的颜色时所使用的"位"数越多，所能表达的颜色数目就越多。在一个计算机系统中，表示一幅图像的一个像素的颜色所使用的二进制位数就称颜色深度。

（3）位图图像的像素数目是以宽度和高度的乘积来描述的，例如：800×600、1024×768等。像素是计算机用来记录颜色的一个单位，它没有实际的物理大小，只有被输出到打印机、显示器等实际的物理设备时，才具有特定的大小，所以一幅图像的像素数和长宽比不能决定图像的实际物理尺寸，若需要知道它的实际尺寸，还要涉及一个特定的分辨率。

（4）位图图像具有真实感强，可以进行像素编辑，打印效果好、位图文件大、有限的分辨率等特点。

2. 矢量图形（vector）

矢量图形，也称为面向对象的图像或绘图图像，在数学上定义为一系列由线连接的点。Adobe Illustrator、CorelDRAW、CAD 等软件是以矢量图形为基础进行创作的。矢量文件中的图形元素称为对象或图元。每个对象都是一个自成一体的实体，具有颜色、形状、轮廓、大小和屏幕位置等属性。既然每个对象都是一个自成一体的实体，就可以在维持它原有清晰度和弯曲度的同时，多次移动和改变它的属性，而不会影响图例中的其他对象。

矢量图形与分辨率无关，可以将它缩放到任意大小和以任意分辨率在输出设备上打印出来，都不会影响清晰度。因此，矢量图形是文字（尤其是小字）和线条图形（比如徽章）的最佳选择。

与位图相比，矢量图形缺乏真实感；矢量图形能够表示三维物体并生成不同的视图，而在位图图像中，三维信息已经丢失，难以生成不同的视图。

3. 颜色理论

在物理上，将肉眼可见的一部分电磁波的频率范围称为可见光谱，人们知道，太阳光（白光）可以分解为红、橙、黄、绿、靛、蓝、紫七色光组成的可见光谱，可见光谱的每一部分都有唯一的值，称为颜色。

（1）发射光和反射光。可见光可以由多种颜色构成，但是人们一般只能看到一种颜色，因为人的眼睛有把多种颜色相混合的能力。我们能看见一些物体是因为它们发光，能看见另一些物体是因为它们反射光。发光的物体直接发出能见的颜色，而反射光的物体的颜色是由反射出去的光的颜色所决定的。

（2）相加混色法和相减混色法。因为颜色具有发射光和反射光两种类型，因而就有了两种相反的方法来描述颜色：相加混色法和相减混色法。

相加混色法是指将不同的颜色相加得到颜色的方法。在这种颜色系统中，没有任何颜色时为黑色；全部颜色都出现时为白色。显然，这是基于发光原理的颜色系统，是日常生活中最常见的颜色系统，电视、显示器等使用的就是相加混色法颜色系统。相加混色法有 3 个基本颜色：红（Red）、绿（Green）和蓝（Blue），即 RGB，称为三原色或三基色。当这 3 种基色等量相加时就形成了白色，3 种基色的不同量组合便形成了各种颜色。

相减混色法所得到的颜色是相减后的颜色。在没有任何颜色时为白色；全部颜色都出现时为黑色，这是基于反光原理的颜色系统。相减混色法有 3 个基本颜色：靛蓝（Cyan）、洋红（Magenta）和黄色（Yellow），即 CMY。当这 3 种基色等量相加时就形成了黑色。这种颜色系统主要应用于彩色印刷、彩色打印。

（3）色彩模式。在进行图形图像处理时，色彩模式以建立好的描述和重现色彩的模型为基础，每一种模式都有它自己的特点和适用范围，用户可以按照制作要求来确定色彩模式，并且可以根据需要在不同的色彩模式之间转换。下面，介绍一些常用的色彩模式的概念。

1）RGB 色彩模式。自然界中绝大部分的可见光谱可以用红、绿和蓝三色光按不同比例和强度的混合来表示。RGB 分别代表着 3 种颜色：R 代表红色，G 代表绿色、B 代表蓝色。RGB 模型也称为加色模型。RGB 模型通常用于光照、视频和屏幕图像编辑。

RGB 色彩模式使用 RGB 模型为图像，其中每一个像素的 RGB 分量分配一个 0～255 范围内的强度值。例如，纯红色 R 值为 255，G 值为 0，B 值为 0；灰色的 R、G、B 三个值相等（除了 0 和 255）；白色的 R、G、B 都为 255；黑色的 R、G、B 都为 0。RGB 图像只使用三种颜色就可以按照不同的比例混合，在屏幕上重现 16581375 种颜色。

2）CMYK 色彩模式。CMYK 色彩模式以打印油墨在纸张上的光线吸收特性为基础，图像中每个像素都是由靛青（C）、品红（M）、黄（Y）和黑（K）色按照不同的比例合成。每个像素的每种印刷油墨会被分配一个百分比值，最亮（高光）的颜色分配较低的印刷油墨颜色百分比值，较暗（暗调）的颜色分配较高的百分比值。例如，明亮的红色可能会包含 2%青色、93% 洋红、90%黄色和 0%黑色。在 CMYK 图像中，当所有 4 种分量的值都是 0%时，就会产生纯白色。CMYK 色彩模式的图像中包含四个通道，我们所看见的图形是由这 4 个通道合成的效果。

在制作用于印刷色打印的图像时，要使用 CMYK 色彩模式。RGB 色彩模式的图像转换成 CMYK 色彩模式的图像会产生分色。如果您使用的图像素材为 RGB 色彩模式，最好在编辑完成后再转换为 CMYK 色彩模式。

3）HSB 色彩模式。HSB 色彩模式是根据日常生活中人眼的视觉特征而制定的一套色彩模式，最接近于人类对色彩辨认的思考方式。HSB 色彩模式以色相（H）、饱和度（S）和亮度（B）描述颜色的基本特征。

色相指从物体反射或透过物体传播的颜色。在 0 到 360 度的标准色轮上，色相是按位置计量的。在通常的使用中，色相由颜色名称标识，比如红、橙或绿色。

饱和度是指颜色的强度或纯度，用色相中灰色成分所占的比例来表示，0%为纯灰色，100% 为完全饱和。在标准色轮上，从中心位置到边缘位置的饱和度是递增的。

亮度是指颜色的相对明暗程度，通常将 0%定义为黑色，100%定义为白色。

HSB 色彩模式比前面介绍的两种色彩模式更容易理解。但由于设备的限制，在计算机屏幕上显示时，要转换为 RGB 模式，作为打印输出时，要转换为 CMYK 模式。这在一定程度上限制了 HSB 模式的使用。

4）Bitmap（位图）色彩模式。位图模式的图像只由黑色与白色两种像素组成，每一个像素用"位"来表示。"位"只有两种状态：0 表示有点，1 表示无点。位图模式主要用于早期不能识别颜色和灰度的设备。如果需要表示灰度，则需要通过点的抖动来模拟。

位图模式通常用于文字识别，如果需要扫描使用 OCR（光学文字识别）技术识别的图像文件，需将图像转化为位图模式。

此外，色彩模式还有 Lab 色彩模式、IndexedColor（索引）色彩模式、Grayscale（灰度）色彩模式和 Alpha 通道等。

需要注意的是，尽管一些图像处理软件允许将一个灰度模式的图像重新转换为彩色模式的图像，但转换后不可能将原先丢失的颜色恢复，只能为图像重新上色。所以，在将彩色模式的图像转换为灰度模式的图像时，应尽量保留备份文件。

4. 分辨率

分辨率用于衡量图像细节的表现能力，其典型定义是：给定长度上单位的数目，通常以 in^{-1} 作为度量单位。如一个打印分辨率为 300DPI 的激光打印机，表示该打印机的分辨率在每英寸直线上可打印 300 个单独的点。

在图形图像处理中，常常涉及到的分辨率的概念有以下几种不同的形式。

（1）颜色分辨率。即颜色深度。图形图像总的颜色数目是以 2 为底，颜色深度为指数的值，如一个颜色深度为 8 位的图像，它的像素可以是 2^8 即 256 种可能的颜色。常见的颜色深度有 8 位（256 色）、16 位、24 位、32 位、36 位、48 位和 64 位等。

（2）图像分辨率。图像分辨率是指单位图像线性尺寸中所包含的像素数目，通常以像素/英寸（ppi）为计量单位。打印尺寸相同的两幅图像，高分辨率的图像比低分辨率的图像所包含的像素多，例如，打印尺寸为 1×1 平方英寸的图像，如果分辨率为 72ppi，包含的像素数目为 5184（72×72=5184）。如果分辨率为 300ppi，图像中包含的像素数目则为 90000。高分辨率的图像在单位区域内使用更多的像素表示，打印时它们能够比低分辨率的图像重现更详细和更精细的颜色转变。

要确定使用的图像分辨率，应考虑图像最终发布的媒介。如果制作的图像用于计算机屏幕显示，图像分辨率只需满足典型的显示器分辨率（72ppi 或 96ppi）即可。如果图像用于打印输出，那么必需使用高分辨率（150ppi 或 300ppi），低分辨率的图像打印输出会出现明显的颗粒和锯齿边缘。

需要注意的是，如果原始图像的分辨率较低，由于图像中包含的原始像素的数目不能改变，因此，简单地提高图像分辨率不会提高图像品质。

另外还涉及到显示器分辨率和打印机分辨率等。

5. 数据压缩

数据压缩，通俗地说，就是用最少的数码来表示信号。其作用是：能较快地传输各种信号，如传真、Modem 通信等；在现有的通信干线并行开通更多的多媒体业务，如各种增值业务；紧缩数据存储容量，如 CD-ROM、VCD 和 DVD 等；降低发信机功率，这对于多媒体移动通信系统尤为重要。由此看来，通信时间、传输带宽、存储空间甚至发射能量，都可能成为数据压缩的对象。

在现今的电子信息技术领域，正发生着一场有长远影响的数字化革命。数字化的图像以及视频信号的数据非常大，例如，存储一个像素为 640×480、颜色深度为 24 位（3 个字节）的屏幕信号，需要约 900KB 的存储空间。若采用 PAL 制式的视频信号即 25 帧/秒，每秒的数据传输量为 22MB，这样大的数据量，无论是传送还是存储，都是十分困难的。因此，数据压缩编码技术是多媒体信息处理的关键技术。

（1）数据冗余。数据是信息的载体，是用来记录和传送信息的，人们使用的是数据所携带的信息，而不是数据本身，而信息数据往往存在很大的冗余量，这是数据可以进行压缩处理的前提。在多媒体数据中，数据冗余主要有以下几种：空间冗余、时间冗余、编码冗余、结构冗余、知识冗余和视觉冗余等。如在一份计算机文件中，某些符号会重复出现、某些符号比其他符号出现得更频繁、某些字符总是在各数据块中可预见的位置上出现等，这些冗余部分便可在数据编码中除去或减少。

（2）数据压缩编码的方法。数据压缩处理一般由两个过程组成：一是编码过程，即将原始数据经过编码进行压缩，以便存储与传输；二是解码过程，即对编码压缩的数据进行解码，还原为可以使用的数据。针对冗余类型不同，人们提出了各种各样的数据压缩方法。根据解码后的数据与原始数据是否完全一致，数据压缩方法一般划分为两类：可逆压缩方法和不可逆压缩方法。

可逆压缩又称无失真压缩或冗余度压缩，或称保持型压缩，其要求是解码图像和原始图像严格相同，即压缩是完全可以恢复的或无偏差的。可逆压缩常用于磁盘文件、数据通信和气象卫星云图等不允许在压缩过程中有丝毫损失的场合中，但它的压缩比通常只有几倍，远远不能满足数字视听应用的要求。常见的有霍夫曼压缩编码、词典压缩编码等。

其次，数据中间尤其是相邻的数据之间，常存在着相关性。如图片中常常有色彩均匀的背景，电视信号的相邻两帧之间可能只有少量的变化景物是不同的，声音信号有时具有一定的规律性和周期性等。因此，有可能利用某些变换来尽可能地去掉这些相关性。但这种变换有时会带来不可恢复的损失和误差，因此叫做不可逆压缩，或称有失真编码等。

此外，人们在欣赏音像节目时，由于耳、目对信号的时间变化和幅度变化的感受能力都有一定的极限，如人眼对影视节目有视觉暂留效应，人眼或人耳对低于某一极限的幅度变化已无法感知等，故可将信号中这部分感觉不出的分量压缩掉或"掩蔽掉"。这种压缩方法同样是一种不可逆压缩。不可逆压缩有脉冲编码调制（PCM）。

（3）声音数据编码。声音数据编码根据压缩方法不同分为波形编码、参数编码和混合编码，基于波形的压缩编码可以获得高质量的语音，但数据率不易降低；参数编码的典型方法是线性预测编码，数据率较低，但语音质量差；混合编码则综合了波形编码与参数编码的优点，在语音质量、数据率和计算量三方面都有较好的效果。

（4）图像数据压缩编码。目前图像数据压缩技术主要有 3 个标准：静态图像压缩标准（JPEG）、动态图像压缩标准（MPEG）以及用于电视会议和视频电话领域的视频通信的 ITUH.261 标准。

JPEG 标准是由国际标准化组织（ISO）和国际电报电话咨询委员会（CCITT）联合成立的联合图片专家组（Joint Photographic Experts Group）制定的一套用于静止彩色图像和灰度级图像的压缩编码标准。

MPEG 标准是由国际标准化组织（ISO）和国际电报电话咨询委员会（CCITT）联合成立的运动图像专家组（Moving Pictures Experts Group）制定的一套用于全屏幕动态图像并配有伴音的压缩编码标准。

ITUH.261 是由国际电报电话咨询委员会（CCITT）提出的用于 ISDN 信道的 PC 电视电话、桌面视频会议和音像邮件等通信终端建议标准，也称 P×64 标准。

7.3.2　常见图形图像的文件格式

开发图形图像处理软件的厂商很多，由于在存储方式、存储技术及发展观点上的差异，导致了图像文件格式的多样化。常见的图形图像格式主要有以下几种。

1．BMP 格式

BMP 是 DOS 和 Windows 兼容计算机系统的标准图像格式。BMP 格式支持 RGB、索引色、灰度和位图色彩模式，但不支持 Alpha 通道。彩色图像存储为 BMP 格式时，每一个像素所占的位数可以是 1 位、4 位、8 位或 32 位，相对应的颜色数也从黑白一直到真彩色。

2．JPEG 格式

JPEG（Joint Photographic Experts Group）是一种有损压缩格式，简写为 JPG 格式。当将图像保存为 JPEG 格式时，可以指定图像的品质和压缩级别。JPEG 格式文件压缩比可调，可以达到很高的压缩比，文件所占磁盘较小，适用于要处理大量图像的场合，是 Internet 上支持的主要图像格式之一。JPG 支持灰度图、RGB 真彩色图像和 CMYK 真彩色图像。

JPEG 格式会损失数据信息，因此，在图像编辑过程中需要以其他格式（如 PSD 格式）保存图像，将图像保存为 JPEG 格式只能作为制作完成后的最后一步操作。

3. GIF 格式

GIF（Graphics Interchange Format，图形交换格式）文件可以极大地节省存储空间，因此常常用于保存作为网页数据传输的图像文件。GIF 格式文件的最大缺点是最多只能处理 256 种色彩，不能用于存储真彩色的图像文件。但 GIF 格式支持透明背景，可以较好地与网页背景融合在一起。和 JPG 格式一样，也是 Internet 上支持的主要图像格式之一，另外 GIF 格式支持动画。

4. TIFF 格式

TIFF（Tagged Image File Format）文件格式的出现是为了便于各种图像软件之间的图像数据交换，是一种多变的图像文件格式，主要用于扫描仪和桌面出版物。

5. PNG 格式

PNG（Portable Network Graphic，便携式网络图片，读成"ping"）是 20 世纪 90 年代中期开始由 Netscape 公司开发的图像文件存储格式，其目的是代替 GIF 和 TIFF 文件格式，同时增加一些 GIF 文件格式所不具备的特性，可用于网络图像的传输。

7.4　图形图像素材的获取

目前获得原始图形图像的主要方法有：使用扫描仪输入图像、利用数码相机采集数字照片、从屏幕上捕捉图像、购买图形图片库等。

计算机图形绘制和图像处理这两类软件大都既可以处理位图图像，又可以手工绘制图形，只是它们的侧重点不同。常用的图形绘制软件包括 Windows 操作系统"附件"程序中的"画图"工具、CorelDRAW、Macromedia Freehand 和 Illustrator 等；图形图像处理软件包括 Adobe Photoshop、Corel PhotoPaint、Ulead PhotoImpact、PaintShop 等；常用的屏幕抓图工具软件有 HyperSnap-DX、SnagIt 和红蜻蜓抓图精灵（RdfSnap）等。

7.4.1　CorelDRAW 使用简介

1. CorelDRAW 的特点

CorelDRAW 是平面设计领域中的优秀软件，是最为流行的矢量图形设计软件。与 Photoshop 等相比，CorelDRAW 不仅在矢量绘图方面能力较强，更适用于图文混排，在彩色印刷、广告制作等平面出版领域是首选软件之一。

CorelDRAW 集合了图形绘制、图像编辑、图像抓图、图像转换、动画制作等一系列应用软件，构成了一个高级图形设计和编辑出版软件包。主要应用于图文混排，制作海报、宣传单（册）、广告等；用于绘画、绘制图标、商标以及各种复杂的图形，用于印刷出版，是印刷制作、分色付印的优秀的印前系统；用于制作各种平面作品。

2. CorelDRAW 的工作界面

如图 7-5 所示是 CorelDRAW X4（14）中文版的工作界面。

CorelDRAW X4 中文版的工作窗口界面，主要有菜单栏、常用工具栏、工具箱、绘图区、属性栏和调色板等几个区域。

（1）工具箱。CorelDRAW 的工具箱提供了一组绘制和编辑工具，在工具按钮图标中，有的图标右下角带有黑色三角箭头▲，表示该工具是一组工具，在图标按钮上按住鼠标停留片刻，会打开一个子工具栏。

工具箱中从上到下依次为：挑选工具 、形状工具 、裁剪工具 、缩放工具 、手绘工具 、智能填充/绘图工具 、矩形工具 、椭圆工具 、多边形工具 、基本形状 、文本工具字、表格工具 、交互式调和工具 、吸管工具 、轮廓工具 、填充工具 和交互式填充工具 。

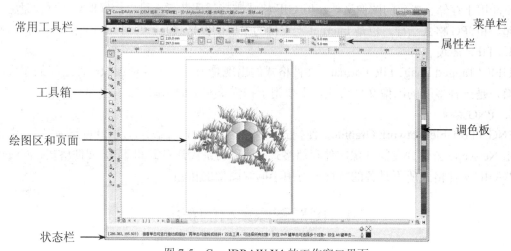

图 7-5　CorelDRAW X4 的工作窗口界面

（2）绘图区和页面。由边框围成的空白区域是图形绘制和图文编辑的工作界面，称为绘图区，绘图区中间带阴影的矩形框是打印纸张大小，称为页面。

（3）属性栏。图中的属性栏显示的是不选择任何工具或对象时页面的属性。

（4）调色板。用于设置对象的颜色属性。使用时，先选定对象，再单击调色板中的颜色，就可以对图形对象进行快速的填充（单击）和轮廓颜色设置（右击）。

3．CorelDRAW 的基本操作

（1）对象的概念。在 CorelDRAW 中，操作的基本单位是对象。对象可以是任何基本的绘图元素或者是一行文字，如直线、椭圆、多边形、矩形、美术字等。

（2）图形对象绘制。基本的图形对象有直线、曲线、矩形、正方形、圆、椭圆、多边形、矢量文字等。这些基本图形的建立过程是一样的：首先在工具箱中选取对应的绘制工具，然后在绘图区域拖动鼠标，即可完成基本图形对象的绘制，复杂的图形通常是由这些基本的图形通过叠加、融合、成组等操作组合而成的，其基本过程是选择要组合的基本图形，然后在菜单中选择相应的命令完成。

（3）对象的选定。选定对象是绝大多数操作开始的第一步，选定对象应使用挑选工具。用挑选工具单击对象的任何一个部分可以选定操作对象，也可以拖曳鼠标把包含在拖动形成的虚线框中的所有对象选中。一个对象被选中后，在其周围出现 8 个黑色的方块（控制柄），利用这些控制柄可以完成对象的拉伸、缩放、镜像、倾斜、旋转等操作。

（4）对象的属性设置。对象的属性主要包括大小、位置、旋转、倾斜、缩放和镜像、填充色、轮廓色等。设置的基本过程是：先选择对象，然后在菜单栏中选择相应的命令或在控制面板中选择对应的命令按钮，可根据对话框的内容交互式设置对象的属性。

【例 7-1】使用 CorelDRAW 制作一个足球，其效果如图 7-6 所示。

图 7-6　绘制的足球最终效果图

操作步骤如下：

（1）绘制足球

①新建一个空白文件。执行"文件"菜单中的"新建"命令，建立一个新的绘图文件（或按键盘上的 Ctrl+N 快捷键）。

②绘制多边形。在工具箱中单击"多边形工具"按钮，在其"属性栏"中设置"点数/边数为6，如图7-7所示。

图 7-7　多边形"属性栏"

③把鼠标移动到绘图区域中，按下 Ctrl 键，同时拖动鼠标，绘制出正六边形对象，如图 7-8 所示。

④在绘图"工具箱"中，单击"挑选工具"按钮，单击正六边形对象，将它选中。用鼠标拖动图形周围的黑色小方块，将对象缩小。依次执行"编辑"菜单中的"复制"命令，复制出多个六边形对象，再利用"挑选工具"，将复制的对象按照一定的顺序排列（使用"排列"菜单中的"对齐与分布"命令）在一起，如图 7-9 所示。

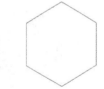

图 7-8　绘制一个正六边形

⑤用鼠标选中部分六边形对象，然后在"调色板"中选择填充颜色和边框颜色，本例填充色为：红，如图 7-10 所示。

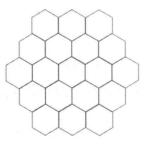

图 7-9　绘制多个正六边形

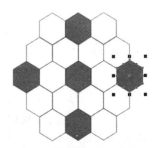

图 7-10　为部分正六边形填充颜色

⑥按住 Shift 键的同时，单击选择其他六边形，利用"对象属性"面板，对填充颜色作线

性渐变填充，两种填充颜色的 CMYK 值设置为从（0，0，0，20）渐变为（0，0，0，0），如图 7-11 所示。

⑦绘制椭圆。选择工具箱中的"椭圆形工具"按钮 ⬭，在多边形对象上绘制出一个圆形，并调整它的位置，效果如图 7-12 所示。

图 7-11　"对象属性"窗口

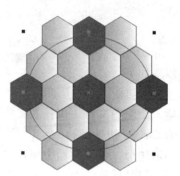

图 7-12　绘制一个圆形

⑧依次执行"效果"菜单中的"透镜"命令，系统显示"透镜"窗口，如图 7-13 所示。在"效果"下拉列表中选择"鱼眼"，设置"比率"参数为 120%，勾选"冻结"，其他参数默认设置。

⑨接下来用鼠标将冻结后的对象移动到页面其他位置上。选择页面中的冻结对象，右击鼠标，执行快捷菜单中的"属性"命令（或依次单击"窗口"→"泊坞窗"→"属性"命令），打开"属性"窗口，如图 7-14 所示。

图 7-13　"透镜"窗口

图 7-14　绘制一个圆形

⑩在"属性"窗口中，可以设置轮廓的各种属性，我们选择边框宽度为 3.0pt，颜色为深碧蓝，样式为虚线，执行后的效果如图 7-15 所示。

（2）制作足球背景

①选择绘图"工具箱"中的"艺术笔工具"按钮 ✎，然后在该工具的属性栏中设置各选项，如图 7-16 所示。

图 7-15　绘制的足球　　　　　　　　　图 7-16　艺术笔工具"属性栏"

②在足球的周围进行喷雾，这时我们就可以看到地面上的草了。

③在草地上喷绘一些需要的图案，如几片红叶。

④选择足球，改变一下大小，然后利用"排列"菜单中的"顺序"命令，将足球和一片红叶放在图层的前面。

⑤最后的效果如图 7-6 所示。

7.4.2　Photoshop 使用简介

1. Photoshop 概述

Photoshop 是目前 PC 机上公认最好的通用平面美术设计软件，它的功能完善、性能稳定、使用方便，所以在几乎所有的广告、出版、软件公司，Photoshop 都是首选的平面工具。我们现在以 Photoshop CS4 为例，看看如何使用它设计一张漂亮的图片。

运行 Photoshop 前，要确定 Windows 环境是否在 256 色以上，最好是真彩色（24/32 位），分辨率最好在 800×600 以上，以获得更大的屏幕面积。

2. 熟悉 Photoshop 的界面

启动 Photoshop 后，呈现在用户眼前的是 Photoshop 工作主窗口界面，如图 7-17 所示。

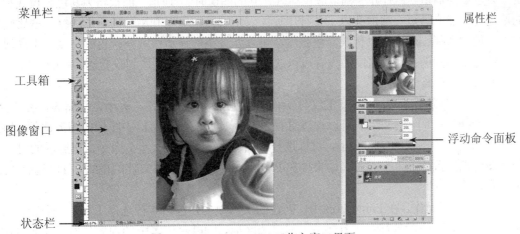

图 7-17　Photoshop CS4 工作主窗口界面

从图中我们可以看出 Photoshop 的工作界面由标题栏、菜单栏、属性栏、工具箱、图像窗口、浮动命令面板（参数设置面板）、状态栏等几部分组合而成。

（1）属性栏。从 Photoshop 6.0 开始，属性栏取代了以往版本中的工具选项面板，从而使得我们对工具属性的调整变得更加直接和简单。

（2）工具箱。工具箱包含了 Photoshop 中各种常用的工具，单击某一工具按钮就可以调出相应的工具使用。

（3）图像窗口。图像窗口即图像显示的区域，在这里我们可以编辑和修改图像，也可以对图像窗口进行放大、缩小和移动等操作。

（4）浮动命令面板（参数设置面板）。窗口右侧的小窗口称为控制面板，可以使用它们配合图像编辑操作和 Photoshop 的各种功能设置。执行"窗口"菜单中的一些命令，可打开或者关闭各种参数设置面板。

3. Photoshop 的几个基本概念

（1）选区。如果要处理图像的某一部分，就要先选定处理的区域，这个像素区域称为选区。利用选区可以对图像的局部进行移动、复制、填充或者设置一些特殊的效果等操作。在 Photoshop 中大多数操作都与选区密切相关。

（2）图层。图层是一组用于绘制图像和存放图像的透明层。可以将图层想象为透明的幻灯片，在每层上都可以绘图，将它们叠加到一起后，形成合成的图像效果。在 Photoshop 中，一幅图像可以由很多图层构成，最下面的图层是背景图层，默认时背景图层是不透明的。而其他图层是透明的。图层上有信息的部分会遮挡下面图层的内容，叠在一起的图层是有顺序的，修改顺序可以形成不同的叠加合成的图像。

（3）路径。在 Photoshop 中，路径是由贝塞尔（Bezier）曲线组成的。路径上面有 Bezier 曲线、锚点等元素，通过锚点延伸出来的控制线和控制点可以控制路径外观。路径不同于用选框工具建立的选区，它不会固定在屏幕的背景像素上，因此可以容易地改变位置和形状。路径可以是封闭的也可以是不封闭的。路径的主要功能有两个：一是路径可以精确地选取框线，通过使用钢笔工具、自由钢笔工具、增加锚点和删除锚点工具绘制建立路径；二是可以通过路径存储选区并相互转换。

（4）通道。在 Photoshop 环境下，将图像的颜色分离成基本的颜色，每一个基本的颜色就是一条基本的通道。当打开一幅以颜色模式建立的图像时，"通道"面板将为其色彩模式和组成的原色分别建立通道。通道有以下几种用途：表示选区，可以利用分离通道进行一些比较精确并很方便的选择；通道可以代表颜色强度，可以在分离的通道中观察颜色的亮度，不同通道的亮度通常是不同的；通过通道的设置可以改变颜色的深浅，从而达到改变透明度的效果。

4. 基本操作

（1）文件操作。Photoshop 的文件操作主要包括新建、打开、关闭、存储等，在"文件"菜单中选择相应的命令即可。可以通过选择缩放工具改变图像窗口中图像的缩放比例，如果要更改图像文件中图像的实际大小，可以选择"图像"→"图像大小"命令，在显示的对话框中修改图像的实际大小和分辨率。如果要在 Photoshop 中更改图像文件的格式，可以选择"文件"→"存储为"命令。

（2）选区操作。在 Photoshop 中，创建的工具很多，包括 4 种选框工具、3 种套索工具和魔棒工具等，这些工具都在工具箱内。创建选区后，可以对选区中的内容进行移动、复制（包括复制选区）；通过自由变换，可以对选区进行各种变换，如压缩、拉伸、旋转、扭曲和透视等。

创建规则选区可使用工具箱中的矩形选框工具、椭圆选框工具、单行选框工具和单列选框工具。选区操作时，可以使用 Alt 或 Shift 键同时选定多个选区，按住 Shift 键可以画正方形或圆。创建不规则选区可使用工具箱中的套索工具、多边形套索工具和磁性套索工具。创建特殊选区可使用魔棒工具，根据图像中像素颜色的差异程度确定将哪些像素包含在选区内。

用鼠标拖曳或使用方向键可以移动选区，如果连内容一起移动，可以使用工具箱中的移动工具。使用移动工具的同时，按住 Alt 键，则将完成复制操作。完成选区的移动和复制操作也可以利用剪贴板来完成。

（3）图像色彩调整。选择"图像"菜单中的"调整"子菜单里的命令，可以调整图像的整体色阶、调整亮度和对比度、调整色彩平衡、调整色相/饱和度等。

设置背景色和前景色是常用的操作，单击工具箱下端的设置背景色和前景色工具，打开"拾色器"对话框，在对话框中单击需要的颜色或输入精确的颜色分量值，再单击"确定"按钮可完成背景色和前景色的设置。

（4）图形绘制操作。Photoshop 提供了基本的图形绘制能力，在工具箱中有 6 种基本图像绘制工具：矩形工具、圆角矩形工具、椭圆工具、多边形工具、直线工具、自定义形状工具，操作方法和 Word、CorelDRAW 等软件的绘制工具类似。

（5）文本编辑处理。在 Photoshop 中可以方便地添加文本并设置格式。选择文字工具，单击欲添加文本的位置，在插入点输入文字内容。这时属性栏的内容已经变成文字工具的属性。利用文字工具属性栏可以对选择文字的字体、大小、颜色等属性进行设置。

（6）滤镜效果。滤镜是 Photoshop 中最有特色的工具。利用 Photoshop 提供的数十种滤镜，可以制作出各种特殊的图像效果。Photoshop 允许使用其他软件开发商生产的第三方滤镜，如 EyeCandy、KPT 等。滤镜都包含在"滤镜"菜单中，选定图像的某个图层后，选择"滤镜"菜单中的命令，就可以直接添加相应的滤镜效果。

【例 7-2】在 Photoshop 中，为图片部分图形添加聚光灯效果，如图 7-18 所示。

（a）修改前　　　　　　　　　　　　　　　（b）修改后

图 7-18　图片处理前后的效果图

操作步骤如下：

①从修改前的图片来看，图中有几个型男靓女，让人有些眼花，需对此进行处理。

②新建一个图层。

③用圆形选区选取要处理的对象，羽化大小 20px，如图 7-19 所示。

④将区域反向选择，如图 7-20 所示。

图 7-19　用圆形选区选取要处理的对象　　　图 7-20　反向选择要处理的对象

⑤单击绘图"工具栏"中的"油漆桶工具"按钮，此时显示油漆桶工具的属性栏。将"模式"设置为正片叠底模式，"不透明度"设置为 75%，如图 7-21 所示。

图 7-21　油漆桶工具的属性栏

⑥将前景色设为黑色填充区域，结果如图 7-18（b）所示。

7.4.3　SnagIt 使用简介

虽然 CorelDRAW 和 Photoshop 是两款非常优秀的图形处理软件，但一个多用于作图，另一个多用于处理图形，使用起来不方便。对于读者来说，他（她）所需要的图形可能来自计算机瞬间产生的界面、菜单、命令按钮，或来自于已有图形，读者可能只需要在上面画一条直线、添加几个文字，这时使用 SnagIt 就行了。

SnagIt 是一款优秀的屏幕抓图软件，其最新的版本为 V11.01。和其他捕捉屏幕软件相比，它有以下几个特点：

（1）捕捉的种类多：不仅可以捕捉静止的图像，而且可以捕捉动态的图像和声音，如 RM 电影、游戏画面；另外还可以在选中的范围内只获取文本。

（2）捕捉范围极其灵活：可以选择整个屏幕、某个静止或活动窗口，也可以自己随意选择捕捉内容，如捕获 Windows 屏幕、DOS 屏幕，菜单、窗口、客户区窗口、最后一个激活的窗口或用鼠标定义的区域。捕捉时，还可选择是否包括光标。

（3）输出的类型多：可以以文件的形式输出，也可以把捕捉的内容直接发 E-mail 给朋友，另外可以编辑成册。图像可被存为 BMP、PCX、TIF、GIF 或 JPEG 格式，也可以存为系列动画，用 JPEG 可以指定所需的压缩级别（1%～99%）。

（4）具备简单的图形处理功能：利用它的过滤功能可以将图形的颜色进行简单处理，也可以对图形进行放大或缩小，如添加水印。另外还具有自动缩放、颜色减少、单色转换、抖动，以及转换为灰度级等功能。

SnagIt 安装完毕之后，会在桌面生成一个图标 。双击桌面上的 SnagIt 图标，可快速启动 SnagIt 并出现 SnagIt 工作主窗口，如图 7-22 所示。

图 7-22　SnagIt 工作窗口界面

SnagIt 有两种界面视图，单击"查看"菜单，分别有"普通视图"和"紧凑视图"供选择，一般地，系统使用"普通视图"。

1. 图像捕获方案的设置

在抓取图像之前，首先对捕获图像的方案和动作做一些设置，操作方法如下：

（1）首先在功能模块即"捕获"窗格中，单击选择一种功能，如"多合一"  。然后，右击鼠标，在弹出的快捷菜单中执行"设置热键"，打开"更改方案热键"对话框，如图 7-23 所示。

"多合一"的热键默认为 PrintScreen 键，用户可以自行更改，以方便使用。在"请选择捕获键"栏处，勾选"Ctrl"、"Shift"或"Alt"，然后在按键列表框中选择一个按键，本题设"多合一"热键为：Ctrl+1。

图 7-23　"更改方案热键"对话框

（2）在"方案设置"窗格中，对捕获功能做输入、输出、效果和选项的一些设置，如捕获输出时是否只输出到剪贴板、或只在"编辑器中预览"等。方案设置后，单击"方案"窗格右上角的"保存当前的方案设置"按钮![button]，对当前图像捕获方案进行保存。

捕获"方案"设置完毕后，接下来就可以应用捕获"方案"进行图像的捕获了。单击 SnagIt 系统窗口右下角的"捕获"按钮●，或根据"捕获"按钮上方出现的热键提示信息，使用快捷键进行图像捕捉。

2. 抓取图像

单击 SnagIt 系统窗口右下角的"捕获"按钮，或按下 Ctrl+1 快捷键，即刻弹出橙色十字光标，并在其旁边附有一个放大镜，如图 7-24 所示。

放大镜 →

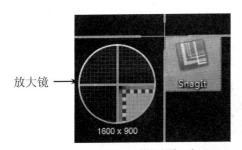
（a）截取图标时

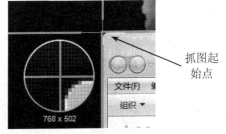
抓图起始点
（b）截取窗口界面时，有包围窗口的方框线

图 7-24　捕获时出现的"橙色十字光标"

按下 Esc 键，可取消图形的抓取。拖动鼠标到结束位置，松开鼠标完成捕获（如截取图形为一个窗口，将鼠标移动到要截取的窗口区域，适当调整鼠标位置，当橙色方框包围该区域时直接单击鼠标，完成抓图工作），同时 SnagIt 系统打开"编辑器"预览窗口，如图 7-25 所示。

如果用户认可本次图形的抓取，可以在"拖动"选项卡"发送"组中，单击"完成方案"按钮![button]，完成本次图形的抓取并将截取的图形发送到剪贴板。

3. 图像处理

在 SnagIt "编辑器"窗口中，用户可以完成一些常规的编辑操作，如添加形状、标志、箭头，还可以简单地绘图；此外，用户还可缩放图像、添加文字、添加水印、修饰边框、注释以及设置热点（超链接）等。

下面我们为图 7-25 抓取的图形作一个简单的修饰，即添加一个箭头和一个文本。

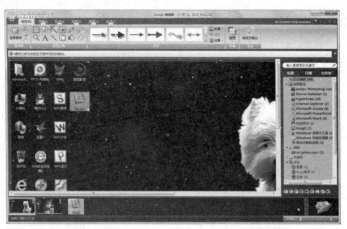

图 7-25　"编辑器"窗口及捕获的图形界面

抓图之后，SnagIt 弹出编辑器（或在 SnagIt 主界面中，单击"快速启动栏"中的"SnagIt 编辑器"按钮）。先给图像添加一个箭头，单击"拖动"选项卡，如图 7-26 所示。

图 7-26　"拖动"选项卡

在"绘图工具"组中，单击"箭头"按钮，在"样式"组中选择一种箭头样式，设置好"轮廓"、"填充"和"效果"。然后，在图像中拉动鼠标，就能按照你设置的样式画箭头了，如图 7-27 所示。

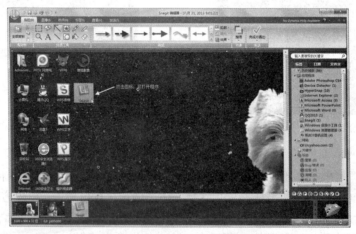

图 7-27　在"编辑器"窗口中编辑图形

单击"文本"按钮，在图形界面某个位置拖动画出一个文本框，添加文本并对文本进行修饰，如在图 7-27 所示的界面中添加了一个文本。

4．抓取视频

利用 SnagIt 的抓取视频功能可以制作自己的多媒体教程。运行 SnagIt 后，单击"捕获"菜单中的"模式"命令，把模式设置为"视频捕获"，输入改为"屏幕"，输出改为"文件"，同时选中"预览窗口中"。然后，单击右下角的"捕获"按钮，SnagIt 让用户捕获选取范围内的视频，也就是画面变化。如果同时勾选了输入下的包括光标和记录音频，则将同时捕获光标的变化和从话筒输入的声音。稍等片刻，系统弹出"视频捕获"窗口，如图 7-28 所示。

单击"开始"按钮后 SnagIt 就会最小化，同时在右下角系统托盘里出现一个小的摄像机图标，这时就可以把整个屏幕的操作录制成视频了。

当录制完成后，只要双击右下角的摄像机图标，当前录制过程就会停止同时弹出捕获预览窗口，我们在这里对自己录制的视频预览，如果感觉满意的话，就把上面录制的视频保存为 AVI 文件。SnagIt 还可以在录制视频的同时，录制讲解语音，只需选择下面的"录制音频"按钮就可以了。

图 7-28　"SnagIt 视频捕获"对话框

7.5　音频素材采集处理

音频数据一般分为音乐和语音两种。音乐主要用于背景声音，语音用于解说。音乐通常是符合 MIDI 标准的合成数字化音乐，而语音一般采用小形音频。计算机多媒体音频处理技术包括音频信息的采集技术、音频信号的编码和解码技术、音乐合成技术、语音的识别和理解技术、音频和视频的同步技术、音频的编辑以及音频数据传输技术等。

7.5.1　基本知识

1. 音频数字化

（1）分贝（dB）。声波振幅的度量单位，非绝对、非线性、对数式度量方式。以人耳所能听到的最静的声音为 1dB，那么会造成人耳听觉损伤的最大声音为 100dB。人们正常语音交谈大约为 20dB。10dB 意味着音量放大 10 倍，而 20dB 却不是 20 倍，而是 100 倍（10 的 2 次方）。

（2）频率（Hz）。人们能感知的声音音高。男性语音为 180Hz，女性歌声为 600Hz，钢琴上 C 调至 A 调之间为 440Hz，电视机发出人所能听到的声音是 17kHz，人耳能够感知的最高声音频率为 20kHz。

将音频数字化（Digital），其实就是将声音数字化。声音本身是一种具有振幅和频率的波，通过麦克风可以将它转为模拟信号，称为模拟音频信号。模拟音频信号需要经过"模拟/数字（A/D）"转换电路通过采样和量化转变成数字音频信号，计算机才能对其进行识别、处理和存储。数字音频经过计算机处理后，播放时，又需要以"数字/模拟（D/A）"转换为模拟信号，放大输出到指示器。最常见的方式是透过脉冲编码调制（Pulse Code Modulation，PCM）。

数字化的最大好处是资料传输与保存的不易失真。

2. 波形音频

波形音频是计算机中处理声音最直接、最简便的方式。由多媒体计算机中的声卡对麦克风、CD 等音源的声音信号进行采样，量化处理后以文件形式存储到硬盘上，声音重放时，声卡将声音文件中的数字音频信号还原为模拟信号，经过混音器混合后，输出到扬声器。

3. 乐器数字接口 MIDI

MIDI 是 Musical Instrument Digital Interface 的简称，意为音乐设备数字接口。它是一种电

子乐器之间以及电子乐器与电脑之间的统一交流协议。很多流行的游戏、娱乐软件中都有不少以 MID、RMI 为扩展名的 MIDI 格式音乐文件。

7.5.2　音频文件格式

在多媒体声音处理技术中，最常见的几种声音存储格式是：WAV 音乐文件、MIDI 音乐数字文件和目前流行的 MP3 等。

1. WAV 格式

是微软公司开发的一种声音文件格式，也叫波形声音文件，是最早的数字音频格式，被 Windows 平台及其应用程序广泛支持。WAV 格式支持许多压缩算法，支持多种音频位数、采样频率和声道，采用 44.1kHz 的采样频率，16 位量化位数，因此 WAV 的音质与 CD 相差无几，但 WAV 格式对存储空间需求太大，不便于交流和传播。

2. MIDI

是 Musical Instrument Digital Interface 的缩写，又称作乐器数字接口，是数字音乐/电子合成乐器的统一国际标准。它定义了计算机音乐程序、数字合成器及其他电子设备交换音乐信号的方式，规定了不同厂家的电子乐器与计算机连接的电缆和硬件及设备之间数据传输的协议，可以模拟多种乐器的声音。MIDI 文件就是 MIDI 格式的文件，在 MIDI 文件中存储的是一些指令。把这些指令发送给声卡，由声卡按照指令将声音合成出来。

3. MP3

全称是 MPEG Audio Layer 3，它在 1992 年合并至 MPEG 规范中。MP3 能够以高音质、低采样率对数字音频文件进行压缩。换句话说，音频文件（主要是大型文件，比如 WAV 文件）能够在音质丢失很小的情况下（人耳根本无法察觉这种音质损失）把文件压缩到更小的程度。

4. WMA

WMA（Windows Media Audio）是微软在互联网音频、视频领域的力作。WMA 格式以减少数据流量但保持音质的方法来达到更高的压缩率，其压缩率一般可以达到 1:18。此外，WMA 还可以通过 DRM（Digital Rights Management）方案加入防止拷贝，或者加入限制播放时间和播放次数，甚至是播放机器的限制，可有力地防止盗版。

5. MP4

MP4 是由美国网络技术公司（GMO）及 RIAA 联合公布的一种新的音乐格式，采用美国电话电报公司（AT&T）所研发的以"知觉编码"为关键技术的 a2b 音乐压缩技术。MP4 在文件中采用了保护版权的编码技术，只有特定的用户才可以播放，有效地保证了音乐版权的合法性。另外 MP4 的压缩比达到了 1:15，体积较 MP3 更小，但音质却没有下降。不过因为只有特定的用户才能播放这种文件，因此其流传与 MP3 相比差距甚远。

还有 QuickTime（Apple 公司推出）、RealAudio（RealNetworks 公司推出）、CDA、MP3Pro、SACD 即 SuperAudio CD 等音频格式文件。

7.5.3　音频媒体素材的收集和创作

1. MIDI 音乐的采集

MIDI 音乐的来源主要有以下 4 种。

（1）以 MIDI 硬件设备为主的 MIDI 创作。通过将专用的 MIDI 键盘或电子乐器的键盘连接到多媒体计算机的声卡上，采集键盘演奏的 MIDI 信息，形成 MIDI 音乐文件。

（2）以 MIDI 制作软件为主的 MIDI 创作。通过专用的 MIDI 音乐序列器软件在多媒体计算机中创作 MIDI 音乐。

（3）收集免费的 MIDI 资源或购买现成的 MIDI 作品。

（4）通过专门的软件，将其他的声音文件转换为 MIDI 文件。

2. 利用媒体播放器播放音乐

媒体播放器可以播放 MIDI 音乐、WAV 波形音频文件，也可以播放 MP#等格式的压缩声音文件和 AVI 等格式的视频文件，以及 ASF、ASX、WMX 等格式的流媒体文件。

3. 波形音频的采集和制作

波形音频文件其实是把模拟信号的声音进行数字化的结果，可以通过录音获取波形文件。它的一般过程是：由麦克风将音源发出的声音转换为模拟电信号，模拟电信号经过声卡进行采样、量化编码后，得到数字化的波形声音。

波形音频的采集获取方式有以下两种。

（1）音频数据的录制。音频数据录制的方法很多，如 Windows 操作系统"附件"中的"录音机"程序，可以录制 WAV 波形音频文件。也可以使用多功能的声音处理软件包，如音频编辑软件 Adobe Audition（前身是 Cool Edi，被 Adobe 公司收购后，改名为 Adobe Audition），制作具有专业水准的录制效果，可以使用多种格式录制音频，并可以对录制的声音进行复杂的编辑和制作各种特技效果。如果所需要的音频数据质量高，也可考虑在专业的录音棚中录音，以获得音质更好的音频数据。

（2）利用现有的音频数据。可以从录音带、CD 音乐光盘上直接输入音频信息或使用存储在光盘上的音频素材库，然后再利用音频逻辑软件进行处理。对于已有的波形音频数据，可以使用声音处理软件对其进行加工处理。波形音频数据的编辑处理工作主要有：波形的剪辑、声音强度调节、添加声音的特殊效果等，常用的音频处理软件有 Adobe Audition（最新版是CS6）、Steinberg Cubase（最新版是 V7.0）、GoldWave（最新版是 V5.69）、Sound Forge（最新版是 Sound Forge Pro 10.0b）。

（3）利用录音机采集波形声音。

【例 7-3】利用 Windows 操作系统自带的"录音机"程序，实现简单的声音采集工作。

Windows 7 中有一个简便的录音功能，可以简单快速地实现录音，其具体步骤如下：

①将麦克风和电脑连接好。

②单击"开始"→"所有程序"→"附件"→"录音机"，打开录音程序对话框，如图 7-29所示。

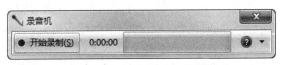

图 7-29　"录音机"对话框

③点击"开始录制"按钮 ● 开始录制(S)，此时已经开始录音，只需要对着麦克风就可以来记录声音

④录制完毕后，单击"停止录制"按钮 ■ 停止录制(S)，就会弹出"另存为"对话框，这时就可以保存了，如图 7-30 所示。

图 7-30　"另存为"对话框

【例 7-4】利用 GoldWave 5.67 裁剪和编辑背景音乐。

GoldWave 是一个功能强大的数字音乐编辑器，可以对音乐进行播放、录制、编辑以及转换格式等处理，除了附有许多的效果处理功能外，还能将编辑好的文件存成 WAV、AU、SND、MP3、WMA 等格式，而且如果用户使用的 CD ROM 是 SCSI 形式，它还可以不经由声卡直接抽取 CD ROM 中的音乐来录制编辑。

操作步骤如下：

①准备音乐素材，从网上下载一首 Dj 音乐，如范海荣的"鸿雁.mp3"。

②启动 GoldWave 5.67 程序，并打开音乐文件，如图 7-31 所示。

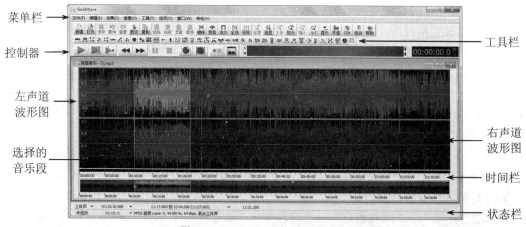

图 7-31　GoldWave 5.67 工作窗口

③在"控制器"播放工具栏中单击"播放"按钮 ▶，音乐开始播放，在试听过程中选择一段合适的音乐，记下这段音乐的时间段，时间提示标记在打开的音乐波形窗格的下面。

④在波形图窗格中，单击选中音乐的起始位置（或执行"编辑"菜单中的"标记"命令，在打开的"设置标记"对话框中严格设置开始与结束时间，如图 7-32 所示），再右击执行快捷菜单中的"设置结束标记"命令，将在音乐窗口中高亮显示音乐的终止位置，如图 7-31 所示。

⑤单击"编辑"菜单中的"复制"命令，再执行"编辑"菜单中的"粘贴为新文件"命令，这样就把选择的音乐段复制到一个新建的声音文档中。

⑥通过裁剪，得到了背景音乐。为了使背景音乐整体效果更好，往往还需要对音乐素材做进一步编辑。

依次单击"效果"→"音量"→"淡出"命令,弹出"淡出"对话框,如图 7-33 所示。设置完毕后,单击"确定"按钮,这时再播放这段音乐,就能听出音乐快结束时的淡出效果。

图 7-32　"设置标记"对话框

图 7-33　"淡出"对话框

同样地,可使用"淡入"效果设置音乐的淡入效果。

⑦执行"文件"菜单中的"保存"命令,将裁剪并编辑好的音乐片段保存为 WAV 格式的声音文件并命名,如"背景音乐.wav"。

7.6　视频及动画素材的采集处理

视频与动画同属于运行图像,它们的实现原理是一致的,两者的不同在于视频是对已有的模拟视频信号(如电视录像)进行数字化的采集,形成数字视频信号,其内容通常是真实事件的再现。而动画里的场景、角色和各帧动作画面的生成一般都是在计算机里绘制的。

随着视频技术和计算机处理能力的不断进步,视频与动画产品日益成为多媒体计算机不可缺少的重要组成部分,并广泛应用于商业展示、教育技术、家庭娱乐等各个领域。

7.6.1　视频

多媒体应用系统可以使用电视录像或 VCD 中的素材,这些素材就是视频。视频在多媒体应用系统中占有非常重要的地位,因为它本身可以由文本、图像、声音动画中的一种或多种组合而成,利用其声音与画面同步、表现力强的特点,能明显提高直观性和形象性。

1. 基本知识

(1)视频图像。通常将连续地随时间变化的一组图像称为视频图像,其中每一幅图像称为一帧(Frame)。常见的视频图像有电影、电视和动画等。

(2)数字视频处理技术。由于历史和技术的原因,摄像机和录像机输出的信号、电视机的信号以及存储在录像带和激光视盘(LD)上的影视节目等在目前大多是模拟信号。为了使计算机能够处理视频信息,必需将模拟信号转换为数字信号。数字视频处理的基本技术就是通过"模拟/数字(A/D)"信号的转换再经过采样、量化以后,把模拟视频信号转换为数字图像,方便视频信息的传输,有利于计算机进行分析处理。

2. 视频媒体素材的采集整理

(1)视频信号采集。在多媒体计算机中,使用视频采集卡配合视频处理软件,把从摄像机、录像机和电视机这些模拟信息源输入的模拟信号转换成数字视频信号。有的视频采集设备还能对转换后的数字视频信息直接进行压缩处理并转存,以便进一步编辑和处理。

（2）视频信号处理。在多媒体计算机中，采用专用的视频处理软件来编辑处理视频信息。从视频信息处理的目的和对象来看有两种情况。一种情况是对于单帧图像的编辑处理，计算机遵循静止图像处理原则来处理单帧静止图像；另一种情况是对于连续的视频信息进行剪辑、配音。

3. 数字视频信息处理软件

视频信息处理软件有两类，一类是播放软件，另一类是视频编辑制作软件。

（1）常用视频播放软件。目前常用的视频播放软件有豪杰公司的超级解霸、微软公司的 Media Player 和 RealNetworks 公司的 RealPlayer 以及由名为 Gabest 的程序员开发的 Media Player Classic。这些视频播放软件，界面操作简单易用、功能强大，支持大多数音视频文件格式。

（2）常用数字视频编辑软件。常用的数字视频编辑软件有 Video For Windows、QuickTime、Adobe Premiere、超级转换秀等。其中，"超级转换秀"是一款国产转换软件，除了转换视频，超级转换秀集成了丰富的快速视频剪辑功能，帮助想要快速剪辑视频的网友简单上手。而在视频编辑制作软件中，美国的 Adobe 公司开发的 Premiere 是一个功能十分强大的处理影视作品的视频和音频编辑软件，也是一个专业的 DTV（Desk Top Video）编辑软件，可以在各种操作系统平台下与硬件配合使用。

7.6.2　动画

1. 动画的种类

动画（Animation）所指的是由许多帧静止的画面，以一定的速度（如每秒 16 张）连续播放时，肉眼因视觉残留产生错觉，而误以为画面活动的作品。由于电脑科技的进步，现在也有许多电脑动画软件直接在电脑上绘制出来的动画，或者是在动画制作过程中使用电脑进行加工的方式，这些都已经大量运用在商业动画的制作中。

（1）二维动画。二维画面是平面上的画面。二维动画是对手工传统动画的一个改进。在二维计算机动画中，可以完成输入和编辑关键帧；计算和生成中间帧；定义和显示运动路径；交互式给画面上色；产生一些特技效果；实现画面与声音的同步；控制运动系列的记录等。随着科技的发展，二维动画的功能也不断提高，已经渗透到动画的各个方面，包括画面生成、中间画面生成、画面着色、预演和后期制作等。

（2）三维动画。又称 3D 动画，是近年来随着计算机软硬件技术的发展而产生的一门新兴技术。三维动画目前被广泛应用于医学、教育、军事、娱乐等诸多领域，也用于广告和电影电视剧的特效制作（如爆炸、烟雾、下雨、光效等）、特技（撞车、变形、虚幻场景色等）、广告产品展示、片头飞字等。

2. 动画的素材制作

动画具有形象生动的特点，适合表现抽象的过程，容易吸引人们的注意力，因此，在多媒体应用系统中，对信息的表现能力是十分出色的。动画素材的资金积累要借助于动画创作工具。

（1）二维动画制作工具。二维动画制作软件是将一系列画面连续显示以达到动画效果，一般只要由软件本身提供的各类工具产生关键帧，安排显示的次序和效果，再组合成所需的动画即可完成。如 Animator Studio、Macromedia Flash、AXA2D 等；另外大多数多媒体制作工具都包括有简单的动画制作能力，如 Macromedia Authorware、Asymetrix Multimedia Toolbook 等。

（2）三维动画制作工具。三维动画制作软件常用的有 Autodesk 公司的 3D Studio MAX，简称 3DS MAX。

7.6.3 视频与动画文件格式

常见的视频与动画文件格式有:

1. AVI 格式

AVI(Audio Video Interleaved)格式,即音频视频交错格式,于 1992 年由 Microsoft 公司推出。所谓"音频视频交错",就是可以将视频和音频交织在一起进行同步播放。这种视频格式的优点是图像质量好,可跨多个平台使用,其缺点是体积过于庞大,且压缩标准不统一。

2. MPEG 格式

它的英文全称为 Moving Picture Expert Group,即运动图像专家组格式,家里常看的 VCD、SVCD、DVD 就是这种格式。MPEG 文件格式采用了有损压缩方法减少运动图像中的冗余信息,从而达到压缩的目的(其最大压缩比可达到 200:1)。目前 MPEG 格式有三个压缩标准,分别是 MPEG-1、MPEG-2 和 MPEG-4。

3. RM 格式

RM 格式是一种采用 RealMedia 技术规范的网络音频/视频格式,可以根据不同的网络传输速率制定出不同的压缩比率,从而实现在低速率的网络上进行影像数据实时传送和播放。用户使用 RealPlayer 播放器可以在不下载音频/视频内容的条件下实现在线播放。RM 和 ASF 格式相比,通常 RM 视频更柔和一些,而 ASF 视频则相对清晰一些。

4. DAT 文件

DAT 是 Video CD 的数据文件,基于 MPEG 压缩算法。虽然 Video CD 也称为全屏活动视频,但是实际上标准 VCD 的分辨率只有 350×240,与 AVI 格式差不多,但由于 VCD 的帧频高并有 CD 音质的伴音,所以质量要优于 AVI 格式文件。

5. SWF 文件

SWF 文件是动画制作软件 Flash 的动画文件。SWF 可以嵌入到网页中,也可以单独播放,或以 OLE 对象的方式出现在其他多媒体创作软件中。Flash 动画文件的主要特点有:使用矢量图形,文件大小比 GIF 动画小得多,可以按任意比例缩放而不失真;Flash 动画的图像可以为真彩色,而 GIF 只能为 256 色图像;Flash 动画具有功能丰富的交互能力,其采用先进的"流"式播放技术,完全适应网络环境,使用户边下载边观看。

此外,还有 ASF 格式、GIF 格式、Flic 格式、MOV 格式、nAVI 格式(newAVI 的缩写)、DivX 格式、RMVB 格式(由 RM 视频格式升级延伸出的新视频格式)、DV-AVI 格式(Digital Video Format)、WMV 格式(Windows Media Video)等。

7.6.4 视频与动画素材制作

1. 视频素材采集

视频素材的采集方法很多,最常见的是用视频捕捉卡配合相应的软件采集来自录像机、录像带、VCD 机、电视机上的视频信号。可以利用超级解霸等软件来截取 VCD 上的初步片段,以获得高质量的视频素材;也可以使用特定的软件配合目前市场上流行的低分辨率摄像头,直接获得视频图像;还可以使用屏幕抓取软件,来记录屏幕的动态变化及鼠标的操作,以获得视频素材。

2. 动画素材的制作

计算机制作动画的方法如下。

（1）将一幅幅画面分别绘制后，再串接成动画。

（2）路径动画（补间动画）。

（3）关键帧动画。

（4）利用计算机程序设计语言创作动画，如 Java 动画。

3. Flash 简介

Flash 是 Macromedia 公司出品的一款动画制作软件。它是一种交互式动画设计工具，用它可以将音乐、声效、动画以及富有新意的界面融合在一起，以制作出高品质的网页动态效果。用 Flash 制作的动画是矢量的且文件小，便于在互联网上传输，而且能一边播放一边传输数据。Flash 独有的 ActionScript 脚本制作功能，使其具有很强的灵活性。交互性更是 Flash 动画的迷人之处，可以通过单击按钮、选择菜单来控制动画的播放。正是有了这些优点，才使 Flash 日益成为网络多媒体的主流。

（1）Flash 的工作界面。如图 7-34 所示就是 Flash CS4 的基本工作环境。为了方便说明，可以拖动的部分都与主环境分离，成为独立的小窗口。Flash 的工作环境大致包括以下几个部分，分别作简要介绍。

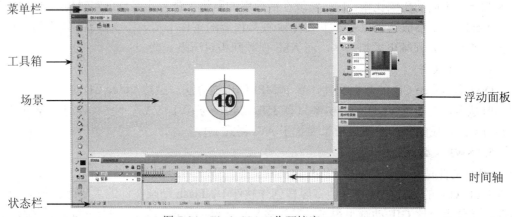

图 7-34　Flash CS4 工作环境窗口

1）菜单栏。菜单栏包含 Flash 所有的操作，由"文件"、"编辑"、"视图"、"插入"、"修改"、"文本"、"控制"、"命令"、"调试"、"窗口"和"帮助"11 个菜单组成。

2）舞台（Stage）或场景。就是工作区，最主要的可编辑区域。在这里可以直接绘图，或者导入外部图形文件进行安排编辑，再把各个独立的帧合成在一起，以生成电影作品。

3）时间轴窗口（Time line）。用它可以调整电影的播放速度，并把不同的图形作品放在不同图层的相应帧里，以安排电影内容播放的顺序。

4）绘图工具栏（Drawing Toolbar）。提供了图形和文本编辑的各种工具，可以绘图，选取，喷涂，修改以及编排文字。有些工具可以改变查看工作区的方式，在选择了某一工具后，其所对应的修改器（Modifier）也会在工具条下面的位置出现，修改器的作用是改变相应工具对图形处理的效果。

5）标准工具栏（Standard Toolbar）。列出了大部分最常用的文件操作，打印，剪贴板，撤消和重做，修改器以及控制舞台放大比例的图标和选项，便于进行更为快捷的操作。

6）浮动面板。位于工作界面的右侧和下方，可浮动，用于完成编辑对象和角色颜色、动作控件和组件管理等功能。

（2）Flash 的基本术语和概念。

1）图层。与 Photoshop 中图层的概念一样，Flash 也支持图层的概念以编辑制作更复杂的场景和动画。Flash 可以通过图层把一个大型动画分成很多个图层上的动画的组合。

2）帧。构成 Flash 动画的基本元素，对于只有一个层的动画，可以简单地理解为各个时刻所播放的内容。在时间轴窗口中，帧是用小矩形的方格表示的，一个方格是一帧。对于多层的动画，某一时刻的内容就是各层在这一时刻的帧中的内容。

3）交互。Flash 动画的播放不仅按时间顺序，还可以依赖于用户的操作，即根据操作来决定动画的播放。用户的操作称为"事件"，而程序或动画的下一步执行称为对这一事件的响应。Flash 具有很强的交互能力。在 Flash 中，事件可以是播放的帧、单击按钮等，而响应可以为帧的播放、声音的播放或中止等。使用设置的交互功能达到的主要效果有：动画的播放控制、场景之间的切换等。

4）元件。元件是 Flash 动画的角色灵魂，是构成动画的基本单元，也是动画的基本图形元素。一个对象有时候需要在场景中多次出现，重复制作既费事又增加动画文件的大小，这时可以把它放入图库中，需要的时候，由图库中直接调用，这就是元件的概念。Flash 中的元件有 3 种：图形、按钮和影片剪辑。

5）场景。场景是 Flash 动画中相对独立的一段动画内容，一个 Flash 动画可以由很多个场景组成，场景之间可以通过交互响应进行切换。动画播放时将按场景设置的前后顺序播放。

6）Alpha 通道。Alpha 通道是决定图像中每个像素透明度的通道，它用不同的灰度值来表示图像可见度的大小，一般纯黑为完全透明，纯白为完全不透明，介于二者之间为部分透明。Alpha 通道的透明度可以有 256 级。

（3）Flash 的基本操作。

1）图形的编辑与处理。Flash 是基于矢量绘图的动画制作工具，其图形绘制操作和绘制工具与其他软件的图形绘制操作和绘制工具基本一致。

2）对象操作。对象的基本操作包括对象的选定、对象的群组和分解、对象的对齐和组件的创建。

3）文本的创建和编辑。在工具箱中选择文本工具，然后在场景中拖动鼠标，在拖出的矩形框中输入文本内容。对输入的文本可以完成插入、删除、复制、移动等编辑操作。对文本属性进行设置时，先选定要设置的文本，然后选择"文本"菜单中的相应命令完成操作。

4）层的操作。层的操作包括：创建层、层的选择、层的删除、插入图层、添加运动引导层、层的重新命名、层的隐藏/显示、层的锁定/解锁、层移动、层的轮廓显示等。这些操作可以利用时间轴左侧图层控制区的相应按钮或在图层控制区的快捷菜单中选择相应的命令完成。

5）动画制作。在场景和角色绘制及编辑处理完成后，就可以开始动画的制作。在 Flash 中制作动画有两种基本方式：逐帧动画和渐变动画。

逐帧动画是指在建立动画时，设置动画中每一帧的内容。设置动画开始前的场景为第一帧，其余帧制作的基本过程是：先在时间轴上选定帧，然后修改场景中的运动对象，持续上述两个步骤，直到最后一帧。

渐变动画只需要设置动画的起点和终点的画面，中间的过程帧可以由 Flash 自动生成，这种自动生成的动画称为补间动画。补间动画又分为运动补间动画和形状补间动画。其中，运动补间动画最能体现 Flash 的优越性，动画中的一个实例、组或文本块的位置、大小和旋转均能改变；而使一个形状补间动画，随着时间变成另一个形状。

Flash 动画是以时间轴为基础的关键帧动画。播放时，也是以时间轴上的帧序列为顺序依次进行的。对于复杂的动画，Flash 使用场景的概念，每一个场景使用独立的时间轴，对应场景的组合产生了不同的交互播放效果。

动画制作完成后，只需按 Enter 键就可以播放制作的动画。

6）ActionScript。ActionScript 可以称做动作脚本，它是一种编程语言，与流行的 JavaScript 基本相同，它采用了面向对象的编程思想，事件驱动机制，以关键帧、按钮和电影剪辑为动作对象来定义和编写 ActionScript。动作脚本制作功能是 Flash 的精华部分，它使得 Flash 区别于一般的动画制作软件和其他多媒体创作软件。

在 ActionScript 编程面板的左侧提供了 ActionScript 编程命令的分类参考，可以通过直接单击相应命令，在打开的对话框中添加相应的脚本语句来完成 Action 编程。

7）文件操作。Flash 提供了文件的打开、保存等基本操作。Flash 支持打开的文件格式有：Flash 的编辑格式 FLA，打开后可以直接开始编辑；Flash 的动画播放格式 SWF，打开后可以进行动画播放测试。Flash 还提供了与其他媒体文件格式转换的导入导出能力，允许导入几乎大部分常见的图形图像、声音和视频文件格式，同时支持将 Flash 动画导出为 SWF、GIF、AVI、MOV 等视频格式和以离散图片序列形式逐帧导出动画。

（4）Flash 动画制作实例。

【例 7-5】使用 Flash 制作一个直线运动的小球，如图 7-35 所示。

图 7-35　直线运动的小球

操作方法和步骤如下：

1）绘制小球

①运行 Flash，并新建一个 Flash 文件（ActionScript 3.0）或 Flash 文件（ActionScript 2.0）。

②设置舞台属性。在"属性"面板中设置播放速度 12fpt；舞台尺寸 500×250；背景颜色为"蓝色"；标尺单位为"像素"，如图 7-36 所示。

③新建小球组件（创建一个图符）。执行"插入"菜单中的"新建元件"菜单命令（或按 Ctrl+F8 组合键）进入建立元件的对话框窗口，给元件起名"Xqiu"，选择类型是"图形"，如图 7-37 所示。

图 7-36　"文档属性"对话框

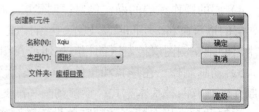

图 7-37　"创建新元件"对话框

④单击"确定"按钮，进入到创建组件的编辑状态。

⑤在绘图"工具"栏中，单击"椭圆工具"按钮　。在"颜色"面板中设置"铅笔"色为"无"；"填充"色为"绿"，类型为"放射状"，如图 7-38 所示。

⑥在工作区里拖动鼠标绘制一个小球（在拖动鼠标的同时按下 Shift 键不松手，画出来的是正圆），如图 7-39 所示。

图 7-38　"颜色"面板

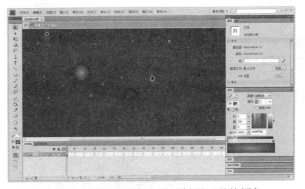

图 7-39　利用"颜色"设置椭圆工具的颜色

2）建立动画

①设置起始位置。小球组件做好后，单击"舞台"左上角的 ![场景1] 回到主场景。

②按下 Ctrl+L 组合键打开"图库"，发现里面已经有了一个做好的名为"Xqiu"的元件。在预览窗口中把该组件拖动到工作区中并放在如图 7-40 所示的位置。

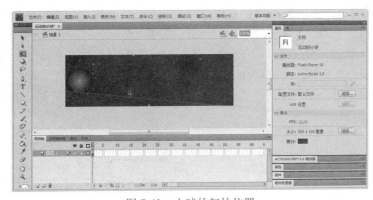

图 7-40　小球的起始位置

同时，我们还注意到时间轴的第 1 帧上的小圆圈已经由空心变成了实心，表明该帧不再为空，变为关键帧。

③设置目的位置。在时间轴第 50 帧单击鼠标左键，该帧被选。

④创建补间动画。首先在第 50 帧插入一个帧，然后在 1 到 50 帧间任一帧上右击，执行快捷菜单中的"创建补间动画"命令。

注意：此时，如果是在舞台直接画的图形，而不是将图形做成元件放到舞台上的，在执行"创建补间动画"命令时将会弹出如图 7-41 所示的对话框。

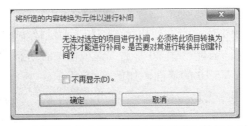

图 7-41　"将所选的内容转换为元件以进行补间"对话框

单击"确定"按钮，将图形转换成元件，在确定小球被转换为元件后，补间就创建好了。

⑤单击第 25 帧，然后将小球移到舞台的中间。此时，在第 25 帧上已自动插入关键帧（称为属性关键帧，它是小球对象的 x 属性发生了改变）。在舞台上在第 1 帧小球的位置和第 50 帧小球的位置间有了一条路径线，如图 7-42 所示。

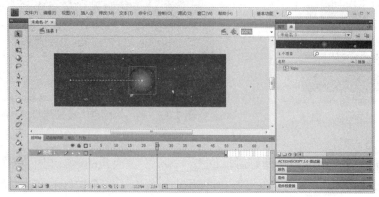

图 7-42　插入"关键帧"后的设计界面

⑥在第 50 帧单击一下，然后将小球移到舞台的右边，补间动画做成了。此时，舞台上有一根线，线上还有一些点，一共有 50 个，一个点代表一帧。

⑦测试效果。依次单击"窗口"→"工具栏"→"控制器"菜单命令，打开"控制器"面板，单击"播放"按钮▶，播放动画（或者直接按下 Enter 键，播放动画），如图 7-43 所示。

按下 Ctrl+Enter 组合键，打开"测试影片"窗口，可以看到小球从舞台的左端匀速移动到右端，如图 7-44 所示。

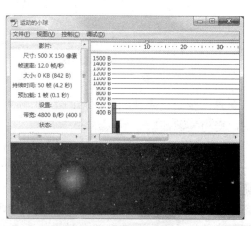

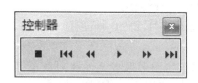

图 7-43　"控制器"面板　　　　　　　图 7-44　"测试影片"窗口

4. Ulead GIF Animator 的使用

Ulead GIF Animator V5.10 是一个方便快捷的 GIF 动画制作软件，该软件不但可以把一系列图片保存为 GIF 动画格式，还能产生 20 多种 2D 或 3D 的动态效果，以满足制作网页动画的要求。Ulead GIF Animator V5.10 的界面，如图 7-45 所示。

Ulead GIF Animator 工作主窗口主要有 5 个部分：菜单栏、工具栏和属性区；工作区；工具箱；帧面板；对象管理器面板。

【例 7-6】利用如图 7-46 所示的三张图片，使用 Ulead GIF Animator V5.10 制作"顽皮的小男孩 gif"。

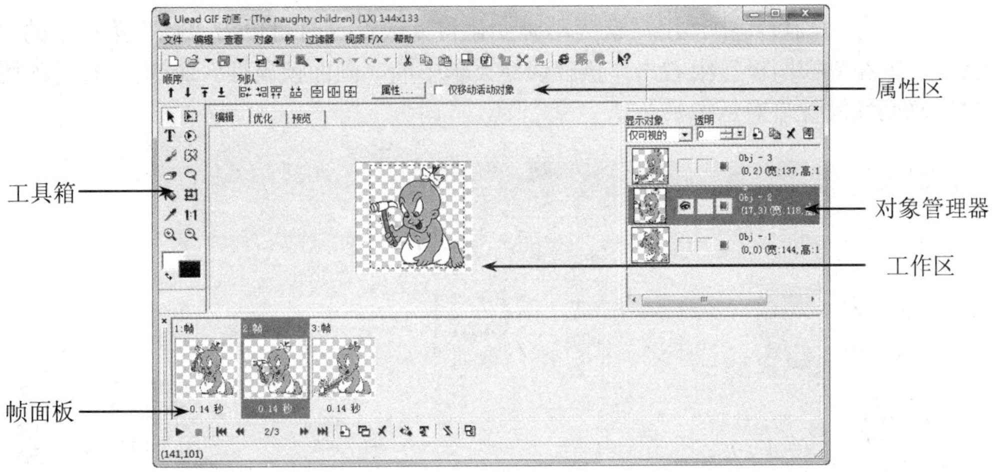

图 7-45　Ulead GIF Animator 的工作主窗口

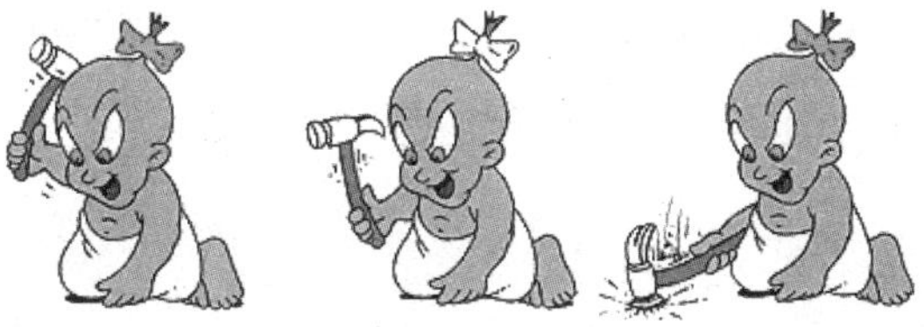

图 7-46　三幅已做好的图形

使用 Ulead GIF Animator V5.10 制作一个动画，通常的步骤如下：

（1）插入图像

①执行“文件”菜单中的“新建”命令，打开如图 7-47 所示“新建”对话框。

②选择一个画布尺寸，单击“确定”按钮，创建一个新文件。

③如果对新建的文件画面尺寸不满意，可执行“编辑”菜单中的“调整图像大小”和“画布尺寸”命令，设置好合适的图像尺寸，本例宽度为 144，高度为 133。

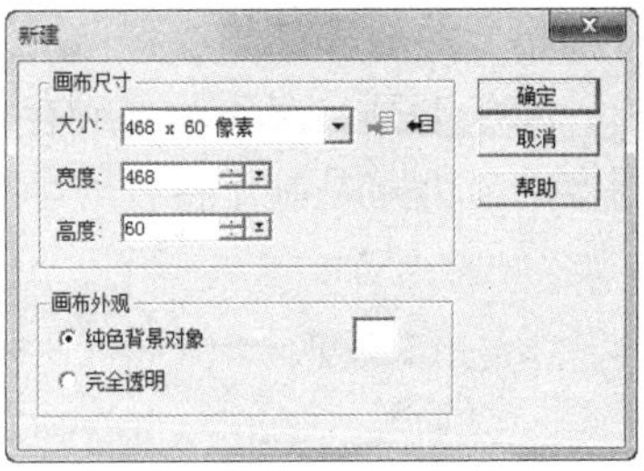

图 7-47　“新建”对话框

④使用工具栏上的“添加图像”按钮，打开“添加图像”对话框，选择一幅要添加的图像。

⑤单击“帧面板”中的“添加帧”按钮，可添加一个空白帧，然后使用工具栏上的“添加图像”按钮，为该空白帧添加一幅图像。类似地添加 3 个空白帧和 3 幅图像。

（2）设置图像的属性和位置

①在“帧”面板中，单击选择一幅图像，在“属性工具栏”中可改变图像相对于画面的对齐方式等属性。

②使用工具栏上的“顺序”按钮，可改变动画中图像的位置。

（3）预览动画

在制作动画的过程中，单击“帧”面板中的“播放动画”按钮（或单击“工作区”左上角的“预览”选项卡 预览 ），可以随时预览动画；单击“停止”按钮，可停止预览动画，如图 7-48 所示。

如果在预览动画过程中，用户认为动画变化得太快，这时可单击"帧"菜单中的"帧属性"命令（或在"帧面板"中右击，执行快捷菜单中的"画面帧属性"命令），打开如图 7-49 所示的"画面帧属性"对话框。

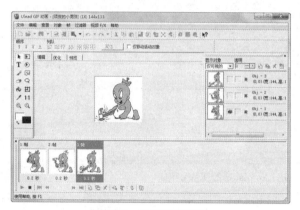

图 7-48　动画预览效果　　　　　　　图 7-49　"画面帧属性"对话框

在"属性"选项组的"延迟"框中设置延迟时间为 20，单击"确定"按钮后，动画变化就可缓慢一些。

（4）使用视频 F/X

Ulead GIF Animator 内部包含几十种动画效果，可以在自己制作的动画中使用。

5．屏幕录像专家

"屏幕录像专家"是一款专业的屏幕录像制作工具，如图 7-50 所示。使用它可以轻松地将屏幕上的软件操作过程、网络教学课件、网络电视、网络电影、聊天视频等录制成 Flash 动画、ASF 动画、AVI 动画或者自动播放的 EXE 动画。该软件具有长时间录像并保证声音完全同步的能力，是制作各种屏幕录像和软件教学动画的首选软件。

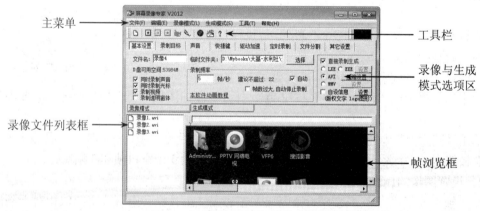

图 7-50　"屏幕录像专家"工作主窗口

屏幕界面由主菜单、工具栏、录像模式选项卡、生成模式选项卡、录像文件列表框、帧浏览框等组成。

使用"屏幕录像专家 7.5"进行录像的过程大致如下：

（1）打开"屏幕录像专家"。

（2）AVI 压缩设置。选择"AVI"单选项，然后再单击"压缩设置"按钮设置好 AVI 压缩格式参数。

（3）在"屏幕录像专家"工作窗口左上侧，选择"同时录制声音"与"同时录制光标"。

（4）输入文件名以及选择保存路径。

（5）单击"开始录制"按钮■（或按 F2 功能键），接下来操作的过程就会被录制下来。

（6）录制完成后单击"停止录制"按钮■（或按 F2 功能键）就大功告成了。如果这时要播放已录制好的 AVI 视频，用户可借助任何一款视频播放器进行播放。

7.7　多媒体应用系统的开发

多媒体应用系统是根据多媒体系统终端用户要求而定制的应用软件或面向某一领域的用户应用软件系统，它是面向大规模用户的系统产品。重视多媒体应用系统开发，有利于多媒体技术的普及、推广和多媒体技术自身的发展。

7.7.1　多媒体应用系统的开发过程

对于一个复杂的多媒体应用系统，其开发工作是一个系统工程。多媒体应用系统的一般开发过程如下。

（1）系统分析。主要工作包括：课题定义；目标分析；使用对象特征分析；内容分析；开发和使用环境分析；项目开发费用预算；编写需求评估报告。

（2）信息内容设计。主要工作包括：细化目标；目标排序；制定内容呈现策略；设计系统的所有模块包括的内容及结构；确定媒体的选择及组合；确定评估方法。

（3）软件系统设计。主要工作包括：内容组织结构设计；导航策略设计；控制机制设计；交互界面设计；屏幕风格设计。

（4）脚本编写。分为文字稿本和节目脚本。文字稿本是对多媒体应用系统所要表达的内容进行的描述。节目脚本则是在文字稿本的基础上改写而成的能体现软件的系统结构和功能，并作为软件制作直接依据的一种具体描述。软件工程师按照脚本即可完成对整个系统的软件设计，就像电视制作中的分镜头脚本一样。

（5）媒体素材制作。主要工作包括：图文、图像等多媒体素材的收集和创作；选用媒体编辑工具；对媒体素材进行加工制作和编辑。

（6）制作与合成。主要工作包括：选用合适的写作软件、多媒体著作系统、多媒体著作语言或是可视化程序设计语言来完成制作；按照节目脚本的要求完成多媒体应用系统的合成。

（7）测试与评价。将制作好的应用系统在小范围内试用，注意收集用户的反馈信息，对系统存在的内容和技术方面的缺陷进行改进。

（8）修改。在测试和评价中若发现产品设计方面的问题需要及时修改。修改工作可能涉及信息内容结构设计、软件系统设计、节目稿本编写、媒体素材制作、系统合成步骤中的局部或全部。

（9）发布。经过认真的测试和反复修改后，应用系统就可以作为一个确定的版本加以推广使用了。发布就是将产品拷贝给最终用户手中的产品副本。

（10）维护与更新。多媒体应用系统发布后，开发人员必需及时跟踪系统的使用效果，及时发现问题和解决问题，改进和优化应用系统的设计。当系统已经不适应需要时，就有必要对其进行更新。

7.7.2　多媒体应用系统的创作模式和工具

根据开发多媒体应用系统的软件系统设计阶段中所采用的信息内容结构、导航结构、交互方式等的不同，可以将多媒体应用系统的创作模式分为以下几种。

（1）幻灯片模式。幻灯片模式是一种纯表现模式，用于按照事先确定的顺序呈现分离的屏幕。主要创作工具有 Microsoft 公司的 PowerPoint 等。

（2）层次模式。层次模式按照树型结构组织，适用于菜单的驱动程序。方正奥思多媒体创作工具（Author Tool）就是一种以层次模式为主的多媒体创作工具，其他工具像 Visual Basic 和 ToolBook 等也是可以创建层次模式的多媒体创作工具。

（3）书页模式。应用程序就像组织一本"书"，"书"又按照称为"页"的分离屏幕来组织，但是在页之间还有交互操作。创建工具的典型代表是 Asymetrix 公司的 ToolBook。

（4）窗口模式。在窗口模式中，目标程序按分离的屏幕对象组织成为"窗口"序列，在每一个窗口中，类似于幻灯片模式。主要创作工具有 Visual Basic 等。

（5）时基模式。主要由动画、声音以及视频组成的应用程序或呈现过程可以按时间轴的顺序来制作。整个程序中的事件按一个时间轴的顺序制作和放置。当用户有交互控制时，时间轴不起作用；但是，如果用户没有进行操作，则它仍然能完成缺省的工作。Macromedia 公司的 Action 和 Director 是典型的时基模式创建工具。

（6）网络模式。这里"网"是指应用程序的结构，而不是指通信网络。这种模式允许目标程序组成一个"从任何地方到其他任意地方"的自由形式结构，没有已建好的顺序或结构呈现。因为集成工具在结构上没有限制，因此创作者不得不建立自己的程序结构，与其他集成工具相比，创作者需要对程序结构多一些了解。但是在所有模式中，这是最能适应建立一个包含有多种层次交互应用程序的工具。NetWare Technology Corporation 公司的 MEDIAScript 是典型的网络模式创建工具。

（7）图标模式。在图标（Icon）模式中，作品由多媒体对象和基于图标的流程图组成。媒体素材和程序控制用给出内容线索的图标表示，在制作过程中，整个工作就是构建和调试这张流程图。图标模式的主要特征是图标自身及流程图显示，所以又叫流程图模式。Macromedia 公司的 Authorware 是其典型代表。

（8）语言模式。使用一种语言来建立应用程序的结构与内容，根据语言的层次和功能进行多媒体创作。如 Asymetrix ToolBook 使用 Open Script 创作语言，Director 使用 Lingo 语言，Visual Basic 使用 Basic 语言。这些语言都具有专门处理多媒体对象的能力，一般称为多媒体创作语言。

习题 7

一、单选题

1. 下述（　　）不属于多媒体通信技术。
　　A. 各种媒体的数字化　　　　　　　B. 数据的存储
　　C. 数据压缩　　　　　　　　　　　D. 数据高速传输

2. MIDI 文件中记录的是（　　）。

A．乐谱　　　　　　　　　　B．MIDI 量化等级和采样频率

C．波形采样　　　　　　　　D．声道

3．下列声音文件格式中，（　　）是波形声音文件格式。

A．WAV　　　　B．CMF　　　　C．VOC　　　　D．MID

4．下列（　　）说法是不正确的。

A．图像都是由一些排成行列的像素组成的，通常称为位图或点阵图

B．图形是用计算机绘制的画面，也称矢量图

C．图像的数据量较大，所以彩色图（如照片等）不可以转换为图像数据

D．图形文件中只记录生成图的算法和图上的某些特征点，数据量较小

5．多媒体技术中的媒体一般是指（　　）。

A．硬件媒体　　　B．存储媒体　　　C．信息媒体　　　D．软件媒体

6．对波形声音采样频率越高，则数据量（　　）。

A．越大　　　　B．越小　　　　C．恒定　　　　D．不能确定

7．如下（　　）不是多媒体技术的特点。

A．集成性　　　B．交互性　　　C．实时性　　　D．兼容性

8．如下（　　）不是图形图像文件的扩展名。

A．MP3　　　　B．BMP　　　　C．GIF　　　　D．WMF

9．多媒体计算机系统一般由多媒体计算机硬件系统和多媒体计算机软件系统组成。通常应包括（　　）层次结构。

A．4　　　　　B．5　　　　　C．6　　　　　D．7

10．下列资料中，（　　）不是多媒体素材。

A．波形、声音　　　　　　　B．文本、数据

C．图形、图像、视频、动画　D．光盘

11．请根据多媒体的特性判断以下属于多媒体范畴的是（　　）。

①交互式视频游戏；②有声图书；③彩色画报；④彩色电视

A．仅①　　　　B．①②　　　　C．①②③　　　　D．全部

12．多媒体计算机系统的两大组成部分是（　　）。

A．多媒体器件和多媒体主机

B．音箱和声卡

C．多媒体输入设备和多媒体输出设备

D．多媒体计算机硬件系统和多媒体计算机软件系统

13．视频卡的种类很多，主要包括（　　）。

①视频捕获卡；②电影卡；③电视卡；④视频转换卡

A．仅①　　　　B．①②　　　　C．①②③　　　　D．全部

14．使用触摸屏的好处是（　　）。

①用户使用手指操作直观、方便；②操作简单、无须学习；

③交互性好；④简化了人机接口

A．仅①　　　　B．①②　　　　C．①②③　　　　D．全部

15．以下属于多媒体教学软件特点的是（　　）。

①能正确生动地表达本学科的知识内容；②具有友好的人机交互界面；

③能判断问题并进行教学指导；④能通过计算机屏幕和老师面对面讨论问题

  A．①②③   B．①②④   C．②④   D．②③

16．多媒体技术未来发展的方向是（ ）。

  ①高分辨率，提高显示质量；②高速度化，缩短处理时间；

  ③简单化，便于操作；④智能化，提高信息识别能力。

  A．①②③   B．①②④   C．①③④   D．全部

17．下列声音文件格式中，（ ）是波形文件格式。

  ①WAV；②CMF；③VOC；④MIDI

  A．①②   B．①③   C．①④   D．②③

18．目前多媒体计算机中对动态图像数据压缩常采用（ ）。

  A．JPEG   B．GIF   C．MPEG   D．BMP

二、填空题

1．一幅彩色图像的像元是由_____三种颜色组成的。

2．多媒体是指多种媒体的_____应用。

3．多媒体信息的存储和传递最常用的介质是_____。

4．在计算机中，多媒体数据最终是以_____存储的。

5．场景是 Flash 中相对独立的_____，一个 Flash 动画可以由_____场景组成，每个场景中的图层和帧均相对独立。

6．文本、声音、_____、_____和_____等信息载体中的两个或多个的组合就构成了多媒体。

7．多媒体系统是指利用_____技术和_____技术来处理和控制多媒体信息的系统。

8．多媒体技术具有_____、_____、_____和实时性等主要特性。

9．多媒体个人计算机的英文缩写是_____。

10．对于位图来说，用 1 位位图时每个像素可以有黑白两种颜色，而用 2 位位图时每个像素则可以有_____种颜色。

11．在相同的条件下，位图所占的空间比矢量图_____。

12．多媒体的英文是_____，Virtual Reality 的含义是_____。

13．Windows 95（98）系统中播放声音的软件有_____、_____和_____。

14．多媒体创作系统大致可分为素材库、编辑和_____三个部分。

15．音频的频率范围大约是_____。

三、判断题

1．对于位图来说，用 1 位位图时每个像素可以有黑白两种颜色，而用 2 位位图时每个像素则可以有三种颜色。（ ）

2．声音质量与它的频率范围无关。（ ）

3．在相同的条件下，位图所占的空间比矢量图小。（ ）

4．位图可以用画图程序获得、从荧光屏上直接抓取、用扫描仪或视频图像抓取设备从照片等抓取、购买现成的图片库。（ ）

5. 文字不是多媒体数据。 　　　　　　　　　　　　　　　　　　　　　（　　）
6. 图像都是由一些排成行列的像素组成的，通常称位图或点阵图。 　　（　　）

参考答案

一、单选题

01-05　BAACC　　　　6-10　ADABD　　　　11-15　BDDDA　　　　16-18　DBC

二、填空题

1. 红、绿、蓝　　　　　　　　　　　　2. 综合
3. 光盘　　　　　　　　　　　　　　　4. 二进制代码
5. 一段动画内容　若干个　　　　　　　6. 图像　视频　动画
7. 计算机　多媒体　　　　　　　　　　8. 多样性　集成性　交互性
9. MPC　　　　　　　　　　　　　　　10. 四
11. 大　　　　　　　　　　　　　　　12. MultiMedia　虚拟现实
13. CD 播放器　媒体播放机　录音机　　14. 播放
15. 20Hz～20kHz

三、判断题

1. ×　　2. ×　　3. ×　　4. √　　5. ×　　6. √

第8章　计算机网络与应用

目前，计算机网络技术尤其是以 Internet 为核心的信息高速公路已经成为人们交流信息的重要途径，它已成为衡量一个国家现代化程度的重要标志之一。网络的应用渗透到社会的各个领域，因此，掌握网络知识与 Internet 的应用是对新世纪人才的基本要求。

计算机网络经历了一个从简单到复杂的发展过程，是通信技术与计算机技术相互结合、相互渗透而形成的一门新兴科学。因此，计算机网络就是在通信协议的控制下，将地理上不同的、分散的自主计算机利用现代的通信技术和线路相互连接起来，进行信息交换和资源共享或协同工作的计算机集合。

计算机网络由通信子网和资源子网构成，通信子网负责计算机间的数据通信，也就是数据传输；资源子网是通过通信子网连接在一起的计算机，向网络用户提供共享的硬件、软件和信息资源。

计算机技术的发展已进入了以网络为中心的新时代，有人预言未来通信和网络的目标是实现 5W 的通信，即任何人（Whoever）在任何时间（Whenever）、任何地点（Wherever）都可以和任何人（Whomever）通过网络进行通信，传送任何东西（Whatever）。

8.1　计算机网络基础

8.1.1　计算机网络的功能

信息交换、资源共享、协同工作是计算机网络的基本功能，从计算机网络应用角度来看，计算机网络的功能因网络规模和设计目的的不同，往往有一定的差异。归纳起来有如下几方面。

1. 资源共享

计算机资源主要指计算机的硬件、软件和数据资源。共享资源是组建计算机网络的主要目的之一。网络用户可以共同分享分散在不同地理位置的计算机上各种硬件、软件和数据资源，为用户提供了极大的方便。

2. 平衡负荷及分布处理

某台计算机负担过重或该计算机正在处理某项工作时，网络可将新任务转交给空闲的计算机来完成，这样处理能均衡各计算机的负载，提高处理问题的实时性；对大型综合性问题，可将问题各部分交给不同的计算机分别处理，充分利用网络资源，扩大计算机的处理能力，即增强实用性。对解决复杂问题来讲，多台计算机联合使用并构成高性能的计算机体系，这种协同工作、并行处理要比单独购置高性能的大型计算机便宜得多。

3. 提高可靠性

一个较大的系统中，个别部件或计算机出现故障是不可避免的。但计算机网络中的各台计算机可以通过网络互相设置为后备机，这样一旦某台计算机出现故障时，网络中的后备机即可代替继续执行，保证任务正常完成，避免系统瘫痪，从而提高了计算机的可靠性。

4．信息快速传输与集中处理

国家宏观经济决策系统、企业办公自动化的信息管理系统、银行管理系统等一些大型信息管理系统，都是信息传输与集中处理系统，都要依靠计算机网络来支持。

5．综合信息服务

正在发展的综合服务数字网可提供文字、数字、图形、图像、语音等多种信息传输，实现电子邮件、电子数据交换、电子公告、电子会议、IP 电话和传真等业务。计算机网络将为政治、军事、文化、教育、卫生、新闻、金融、图书、办公自动化等各个领域提供全方位的服务，成为信息化社会中传送与处理信息的不可缺少的强有力的工具。目前，因特网（Internet）就是最好的实例。

（1）电子邮件。这应该是大家都得心应手的网络交流方式之一。发邮件时收件人不一定要在网上，但他只要在以后任意时候打开邮箱，都能看到属于自己的来信。

（2）网上交易。就是通过网络做生意。其中有一些是要通过网络直接结算，这就要求网络的安全性要比较高。

（3）视频点播。这是一项新兴的娱乐或学习项目，在智能小区、酒店或学校应用较多。它的形式跟电视选台有些相似，不同的是节目内容是通过网络传递的。

（4）联机会议。也称视频会议，顾名思义就是通过网络开会。它与视频点播的不同在于所有参与者都需主动向外发送图像，为实现数据、图像、声音实时同传，对网络的处理速度提出了最高的要求。

8.1.2　计算机网络的分类

计算机网络分类的标准很多，有按覆盖的地理范围分类；按计算机网络传输速度分类；按传输介质分类；按拓扑结构分类；按网络交换方式分类；按逻辑形式分类；按通信方式分类；按服务类型分类；按计算机网络的用途分类。几种常用的分类方法如下。

1．按覆盖的地理范围分类

（1）局域网（Local Area Network，LAN）。局域网地理范围一般是几百米到 10km 之内，属于小范围内的连网。如一个建筑物内、一个学校内、一个工厂的厂区内等。局域网的组建简单、灵活，使用方便。

（2）城域网（Metropolitan Area Network，MAN）。城域网地理范围可从几十公里到上百公里，覆盖一个城市或地区，是一种中等形式的网络。

（3）广域网（Wide Area Network，WAN）。广域网地理范围一般在几千公里左右，属于大范围连网。如几个城市，一个或几个国家，是网络系统中的最大型的网络，能实现大范围的资源共享，如 Internet。

2．按传输速率分类

网络的传输速率有快有慢，传输速率快的称高速网，传输速率慢的称低速网。传输速率的单位是 b/s（每秒比特数）。一般将传输速率在 kb/s～Mb/s 范围的网络称低速网，在 Mb/s～Gb/s 范围的网络称高速网。也可以将 Kb/s 网称低速网，将 Mb/s 网称中速网，将 Gb/s 网称高速网。

说明：数据信号的传输速率通常用每秒比特（bit）来表示，是指单位时间内传送的信息量，即每秒传送多少个位信息，单位为比特/秒（b/s），称为比特率。

带宽是指传输信道的宽度，带宽的单位是 Hz（赫兹）。按照传输信道的宽度可分为窄带网和宽带网。一般将 kHz～MHz 带宽的网称为窄带网，将 MHz～GHz 的网称为宽带网，也可以将 kHz 带宽的网称窄带网，将 MHz 带宽的网称中带网，将 GHz 带宽的网称宽带网。通常情况下，高速网就是宽带网，低速网就是窄带网。

3. 按传输介质分类

传输介质是指数据传输系统中发送装置和接收装置间的物理媒体，按其物理形态可以划分为有线和无线两大类。

（1）有线网。传输介质采用有线介质连接的网络称为有线网，常用的有线传输介质有双绞线、同轴电缆和光导纤维。

局域网通常采用单一的传输介质，而城域网和广域网则采用多种传输介质，如双绞线、同轴电缆和光缆的组合。

（2）无线网。采用无线介质连接的网络称为无线网。目前无线网主要采用三种技术：微波通信，红外线通信和激光通信。微波通信用途最广，目前的卫星网就是一种特殊形式的微波通信，它利用地球同步卫星作中继站来转发微波信号，一个同步卫星可以覆盖地球的三分之一以上表面，三个同步卫星就可以覆盖地球上全部通信区域。

传输介质现在常用的有：

● 双绞线（Twisted Pair Cable）

双绞线是把两根绝缘的铜导线按一定密度互相绞在一起，形成有规则的螺旋形介质，由 1 对线作为一条通信线路，计算机网络中常用的是由 4 对双绞线构成的双绞线电缆。双绞线是一种广泛使用的通信传输介质，既可以传输模拟信号，也可以传输数字信号。

双绞线与 RJ-45 接头方式如图 8-1 所示。

图 8-1　双绞线与 RJ-45 接头连接示意图

● 同轴电缆（Coaxial Cable）

同轴电缆是由一根空心的圆柱形导体围绕着单根内导体构成的。内导体为实芯或多芯硬质铜线电缆，外导体为硬金属或金属网，内、外导体之间有绝缘材料，如图 8-2 所示。

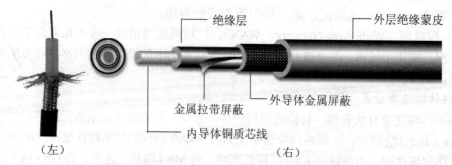

图 8-2　同轴电缆实物（左）与剖面（右）示意图

● 光纤网线（Fiber Optic Cable）

光纤网线则是以光作为传递方式的介质，它完全不受电波干扰。在这种网线上，光只在塑料或玻璃纤维里面传导，其外面则由一层薄薄的被称为 cladding 的外衣保护着，然后整根或多根导线隔着一层绝缘材料被包裹在塑料外套里面，如图 8-3 所示。

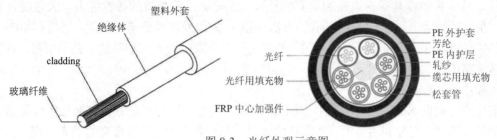

图 8-3 光纤外观示意图

光纤是数据传输中最有效的一种传输介质，它具有以下几个优点。

1）频带较少干扰，不容易被窃听，通信容量大。

2）电磁绝缘性能好。光纤电缆中传输的是光束，由于光束不受外界电磁干扰与影响，而且本身也不向外辐射信号，因此它适用于长距离的信息传输以及要求高度安全的场合。

3）衰减较小。可以说在较长距离和范围内信号会是一个常数。

4）中继器的间隔较大，因此能减少整个通道中继器的数目，可降低成本。

5）光纤无串扰和截取数据，因而安全保密性好。

● 无线传输介质

当通信距离很远时，铺设电缆既昂贵又费时，就要用到无线传输。无线传输主要有地面微波接力通信和卫星通信，如图 8-4 所示。

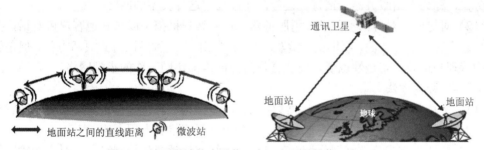

图 8-4 地面微波接力通信（左）和卫星通信（右）

4. 按网络交换方式分类

（1）线路交换（Circuit Switching）最早出现在电话系统中，早期的计算机网络就是采用此方式来传输数据的，数字信号经过变换成为模拟信号后才能联机传输。

（2）报文交换（Message Switching）是一种数字化网络。当通信开始时，源机发出的一个报文被存储在交换机里，交换机根据报文的目的地址选择合适的路径发送报文，这种方式称做存储—转发方式。

（3）分组交换（Packet Switching）也采用报文传输，但它不是以不定长的报文作传输的基本单位，而是将一个长的报文划分为许多定长的报文分组，以分组作为传输的基本单位。这不仅大大简化了对计算机存储器的管理，而且也加速了信息在网络中的传播速度。由于分组交换优于线路交换和报文交换，具有许多优点。因此，它已成为计算机网络中传输数据的主要方式。

随着通信技术和计算机网络技术的发展，出现了高速数据交换技术。

● 数字语音插空技术（Digital Speech Interpolation，DSI）

该技术是一种能提高话音电路利用率的技术，能提高线路交换的传输能力。大量统计数据表明：在电话通信中，由于每句话间的间隙、词汇间隙以及停顿思考等原因，平均有 40%～50%左右时间间隔内是不传输话音信号的，若利用这些空隙时间来传输其他话路的信号，就能提高电话线路的利用率近一倍。

● 帧中继（Frame Relay）

目前广泛使用的 X.25 分组交换通信协议的简化和改进。这种高速分组交换技术可灵活设置信号的传输速率，充分利用资源，提高传输效率，可对分组呼叫进行带宽的动态分配，具有低延时、高吞吐量的网络特性。

● 异步传输模式（Asynchronous Transfer Mode，ATM）

是电路交换与分组交换技术的结合，能最大限度地发挥线路交换与分组交换技术的优点，具有从实时的语音信号到高清晰电视图像等各种高速综合业务的传输能力。

5．按服务方式分类

（1）客户机/服务器网络。服务器是指专门提供服务的高性能计算机或专用设备，客户机是指用户计算机。这是由客户机向服务器发出请求并获得服务的一种网络形式，多台客户机可以共享服务器提供的各种资源。这也是最常用、最重要的一种网络类型，不仅适合于同类计算机联网，也适合于不同类型的计算机联网，如 PC 机、Mac 机的混合联网。这种网络的安全性容易得到保证，计算机的权限、优先级易于控制，监控容易实现，网络管理能够规范化。网络性能在很大程度上取决于服务器的性能和客户机的数量。目前，针对这类网络有很多优化性能的服务器，称为专用服务器。银行、证券公司都采用这种类型的网络。

（2）对等网。对等网不要求专用服务器，每台客户机都可以与其他客户机对话，共享彼此的信息资源和硬件资源，组网的计算机一般类型相同。这种组网方式灵活方便，但是较难实现集中管理与监控，安全性也低，较适合作为部门内部协同工作的小型网络。

6．其他分类方法

（1）按拓扑结构分类。可分为总线结构、星型结构、环型结构、树型结构和网状结构。

（2）按计算机网络的用途进行划分。可分为公用网络和专用网络。

（3）按通信方式分类可划分为点对点传输网络和广播式传输网络。点对点传输网络是数据以点到点的方式在计算机或通信设备中传输，可在星型网、环型网采用这种传输方式。广播式传输网络中的数据在公用介质中传输。无线网和总线型网络属于这种类型。

（4）按网络逻辑形式分类。通信子网，面向通信控制和通信处理，主要包括：通信控制处理机（CCP）、网络控制中心（NCC）、分组组装/拆卸设备（PAD）、网关等；资源子网，负责全网的面向应用的数据处理，实现网络资源的共享。它由各种拥有资源的用户主机和软件（网络操作系统和网络数据库等）所组成，主要包括：主机（HOST）、终端设备（T）、网络操作系统、网络数据库。

8.1.3　计算机网络的体系结构

在网络系统中，由于计算机的类型、通信线路类型、连接方式、通信方式等的不同，导致网络结点的通信有很大的不便。为解决上述问题，必然涉及网络体系结构的设计和制定生产各网络设备的厂商共同遵守的标准等问题，也就是计算机网络的体系结构和协议问题。

1. 计算机网络的体系结构简介

为了完成计算机之间的通信合作，将每个计算机互联的功能划分为定义明确的层次，规定了同层次进程通信的协议及相邻层之间的接口及服务。将这些同层进程间通信的协议以及相邻层接口统称为网络体系结构。现代计算机网络都采用了分层结构。

开放式系统互连参考模型是由 ISO 制定的标准化开放式的计算机网络层次结构模型，又称为 OSI/RM，共有七个层次，如图 8-5 所示。

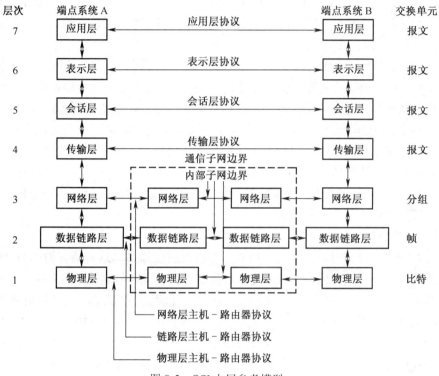

图 8-5　OSI 七层参考模型

OSI/RM 模型共分为 7 层，从下到上依次为物理层、数据链路层、网络层、传输层、会话层、表示层和应用层。计算机网络层次结构模型，将网络通信问题分解成若干个容易处理的子问题，然后各层"分而治之"，逐个加以解决。

在计算机网络体系结构层次中，各层的功能和作用可简单归纳如下：

（1）物理层（Physical Layer）。物理层定义了硬件接口的电气特性、机械特性、应具备的功能等。例如多少伏特的电压代表 1、多少伏特的电压代表 0、电缆线如何与网卡连接、采用哪种来传送数据、并确保位（bits）数据能够被正确收送。它包括所有可用的组网方法。即物理层正确利用传输介质，定义了物理设备之间的机械动作。

（2）数据链路层（Data Link Layer）。数据链路层主要提供的服务包含：检查和改正在物理层可能发生的错误，负责将由物理层传来的未经处理的位数据转成数据帧（Frame），正确地传送数据帧等。当帧出现在网络电缆上时为了确定帧目标，该层在帧的开头加上了自己的头，包括帧大小、源物理地址和目标物理地址等。物理地址的作用在于将网络结点相互区分。数据链路层分为两个子层，MAC（介质访问控制）子层管理包到目标的传送过程，LLC（逻辑链路控制）子层从上层接收包并发送到 MAC 层。即数据链路层连通每个结点，解决数据的正确传送问题。

（3）网络层（Network Layer）。对于由多个外网络组成的网际网来说，网中的计算机除了有一个物理地址外，还应有一个网络号。网络层主要用于解释网络层地址，并把数据引导至合适的网上，即根据网络地址在实体之间建立网络连接、路由切换、疏导与控制交通堵塞等。

（4）传输层（Transport Layer）。负责错误的检查与修复，以确保传送的质量。即网络层选择路由；传输层找到对方主机，保证信息传送的正确无误。

（5）会话层（Session Layer）。两个用户之间的连接或者两端应用程序间的连接，可以把它称为一个会话。其功能就是建立起两端之间的会话关系，并负责数据的传送。即会话层指出对方是谁。

（6）表示层（Presentation Layer）。此层的主要目的是解决各种系统可能使用不同的数据格式、但又无法相互通信的问题，使其可通过共同的格式来表示。它所提供的服务包含：数据语法的转换、数据的传送等。即表示层决定信息的表示形式，决定用什么语言交流。

（7）应用层（Application Layer）。应用层主要用于提供给用户一个良好的应用环境，它主要指网络操作系统和具体的应用程序。应用层规定用户应用的规则和做什么事。

通常把计算机网络分成通信子网和资源子网两大部分。OSI 参考模型的低三层：物理层、数据链路层和网络层归于通信子网的范畴；高三层：会话层、表示层和应用层归于资源子网的范畴。传输层起着承上启下的作用。

2．网络通信协议

计算机之间进行通信时，必需用一种双方都能理解的语言，这种语言被称为"协议"，比如我们在寄信时和邮局的关系，必需正确书写收信人的地址和姓名，寄信人的地址和姓名，最后别忘了贴一张邮票。也就是说，只有能够传达并且理解这些"语言"的计算机才能在计算机网络上与其他计算机进行通信，可见协议是计算机网络中一个重要的概念。

（1）网络通信协议概念。协议（Protocol）是指计算机之间通信时对传输信息内容的理解、信息表示形式以及各种情况下的应答信号都必须遵守一个共同的约定。目前，最常用的网络协议是 TCP/IP（传输控制协议/网际协议）。

在网络协议的控制下，网络上大小不同的、结构不同的、处理能力不同的、厂商不同的产品才能连接起来，实现互相通信、资源共享。从这个意义上来说，协议是计算机网络的本质特征之一。

（2）网络通信协议的三要素。一般来说，通过协议可以解决三方面的问题，即协议的三要素：

1）语法（Syntax）。涉及数据、控制信息格式、编码及信号电平等，即解决如何进行通信的问题，如报文中内容的顺序和形式。

2）语义（Semantics）。涉及用于协调和差错处理的控制信息，即解决在哪个层次上定义的通信及其内容，例如报文由哪些部分组成、哪些部分用于控制数据、哪些部分是通信内容。

3）定时（Timing）。涉及速度匹配和排序等，即解决何时进行通信、通信的内容先后及通信速度等。

协议必需解决语法（如何讲）、语义（讲什么）和定时（讲话次序）这三部分问题，才算比较完整地完成了数据通信的功能。

8.2　局域网基本技术

局域网是目前应用最为广泛的计算机网络系统。组建一个局域网，需要从网络的拓扑结构、网络的硬件系统和网络的软件系统等方面进行综合考虑。

8.2.1　网络的拓扑结构

前面介绍了计算机网络是由若干台独立的计算机通过通信线路连接起来的，那么通信线路如何将多台计算机连接起来，是组建计算机网络的一个重要环节。计算机网络的拓扑结构采用从图论演变而来的"拓扑"（Topology）的方法，即抛开网络中的具体设备，将服务器、工作站、打印机以及大容量的外存等网络单元抽象为一个"点"（结点），将网络中的连接线路抽象为"线"，这样一个计算机网络系统就形成了点和线的几何图形，从而抽象出计算机网络系统的具体结构。

计算机网络中常用的拓扑结构有总线型、星型、环型、树型和网状等，如图 8-6 所示。

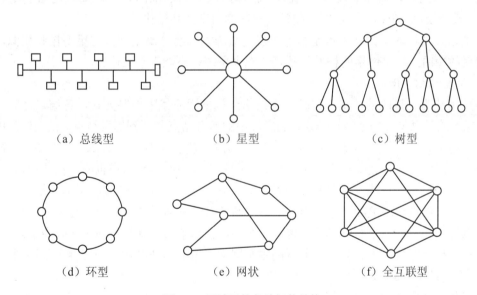

（a）总线型　　　　（b）星型　　　　（c）树型

（d）环型　　　　（e）网状　　　　（f）全互联型

图 8-6　局域网的各种拓扑结构

1. 总线拓扑结构（Bus）

总线拓扑结构是一种共享通路的物理结构。这种结构中总线具有信息的双向传输功能，普遍用于局域网的连接，总线一般采用同轴电缆或双绞线。总线型拓扑结构网络采用广播方式进行通信（网上所有结点都可以接收同一信息），无需路由选择功能。

总线型拓扑结构主要用于局域网络，它的特点是安装简单，所需通信器材、线缆的成本低，扩展方便（即在网络工作时增减站点）。各个结点共用一个总线作为数据通路，信道的利用率高。由于采用竞争方式传送信息，故在重负荷下效率明显降低；另外总线的某一接头接触不良时，会影响到网络的通信，使整个网络瘫痪。

小型局域网或中大型局域网的主干网常采用总线型拓扑结构。

2. 星型拓扑结构（Star）

星型拓扑结构是一种以中央结点为中心，把若干外围结点连接起来的辐射式互联结构。

这种结构适用于局域网，特别是近年来连接的局域网大都采用这种连接方式。这种连接方式以双绞线或同轴电缆作连接线路。

星型拓扑结构的特点是：安装容易，结构简单，费用低，通常以集线器（Hub）作为中央结点，便于维护和管理。

星型拓扑结构虽有许多优点，但也有缺点。

（1）扩展困难、安装费用高。增加网络新结点时，无论有多远，都需要与中央结点直接连接，布线困难且费用高。

（2）对中央结点的依赖性强。星型拓扑结构网络中的外围结点对中央结点的依赖性强，如果中央结点出现故障，则全部网络不能正常工作。

星型结构是小型局域网常采用的一种拓扑结构。

3．树型拓扑结构

树型拓扑结构就像一棵"根"朝上的树，具有根结点和各分支结点。与总线拓扑结构相比，主要区别在于总线拓扑结构中没有"根"。这种拓扑结构的网络一般采用同轴电缆，用于军事单位、政府部门等上、下界限相当严格和层次分明的部门。一些局域网络利用集线器（Hub）或交换机（Switch）将网络配置成级联的树型拓扑结构。

树型拓扑结构的特点：优点是容易扩展、故障也容易分离处理；与星型拓扑相似，当根结点出现故障时，一旦网络的根发生故障，整个系统就不能正常工作。

4．环型结构（Ring）

环型拓扑为一封闭的环状。这种拓扑网络结构采用非集中控制方式，各结点之间无主从关系。环中的信息单方向地绕环传送，途经环中的所有结点并回到始发结点。仅当信息中所含的接收方地址与途经结点的地址相同时，该信息才被接收，否则不予理睬。环型拓扑的网络上任意结点发出的信息，其他结点都可以收到，因此它采用的传输信道也叫广播式信道。

环型拓扑网络的优点在于结构比较简单、安装方便，传输率较高。但单环结构的可靠性较差，当某一结点出现故障时，会引起通信中断。有些网络系统为了提高通信效率和可靠性，采用了双环结构，即在原有的单环上再套一个环，使每个结点都具有两个接收通道。

环型结构是组建大型、高速局域网的主干网常采用的拓扑结构，如光纤主干环网。

5．网状结构（Mesh）

网状拓扑实际上是不规则形式，它主要用于广域网。网状拓扑中两个任意结点之间的通信线路不是唯一的，若某条通路出现故障或拥挤阻塞时，可绕道其他通路传输信息，因此它的可靠性较高，但它的成本也较高。

此种结构常用于广域网的主干网中。如我国的教育科研网（CERNET）、公用计算机互联网（CHINANET）、电子部金桥网（CHINAGBN）等。

另外一种网状拓扑是全互联型的。这种拓扑的特点是每一个结点都有一条链路与其他结点相连，所以它的可靠性非常高，但成本太高，除了特殊场合，一般较少使用。实际上复杂网络拓扑结构往往是星型、总线型和环型 3 种基本结构的组合。

8.2.2　局域网的组成

局域网通常可划分为网络硬件系统和网络软件系统两大部分，所涉及的网络组件主要有服务器、工作站、通信设备和软件系统等。

1. 服务器

网络服务器是网络中为各类用户提供服务，并实现网络的各种管理的中心单元，也称为主机（Host）。网络中可共享的资源大部分都集中在服务器中，同时服务器还要负责管理资源，管理多个用户的并发访问。根据在网络中所起的作用不同，服务器可分为文件服务器、数据库服务器、通信服务器及打印服务器等。在一个计算机网络中至少要有一个文件服务器。服务器可以是专用的，也可以是非专用的，一般使用高性能的服务器，特别是内存和外存容量较大、运算速度较快的计算机，在基于 PC 的局域网中也可以使用高档微型计算机。

2. 工作站

网络工作站是可以共享网络资源的用户计算机，也可以称为网络终端设备，通常是一台微型计算机。一般情况下，一个工作站在退出网络后，可作为一台普通微型计算机使用，用来处理本地事务，工作站一旦联网就可以使用网络服务器提供的各种共享资源。

3. 通信设备

（1）网络适配器。网络适配器简称网卡，它是计算机与网络之间的物理链路，其作用是在计算机与网络之间提供数据传输功能。要使计算机连接到网络中，就必须在计算机中安装网卡。

（2）中继器。中继器（Repeater）又称为转发器，工作在物理层，它是用来扩展局域网覆盖范围的硬件设备。当规划一个网络时，若网络段已超出规定的最大距离，就要用中继器来延伸。中继器的功能就是接收从一个网段传来的所有信号，放大后发送到另一个网段（网络中两个中继器之间或终端与中继器之间的一段完整的、无连接点的数据传输段称为网段）。中继器有信号放大和再生功能，但它不需要智能和算法的支持，只是将信号从一端传送到另一端。

中继器的外观如图 8-7 所示。

图 8-7　中继器

（3）集线器。集线器（Hub）是一种集中连接缆线的网络组件，有时认为集线器是一个多端口的中继器，二者的区别在于集线器能够提供多端口服务，也称为多口中继器。它使一个端口接收的所有信号向所有端口分发出去，每个输出端口相互独立，当某个输出端口出现故障时，其他输出端口不受其影响。网络用户可通过集线器的端口用双绞线与网络服务器连接在一起。集线器的外观如图 8-8 所示。

图 8-8　多口集线器和光纤集线器

（4）交换机。交换机（Switch）可以称作"智能型集线器"，采用交换技术，为连接的设备同时建立多条专用线路，当两个终端互相通信时并不影响其他终端的工作，使网络的性能得到大大提高。

在具体的组网过程中，通常使用第二层（数据链路层）交换机和具有路由功能的第三层（网络层）交换机。第二层交换机主要用在小型局域网中，具有快速交换、多个接入端和价格低廉的特点。第三层交换机，也叫作路由交换机，它是传统交换机与路由器的智能结合，这种方式使得路由模块可以与需要路由的其他模块间高速交换数据，从而突破了传统的外接路由器接口速率的限制，并且接口类型简单，价格比相同速率的路由器低，适用于大规模局域网。交换机的外观如图 8-9 所示。

图 8-9　交换机

（5）路由器。路由器（Router）是一种可以在不同的网络之间进行信号转换的互联设备。网络与网络之间互相连接时，必需用路由器不定期完成，它的主要功能包括过滤、存储转发、路径选择、流量管理、介质转换等。即在不同的多个网络之间存储和转发分组，实现网络层上的协议转换，将在网络中传输的数据正确传送到下一网段上。路由器的外观如图 8-10 所示。

图 8-10　路由器

（6）网关。网关（Gateway）又称网间连接器、协议转换器。网关在传输层实现网络互联，用于两个高层协议不同的网络互联。可以用于广域网互联，也可以用于局域网互联。网关的外观如图 8-11 所示。

图 8-11　网关

4．网络传输介质

网络传输介质包括双绞线、同轴电缆、光纤等有线传输介质和红外线、激光、卫星通信等无线传输介质。

5．计算机网络软件系统

计算机系统是在计算机软件的控制和管理下进行工作的，同样，计算机网络系统也要在网络软件的控制和管理下才能进行工作。计算机网络软件主要指网络操作系统和网络应用软件。

（1）网络操作系统。网络操作系统是指能够控制和管理网络资源的软件系统。它的主要功能是控制和管理网络的运行、资源管理、文件管理、通信管理、用户管理和系统管理等。网络服务器必需安装网络操作系统，以便对网络资源进行管理，并为用户机提供各种网络服务，目前，常用的网络操作系统有 UNIX、Linux、Windows Server 2003/2008 和 Novell NetWare 等。

（2）网络应用软件。网络应用软件是根据用户的需要开发出来的，能够为用户提供各种服务。应用软件随着计算机网络的发展和普及也越来越丰富，如浏览器软件、传输软件、电子邮件管理软件、游戏软件、聊天软件等。

8.3　Internet 基础

Internet 意为"互联网"，我国科学词汇称为"因特网"，是世界上最大的全球性的计算机网络，20 世纪 80 年代起源于美国并得到飞速发展。该网络将遍布全球的计算机连接起来，人们可以通过 Internet 共享全球信息，它的出现标志着网络时代的到来。

从信息资源的角度来看，Internet 是一个集各个部门、各个领域的各种信息资源为一体，供网上用户共享的信息资源网。它将全球数万个计算机网络、数千万台主机连接起来，包含了海量的信息资源，向全世界提供信息服务。

从网络通信的角度来看，Internet 是一个基于 TCP/IP 的连接各个国家、各个地区、各个机构计算机网络的数据通信网。今天的 Internet 已经远远超过了一个网络的涵义，它是一个信息社会的缩影。

8.3.1 Internet 的产生与发展

Internet 起源于美国。1969 年，美国国防部高级计划研究署建立了一个称为 ARPAnet 的计算机网络，将美国重要的军事基地与研究单位用通信线路连接起来。首批连网的计算机只有 4 台，1977 年扩充到 100 余台。为了在不同的计算机之间实现正常的通信，ARPA 制订了一个称 TCP/IP 的通信协议，供连网用户共同遵守。

1981 年从 ARPAnet 中分裂出一个供军用的 MILnet，但 ARPAnet 与 MILnet 仍互有联系。1986 年，美国国家科学基金会组成了 NSFnet，之后它又与美国当时最大的另外 5 个主干网连接，从而取代了 ARPAnet。到 1989 年，与 NSFnet 相连的网络已达 500 个。除美国国内的网络外，加、英、法、德等国的网络也相继加入，并继续共同遵守 TCP/IP 协议，于是形成了一个覆盖全球的网络 Internet。Internet 于 80 年代后期开始向商务开放，从而吸引了一批又一批的商业用户，连网计算机数量迅速增长，受到人们的欢迎。

现在，人们对信息资源的开发和使用越来越重视，随着计算机网络技术的发展，Internet 已经成为一个开发和使用信息资源的覆盖全球的信息海洋。

中国早在 1987 年就由中国科学院高能物理研究所首先通过 X.25 租用线实现了国际远程联网。1994 年 5 月，高能物理研究所的计算机正式接入 Internet，与此同时，以清华大学为网络中心的中国教育与科研网也于 1994 年 6 月正式联入 Internet。1996 年 6 月，中国最大的 Internet 互联子网 ChinaNet 也正式开通并投入运营，在中国兴起了一股研究、学习和使用 Internet 的浪潮。截至 2009 年 6 月 30 日，我国网民已达 3.38 亿人、宽带网民数为 3.2 亿人、国家顶级域名注册量为 1296 万。受 3G 业务开展的影响，使用手机上网的网民也已达到 1.55 亿，占网民的 46%。

8.3.2 Internet 的特点

1. 开放性

Internet 不属于任何一个国家、部门、单位、个人，并没有一个专门的管理机构对整个网络进行维护。任何用户或计算机只要遵守 TCP/IP 都可以进入 Internet。

2. 共享性

Internet 用户在网络上可以随时查阅共享的信息和资料。若网络上的主机提供共享型数据库，则可供查询的信息更多。

3. 资源的丰富性

Internet 中有数以万计的计算机，形成了巨大的计算机资源，可以为全球用户提供极其丰富的信息资源，包括自然、社会、科技、政治、历史、商业、金融、卫生、娱乐、天气预报、政府决策等。

4. 平等性

Internet 是"不分等级"的。个人、企业、政府组织之间可以是平等的、无等级的。

5. 交互性

Internet 作为平等自由的信息沟通平台，信息的流动和交互是双向的，信息沟通双方可以平等地与另一方进行交互，及时获得所需信息。

另外 Internet 还具有技术的先进性、合作性、虚拟性、个性化和全球化的特点。利用这些特点，增加了人类交流的途径，加快了交流速度、缩短了全世界范围内人与人之间的距离。

8.3.3　TCP/IP 协议

Internet 和其他网络一样，为使网络、网络之间的计算机都在各自的环境能够实现相互通信，必需有一套通信协议，这就是 TCP/IP 协议。因此 Internet 成功地解决了不同网络之间的互联问题，实现了异网互联通信。

1. 传输控制协议（TCP）

TCP 对应于开放式系统互连模型 OSI/RM 七层中的传输层协议，它是面向"连接"的。在进行数据通信之前，通信双方必须建立连接，连接后才能进行通信，而在通信结束后，要终止它们的连接。

TCP 的主要功能是对网络中的计算机和通信设备进行管理，它规定了信息包应该怎样分层、分组，如何在收到信息包后重新组合数据，以及以何种方式在线路上传输信号。

2. 网际协议 IP

IP 对应于开放式系统互连模型 OSI/RM 七层中的网络层协议，它制订了所有在网上流通的数据包标准，提供跨越多个网络的单一数据包传送服务。IP 的功能是无连接数据报传送、数据报路由选择及差错处理等。

Internet 的核心协议是 IP 协议，目的是将数据从原结点传送到目的结点。为了正确地传送数据，每一个网络设备，如主机、路由器都有一个唯一的标识，即 IP 地址。

8.3.4　Internet 的地址和域名

1. IP 地址

就像通信地址一样任何连入 Internet 的计算机都要给它编上一个地址，以方便快捷地实现计算机之间的相互通信。Internet 是根据网络地址识别计算机的，此地址称为 IP 地址。

在计算机网络中，一个 IP 地址是由 32 位二进制数字组成，共占四个字节，每个字节之间用"."作为分隔符，值是 0~255。如某校园网中一台计算机的 IP 地址为：

11001010.00100110.01000000.00000001

该地址可表示成如图 8-12 所示的样式。

图 8-12　IP 地址二进制表示法

通信时要用 IP 地址来指定目的地的计算机地址。

为了好记和好书写，一个 IP 地址通常可用四组十进制数表示，每组十进制数用"."隔开，上面表示的 IP 地址用十进制数表示为：202.38.64.1。

IP 地址不能任意使用，在需要使用 IP 地址时，需向管理本地区的网络中心申请。

IP 地址包括网络部分和主机部分，即该计算机是属于哪个网络组织，它在该网络中的地址是什么。网络部分指出 IP 地址所属的网络，主机部分指出这台计算机在网络中的位置。这种 IP 地址结构在 Internet 上很容易进行寻址，先按 IP 地址中的网络号找到网络，然后在该网络中按主机号找到主机。

IP 地址可分为 5 类。

（1）A 类地址。A 类地址被分配给主要的服务提供商。IP 地址的前 8 位二进制代表网络部分，取值 00000000～01111111（十进制数 0～127），后 24 位代表主机部分，A 类地址的格式如图 8-13 所示。

图 8-13　A 类 IP 地址

A 类地址网络号的最高位必须为 0，其余任取，如 121.110.10.8 属于 A 类地址。

（2）B 类地址。B 类地址分配给拥有大型网络的机构，IP 地址的前 16 位二进制代表网络部分，其中前 8 位的二进制取值范围是 10000000～10111111（十进制数是 128～191）；后 16 位代表主机部分的地址。如某台计算机的 IP 地址是 138.131.21.56，属于 B 类地址。B 类地址的格式如图 8-14 所示。

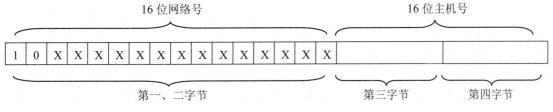

图 8-14　B 类 IP 地址

（3）C 类地址。C 类地址分配给拥有小型网络的机构，IP 地址的前 24 位二进制代表网络部分，其中前 8 位的二进制取值范围是 11000000～11011111（十进制数是 192～223）；后 8 位代表主机部分的地址，主机数最多为 254 台。如某台计算机的 IP 地址是 198.112.10.1，属于 C 类地址。C 类地址的格式如图 8-15 所示。

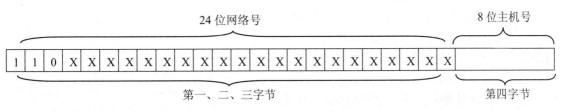

图 8-15　C 类 IP 地址

（4）D 类地址。D 类地址是为多路广播保留的。IP 地址的前 8 位的二进制取值范围是 11100000～11101111（十进制数是 224～239）。

（5）E 类地址。E 类地址是实验性地址，保留未用。IP 地址的前 8 位的二进制取值范围是 11110000～11110111（十进制数是 240～247）。

目前 IP 地址的版本简称为 IPv4 版，随着 Internet 的快速增长，32 位 IP 地址空间越来越紧张，网络号很快用完，迫切需要新版本的 IP 协议，于是产生了 IPv6 协议。IPv6 协议使用 128 位地址，它支持的地址数是 IPv4 协议的 2^{96} 倍，这个地址空间足够大，以至于号称地球上的每一粒沙子都有一个 IP 地址。IPv6 协议在设计时，保留了 IPv4 协议的一些基本特征，这使采用新老技术的各种网络系统在 Internet 上都能够互联。

2. 子网掩码

在给网络分配 IP 地址时，有时为了便于管理和维护，可以将网络分成几个部分，称为子网，即在网络内部分成多个部分，但对外像一个单独网络那样动作。

一个被子网化的 IP 地址包含三个部分：网络号、子网号、主机号，如图 8-16 所示。

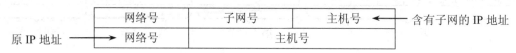

图 8-16 子网化的 IP 地址

划分子网的方法是用主机号的最高位来标识子网号，其余表示主机号，如一个 B 类网 168.166.0.0，如果选取第三个字节的最高两位用于标识子网号，则有 4 个子网，这 4 个子网分别为：168.166.0.0、168.166.64.0、168.166.128.0 和 168.166.192.0。由于子网的划分无统一的算法，单从 IP 地址无法判断一台计算机处于哪个子网，为此引入了子网掩码。

子网掩码也是一个 32 位的数字，其构成规则是：所有标识网络号和子网号的部分用 1 表示，主机地址用 0 表示，那么上面分成 4 个子网的 168.166.0.0 网络的子网掩码为 255.255.192.0。将子网掩码和 IP 地址进行"与"运算，得到的结果表明该 IP 地址所属的子网。如果 2 个 IP 地址分别和同一个子网掩码进行"与"运算，结果相同则表明处于同一个子网，否则处于不同的子网。

如果一个网络没有划分子网，子网掩码的网络号各位全为 1，主机号各位全为 0，这样得到的子网掩码为缺省子网掩码。A 类地址的缺省子网掩码为 255.0.0.0；B 类网络的缺省子网掩码为 255.255.0.0；C 类网络的缺省子网掩码为 255.255.255.0。

在 Windows 的网络属性对话框可对网络上的主机设置子网掩码，如图 8-17 所示。通常情况下指定静态 IP 地址的主机需要设置子网掩码。

一般拨号上网的计算机采用动态 IP 地址，作为供其他人访问的计算机需要指定静态 IP 地址。在局域网上网的计算机通常也分配静态 IP 地址，便于网络管理。

3. 域名（Domain Name）

由于 IP 地址是由一串数字组成的，因此记住一组无任何特征的 IP 地址编码是非常困难的，为易于维护和管理，Internet 上建立了所谓的域名（主机）管理系

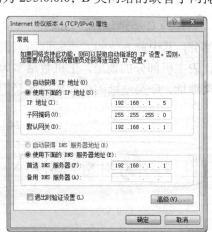

图 8-17　配置 IP 地址和子网掩码

统 DNS（Domain Name System），简称域名系统，即可以对网络上的计算机赋予一个直观的唯一标识名（英文或中文名），即域名。DNS 主要提供了一种层次型命名方案，如家庭住址用城市、街道、门牌号表示的一种层次型地址。主机或机构有层次结构的名字在 Internet 中称为域名。DNS 提供主机域名和 IP 地址之间的转换服务。如 www.163.com 是网易的域名地址。凡是能使用域名的地方，都可使用 IP 地址。

域名命名的一般格式如下：计算机名.组织机构名.网络名.最高层域名。

域名的各部分之间用"."隔开，按从右到左的顺序，依次表示顶级域名、网络机构域名、组织单位域名和一般机器的主机名。域名长度不超过 255 个字符，由字母、数字或下划线组成，以字母开头，以字母或数字结尾，域名中英文字母不区分大小写。常见的顶级域名如表 8-1 和表 8-2 所示。

表 8-1 常用机构顶级域名

域名	机构类型	域名	机构类型
com	商业系统	firm	商业或公司
edu	教育系统	store	提供购买商品的业务部门
gov	政府机关	web	主要活动与 WWW 有关的实体
mil	军队系统	arts	以文化活动为主的实体
net	网络管理系统	rec	以消遣性娱乐活动为主的实体
org	非盈利性组织	info	提供信息服务的实体
nom	有针对性的人员或个人的命令	int	国际组织

表 8-2 常用国家或地区顶级域名

域名	国家	域名	国家
cn	中国	ca	加拿大
au	澳大利亚	ch	瑞士
de	德国	dk	丹麦
fr	法国	es	西班牙
it	意大利	ru	俄罗斯
jp	日本	nz	新西兰
uk	英国	us	美国（或不写）

如某台计算机的域名是 www.tsinghua.edu.cn。表明该台计算机对应的网络主机属于中国（cn）、教育机构（edu），"tsinghua"为组织名计算机，"www"说明是一服务网站，一般是基于 HTTP 的 Web 服务器，为一机器名称。

Internet 主机的 IP 地址和域名具有相同地位，通信时，通常使用的是域名，计算机经由 DNS 自动将域名翻译成 IP 地址。

8.3.5 Internet 接入技术

Internet 为公众提供了各种接入方式，以满足用户的不同需要，包括电话拨号上网（PSTN）、利用调制解调器接入、ISDN、DDN、ADSL、VDSL、Cable Modem、无线接入、高速局域网接入等。

在接入 Internet 之前，用户首先要选择一个 Internet 网络服务商（ISP）和一种适合自己的接入方式。国内大多数选择 ISP 为 ChinaNet 或 ChinaGBN。

1. ADSL 接入技术

ADSL 的全名是非对称数字用户线路（Asymmetric Digital Subscriber Line），它是基于公众电话网提供宽带数据业务的技术，也是目前极具发展前景的一种接入技术，有"网络快车"的美称。ADSL 是在铜线上分别传输数据和语音信号，数据信号并不通过电话交换机设备，减轻了电话交换机的负载。ADSL 属于一种专线上网方式，其支持的上行速率为 640kb/s～1Mb/s，下行速率为 1Mb/s～8Mb/s，具有下行速率高、频带宽、性能好、安装方便、不需要交纳电话费等特点，所以受到广大用户的欢迎，成为继 Modem、ISDN 之后的又一种全新的、更快捷、更高效的接入方式。

接入 Internet 时，用户需要配置一个网卡及专用的 Modem，可采用专线上网方式（即拥有固定的静态 IP）或虚拟拨号方式（不是真正的电话拨号，而是用户输入账号、密码，通过身份验证，获得一个动态的 IP 地址）。

2. 无线接入

用户不仅可以通过有线设备接入 Internet，也可以通过无线设备接入 Internet。采用无线接入方式一般适合接入距离较近、布线难度大、布线成本较高的地区。目前常见的接入技术有蓝牙技术、GSM（Global System for Mobile Communication，全球移动通信系统）、GPRS（General Packet Radio Service，通用分组无线业务）、CDMA（Code Division Multiple Access，码分多址）、3G（3rd Generation，第三代数字通信）等。其中，蓝牙技术适用于范围一般在 10m 以内的多设备之间的信息交换，如手机与计算机相连，实现 Internet 接入；GSM、GPRS、CDMA 技术目前主要用于个人移动电话通信及上网；3G 通信技术正在成为主流。3G 技术规定移动终端以车速移动时，其传输速度为 144kb/s，室外静止或步行时速率为 384kb/s，室内为 2Mb/s；在 3G 技术还没有最终成型时，人们提出了 4G（4th Generation，第四代数字通信）技术，该技术目前只有一个主题，就是无线互联技术。

此外，Internet 接入技术还有：ISDN（Integrator Services Digital Network，即综合业务数字网）、DDN（Digital Data Network，数字数据网）、VDSL、Cable Modem（线缆调制解调器）、高速局域网接入技术、LMDS（社区宽带无线接入技术）等。

8.4　Internet 服务与应用技术

人们使用 Internet 的目的，就是利用 Internet 为人们提供的服务如万维网 WWW（World Wide Web）、电子邮件（E-mail）、远程登录（Telnet）、文件传输（File Transfer Protocol，FTP）、专题讨论（UseNet）、电子公告板服务（Bulletin Board System，BBS）、信息浏览服务（Gopher）、广域信息服务（Wide Area Information Service，WAIS）为生产、生活、工作和交流提供帮助。Internet 改变了人们传统的信息交流方式。

8.4.1　WWW 服务

WWW 也叫作环球信息网，简称 Web，在我国科学词汇中称万维网。万维网将世界各地的信息资源以特有的含有"链接"的超文本形式组织成一个巨大的信息网络。用户只需单击相关单词、图形或图标，就可从一个网站进入另一个网站，浏览或获取所需的东西、声音、视频及图像内容。

WWW 基于超文本传输协议（Hyper Text Transfer Protocol，HTTP），采用超文本、超媒体的方式进行信息的存储和传递，并能将各种信息资源有机地结合起来，具有图文并茂的信息集成能力及超文本链接能力。这种信息检索服务程序起源于 1992 年欧洲粒子研究中心（CERN）推出的一个超文本方式的信息查询工具。超文本含有许多相关文件的接口，称为超链接（Hyperlink）。用户只需单击文件中的超链接词汇、图片等，便可即时链接到该词汇或图片等相关的文件上，无论该文件存放在何地的何种网络主机上。

WWW 以非常友好的图形界面，简单方便的操作方法，以及图文并茂的显示方式，使用户可以轻松地在 Internet 各站点之间漫游，浏览从文本、图像到声音，乃至动画等各种不同形式的信息。

Internet 中 WWW 的规模以每年上百倍的速度在增长，大大超过了其他的 Internet 服务，每天都有新出现的提供 WWW 商业或非商业服务的站点，WWW 的普及已开始改变各企事业单位的经营和工作方式。

8.4.2　Web 浏览器及 IE 9.0 的使用方法

Web 浏览器是目前从网上获取信息方便和直观的渠道，也是大多数人上网的首要选择。Microsoft Internet Explorer（微软互联网探险家，简称 IE）是 Internet 上使用最为广泛的 Web 浏览器软件。在与 Internet 连接之后，用户就可以使用 Web 浏览器"IE"浏览网页了。下面简单介绍 IE 6.0（以下简写 IE）的使用方法。

1. 主窗口介绍

IE 的窗口由标题栏、菜单栏、标准工具栏、地址栏、链接工具栏、Web 浏览窗口、状态栏组成，如图 8-18 所示。

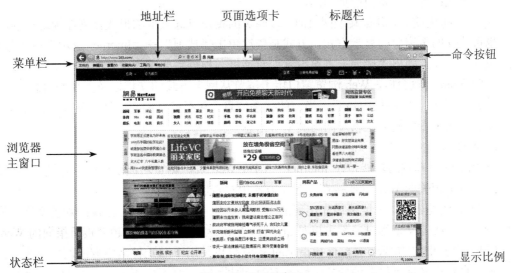

图 8-18　IE 9.0 窗口

（1）菜单栏。通过菜单可以实现浏览器的所有功能，包括浏览保存、收藏等功能。

（2）命令按钮。包括后退 ←、前进 →、主页 🏠、查看收藏夹 ⭐、工具 ⚙ 等按钮，各个按钮的功能如下：

- 后退：显示当前页面之前浏览的页面。
- 前进：显示当前页面之后浏览的页面。
- 主页：打开 IE 浏览器默认的起始主页。
- 查看收藏夹：显示收藏夹内容。

（3）地址栏。地址栏显示当前打开的 Web 页面的地址，用户也可以在地址栏中重新输入要打开的 Web 页面地址。地址是以 URL（Uniform Resource Locator，统一资源定位器）形式给出的，URL 用来定位网上信息资源的位置和方式，其基本语法格式如下：

通信协议://主机:端口/路径/文件名

其中：

- 通信协议是指提供该文件的服务器所使用的通信协议，如 HTTP、FTP 等协议。
- 主机是指上述服务器所在主机的域名。
- 端口是指明进入一个服务器的端口号，它是用数字来表示的，一般可缺省。
- 路径是指文件在主机上的路径。
- 文件名是指文件的名称，在缺省的情况下，首先会调出称为"主页"的文件。

例如，Http://www.163.com/ty/index.asp，其中 Http 为数据传输的通信协议，www.163.com 为主机域名，/ty/代表路径，index.asp 是文件名。

又如，ftp://ftp.cdzyydx.org:8001/pub/jsjjc.rar，表示 FTP 客户程序将从站点 ftp.cdzyydx.org 的 8001 端口连入。

在地址栏中，另外还有搜索🔍、刷新↻（F5）和停止✕（ESC）等三个按钮，其功能如下：

- 搜索：单击此钮，地址栏弹出搜索关键字列表框，单击某个关键字可进行搜索并将结果在浏览窗口中显示出来。
- 刷新：或按下 F5 功能键，重新下载当前页面的内容。
- 停止：停止下载当前页面的内容。

（4）页面选项卡。浏览某个网页时，该网页的窗口以选项卡的形式排列在地址栏的右侧，用户也可改变网页窗口的显示方式，方式是依次单击"选项"→"Internet 选项"→"常规"→"设置"命令，弹出"选项卡浏览设置"对话框，根据需要进行设置即可。

（5）Web 浏览窗口。Web 浏览窗口用于浏览从网上下载的文档以及图片等信息。

（6）状态栏。状态栏中显示了当前的状态信息，包括打开网页、搜索 Web 地址、显示下载速度、确认是否脱机浏览以及网络类型号信息。

2. Web 浏览

IE 浏览器最基本的功能是在 Internet 上浏览 Web 页。浏览功能是借助于超链接实现的，超链接将多个相关的 Web 页连接在一起，方便用户查看信息。

打开 IE 浏览器后，在屏幕最先出现的主页是起始主页，在页面中出现的彩色文字、图标、图像或带下划线的文字等对象都可以是超链接，单击这些对象可进入超链接所指向的 Web 页。

（1）查找指定的 Web 页。查找指定的 Web 页可使用下面几种常用方法。

- 直接将光标定位在地址栏，输入 URL 地址。
- 单击地址栏右侧的下拉列表按钮▼，列出最近访问过的 URL 地址，从中选择要访问的地址。
- 在"收藏"下拉菜单中选择要找的 Web 页地址。

（2）脱机浏览 Web 页。用户可以通过单击"文件"菜单中的"脱机工作"命令，实现不连接 Internet 而直接脱机浏览 Web 页。使用脱机浏览可以对保存到本机的 Web 页在不在线的情况下进行浏览。

用户在网上浏览时，系统会在临时文件夹（Temporary Internet Files）中将浏览的页面存储起来，所以临时文件夹是在硬盘上存放 Web 页和文件（如图形）的地方，用户可以直接通过临时文件夹打开 Internet 上的网页，提高访问的速度。

3. 收藏 Web 页

在浏览 Web 页时，会遇到一些经常访问的站点。为了方便再次访问，可以将这些 Web 页收藏起来，单击"收藏夹"菜单中的"添加到收藏夹"命令，或单击"查看收藏夹"按钮☆，在打开的"收藏夹"窗格中单击"添加到收藏夹"按钮，都会打开"添加到收藏夹"对话框，在该对话框中输入站点名称，单击"添加"按钮完成收藏 Web 页的操作。

4. 查看历史记录

IE 中的历史记录，是指自动存储已经打开的 Web 页的详细资料，借助历史记录，在网上可以快速返回以前打开过的网页。方法是，单击 IE 右上角的"查看收藏夹"按钮☆，在弹出的列表框中单击"历史记录"选项卡，选择要访问的网页标题的超链接，就可以快速打开这个网页。

如果不需要这些历史记录，用户可以清除它们，单击"工具"菜单中的"Internet 选项"命令，在"Internet 选项"对话框中单击"常规"选项卡，可以设置保存网页的历史记录的天数或清除历史记录，如图 8-19 所示。

5. 保存 Web 页

用户在网上浏览时，也可以保存 Web 页信息，操作步骤如下：

（1）保存当前页。单击"文件"菜单，选择"另存为"命令，打开"保存网页"对话框，如图 8-20 所示。

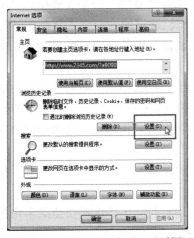

图 8-19　"Internet 选项"对话框

图 8-20　"保存网页"对话框

（2）在"导航"窗格中选择保存网页的文件夹，在"文件名"文本框处给出要保存的文件名，在"保存类型"框中选择保存文件的类型，单击"保存"按钮，网页保存成功。

6. 打印 Web 页

用户也可以选择打印 Web 页中的一部分或者全部内容。

（1）在网页打印之前，可以通过"文件"菜单中的"页面设置"命令，对页面的打印属性进行设置。

（2）页面设置完成后，选择"文件"菜单中的"打印"命令，打开"打印"对话框，在该对话框中设置好打印参数后，单击"确定"按钮，即可打印当前 Web 页。

要打印网页，也可以单击"命令栏"上的"打印 🖶 ▾"按钮（执行"查看"→"工具栏"→"命令栏"，可打开"命令栏"），直接打印 Web 页的全部内容。

8.4.3　资源检索与下载

1．WWW 网上信息资源检索

在 WWW 网上进行信息资源检索的方法有：在 IE 的 URL 地址栏中直接输入要搜索的关键词；使用百度等搜索工具，并在搜索框中输入要搜索的关键词。

2．使用搜索引擎检索

搜索引擎是一种搜索其他目录和网站的检索系统。搜索引擎网站可以将查询结果以统一的清单形式返回。

目前在 WWW 网上，具有代表性的中文搜索引擎有百度（http://www.baidu.com）、谷歌（http://www.google.com.hk）、360 搜索（http://hao.360.cn）、搜狗（http://www.sogou.com）、必应 Bing（http://cn.bing.com）。

另外，用户还可以在搜狐（http://www.sohu.com）、新浪（http://www.sina.com.cn）、网易（http://www.163.net）、中文雅虎（http://cn.yahoo.com）等网站上进行相关的搜索。

3．WWW 网上信息资源下载

当用户在网上浏览到有价值的信息时，可以将其保存到本地计算机中，这种从网上获得信息资料的方法就是下载。

（1）文本内容的下载。打开所需要的网页，找到要保存下载文本内容的起始处，用鼠标拖动到保存文本的结尾处，然后右击，在弹出的快捷菜单中选择"复制"命令（或使用"编辑"菜单中的"复制"命令，或直接按下 Ctrl+C 组合键），将已选定的这段文本复制到计算机的"剪贴板"中，再打开 Word 等文字处理软件，将"剪贴板"中的内容粘贴到 Word 文档中。

如果有时此种方法不行，网站不允许进行直接复制，也可打开 IE 中的"查看"菜单中的"源代码"命令，打开该网页源代码文件窗口，再找到所需要的文本内容，选定后复制即可。

（2）保存网页中的图片。将鼠标指向网页上的图片，右击图片，选择快捷菜单中的"图片另存为"命令，打开"保存图片"对话框。

在"导航窗格"中选择保存文件的位置，然后选择相应的保存类型，再在"文件名"框处输入文件名，单击"保存"按钮即可。

不打开网页或图片直接保存：右击所需项目（网页或图片）的链接，选择快捷菜单中的"目标另存为"命令，在弹出的"另存为"对话框中完成保存。

（3）软件的下载。软件的下载可以直接通过 Web 页或采用专门的下载工具（如网际快车、迅雷等）。如果用户下载的信息资源是网页形式，则可利用上述的"保存 Web 页信息"的方法实现。如果用户下载的内容是共享软件、软件工具、程序、电子图书、电影等内容，则可通过专门的下载中心或下载网站完成。

1）通过下载中心（或网站）下载。一般下载中心页面提供"下载"的超链接，用户只需根据下载提示，单击所要下载信息的超链接即可，操作简单，如图 8-21 所示，就是天空软件（http://www.skycn.com）网站的主页。

搜索栏

分类下载栏

图 8-21　天空软件站

该网站提供了下载分类功能，用户可单击下载内容所属类别的超链接进行检索（如单击图 8-21 中分类下载栏中的"网络软件"超链接），出现检索成功的页面后，在下载提示区，用户选择一个下载的超链接即可。另外，还可以在图 8-21 中的"软件搜索"文本框处输入要下载的内容的名称或关键字，单击"搜索"按钮后，进行搜索和下载。

2）利用下载工具。下载工具可以提高下载过程中的下载速度以及对下载后的文件进行管理，通过多线程、断点续传、镜像等技术最大限度地提高下载速度。如图 8-22 所示为网际快车（FlashGet）的下载页面。

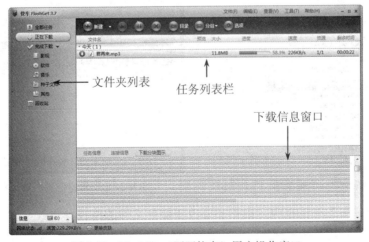

文件夹列表　　任务列表栏

下载信息窗口

图 8-22　FlashGet（网际快车）用户操作窗口

（4）下载程序 FlashGet（网际快车）的使用。从字面上看，"FlashGet"的含义是快速得到的意思。FlashGet 从以前的单一客户端软件，已逐渐发展成为集资源下载客户端、资源门户网站、资源搜索引擎、资源社区等多种服务在内的互联网资源分享平台。

FlashGet 采用基于业界领先的 MHT 和 P4S 下载技术，完全改变了传统下载方式，下载速度要比普通下载快得多，并支持 HTTP、FTP、BT/eMule 等常见协议和多种流媒体协议；安全稳定，不伤硬盘，同时具有速度限制功能，方便浏览。

FlashGet 具有捕获浏览器点击，完全支持 IE 和 Netscape；添加对 Maxthon2、Maxthon3、The World2、The World3、TT4、360 浏览器 2 的支持（安装时可选）；优化对 Windows 7 系统的支持等优势，并率先通过了 Windows 7 官方兼容认证测试。

FlashGet 强大的文件管理功能支持拖拽、更名、添加描述、查找，文件名重复时可以自动重命名，而且下载前后均可轻易管理文件。FlashGet 可以创建不限数目的类别，每个类别指定单独的文件目录，不同的类别保存到不同的目录中去。

FlashGet（网际快车）目前的最高版本为 V3.7，下载地址 http:// http://www.flashget.com/cn/ 或 http://www.skycn.com/soft/appid/5399.html。

1）FlashGet 的操作界面。

FlashGet 软件在安装之后可直接双击在 Windows 桌面上的 FlashGet 快捷方式图标，打开图 8-22 所示的用户界面。FlashGet 的主窗口界面由标题栏、菜单栏、工具栏、文件夹列表、任务列表栏和文件下载信息窗口组成。为便于使用工具栏，工具栏上的各种按钮都加以文字说明。

启动 FlashGet 后，将在桌面上显示一个称为"悬浮窗"的正方形的小窗口，用于显示下载状态，并且可以将下载链接拖放到窗口中开始下载，此时该窗口变为下载比例的窗口。

2）FlashGet 的使用方法。

①打开浏览器，找到下载对象的链接。

②FlashGet 启动后，对所需下载文件进行下载的方法是：右击，在弹出的快捷菜单中选择"使用快车 3 下载"命令，如图 8-23 所示；打开如图 8-24 所示的"新建任务"对话框。

图 8-23　快捷菜单

图 8-24　"新建任务"对话框

③在"新建任务"对话框中，根据需要改变保存文件的路径、更改文件名等设置，最后单击"立即下载"按钮开始下载。

④开始下载后，新建的任务将出现在目录栏的"正在下载"文件夹中。

3）下载信息窗口。

工作窗口下面的是"下载信息/日志"窗口，有"资源推荐"、"任务信息"、"连接信息"和"下载分块图示"4 个选项卡，其中：

● "任务信息"选项卡，其主要作用是显示下载文件的存放目录、原始大小、已下载大小、下载速度和引用地址等，如图 8-25（a）所示。

- "连接信息"选项卡，提供下载文件的资源信息，如图 8-25（b）所示。
- "下载分块图示"选项卡是表达下载文件的具体进行状态。下载文件一共有多大，现在下载多少了，都可以通过直观的图像显示出来。在这里每一个加灰色方块代表文件的一个组成部分，灰色的小方块表示未下载的部分，蓝色的小方块表示已下载的部分，绿的小方块表示正在下载的部分。下载时这些小方块逐渐由灰色变成蓝色。有时文件中会有好几个部分为绿色方块，表明 FlashGet 利用好几个线程同时进行下载，如图 8-25（c）所示。

  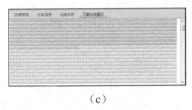

（a）   （b）   （c）

图 8-25 "下载信息窗口"窗口

4）文件的管理。

对下载文件进行归类整理，是 FlashGet 最为重要和实用的功能之一。FlashGet 使用了类别的概念来管理已下载的文件，默认将下载的文件存放在 F:\Downloads 文件夹下；每种类别可指定一个磁盘目录，所有指定下载完成后存放到该类别的下载任务，下载文件就会保存到该磁盘目录中。如果该类别下的文件太多，还可以创建子类别，比如对于 MP3 文件可以创建类别 "MP3"，指定文件目录"F:\Downloads\mp3"。当下载一个 MP3 文件时，指定保存到类别"MP3"中，则所有下载的文件就会保存到目录 "F:\Downloads\mp3" 下。通过右击弹出的快捷菜单可以对"分类"进行管理，包括"新建分类"、"删除分类"和"属性"。

下载的文件存在的类别可以随时改变，具体的磁盘文件亦可以在目录之间移动。对于类别的改变，FlashGet 提供了简单的拖拽功能，就可以把下载的文件进行归类。

8.4.4 电子邮件

1. 电子邮件的基本概念及协议

电子邮件（E-mail）是 Internet 上最受欢迎的一种通信方式，不但能传送文字，还能传送图像、声音等。

与普通信件一样，要发送电子邮件，必须知道发送者的地址和接收者的地址，电子邮件的格式如下：

用户名@主机域名

其中符号 "@" 读作英文 "at"；"@" 左侧的字符串是用户的信箱名，右侧是邮件服务器的主机名。如用户在网易网站上申请的电子邮箱地址为：zyydxcd@163.com。用户打开信箱时，所有收到的邮件都会出现在邮件列表中，并且列表中只显示邮件主题，邮件主题是邮件发送者对邮件主要内容的概括。

电子邮件有两个基本的组成部分：信头和信体。信头相当于信封，信体相当于信件内容。

（1）信头。信头中通常包括如下几项：

收件人的 E-mail 地址。多个收件人地址之间用半角分号 ";" 隔开。

抄送：表示同时可以接收到此信的其他人的 E-mail 地址。

主题：和一本书的章节标题类似，概括描述邮件的关键字，可以是一句话或一个词。

（2）信体。信体是收件人所看到的正文内容，有时还可包含有附件，如一幅图形、音频文件、一个文档等都可以作为邮件的附件进行发送。

在电子邮件系统中有两种服务器，一种是发信服务器，将电子邮件发送出去，另一种是收信服务器，接收来信并保存，即简单邮件传输协议（Simple Mail Transfer Protocol，SMTP）服务器和邮局协议（Post Office Protocol，POP）服务器。SMTP 服务器是邮件发送服务器，采用 SMTP 协议传递；POP 服务器是邮件接收服务器，即从邮件服务器到个人计算机使用 POP3（邮局协议第 3 版）协议传递，其上有用户的信箱。若用户数量较少，则 SMTP 服务器和 POP 服务器可由一台计算机担任。

2．收发电子邮件

要收发电子邮件，用户首先需向 ISP 申请一个邮箱，由 ISP 在邮件服务器上为用户开辟一块磁盘空间，作为分配给该用户的邮箱，并给邮箱取名，所有发向该用户的邮件都存储在此邮箱中。一般情况下，用户向 ISP 服务商申请上网得到上网的账号时，会得到一个邮箱，另外，还有网站为用户提供免费或收费的电子邮箱。

下面以网易为例，介绍申请免费邮箱的方法。

（1）首先进入网易（http://www.163.com）的主页，在该网站中找到"网易产品"所在栏目，单击"免费邮箱"超链接，出现如图 8-26 所示页面。

图 8-26　"163 免费邮"登录界面

（2）单击"注册网易免费邮"按钮，出现用户信息填写界面，如图 8-27 所示。

（3）接下来，输入登录密码等相关信息，单击"立即注册"按钮，出现手机"免费获取短信验证码"窗口，如图 8-28 所示。

（4）输入用户的手机号码，单击"免费获取短信验证码"按钮，网易将为用户发出验证码信息。输入收到的验证码，单击"提交"按钮，即登录成功的 163 邮箱管理界面，如图 8-29 所示。

邮箱注册成功后，用户就可以使用自己的电子邮箱了。

互联网中的很多网站都提供了免费邮件，如新浪、搜狐、腾讯，用户可仿照上述操作，练习上网申请邮箱。

图 8-27　用户信息填写窗口

图 8-28　"免费获取短信验证码"窗口

图 8-29　163 邮箱管理窗口

　　用户拥有了自己的 E-mail（电子邮件）账号，即拥有了自己的电子邮箱，就可以收发电子邮件了。收发电子邮件有两种方式，一种是直接到提供邮件服务的网站，在该网站的页面上输入用户和密码，如图 8-26 所示，在"用户名"和"密码"文本框中分别输入用户名和密码，然后单击"登录"按钮，即可进入收发电子邮件的页面收发邮件了。另一种方法是使用专门的邮件管理软件，如 Outlook 2010、Foxmail 等来管理电子邮件。

　　3. 电子邮件收发软件 Outlook 2010 的使用

　　Outlook 2010（简称为 OE）就是一种专门的邮件管理工具，是 IE 的一个组件，它的功能强大、操作简单、容易掌握。

　　启动 OE 以后，我们将看到如图 8-30 所示的 OE 主窗口界面。使用 OE 主要是在这个界面上进行操作。OE 应用程序窗口界面，主要由标题栏、菜单栏、常用工具栏、OE 面板和 OE 内容窗口五个部分组成。

　　在使用 OE 之前，首先要完成的工作是在 OE 中建立自己的邮件账号，即 OE 和已有的邮件建立关联。不过如果读者拥有不同的 Internet 服务提供商的多个邮件账号，就应该用一种有效的方法来管理这些账号。

　　有关 OE 的一般使用，请参考本书配套的《大学计算机基础上机实践教程（第三版）——基于 Windows 7 和 Office 2010 环境》中的实验二十二，这里不再详述。

标题栏

功能区

导航窗格

邮件列表

状态栏

菜单选项卡

内容窗口

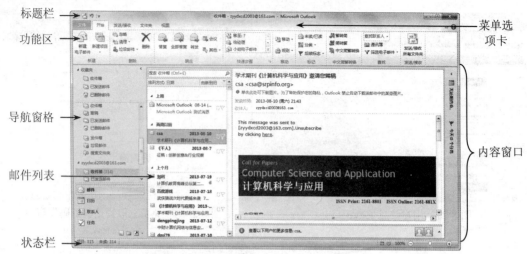

图 8-30　Outlook 2010 工作主窗口

8.4.5　远程登录

1. 远程登录概述

用户将计算机连接到远程计算机的操作方式叫做"登录"。远程登录（Remote Login）是用户通过使用 Telnet 等有关软件使自己的计算机暂时成为远程计算机的终端的过程。一旦用户成功地实现了远程登录，用户使用的计算机就好像一台与对方计算机直接连接的本地计算机终端那样进行工作，使用远程计算机上的信息资源，享受远程计算机与本地终端同样的权力。Telnet 是 Internet 的远程登录协议。

用户在使用 Telnet 进行远程登录时，首先应该输入要登录的服务器的域名或 IP 地址，然后根据服务器系统的询问，正确地输入用户名和口令后，即可远程登录成功。

2. 应用实例

远程登录的典型应用就是电子公告牌 BBS，它是利用计算机通过远程访问得到的一个信息源及报文传递系统。用户只要连接到 Internet 上，就可以直接利用 Telnet 方式进入 BBS，阅读其他用户的留言，发表自己的意见。BBS 一般包括信件讨论区、文件交流区、信息布告区和交流讨论区、多线交谈等几部分，大多以技术服务或专业讨论为主，一般是文本界面。

下面以 Windows 7 终端仿真程序为例，进行 BBS 远程登录的具体操作如下。

（1）运行 Telnet 终端仿真应用程序。单击"开始"按钮，在弹出的菜单中选择"运行"命令，在弹出的"运行"对话框中输入"Telnet bbs.newsmth.net"（清华大学的水木清华 BBS 站），出现如图 8-31 所示的窗口。

（2）在该登录窗口中输入用户名。如果是第一次登录，可以输入"new"来注册。如果不想注册，可输入"guest"以来宾身份登录（以来宾身份登录不能发表文章），进入"水木清华"的主功能菜单，如图 8-32 所示，用户可利用上下方向键选择，然后按 Enter 键就能进入相应的讨论区，浏览或发表文章。

按下 Ctrl+]组合键，再输入字母"Q"，按下 Enter（回车）键可退出 Telnet。

另外，还有一种 WWW 形式的 BBS，不需要用远程登录的方式，它与一般的网站（网页）一样，用户可通过浏览器直接登录，这种形式的 BBS 除了仍然保持传统 BBS 的基本内容和功能外，其界面及使用都有很大的变化，不仅可以有文字信息，还可以加入图片等多媒体信息，如常见的论坛、留言板等。显然，这种 BBS 操作更为方便快捷，并且具有更强的即时性和交互性。如天地人大（http://www.tdrd.org/nForum/）论坛就是一种基于 WWW 形式的 BBS。

 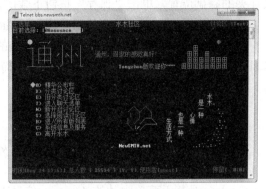

图 8-31　Telnet 窗口　　　　　　　　　　图 8-32　水木清华主功能菜单

8.4.6　文件传输服务

1. 文件传输概述

文件传输 FTP 是 Internet 的主要用途之一，使用基于 FTP 协议的文件传输程序，用户可登录到一台远程计算机，把其中的文件传回自己的计算机或反向进行。与远程登录类似的是，文件传输是一种实时的联机服务，在进行工作时，用户首先要登录到双方的计算机中；与远程登录不同的是，用户在登录后仅可以进行与文件搜索和文件传送有关的操作，如改变当前的工作目录、列文件清单、设置传输参数、传送文件等。使用文件传输协议（File Transfer Protocol，FTP）可以传送多种类型的文件，如图像文件、声音文件、数据压缩文件等。

FTP 是 Internet 文件传输的基础，通过该协议，用户可以从一个 Internet 主机向另一个 Internet 主机"下载"或"上传"文件。"下载"文件就是从远程主机中将文件复制到自己的计算机中，"上传"文件则是将文件从自己的计算机中复制到远程主机中。用户可通过匿名（Anonymous）FTP 或身份验证（通过用户名及密码验证）连接到远程主机中，并下载或上传文件。

2. 应用实例

（1）使用 IE 浏览器。在 IE 浏览器的地址栏内直接输入 FTP 服务器的地址。例如在 IE 浏览器的地址栏中输入"ftp://ftp.tup.tsinghua.edu.cn"（清华大学出版社 ftp 服务器的地址），出现如图 8-33 所示的窗口。

图 8-33　用 IE 浏览器访问 FTP 站点

在如图 8-33 所示的窗口中，如果要下载某一个文件夹或文件，首先右击该文件夹或文件，在弹出的快捷菜单中选择"目标另存为"命令，弹出"另存为"对话框。选择要保存的文件或文件夹的磁盘位置，单击"保存"按钮下载所需内容。

要下载所需的文件，也可使用"快车（FlashGet）"、"迅雷"等下载工具进行下载。

（2）使用专门的 FTP 下载工具。常见的 FTP 下载工具软件有 CuteFTP、LeapFTP、FlashFXP、QuickFTP 等，这些工具软件操作简单实用，使 Internet 上的 FTP 服务更快捷方便。有关这些工具软件的使用，请参考有关书籍。

8.4.7　其他常见服务

在 Internet 中，除了上述的网络信息服务外，Internet 还为用户提供以下几方面的服务。

1. 信息浏览服务（Gopher）

Gopher 是基于菜单驱动的 Internet 信息查询工具，用户可以对远程联机信息进行远程登录、信息查询、电话号码查询、多媒体信息查询及格式文件查询等实时访问。

2. 专题讨论（Usenet）

Internet 上遍布众多的专题论坛服务器（通常称 News Server），通过它可以和世界各地的人们共同讨论任何主题。Usenet 是由多个讨论组组成的一个大集合，含有全世界数以百万计的用户，每个讨论组都可围绕某一特定的主题，如数学、哲学、计算机、小说、笑话、医药配方等。任何能够想到的主题都可以作为讨论组的主题。

3. 广域信息服务 WAIS

WAIS 是查询整个 Internet 信息的另一种方法。在 WAIS 查询中，用户输入一个或多个要检索的关键字，WAIS 将在指定的所有数据库中检索包含该关键字的文章。

此外，Internet 所提供的服务还包括电子商务、电子政务、IP 电话、收发传真、视频会议、网络聊天与游戏等。

4. 其他信息交流方式

把信息通过适当的方式和渠道传播出去，供他人分享，借此实现人与人之间的交流。

● 即时通讯工具

如 QQ、网络会议（NETmeeting）、MSN 等，可以实现一对一、一对多或多对多在线视频或语音交流，也可传递文件。

● 博客（Blog）

即网络日志，是一种表达个人思想（主要以文字和图片的形式）、网络链接、内容，按照时间顺序排列，并且不断更新的信息发布方式。

● 微博

即微博客（MicroBlog）的简称，是一个基于用户关系的信息分享、传播以及获取平台，用户可以通过 Web、Wap 以及各种客户端组件个人社区，以 140 字左右的文字更新信息，并实现即时分享。最早也是最著名的微博是美国的 Twitter。

与博客中的长篇大论相比，微博的字数限制恰恰使用户更易于成为一个多产的博客发布者。

● 播客（Podcast）

是一种在互联网上发布文件并允许用户订阅以自动接收新文件的方法，或用此方法来制作电台节目，播客传递的是音频和视频信息。

● 维客（Wiki）

"Wiki" 一词来源于夏威夷语 "Wee kee wee kee"，意思是 "快点快点"。它是以 "知识库文档" 为中心、以 "共同创作" 为手段，靠 "众人不停地更新修改" 这样一种借助互联网创建、积累、完善和分享知识的全新模式。与其他超文本系统相比，Wiki 有使用方便及开放的特点，它可以帮助我们在一个社群内共享某领域的知识。

● Facebook（称 "脸谱网" 或 "脸书"）

是一个社交网络服务网站，和博客等差不多。每个用户在 Facebook 上有自己的档案和个人页面。用户之间可以通过各种方式发生互动：留言、发站内信，评论日志。Facebook 还提供方便快捷的聚合功能，帮助用户找到和自己有共同点的人，同时还提供其他特色栏目。

习题 8

一、单选题

1. 为 163 的电子邮件建立连接时，163 的 POP3 的服务器是（   ）。
   A. 163.COM.CN　　　　　　　　　　B. 163.COM
   C. POP3.163.COM.CN　　　　　　　D. POP3.163.COM

2. 关于网络协议，下列（   ）选项是正确的。
   A. 是网民们签订的合同
   B. 协议，简单地说就是为了网络信息传递，共同遵守的约定
   C. TCP/IP 协议只能用于 Internet，不能用于局域网
   D. 拨号网络对应的协议是 IPX/SPX

3. IPv6 地址由（   ）位二进制数组成。
   A. 16　　　　　　B. 32　　　　　　C. 64　　　　　　D. 128

4. 下列四项中，合法的 IP 地址是（   ）。
   A. 192.202.5　　　　　　　　　　　B. 202.118.192.22
   C. 203.55.298.66　　　　　　　　　D. 123;45;82;220

5. 在 Internet 中，主机的 IP 地址与域名的关系是（   ）。
   A. IP 地址是域名中部分信息的表示　　B. 域名是 IP 地址中部分信息的表示
   C. IP 地址和域名是等价的　　　　　　D. IP 地址和域名分别表达不同含义

6. 计算机网络最突出的优点是（   ）。
   A. 运算速度快　　　　　　　　　　　B. 联网的计算机能够相互共享资源
   C. 计算精度高　　　　　　　　　　　D. 内存容量大

7. 关于 Internet，下列说法不正确的是（   ）。
   A. Internet 是全球性的国际网络　　　B. Internet 起源于美国
   C. 通过 Internet 以实现资源共享　　　D. Internet 不存在网络安全问题

8. 传输控制协议/网际协议即（   ），属工业标准协议，是 Internet 采用的主要协议。
   A. Telnet　　　　B. TCP/IP　　　　C. HTTP　　　　D. FTP

9. 计算机网络按使用范围划分为（   ）。
   A. 广域网局域网　　　　　　　　　　B. 专用网公用网

    C．低速网高速网   D．部门网公用网

10．IP 地址能唯一地确定 Internet 上每台计算机与每个用户的（   ）。

    A．距离   B．费用   C．位置   D．时间

11．网址 www.zzu.edu.cn 中 zzu 是在 Internet（   ）中注册的。

    A．硬件编码   B．密码   C．软件编码   D．域名

12．将文件从 FTP 服务器传输到客户机的过程称为（   ）。

    A．上传   B．下载   C．浏览   D．计费

13．下边的接入网络方式，速度最快的是（   ）。

    A．GPRS   B．ADSL   C．ISDN   D．LAN

14．万维网（World Wide Web，简称 W3C 或 WWW 或 Web），又称 W3C 理事会或 3W 或称（   ），是 Internet 中应用最广泛的领域之一。

    A．Internet   B．全球信息网   C．城市网   D．远程网

15．以下错误的 E-mail 地址是（   ）。

    A．lixiaoming@sina.com   B．lixiaoming@sina.com.cn

    C．lixiaoming022@sohu.com   D．lixiaoming@022@sohu.com.cn

16．IP 地址 168.160.233.10 属于（   ）。

    A．A 类地址   B．B 类地址   C．C 类地址   D．无法判定

17．URL 的含义是（   ）。

    A．信息资源在网上什么位置和如何访问的统一描述方法

    B．信息资源在网上什么位置及如何定位寻找的统一描述方法

    C．信息资源在网上的业务类型和如何访问的统一方法

    D．信息资源的网络地址的统一描述方法

18．Outlook 2010 电子邮箱系统不具有的功能是（   ）。

    A．撰写邮件   B．发送邮件   C．接收邮件   D．自动删除邮件

19．用户的电子邮件信箱是（   ）。

    A．通过邮局申请的个人信箱   B．邮件服务器内存中的一块区域

    C．邮件服务器硬盘上的一块区域   D．用户计算机硬盘上的一块区域

20．POP3 服务器用来（   ）邮件。

    A．接收   B．发送   C．接收和发送   D．以上均错

21．用 Outlook 2010 接收电子邮件时，收到的邮件中带有回形针状标志，说明该邮件（   ）。

    A．有病毒   B．有附件   C．没有附件   D．有黑客

22．在 Outlook 2010 中设置唯一电子邮件账号：kao@sina.com，现成功接收到一封来自 shi@sina.com 的邮件，则以下说法正确的是（   ）。

    A．在收件箱中有 kao@sina.com 邮件

    B．在收件箱中有 shi@sina.com 邮件

    C．在本地文件夹中有 kao@sina.com 邮件

    D．在本地文件夹中有 shi@sina.com 邮件

23．在 Outlook 2010 中，以下说法正确的是（   ）。

    A．发件箱：暂存准备发出的邮件；已删除邮件箱：存放已经发出的邮件

    B．发件箱：暂存准备发出的邮件；已删除邮件箱：存放准备删除的邮件

　　C．发件箱：存放已发出的邮件；已删除邮件箱：存放准备删除的邮件

　　D．以上都不正确

二、填空题

1．环球信息网 WWW 采用超文本标记语言（HTML），成为 Internet 上使用普及的＿＿＿＿＿工具。

2．Internet 上所有的服务都是使用＿＿＿＿＿机制。

3．连接在 Internet 上永久而唯一的 IP 地址是主机在＿＿＿＿＿。

4．在 IP 地址的点分十进制表示方式中，把 IP 地址分为四段来写，每段的取值范围是十进制的＿＿＿＿＿。

5．IP 地址采用了分层结构，它由＿＿＿＿＿和主机地址组成。

6．当域名中的类型名为＿＿＿＿＿时表示这是一个网络机构的网址。

7．域名中含有中文的域名被称为＿＿＿＿＿。

8．网络服务供应商的英文简写是＿＿＿＿＿。

9．接收到的电子邮件主题前有回形针标记，表明该邮件带有＿＿＿＿＿。

10．Internet 中远程登录服务的简写是＿＿＿＿＿。

11．电子邮件地址由两部分组成，以"@"隔开，"@"前面部分是由 ISP 或商业网站提供的用户名，后面部分是＿＿＿＿＿服务器的地址。

12．在 Outlook 2010 中，在连接向导中输入用户的名字将显示在外发邮件的＿＿＿＿＿字段。

13．如果要将一个应用程序发给收件人，应该以＿＿＿＿＿形式发送。

14．在 Outlook 2010 和其他电子邮件程序中有一个包括与用户经常联系的电子邮件消息接收者的姓名、电子邮件地址及其他信息的文件夹，叫做＿＿＿＿＿。

15．Outlook 2010 是用来处理＿＿＿＿＿的。

三、判断题

1．网际快车 FlashGet 可以上传和下载文件。　　　　　　　　　　　　　　（　　）

2．利用网际快车下载文件，如果没有下载完成就关闭计算机，下次开机下载的时候，可以接着在上次下载的断点处继续下载。　　　　　　　　　　　　　　　　　　（　　）

3．在电子邮箱中只能发送文本而不能发送图片。　　　　　　　　　　　　（　　）

4．自己买的正版软件放在网上供别人下载，这种行为是合法的。　　　　　（　　）

5．局域网的地理范围一般在几公里之内，具有结构简单、组网灵活的特点。　（　　）

6．TCP 协议的主要功能就是控制 Internet 中 IP 包正确的传输。　　　　　　（　　）

7．域名和 IP 地址是同一概念的两种不同说法。　　　　　　　　　　　　　（　　）

8．IE 浏览器默认的主页地址可以在 Internet 选项"常规"中的地址栏中设置。　（　　）

9．E-mail 地址的格式是主机名@域名。　　　　　　　　　　　　　　　　　（　　）

10．Outlook 2010 发送邮件不通过邮件服务器，而是直接传到用户的计算机上。　（　　）

11．WWW 的页面文件存放在客户机上。　　　　　　　　　　　　　　　　（　　）

12．在局域网（LAN）网络中可以采用 TCP/IP 通信协议。　　　　　　　　（　　）

13．WWW 的 Web 浏览器放在服务器上。　　　　　　　　　　　　　　　（　　）

14．Outlook 2010 发送邮件时，不能附加文件。　　　　　　　　　　　　　（　　）

15. Internet 的 DNS 系统是一个分层定义和分布式管理的命名系统。　　　　（　　）

16. 在 WWW 上，每一信息资源都有统一的唯一的 URL 地址。　　　　　　（　　）

17. 在收发电子邮件时必需运用 Outlook Express 软件。　　　　　　　　（　　）

18. 只要将几台计算机使用电缆连接在一起，计算机之间就能够通信。　　　（　　）

19. 在计算机网络中只能共享软件资源，不能共享硬件资源。　　　　　　（　　）

20. 在 Outlook 2010 中键入多个收件人的地址，这些地址需以"：（冒号）"分开。　（　　）

参考答案

一、单选题

01-05　DBDBC　　06-10　BDBAC　　11-15　DBDBD　　16-20　BDDCA　　21-23　BBC

二、填空题

1．信息浏览　　　　2．B/S　　　　　3．Internet 上的唯一标志

4．0～255　　　　　5．网络地址　　　6．net

7．中文域名　　　　8．ISP　　　　　9．附件

10．Telnet　　　　11．邮件接收　　　12．发件人

13．附件　　　　　14．个人地址薄　　15．电子邮件

三、判断题

1．×　　2．√　　3．×　　4．×　5．√　6．√　　7．×　8．√　　9．×　　10．×

11．×　　12．√　　13．×　　14．×　15．√　16．√　　17．×　18．×　19．×　20．×

第9章　Access 数据库技术基础

数据库技术是有关数据管理的最新技术，各行各业大量的重要数据需要经过数据库才能进行有效组织、存储、处理和共享。通过运用数据库，用户可以将各种信息合理归类和整理，并使其转化为有用的数据。

Microsoft Access 是 Microsoft 公司的 Office 办公自动化软件的组成部分，是应用广泛的关系型数据库管理系统之一，既可以用于小型数据库系统开发，又可以作为大中型数据库应用系统的辅助数据库或组成部分。此外，它还将数据库信息与 Web 结合，可以更方便地共享跨越各种平台和不同用户级别的数据，并能作为企业级后端数据库的前台客户端。

本章以微软开发的面向小型关系数据库应用且操作简便易用的 Access 数据库为例，讲述数据库技术的一般应用。主要内容包括数据库、数据库管理系统的基本概念，Access 数据库系统应用环境，表、查询、SQL 语言、报表、Access 数据的导入与导出。

9.1　数据库基本概念

在信息社会中，信息是一种资源。人们为了获取有价值的信息用于决策，就需要对数据进行处理，进行管理。人们把用计算机对数据进行处理的应用系统称为计算机信息系统。信息系统是"一个由人、计算机等组成的能进行信息的收集、传递、存储、加工、维护、分析、计划、控制、决策和使用的系统"。信息系统的核心是数据库。

下面介绍几个数据库中常用的术语。

9.1.1　信息、数据、信息处理

信息（Information）是客观事物属性的反映。它反映了客观事物的某一属性或某一时刻的表现形式。例如学生的姓名、身高、年龄、面貌、胖瘦、成绩等。

数据（Data）则是信息的载体，它是信息在计算机中的量化表示。例如身高 1.68m、上机成绩 98 分等。可以看出将信息用某种符号记录下来就成了数据。

信息与数据是相互联系的。数据是信息的载体，信息是数据的内涵。

信息处理（Information Process）也称为数据处理，它是利用计算机对各种形式的数据进行收集、存储、加工和传播等一系列活动的总和。数据处理的目的是通过对大量原始数据进行分析和处理，抽取或推导出对人们有价值的信息，为行动和决策提供依据；同时，利用计算机科学地保存和管理大量复杂的数据，方便人们充分地利用信息资源。

9.1.2　数据库、数据库管理系统、数据库系统

数据库（Data Base，简称 DB）是存储在计算机内、有组织、可共享的数据集合。数据库中的数据按一定的数据模型组织、描述和存储，具有较小的数据冗余度、较高的数据独立性和扩展性，并且数据库中的数据可为各个合法用户共享。

数据库管理系统（Data Base Management System，简称 DBMS）是负责数据库的定义、建

立、操纵、管理和维护的一种计算机软件，是数据库系统的核心部分。数据库管理系统是在特定操作系统的支持下进行工作的，它提供了对数据库资源进行统一管理和控制的功能，使数据结构和数据存储具有一定的规范性，提高了数据库应用的简明性和方便性。DBMS 为用户管理数据提供了一整套命令，利用这些命令可以实现对数据库的各种操作，如数据结构的定义，数据的输入、输出、编辑、删除、更新、统计和浏览等。

数据库管理系统通常由以下几个部分组成。

（1）数据定义语言（Data Definition Language，DDL）及其编译和解释程序：主要用于定义数据库的结构。

（2）数据操纵语言（Data Manipulation Language，DML）或查询语言及其编译或解释程序：提供了对数据库中的数据存取、检索、统计、修改、删除、输入、输出等基本操作。

（3）数据库运行管理和控制例行程序：是数据库管理系统的核心部分，用于数据的安全性控制、完整性控制、并发控制、通信控制、数据存取、数据库转储、数据库初始装入、数据库恢复和数据的内部维护等，这些操作都是在该控制程序的统一管理下进行的。

（4）数据字典（Data Dictionary，DD）：提供了对数据库数据描述的集中管理规则，对数据库的使用和操作可以通过查阅数据字典来进行。

（5）通信功能：数据库管理系统提供了数据库与操作系统之间的联机处理接口，以及与远程作业输入的接口。此外，它也是用户和数据库之间的接口。

9.1.3　数据库系统

数据库系统（Data Base System，简称 DBS）是指计算机系统引入数据库后的系统构成，是一个具有管理数据库功能的计算机软硬件综合系统。具体地说，它主要包括计算机硬件、操作系统、数据库（DB）、数据库管理系统（DBMS）和建立在该数据库之上的相关软件、数据库管理员及用户等组成部分。

（1）硬件系统：它是数据库系统的物理支持，包括主机、显示器、外存储器、输入/输出设备等。

（2）软件系统：包括系统软件和应用软件。系统软件包括支持数据库管理系统运行的操作系统（如 Windows 2000）、数据库管理系统（如 Access 2010、SQL Server 2008）、开发应用系统的高级语言及其编译系统等；应用软件是指在数据库管理系统基础上，用户根据实际问题自行开发的应用程序。

（3）数据库是数据库系统的管理对象，为用户提供数据的信息源。

（4）数据库管理员是负责管理和控制数据库系统的主要维护管理人员。

（5）用户是数据库的使用者，包括专业用户和最终用户。用户可以利用数据库管理系统软件提供的命令访问数据库并进行各种操作。专业用户即程序员，是负责开发应用系统程序的设计人员。最终用户是对数据库进行查询或通过数据库应用系统提供的界面使用数据库的人员。

数据库系统具有数据的结构化、共享性、独立性、可控冗余度以及数据的安全性、完整性和并发控制等特点。

9.1.4　数据库应用系统

数据库应用系统（Data Base Application System，简称 DBAS）是在 DBMS 支持下根据实

际问题开发出来的数据库应用软件。一个 DBAS 通常由数据库和应用程序两部分组成，它们都需要在 DBMS 支持下开发。

由于数据库的数据要供不同的应用程序共享，因此在设计应用程序之前首先要对数据库进行设计。数据库的设计是以"关系规范化"理论为指导，按照实际应用的报表数据，首先定义数据的结构，包括逻辑结构和物理结构，然后输入数据形成数据库。开发应用程序也可采用"功能分析，总体设计，模块设计，编码调试"等步骤来实现。

9.2　数据管理技术的发展

数据管理是指对数据进行组织、存储、分类、检索、维护等数据处理的技术，是数据处理的核心。随着计算机硬件技术和软件技术的发展，计算机数据管理的水平不断提高，管理方式也发生了很大的变化。数据管理技术的发展主要经历了人工管理、文件管理和数据库系统管理三个阶段。

9.2.1　人工管理阶段

人工管理阶段始于 20 世纪 50 年代，出现在计算机应用于数据管理的初期。这个时期的计算机主要用于科学计算。从硬件看，由于当时没有磁盘作为计算机的存储设备，数据只能存放于卡片、纸带、磁带上。在软件方面，既没有操作系统，也没有专门管理数据的软件，数据由计算或处理它的程序自行携带。

人工管理阶段程序与数据之间的关系如图 9-1 所示。

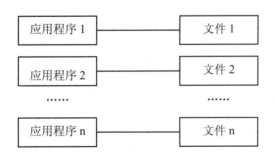

图 9-1　人工管理阶段程序与数据之间的关系

在人工管理阶段数据管理存在的主要问题是：

（1）数据不能独立，编写的程序要针对程序中的数据。当数据修改时，程序也得修改，而程序修改后，数据的格式、类型也得变化以适应处理它的程序。

（2）数据不能长期保存。数据被包含在程序中，程序运行结束后，数据和程序一起从内存中释放。

（3）没有专门进行数据管理的软件。人工管理阶段不仅要设计数据的处理方法，而且还要说明数据在存储器中的存储地址。应用程序和数据是相互结合且不可分割的，各程序之间的数据不能相互传递，数据不能被重复使用。这种方式既不灵活，也不安全，编程效率低下。

（4）一组数据对应于一个程序，一个程序中的数据不能被其他程序利用，数据无法共享，从而导致程序和程序之间有大量重复的数据存在。

9.2.2 文件管理阶段

在 20 世纪 60 年代，计算机软、硬件技术得到快速发展，硬件方面有了磁盘、磁鼓等大容量且能长期保存数据的存储设备，软件方面有了操作系统。操作系统中有专门的文件系统用于管理外部存储器上的数据文件，数据与程序分开，数据能长期保存。

在文件管理阶段，把有关的数据组织成一个文件，这种数据文件能够脱离程序而独立存储在外存储器上，由一个专门的文件管理系统对其进行管理。在这种管理方式下，应用程序通过文件管理系统对数据文件中的数据进行加工处理。应用程序与数据文件之间具有一定的独立性。与早期人工管理阶段相比，使用文件系统管理数据的效率和数量都有很大提高，但仍存在以下问题：

（1）数据没有完全独立。虽然数据和程序被分开，但所设计的数据依然是针对某一特定的程序，所以无论是修改数据文件还是程序文件，二者都要相互影响。也就是说，数据文件仍然高度依赖于其对应的程序，不能被多个程序所共享。

（2）存在数据冗余。文件系统中的数据没有合理和规范的结构，使得数据的共享性极差，哪怕是不同程序使用部分相同数据，数据结构也完全不同，也要创建各自的数据文件。这便造成数据的重复存储，即数据的冗余。

（3）数据不能被集中管理。文件系统中的数据文件没有集中的管理机制，数据的安全性和完整性都不能得到保障。各数据之间、数据文件之间缺乏联系，给数据处理造成不便。

文件系统阶段程序与数据之间的关系如图 9-2 所示。

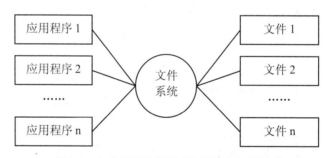

图 9-2　文件系统阶段程序与数据之间的关系

9.2.3 数据库系统阶段

由于文件系统管理数据存在缺陷，迫切需要一种新的数据管理方式，把数据组成合理结构，进行集中、统一的管理。数据库技术始于 20 世纪 60 年代末，到了 20 世纪 80 年代，随着计算机的普遍应用和数据库系统的不断完善，数据库系统在全世界范围内得到广泛的应用。

在数据库系统管理阶段，是将所有的数据集中到一个数据库中，形成一个数据中心，实行统一规划，集中管理，用户通过数据库管理系统来使用数据库中的数据。

1. 数据库系统的主要特点

与文件系统比较，数据库系统有以下特点：

（1）数据的结构化。在文件系统中，各个文件不存在相互联系，因此从单个文件来看，数据是有结构的，但从整个系统来看，数据又是没有结构的。数据库中的数据存储是按同一结构进行的。

（2）数据共享。在文件系统中，数据一般是由特定的用户专用的。在数据库系统中，数据库共享是它的主要目的，数据库系统提供一套有效的管理手段，保持数据的完整性、一致性和安全性，使数据具有充分的共享性。

（3）数据独立性。在文件系统中，数据结构和应用程序相互依赖，一方的改变总会影响另一方的改变。数据库系统则力求减少相互依赖，实现数据的独立性。

（4）可控冗余度。数据专用时，每个用户拥有并使用自己的数据，难免有许多数据相互重复，即冗余。数据实现共享后，不必要的重复将全部消除，但为了提高查询效率，也可保留少量冗余，其冗余度由设计人员控制。

（5）实现了数据统一控制：数据库系统提供了各种控制功能，保证了数据的并发控制、安全性和完整性。数据库作为多个用户和应用程序的共享资源，允许多个用户同时访问。并发控制可以防止多用户并发访问数据时产生的数据不一致性。安全性可以防止非法用户存取数据。完整性可以保证数据的正确性和有效性。

数据库系统阶段程序与数据之间的关系如图 9-3 所示。

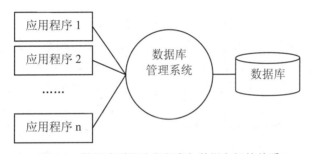

图 9-3　数据库系统阶段程序与数据之间的关系

2. 数据库系统的分类

数据库系统的分类有多种方式，按照数据的存放地点的不同，数据库系统可分为集中式数据库系统和分布式数据库系统。

（1）集中式数据库系统。集中式数据库系统是将数据集中在一个数据库中。数据在逻辑上和物理上都是集中存放的。所有的用户在存取和访问数据时，都要访问这个数据库。例如一个银行储蓄系统，如果系统的数据存放在一个集中式数据库中，那么所有储户在存款和取款时都要访问这个数据库。这种方式访问方便，但通信量大、速度慢。

（2）分布式数据库系统。分布式数据库系统是将多个集中式的数据库通过网络连接起来，使各个节点的计算机可以利用网络通信功能访问其他节点上的数据库资源,各个数据库系统间的数据实现高度共享。分布式数据库系统是在 20 世纪 70 年代后期开始使用的，由于网络技术的发展为数据库提供了良好的运行环境，使数据库系统从集中式发展到分布式，从主机/终端系统发展到客户机/服务器系统。在网络环境中，分布式数据库在逻辑上是一个集中式数据库系统，而在物理上，数据是存储在计算机网络的各个节点上。每个节点的用户并不需要了解他所访问的数据究竟在什么地方，就如同在使用集中式数据库一样，因为在网络上的每个节点都有自己的数据库管理系统，都具有独立处理本地事务的能力，而且这些物理上分布的数据库又是共享资源。分布式数据库特别适合地理位置分散的部门和组织机构，如铁路民航订票系统、银行业务系统等。分布式数据库系统的主要特点是：系统具有更高的透明度，可靠性与效率更高，局部与集中控制相结合，系统易于扩展。

3. 数据库的应用

在信息社会里，数据库的应用非常广泛，如银行业、通信行业用数据库存储客户信息；企业用数据库管理原料、生产、产品等信息；经销行业用数据库存储生产、库存、销售信息；学校用数据库管理学生的个人信息、课程成绩等。

9.3 数据模型

数据模型是指数据库中数据与数据之间的关系，数据模型不同，相应的数据库系统就完全不同，任何一个数据库系统都是基于某种数据模型的。不同的数据模型提供了模型化数据和信息的不同工具，根据模型应用的不同目的，可以将模型分为两类或两个层次：一是概念模型，二是数据模型。前者是按用户的观点来对数据和信息建模，后者是按计算机系统的观点对数据建模。

9.3.1 概念模型

概念模型是对客观事物及其联系的抽象，用于信息世界的建模，它强调其语义表达能力，以及能够较方便、直接地表达应用中各种语义知识。这类模型概念简单、清晰，易于被用户理解，是用户和数据库设计人员之间进行交流的语言。概念模型的表示方法很多，其中最著名的是 E-R 方法（实体－联系方法），它用 E-R 图来描述现实世界的概念模型，E-R 图的主要成分是实体、联系和属性。在概念模型中主要有如下一些概念：

- 实体：客观存在并可相互区分的事物称为实体。它是信息世界的基本单位。实体既可以是人，也可以是物；既可以是实际对象，也可以是抽象对象；既可以是事物本身，也可以是事物与事物之间的联系。例如一个学生、一个教师、一门课程、一支铅笔、一部电影、一个部门等都是实体。
- 属性：描述实体的特性称为属性。一个实体可由若干个属性来刻画。属性的组合表征了实体。例如铅笔有商标、软硬度、颜色、价格、生产厂家等属性；学生有学号、姓名、性别、出生日期、籍贯、专业、是否团员等属性。
- 码（关键字）：唯一标识实体的一个属性或属性集称为码。例如学号是学生实体的码。
- 域：属性的取值范围。例如：学生性别的域为（男，女）。
- 实体型：用实体名及其属性名集合来抽象和刻画同类实体称为实体型。例如：学生以及学生的属性名集合构成学生实体型，可以简记为：学生（学号，姓名，性别，出生日期，籍贯，专业，是否团员）；铅笔（商标，软硬度，颜色，价格，生产厂家）表示铅笔实体型。
- 实体集：同类型的实体的集合称为实体集。例如：全体学生就是一个实体集。

9.3.2 实体间的联系及联系的种类

两个实体间的联系可以分为 3 类：

（1）一对一联系（1∶1）：如果对于实体集 A 中的每一个实体，实体集 B 中至多有一个实体与之联系，反之亦然，则称实体集 A 与实体集 B 具有一对一联系。

例如：在学校里面，一个班级只有一个正班长，而一个班长只在一个班中任职，则班级与班长之间具有一对一联系。又如职工和工号的联系是一对一的，每一个职工只对应于一个工号，不可能出现一个职工对应于多个工号或一个工号对应于多名职工的情况。

（2）一对多联系（1∶n）：如果对于实体集 A 中的每一个实体，实体集 B 中有 n 个实体（n≥0）与之联系，反之，对于实体集 B 中的每一个实体，实体集 A 中至多只有一个实体与之联系，则称实体集 A 与实体集 B 有一对多联系。

考查系和学生两个实体集，一个学生只能在一个系里注册，而一个系有很多学生。所以系和学生是一对多联系。又如单位的部门和职工的联系是一对多的，一个部门对应于多名职工，多名职工对应于同一个部门。

（3）多对多联系（m∶n）：如果对于实体集 A 中的每一个实体，实体集 B 中有 n 个实体（n≥0）与之联系，反之，对于实体集 B 中的每一个实体，实体集 A 中也有 m 个实体（m≥0）与之联系，则称实体集 A 与实体集 B 具有多对多联系。

例如：一门课程同时有若干个学生选修，而一个学生可以同时选修多门课程，则课程与学生之间具有多对多联系。又如在单位中，一个职工可以参加若干个项目的工作，一个项目可有多个职工参加，则职工与项目之间具有多对多联系。

实体型之间的一对一、一对多、多对多联系不仅存在于两个实体型之间，也存在于两个以上的实体型之间。同一个实体集内的各实体之间也可以存在一对一、一对多、多对多的联系，称为自联系。

9.3.3　常用数据模型

不同的数据库管理系统，所形成的数据库，结构也不一定相同。目前数据库管理系统常用的数据模型主要有 4 种，即层次模型（Hierarchical Model）、网状模型（Network Model）、关系模型（Relation Model）和面向对象数据模型（Object Oriented Data Model）。

1. 层次模型

层次模型是数据库系统最早使用的一种模型。层次模型表示数据间的从属关系结构，它是以树型结构表示实体（记录）与实体之间联系的模型。

层次数据模型只能直接表示一对多（包括一对一）的联系，但不能表示多对多联系。例如：学校的行政机构，如图 9-4 所示。企业中的部门编制等都是层次模型，支持层次模型的数据库管理系统称为层次数据库管理系统。

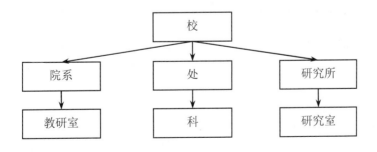

图 9-4　学校行政机构的层次模型

层次模型的主要特征是：

（1）层次模型像一棵倒立的树，仅有一个无双亲的根结点。

（2）根结点以外的子结点，向上仅有一个父结点，向下有若干子结点。

2. 网状模型

网状模型是一种比较复杂的数据模型，它是以网状结构表示实体与实体之间联系的模型。网状模型可以表示多个从属关系的层次结构，也可以表示数据间的交叉关系，是层次模型的扩展。网状模型的主要特征是：

（1）有一个以上的结点无双亲。

（2）至少有一个结点有多个双亲。

网状数据模型的结构比层次模型更具普遍性，它突破了层次模型的两个限制，允许多个结点没有双亲结点，允许结点有多个双亲结点。此外，它还允许两个结点之间有多种联系。因此网状数据模型可以更直接地描述现实世界。图 9-5 给出了一个简单的网状模型。

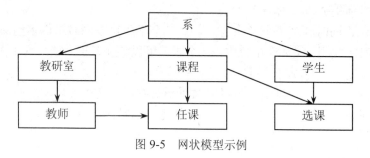

图 9-5　网状模型示例

网状模型是以记录为节点的网络结构。支持网状数据模型的数据库管理系统称为网状数据库管理系统。

3. 关系模型

关系模型是一种以关系（二维表）的形式表示实体与实体之间联系的数据模型。关系模型不像层次模型和网状模型那样使用大量的链接指针把有关数据集合到一起，而是用一张二维表来描述一个关系。

图 9-6 所示的是一张学生信息表。表中，每一行称为一个记录，用于表示一组数据项；表中的每一列称为一个字段或属性，用于表示每列中的数据项。表中的第一行称为字段名，用于表示每个字段的名称。

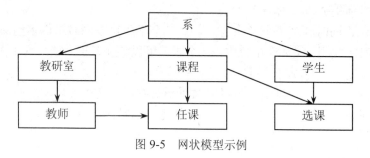

图 9-6　学生情况表

关系模型的主要特点有：

（1）关系中的每一分量不可再分，是最基本的数据单位。

（2）关系中每一列的分量是同属性的，列数根据需要而设，且各列的顺序是任意的。

（3）关系中每一行由一个个体事物的诸多属性构成，且各行的顺序可以是任意的。

（4）一个关系是一张二维表，不允许有相同的列（属性），也不允许有相同的行（元组）。

关系模型对数据库的理论和实践产生了极大的影响，它与层次模型和网状模型相比有明显的优势，是目前最流行的数据库模型。支持关系模型的数据库管理系统称为关系数据库管理系统。Access 采用的数据模型是关系模型，因此它是一个关系数据库管理系统。

4. 面向对象的数据模型

随着信息技术和市场的发展，人们发现关系型数据库系统虽然技术很成熟，能很好地处理所谓的"表格型数据"，却对技术界出现的越来越多的复杂类型的数据无能为力。20 世纪 80 年代中期以后，人们在吸收了面向对象程序设计方法学的核心概念和基本思想后，提出了一个新的数据模型——面向对象的数据模型。该模型是用面向对象观点来描述现实世界实体(对象)的逻辑组织、对象间限制、联系等，一系列面向对象核心概念构成了面向对象数据模型的基础。

面向对象的数据模型特点如下：

（1）面向对象数据模型也可以用二维表来表示，称为对象表。但对象是用一个类（对象类型）表定义的。一个对象表用来存储这个类的一组对象。对象表的每一行存储该类的一个对象（对象的一个实例），对象表的列则与对象的各个属性相对应。因此，在面向对象数据库中，表分为关系表和对象表，虽然都是二维表的结构，但却是基于两种不同的数据模型。

（2）扩充了关系数据模型的数据类型，支持用户自定义数据类型。

9.4　关系数据库

关系数据库（Relational Database）是依照关系模型设计的若干二维数据表文件的集合。在 Access 中，一个关系数据库由若干个数据表组成，每个数据表又是由若干个记录组成，每个记录由若干个数据项组成。一个关系的逻辑结构就是一张二维表。这种用二维表的形式表示实体和实体之间联系的数据模型称为关系数据模型。

9.4.1　关系术语

关系是建立在数学集合概念基础之上的，是由行和列表示的二维表。

关系：一个关系就是一张二维表，每个关系有一个关系名。在 Access 中，一个关系就称为一张数据表。

元组（Tuple）：二维表中水平方向的行称为元组，每一行是一个元组。在 Access 中，一行称为一个记录（Record）。

属性（Attribute）：二维表中垂直方向的列称为属性，每一列有一个属性名。在 Access 中，一列称为一个字段（Field），用来表示关系模型中全部数据项（即属性）的类型。每个字段由若干个按照某种界域划分的相同类型的数据项组成。在表的第一行给出了各个不同字段的名称，叫字段名；而字段名下面的数据，则称为字段的值。显然，对于同一个字段来说，不同的记录字段值可能不同。

域（Domain）：指表中属性的取值范围。Access 中，一个字段的取值称为一个字段的宽度。

索引（Index）：为了加快数据库的访问速度，所建立的一个独立的文件或表格。

关键字（Key Word）：关系中一个属性或多个属性的组合，其值能够唯一地标识一个元组。

主码（Primary Key）：表中的某个属性或属性组合，其值可以唯一确定一个元组。在 Access 中，具有唯一性取值的字段称为关键字段（主键）。

外关键字（Foreign Key）：关系中的属性或属性组，并非该关系的关键字，但是另一个关系的关键字，称其为该关系的外关键字。

关系模式（Relational Model）：对关系的描述。一个关系模式对应一个关系的结构。其格式为：

关系名（属性名 1，属性名 2，属性名 3，…，属性名 n）

例如，学生情况表的关系模式描述如下：

学生情况表（学号，姓名，性别，出生日期，系别，总分，团员，备注，照片）。

应当指出，不是所有的二维表格都能称为关系型数据库。要称为关系型数据库，还应具备如下的特点：

- 关系中的每一个数据项都是最基本的数据单位，不可再分；
- 每一竖列数据项（即字段）属性相同。列数可根据需要而设，各列的次序可左右交换而不影响结果；
- 每一横行数据项（即记录）由一个个体事物的各个字段组成，记录彼此独立，可根据需要而录入或删除，各条记录的次序可前后交换而不影响结果；
- 一个二维表表示一个关系（Relational），一个二维表中不允许有相同的字段名，也不允许有两条记录完全相同。

9.4.2 关系运算

1. 传统的集合运算

进行并、差、交、积集合运算的两个关系必须具有相同的关系模式，即结构相同。

（1）并：两个相同结构的关系 R 和 S 的"并"记为 R∪S，其结果是由 R 和 S 的所有元组组成的集合。

（2）差：两个相同结构的关系 R 和 S 的"差"记为 R–S，其结果是由属于 R 但不属于 S 的元组组成的集合。差运算的结果是从 R 中去掉 S 中也有的元组。

（3）交：两个相同结构的关系 R 和 S 的"交"记为 R∩S，它们的交是由既属于 R 又属于 S 的元组组成的集合。交运算的结果是 R 和 S 的共同元组。

（4）广义笛卡尔积：两个分别为 n 目和 m 目的关系 R 和 S 的广义笛卡尔积是一个(n+m)列的元组的集合。元组的前 n 列是关系 R 的一个元组，后 m 列是关系 S 的一个元组。若 R 有 k_1 个元组，S 有 k_2 个元组，则关系 R 和关系 S 的广义笛卡尔积有 $k_1 \times k_2$ 个元组，记为 R×S。

2. 专门的关系运算

在关系数据库中，经常需要对关系进行特定的关系运算操作。关系运算包括选择、投影、并、差、笛卡尔积和联接等。本书只对常用关系运算即选择、投影和连接进行介绍，更多内容请参考相关资料。

选择：从一个关系中选出满足给定条件的记录的操作称为选择。选择是从行的角度进行的运算，选出满足条件的那些记录构成原关系的一个子集。

投影：从一个关系中选出若干指定字段的值的操作称为投影。投影是从列的角度进行的运算，所得到的字段个数通常比原关系少，或字段的排列顺序不同。

联接：把两个关系中的记录按一定条件横向结合，生成一个新的关系。最常用的联接运算是自然联接，它是利用两个关系中共同的字段，把该字段值相等的记录联接起来。

（1）选择（Selection）：选择运算是从关系中找出满足条件的记录。选择运算是一种横向的操作，它可以根据用户的要求从关系中筛选出满足一定条件的记录，这种运算可以改变关系表中的记录个数，但不影响关系的结构。

在 Access 的 SQL 语句中，可以通过条件子句 Where <条件>等实现选择运算。例如，通过 Access 的命令从学生情况表（见图 9-6）中找出入学总分大于等于 550 分的学生，结果如图 9-7 所示。

学号	姓名	性别	出生日期	系列	总分	团员	备注	照片
s1101103	米老鼠	男	1993-01-02	02	606	True		Bitmap Image
s1101105	向达伦	男	1992-05-12	03	558	True		Bitmap Image
s1101106	雨宫优子	女	1993-12-12	04	584	True		Bitmap Image
s1101109	蜡笔小新	男	1995-02-15	05	612	True		Bitmap Image
s1101111	黑杰克	男	1993-05-21	06	636	True		Bitmap Image
s1101112	哈利波特	男	1992-10-20	06	598	True		Bitmap Image
*								

图 9-7　入学总分大于等于 550 分的学生

（2）投影（Projection）：投影运算是从关系中选取若干个字段组成一个新的关系。投影运算是一种纵向的操作，它可以根据用户的要求从关系中选出若干字段组成新的关系。其关系模式所包含的字段个数往往比原有关系少，或者字段的排列顺序不同。因此投影运算可以改变关系中的结构。

在 Access 的 SQL 语句中，可以通过输出字段子句实现投影运算。

例如，从学生情况表（学号，姓名，性别，出生日期，专业号，入学总分，团员，简历，照片）关系中只显示"学号"、"姓名"、"性别"、"专业号"4 个字段的内容，如图 9-8 所示。

学号	姓名	性别	系列
s1101101	樱桃小丸子	女	01
s1101102	茵蒂克丝	男	02
s1101103	米老鼠	男	02
s1101104	花仙子	女	03
s1101105	向达伦	男	03
s1101106	雨宫优子	女	04
s1101107	小甜甜	女	01
s1101108	史努比	男	05
s1101109	蜡笔小新	男	05
s1101110	碱蛋超人	男	04
s1101111	黑杰克	男	06
s1101112	哈利波特	男	06
*			

图 9-8　投影效果

（3）联接（Join）：联接运算是将两个关系通过共同的属性名（字段名）连接成一个新的关系。联接运算可以实现两个关系的横向合并，在新的关系中反映出原来两个关系之间的联系。

选择和投影运算都属于单目运算，对一个关系进行操作；而联接运算属于双目运算，对两个关系进行操作。

9.4.3　关系的完整性

数据库系统在运行的过程中，由于数据输入错误、程序错误、使用者的误操作、非法访问等各方面原因，容易产生数据错误和混乱。为了保证关系中数据的正确和有效，需建立数据完整性的约束机制来加以控制。

关系的完整性是指关系中的数据及具有关联关系的数据间必须遵循的制约条件和依存关系，以保证数据的正确性、有效性和相容性。关系的完整性主要包括实体完整性、域完整性和参照完整性。

1. 实体完整性（Entity Integrity）

实体是关系描述的对象，一行记录是一个实体属性的集合。在关系中用关键字来唯一地标识实体，关键字也就是关系模式中的主属性。实体完整性是指关系中的主属性值不能取空值（NULL）且不能有相同值，保证关系中记录的唯一性，是对主属性的约束。若主属性取空值，则不可区分现实世界中存在的实体。例如，学生的学号、职工的职工号一定都是唯一的，这些属性都不能取空值。

2. 域完整性（Domain Integrity）

域完整性约束也称为用户自定义完整性约束。它是针对某一应用环境的完整性约束条件，主要反映了某一具体应用所涉及的数据应满足的要求。

域是关系中属性值的取值范围。域完整性是对数据表中字段属性的约束，包括字段的值域、字段的类型及字段的有效规则等约束，它是由确定关系结构时所定义的字段的属性决定的。在设计关系模式时，定义属性的类型、宽度是基本的完整性约束。进一步的约束可保证输入数据的合理有效，如性别属性只允许输入"男"或"女"，其他字符的输入则认为是无效输入，拒绝接受。

3. 参照完整性（Referential Integrity）

参照完整性是对关系数据库中建立关联关系的数据表之间数据参照引用的约束，也就是对外关键字的约束。准确地说，参照完整性是指关系中的外关键字必须是另一个关系的主关键字有效值，或者是 NULL。

在实际的应用系统中，为减少数据冗余，常设计几个关系来描述相同的实体，这就存在关系之间的引用参照，也就是说一个关系属性的取值要参照其他关系。如对学生信息的描述常用以下 3 个关系：

学生（学号，姓名，性别，班级）

课程（课程号，课程名）

成绩（学号，课程号，成绩）

上述关系中，"课程号"不是成绩关系的主关键字，但它是被参照关系（课程关系）的主关键字，称为成绩关系的外关键字。参照完整性规则规定外关键字可取空值或取被参照关系中主关键字的值。虽然这里规定外关键字课程号可以取空值，但按照实体完整性规则，课程关系中"课程号"不能取空值，所以成绩关系中的"课程号"实际上是不能取空值的，只能取课程关系中已存在课程号的值。若取空值，关系之间就失去了参照的完整性。

9.4.4　数据库设计

数据库设计是指对于一个给定的应用环境，构造最优的数据库模式，建立数据库及其应用系统，使之能够有效地存储数据，满足各种用户的应用需求。数据库设计一般分为 6 个步骤：

（1）需求分析：准确了解和分析用户需求，包括数据和处理等。

（2）概念结构设计：对用户需求进行综合、归纳与抽象，形成一个独立于具体 DBMS 的概念模型。

（3）逻辑结构设计：将概念结构转换为某个 DBMS 所支持的数据模型。

（4）物理结构设计：为逻辑数据模型选取一个最适合应用环境的物理结构，包括存储结构和存取方法等。

（5）数据库实施：建立数据库，编制与调试应用程序，组织数据入库，并进行调试运行。

（6）数据库运行和维护：对数据库系统进行评价、调整和修改。

9.5　Access 数据库及数据库对象

9.5.1　Access 数据库的启动与退出

若 Access 已安装，则只要依次单击执行"开始"→"程序"→Microsoft Office→Microsoft Access 2010 命令即可启动 Access 2010。

退出 Access 的方法很简单，选择"文件"选项卡中的"退出"命令或者使用 Alt+F4 组合键，也可以直接单击窗口右上角的"关闭"按钮 ⊠ 。无论何时退出，Access 都将自动保存对数据的更改。

9.5.2　Access 开发环境

Access 启动后，通常自动打开"文件"选项卡，提示用户新建或打开一个数据库进行设计。在进行数据库设计的过程中，Access 工作窗口一般如图 9-9 所示，包括标题栏、菜单栏、工具栏、工作区和状态栏等。

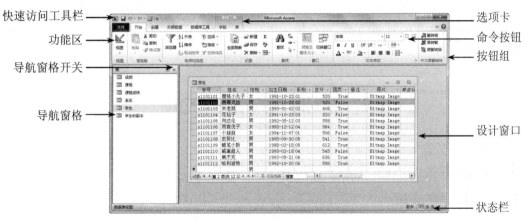

图 9-9　Access 2010 工作窗口

作为 Office 中的一员，其工作环境与 Word、Excel 等十分相似，所不同的是 Access 的每个对象都具有自己独特的设计视图，菜单栏和工具栏将随着不同视图状态而有所不同。

9.5.3　Access 数据库对象

Access 数据库不像其他小型数据库那样将不同对象存放在不同的文件中，它所提供的各类对象都存放在同一个数据库文件（扩展名为.accdb）中，这样就方便了对数据库对象的管理。

Access 数据库有 6 种不同类别的对象，即表、查询、窗体、报表、宏和模块。不同的对象在数据库中有着不同的作用。

1. 表（Table）

表是数据库中用来存储数据的对象。一个数据库一般由一个或多个表组成。关系数据库为表时，一般应遵循"关系规范化"理论，以避免在同一数据库中大量出现重复数据。表是整个数据库的核心与基础，其他类型的对象如查询、窗体、报表或页等的数据来源都直接或间接地由表提供。

2. 查询（Query）

查询是按照用户的需求在数据库中检索所需的数据，被检索的数据可以取自一个表，也可以取自多个表，还可以取自现有的其他查询。查询的结果也以表的形式显示，但它只是数据库表对象所包含数据的某种抽取与显示，本身并不含任何数据。

3. 窗体（Form）

窗体是 Access 数据库的人－机交互界面，主要用于为数据的输入和编辑提供便捷、美观的屏幕显示方式，其数据源可以是表或查询。窗体的类型大致可分为提示型窗体、控制型窗体和数据型窗体 3 类。

4. 报表（Report）

报表用于将选定的数据以特定的版式显示或打印，其内容可以来自某一个表，也可以来自某个查询，还可以创建计算字段或对记录进行分组并计算出各组数据的汇总等。

5. 宏（Macro）

宏是某些操作的集合，其中每个操作实现特定的功能。用户可以将 Access 提供的基本宏指令按照需求组合起来，完成一些经常重复的或比较复杂的操作，它常常与窗体配合使用。

6. 模块（Module）

模块是用 Access 提供的 VBA（Visual Basic for Applications）语言编写的程序单元，可用于完成无法用宏来实现的复杂功能。每个模块都可能包含若干个函数或过程，模块常常与窗体或报表配合使用。

9.6   数据库表的创建与应用

Access 中，所有的数据库对象都要在数据库中存放，因此，创建一个数据库系统就是创建一个数据库文件及其中各个对象的过程。Access 数据库文件以 .accdb 作为扩展名。

9.6.1   数据库的创建

Access 提供两种创建数据库的一般方法：先创建一个空数据库，然后添加表、查询、窗体和报表等对象。这种方法比较灵活，但必须逐一定义每一个数据库对象；利用 Access 提供的模板，通过简单操作创建数据库。

创建空数据库的方法是单击"文件"选项卡（或按下 Ctrl+N 组合键），在弹出列表中单击"新建"命令。如果使用已存在的数据库，则单击"打开"按钮。

【例 9-1】创建一个空的"成绩管理"数据库（cjgl.accdb）。

操作步骤如下：

①打开"文件"选项卡，单击"新建"命令，如图 9-10 所示。

②在单击"空数据库"按钮之后，再单击"浏览到某个位置来存放数据库"按钮，显示"文件新建数据库"对话框，如图 9-11 所示。

在"导航窗格"选定路径"F:\cjgl"，并在"文件名"文本框中键入"cjgl"；单击"创建"按钮，Access 即产生数据库文件"cjgl.accdb"并显示标题为"cjgl:数据库（Access 2010）"的数据库窗口。

图 9-10 "文件"选项卡中的"新建"命令列表

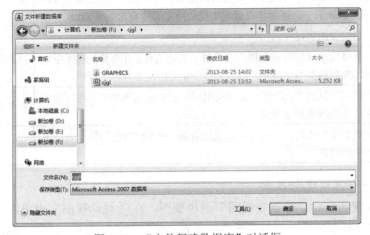

图 9-11 "文件新建数据库"对话框

9.6.2 数据表的创建

表是 Access 数据库中最重要的对象，是存储数据的基本单位。表中的字段数据通常都使用常数，设计字段时可能用到函数和表达式，而输入数据的有效性则需要通过正确定义字段的属性来保证。本节将讲述如何使用表设计器和通过输入数据创建表。

1. 基本概念

Access 将二维表称为表，所有的表均包括结构和数据两部分。因此，创建一个表通常包括"创建表结构"和"输入表数据"两个方面的工作。创建表时，可将二维表标题栏的列标题定义为表的字段，标题栏正文的数据则作为相应的字段值输入表中，每一行数据构成一个记录。所谓创建表结构，就是定义表的字段，字段一般都拥有许多属性，其中最重要的属性是字段名称和数据类型。

字段名称：Access 根据字段名来区分字段。字段名最长可达 64 个字符，可采用汉字、字母、数字和空格以及其他一些特殊字符（除句点（.）、感叹号（!）、撇号（'）和方括号（[和]）外），但不能以空格开头。

数据类型：Access 表中的数据可使用 10 种类型，详细说明如表 9-1 所示。

表 9-1　字段的数据类型

数据类型	使用对象	大小
文本	存储文本，例如地址、电话号码、零件编号或邮编	最多 255 个字符。每汉字计一个字符
备注	保存长文本，例如摘要、备注、说明	最多 65536 个字符
数字	用来进行算术计算的数字数据，可在"字段大小"属性指定子类型	1、2、4 或 8 个字节
日期/时间	日期及时间	8 个字节
货币	货币值。货币计算时禁止四舍五入，并精确到小数点左方 15 位数及右方 4 位数	8 个字节
自动编号	在添加记录时自动插入的唯一顺序（每次递增 1）	4 个字节
是/否	表示逻辑值，例如 Yes/No、True/False、On/Off	1 位
OLE 对象	在其他应用程序按 OLE 协议创建的对象（例如 Word 文档、Excel 电子表格、图像、声音或其他二进制数据），可以将这些对象链接或嵌入到 Access 表中。在窗体或报表中使用绑定对象框来显示 OLE 对象	最大可为 1GB
超链接	保存超链接的字段	最多 64000 个字符
附件	附件类型用于存储所有各类的文档和二进制文件，可将其他程序中的数据添加到该类型字段中，如可将 Word 文档添加到该字段中	压缩型附件：2GB 非压缩型附件：700KB
计算	用于显示计算结果，计算时必须引用同一表中的其他字段，可以使用表达式生成器来创建计算	8 个字节
查阅向导	选定此数据类型将启动向导来定义组合框，使用户能选用另一表或值列表中的数据	通常为 4 个字节

2. 使用表设计器创建/修改表

表有"设计视图"和"数据表视图"两种视图。在"设计视图"中可以创建及修改表的结构，修改表的字段及其常规属性。在"数据表视图"中可以查看、添加、删除及编辑数据表中的数据。表设计器向用户提供的操作界面为设计视图，使用表设计器创建/修改表结构的一般步骤为：打开数据库窗口；打开表设计视图；定义/修改表结构；保存表结构。

表"设计视图"的操作界面如图 9-12 所示。由图中可见，表"设计视图"由上部的"字段输入区"和下部的"字段属性区"两个窗格组成。在上窗格中输入每个字段的名称、数据和说明，在下窗格中设置字段的属性值。

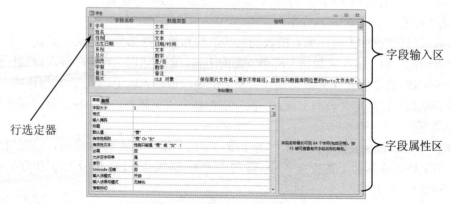

图 9-12　表"设计视图"窗口

3. 字段属性设置的说明

Access 2010 为各种类型的字段提供了丰富的属性设置，不同的字段类型有不同的属性。定义字段属性可以对输入的数据进行限制或验证，也可以控制数据在数据表视图（即显示数据）中的显示格式。

常用的属性有以下几种：

①字段大小：指定文本型、数字型字段的长度。文本型默认值为 50 字节，不超过 55 字节。不同种类的数字型所占存储空间不一样。

②格式：指定数据的显示格式。如果要让数据按输入时的格式显示，则不需设置。

③小数位：小数位数只有数字和货币型数据可以使用。小数位数为 0～15，视数字或货币型数据的字段大小而定。

④输入掩码：用于指定可以输入数据的位置以及数据种类、字符数量，确保输入数据符合要求，要求在设计输入掩码时，数据的一位使用一个掩码字符。在 Access 中，输入掩码可使用的字符如表 9-2 所示。

表 9-2 输入掩码字符和说明

字符	说明	举例	
		输入掩码定义	例子
0	数字（0～9，必选项；不允许使用加号 "+" 和减号 "-"）	(000) 000-0000	(206) 555-0248
9	数字或空格（非必选项；不允许使用加号和减号）	(999) 999-9999!	(206) 555-0248 ( ) 555-0248
#	数字或空格（非必选项；空白将转换为空格，允许使用加号和减号）	#999	-20 2000
L	字母（A～Z，必选项）	>L0L0L0	T2F8M4
?	字母（A～Z，可选项）	>L????L?000L0	GREENGR339M3 MAY R 452B7
A	字母或数字（必选项）	(000) AAA-AAAA	(206) 555-TELE
a	字母或数字（可选项）	00000-9999	98115- 98115 -3007
&	任一字符或空格（必选项）	ISBN 0-&&&&&&&&&-0	ISBN 1-55615-507-7 ISBN 0-13-964262-5
C	可以选择输入任意字符或一个空格		
. , : ; - /	十进制占位符和千位、日期和时间分隔符	999,999.99	123,456.78
<	使其后所有的字符转换为小写	>L<?????????????	Maria Pierre
>	使其后所有的字符转换为大写	>LL00000-0000	DB51392-0493
!	使输入掩码从右到左显示	!a9999999	
\	使接下来的字符以原义显示	\A	只显示字符 A
""	逐字显示括在双引号中的字符		
密码 或 PASSWORD	将"输入掩码"属性设置为"密码"，长度不超过 20，以创建密码项文本框。文本框中键入的任何字符都按字面字符保存，但显示为星号（*）	PASSWORD	******

⑤标题：为表中的字段指定不同的显示名称，例如将学号以“学生证号”显示。

⑥默认值：指定添加新记录时自动输入的值，例如添加新记录时，其性别自动设置为“男”。

⑦有效性规则：针对所选的一个字段，对输入数据进行有效性规则检查是否符合取值要求。例如，可以为“性别”字段定义有效性表达式："男" Or "女"。

⑧有效性文本：当数据不符合有效性规则时所显示的信息。例如，如下设置：当性别输入非“男”或“女”时，用于出现的提示信息。其有效性文本是：性别只能是“男”或“女”!。

⑨索引：是否按该字段建立索引用于排序或快速查找，表的主键将自动设置索引。

⑩查阅属性：利用表设计视图中的“查阅”选项卡，可以为“文本”、“数字”和“是/否”类型的字段设置查阅属性。该属性主要是设置在数据表视图或窗体中显示或输入数据时所用的控件。

例如，可以为“学生”表中的“性别”字段设置一个组合框类型的显示控件（“行来源”输入框中的各项数据项之间用英文的分号“;”分隔），如图 9-13 所示。进行相关设置后，在数据表视图中可以看到“性别”字段的值既可以直接输入，也可以从组合框中选取，如图 9-14 所示。

常规 查阅

显示控件	组合框
行来源类型	值列表
行来源	男;女
绑定列	1
列数	1
列标题	否
列宽	
列表行数	8
列表宽度	自动
限于列表	否
允许多值	否
允许编辑值列表	否
列表项目编辑窗体	
仅显示行来源值	否

图 9-13　为“学生”表的“性别”字段设置组合框显示控件

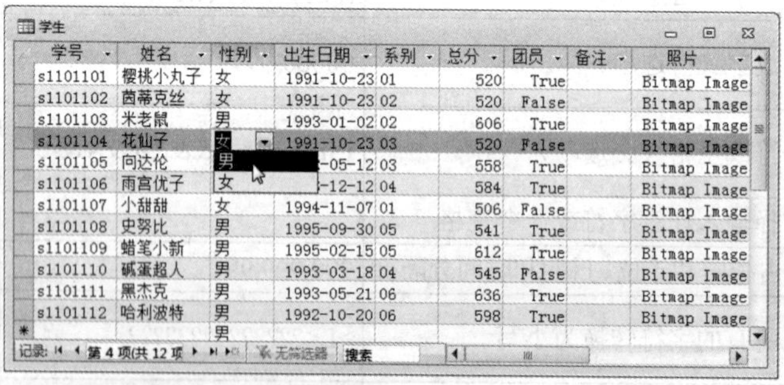

图 9-14　利用组合框选取“性别”字段的值

注：“行来源类型”可以是值列表、表/查询、字段列表；“行来源”的内容分别是用英文分号“;”分隔的手工输入的数据、表和各表存在的字段值。

【例 9-2】用表设计器创建学生基本信息表“学生”。

操作步骤如下：

①启动 Access，然后单击“文件”选项卡中的“打开”命令，打开数据库“F:\cjgl\cjgl.accdb”，使其显示在数据库窗口中。

②单击"导航窗格"右上角的"导航窗格开关"按钮⊙，在弹出的列表框中单击"表"选项，列出数据库中的所有数据表。

③打开"创建"选项卡，单击"表格"组中的"表设计"按钮▦（如果是已存在的表，可右击该表，在弹出快捷菜单中执行"设计视图"命令），就会显示默认标题为"表1"的设计视图窗口。

④定义表结构。在设计视图上窗格第1行"字段名称"列输入"学号"，数据类型选择"文本"，并将"字段属性"窗格中"字段大小"文本框的值改为8。

按照表9-3内容定义其他字段。

表9-3　"学生"表的字段定义

字段名称	数据类型	字段属性	
学号（主键）	文本	字段大小	8
		输入掩码	!a9999999
		索引	有（无重复）
姓名	文本	字段大小	8
性别	文本	字段大小	1
		默认值	"男"
		有效性规则	"男" Or "女"
		有效性文本	性别只能是"男"或"女"！
		允许空字符串	否
出生日期	日期/时间	字段大小	短日期
系别	文本	字段大小	2
总分	数字	字段大小	整型
党团员	是/否	格式	真/假
备注	备注		
照片	OLE 对象		

④保存表结构。单击"表1"设计视图窗口的关闭按钮，选择"是"保存表设计并给表命名为"学生"，不定义主键。

【例9-3】用表设计器修改"学生"表结构。

操作步骤如下：

①打开数据库"F:\cjgl\cjgl.accdb"，单击"导航窗格"右上角的"导航窗格开关"按钮⊙，在弹出的列表框中单击"表"选项，列出数据库中的所有数据表。

②单击选择"学生"表，右击该表，在弹出快捷菜单中执行"设计视图"命令，显示"学生"表"设计视图"窗口。

③在"设计视图"的上窗格左端有一列由灰色小框组成的垂直条，所谓"行选定器"即指其中的一个小框，它具有选定字段和表示状态的功能（见图9-12）。用"行选定器"选定字段的具体操作如下：

选定单个字段：将鼠标指向"行选定器"时，鼠标变为➡（或单击字段行中任意一处），单击即选定该字段。

选定相邻的多个字段：在开始行的"行选定器"上按下鼠标左键，然后拖动鼠标至要选定范围的结束行。

选定不相邻的字段：按住 Ctrl 键，然后单击要选定的各个字段的"行选定器"。

④插入字段。要在某个字段上方插入一个字段，先选定该字段，然后单击表格工具"设计"选项卡"工具"组中的"插入行"按钮 ≣⁼ 插入行，或右击，执行快捷菜单中的"插入行"命令，该行上即出现一个空行。在"学生"的"备注"字段前依次插入"学制"和"科目"字段，数据类型为"文本"，字段大小分别为 3 和 2。

⑤删除字段。要删除某个或多个字段，先选定要删除的字段，然后单击表格工具"设计"选项卡"工具"组中的"删除行"按钮 ⇛ 删除行，或右击，执行快捷菜单中的"删除行"命令，将添加的"科目"字段删除。

⑥移动字段。要移动某个或多个字段，先选定要移动的字段，然后按下鼠标左键不放，将选定的行拖到新的位置。移动"学制"字段到"出生日期"字段之后。

⑦修改字段属性。将"学制"字段的数据类型改为"数字"，长度大小改为"整型"，在其有效性规则属性中填入：[学制]>=4 And [学制]<=7（或>=4 And <=7）。

⑧按下 Ctrl+S 或 Ctrl+W 组合键，保存对表结构的修改。

4. 定义主键

在 Access 中，通常每个表都应有一个主键。主键是唯一标识表中每一条记录的一个字段或多个字段的组合。只有定义了主键，表与表之间才能建立起联系，从而能够利用查询、窗体和报表迅速、准确地查找和组合不同表的信息。

在 Access 中，有两种类型的主键：单字段主键和多字段主键。

单字段主键是以某一个字段作为主键来唯一标识表中的记录，这类主键的值可由用户自行定义。也可将自动编号类型字段定义为主键。自动编号主键的特点是：当向表中增加一条新记录时，主键字段值自动加 1；但是在删除记录时，自动编号的主键值会出现空缺变成不连续，且不会自动调整。如果在保存新建表之前未设置主键，则 Access 会询问是否创建主键。如果回答"是"，则 Access 将创建自动编号类型的主键。

定义单字段主键的方法是：在表"设计视图"中，选择一个字段，单击表格工具"设计"选项卡"工具"组中的"主键"按钮 ⁸⁼（或右击，执行快捷菜单中的"主键"命令），这时该字段名前出现"钥匙"标记 ⁸。

要取消主键时，在设置的主键字段前，再次单击 ⁸⁼ 即可。

多字段主键是由两个或更多字段组合在一起来唯一标识表中的记录，定义多字段主键的方法是：按住 Ctrl 键，分别单击选择要设为主键的字段。然后，将鼠标放在任意一个已选中的行上右击并执行快捷菜单中的"主键"命令（或单击表格工具"设计"选项卡"工具"组中的"主键"按钮）即可。

5. 通过输入数据创建表

在 Access 中，还可以通过"数据表视图"创建数据表，此种方法的优点是不事先设计表结构，可以随时在编辑表记录的同时添加、编辑和删除字段。

【例 9-4】通过输入数据创建"成绩"、"课程"和"系名"三张数据表，其中三张表的结构如下：

成绩：学号（文本，8），课程号（文本，4），成绩（数字）；

课程：课程号（文本，4），课程名（文本，20），学时（数字），学分（数字），是否必修

（是/否，默认值为 Yes）；

系名：系号（文本，2），系名（文本，20）。

操作步骤如下：

①打开数据库"F:\cjgl\cjgl.accdb"。

②打开"创建"选项卡，单击"表格"组中的"表"按钮 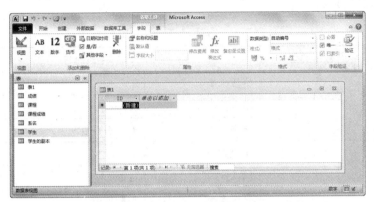，就会显示默认标题为"表1"的"数据表视图"窗口，如图 9-15 所示。

图 9-15　新建"表 1"的"数据表视图"窗口

③选中或单击"ID"字段列，在表格工具"字段"选项卡的"属性"组中，单击"名称和标题"按钮 ，弹出"插入字段属性"对话框，如图 9-16 所示。

图 9-16　"插入字段属性"对话框

④在"名称"栏中，将 ID 改成"学号"，如果在"标题"栏中输入信息，该信息将在"数据表视图"中取代名称显示的字段行。

⑤选中"学号"字段列，在表格工具"字段"选项卡的"格式"组中，单击"数据类型"下拉列表框右侧下拉箭头按钮 ，从弹出的下拉列表中选择"文本"；在"属性"组的"字段大小"文本框中输入字段大小值为"7"，如图 9-17 所示。

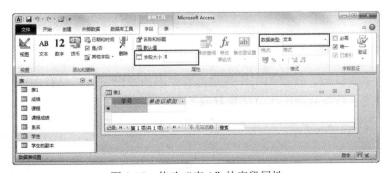

图 9-17　修改"表 1"的字段属性

⑥单击"单击以添加"列，从弹出的下拉列表框中选择"文本"，这时 Access 自动为新字段命名为"字段 1"。之后，按照步骤④和⑤对新字段命名为"课程号"和修改字段的大小。

类似地，为"成绩"表再添加"成绩"字段。在"数据表视图"窗口中输入数据。

⑦关闭并将表保存为"成绩"。

⑧同样地，可创建"课程"以及"系名"两张数据表。

⑨最后，利用表设计器修改"成绩"和"课程"表结构，"成绩"和"课程"表的结构定义如表 9-4 和表 9-5 所示。

表 9-4　"成绩"表的字段定义

字段名称	数据类型	字段属性	
学号	文本	字段大小	8
		输入掩码	!a9999999
		索引	有（有重复）
课程号	文本	字段大小	4
		输入掩码	!a99
成绩	数字	字段大小	单精度型

表 9-5　"课程"表的字段定义

字段名称	数据类型	字段属性	
课程号（主键）	文本	字段大小	4
		输入掩码	!a99
		索引	有（无重复）
课程名	文本	字段大小	20
学时	数字	字段大小	整数
学分	数字	字段大小	整数
是否必修	是/否	格式	是/否
		默认值	Yes

Access 数据库系统除前面介绍的三种创建表方法外，还有两种特殊的方法用于建立新数据库表：一种方法是"导入表"，另一种方法是"链接表"。限于本书的要求，不介绍这两种方法，感兴趣的读者可参考有关书籍。

9.6.3　数据表的编辑

在创建好数据表以后，首要的工作就是向表中添加数据记录，只有向表中添加了数据记录之后，才可以进行数据处理工作，如执行修改、删除、复制等。

【例 9-5】分别输入"学生"、"成绩"、"课程"和"系名"4 个表的记录，备注和"照片"的内容可以自行确定。

输入记录后的"学生"、"成绩"、"课程"和"系名"4 个表，如图 9-18 至图 9-21 所示。

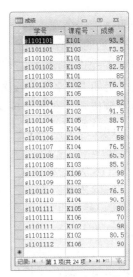

成绩

学号	课程号	成绩
s1101101	K101	93.5
s1101101	K103	73.5
s1101102	K101	87
s1101102	K103	82.5
s1101103	K101	85
s1101103	K102	76.5
s1101103	K105	86
s1101104	K101	82
s1101104	K102	91.5
s1101104	K105	88.5
s1101105	K104	77
s1101106	K104	58
s1101107	K104	76.5
s1101108	K101	65.5
s1101108	K103	85.5
s1101109	K106	98
s1101109	K102	92
s1101110	K103	76.5
s1101110	K104	90.5
s1101111	K105	80
s1101111	K106	70
s1101111	K102	98
s1101112	K102	80.5
s1101112	K106	90

记录: 第 1 项(共 24 项)

学生

学号	姓名	性别	出生日期	系别	总分	团员	学制	备注	照片
s1101101	樱桃小丸子	女	1991-10-23	01	520	True	6		Bitmap Image
s1101102	吉蒂克丝	女	1991-10-23	02	520	False	4		Bitmap Image
s1101103	米老鼠	男	1993-01-02	02	606	True			Bitmap Image
s1101104	花仙子	女	1991-10-23	03	520	False			Bitmap Image
s1101105	向达伦	男	1992-05-12	03	558	True			Bitmap Image
s1101106	雨宫优子	女	1993-12-12	04	534	True			Bitmap Image
s1101107	小甜甜	女	1994-11-07	01	506	False			Bitmap Image
s1101108	史努比	男	1995-09-30	05	541	True			Bitmap Image
s1101109	蜡笔小新	男	1995-02-15	05	612	True			Bitmap Image
s1101110	碱蛋超人	男	1993-03-13	04	545	False			Bitmap Image
s1101111	黑杰克	男	1993-05-21	06	636	True			Bitmap Image
s1101112	哈利波特	男	1992-10-20	06	598	True			Bitmap Image
*		男					0		

记录: 第 1 项(共 12 项) 无筛选器 搜索

图 9-18 “学生”表及其记录

图 9-19 “成绩”表及其记录

课程

课程号	课程名	学时	学分	是否必修
K101	高等数学	90	5	Yes
K102	计算机网络	54	3	Yes
K103	英语	72	4	Yes
K104	数据库技术	54	3	No
K105	会计	54	3	Yes
K106	电子商务	72	4	No
*				Yes

记录: 第 1 项(共 6 项) 无筛选器 搜索

系名

系号	系名
01	管理学院
02	数理学院
03	化工学院
04	计算机学院
05	文史学院
06	医药学院

记录: 第 1 项(共 6 项)

图 9-20 “课程”表及其记录

图 9-21 “系名”表及其记录

1. 浏览数据记录

（1）调整行高和列宽

方法一：将鼠标移至行、列分界线。拖动列分界线仅改变当前列的宽度，拖动行分界线则改变所有行的高度。

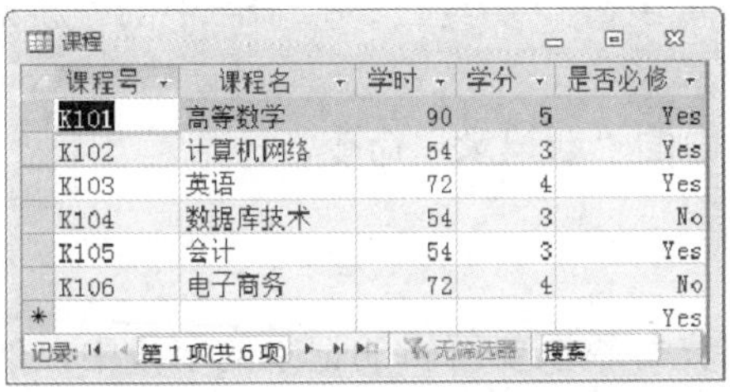

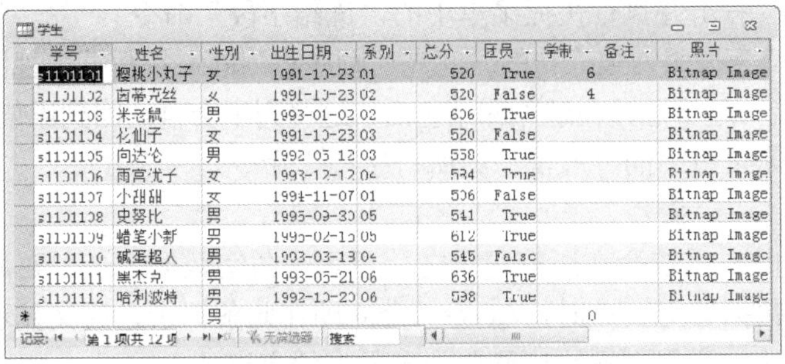

方法二：在数据表视图中，将鼠标移动到行选定栏或列选定栏，鼠标指针变为➡或⬇时，右击鼠标并执行快捷菜单中的“行高”或“列宽”命令，在打开的对话框中设置合适的数值，可精确设置当前列宽或所有行高。

（2）列的隐藏和移动

如果数据表的字段过多，打开表的数据表视图时将无法查看到所有的列，这时可将那些暂时无用的列隐藏起来。

隐藏列的方法：选择要隐藏的列，右击执行快捷菜单中的“隐藏字段”命令将当前不用的列隐藏起来。列的隐藏和移动并不影响表的结构。

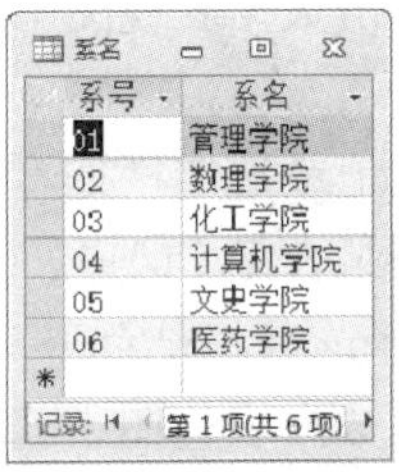

显示被隐藏的列：在某列的字段名所在处右击鼠标，执行快捷菜单中的“取消隐藏字段”命令，将打开如图 9-22 所示的“取消隐藏列”对话框，图中被隐藏的列前的复选框未被选中。只要单击每个字段前的复选框，就可以实现字段的隐藏与显示。

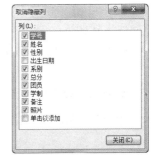

图 9-22 “取消隐藏列”对话框

列的移动：选定一列或多列后，再按住鼠标左键不放，将选定的列拖到新的位置。

（3）列的冻结与解冻

数据表允许用滚动条来查看数据，但当窗口宽度不能容纳整个数据表时，为使表中重要的字段（例如"姓名"字段）在滚动时始终可见，可将它们冻结起来。字段一旦冻结，总是显示在最左侧位置，在滚动条滚动时，被冻结列始终不动。

● 冻结列：选定要冻结的列，右击并执行快捷菜单中的"冻结字段"命令。

当表中有多个列被冻结时，系统会按照列被冻结的时间先后顺序将列固定在数据表视图的左端。不管冻结了多少列，冻结只能一起解除，在解除冻结之后，这些列不会自动回到原位置。

● 解除冻结：右击并执行快捷菜单中的"取消冻结所有字段"命令。

2. 添加数据记录

当打开某一个表的数据表视图时，系统会在所有记录之后显示一条空数据记录，要添加数据记录，只需在此处按字段输入数据即可，这时，Access 会立即在此条记录之后又显示一条空数据记录。Access 提供四种方法，可将光标快速移动到表最末的空记录上。

①打开"开始"选项卡，单击"记录"组中的"新建"按钮 新建。

②单击数据表视图中的记录浏览按钮 记录: ◄ ◄ 第 12 项(共 12) ► ►► 中的"新记录"按钮 ►*。

③在记录选定栏处，右击并执行快捷菜单中的"新记录"命令。

④按组合键 Ctrl++。

3. 修改数据记录

要在数据表视图中修改数据记录，只需将光标移至要编辑的记录的字段中，然后输入新的数据即可。

当字段数据类型为"备注"类型时，由于文字数量一般较多，为了易于输入，可按下 Shift+F2 组合键，系统将出现"显示比例"对话框，然后直接在其中进行数据的输入操作。

4. 删除数据记录

删除记录的方法很简单：选定一个或多个记录，然后单击"开始"选项卡"记录"组中的"删除"按钮 ✕ 删除 ▾，或按 Delete 键即可删除选中的数据记录（或在记录选定栏处选取记录后，单击鼠标右键，执行快捷菜单中的"删除记录"命令）。

5. 查找和替换数据

在 Access 中，利用"查找/替换"功能，可从众多的记录中查找某条记录。有时候对成批的记录需要做相同的修改，如果逐条记录进行修改，显然效率不高。为达到高效率操作，也可使用 Access 提供的查找/替换功能。

【例 9-6】在"学生"表中查找 1995 年出生的学生。

操作步骤如下：

①在"成绩管理"数据库中，双击"学生"打开"数据表视图"。

②单击"出生日期"列的任一处。

③单击"开始"选项卡"查找"组中的"查找"按钮 ▥（或直接按下 Ctrl+F 组合键），显示"查找与替换"对话框。然后在查找范围选定"当前字段"，在"匹配"框选定"整个字段"。

④在"查找内容"中键入"1995*"。

⑤单击"查找下一个"按钮，如果找到匹配内容，Access 系统会突出显示查找到的数据，如图 9-23 所示。

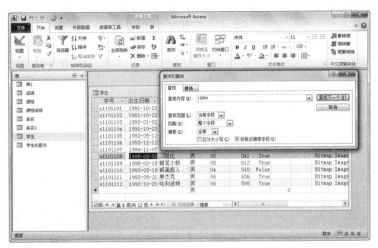

图 9-23　查找 1995 年出生的学生

Access 允许查找内容与实际数据的字符不完全匹配，所以在查找内容中可以使用通配符来代表某些字符。表 9-6 列出了 Access 常用的通配符。它们既可以在数据库的"查找和替换"对话框中使用，也可以在查询和表达式中用来查找字段值、记录或文件名之类的内容。

表 9-6　Access 常用的通配符

通配符	功能	示例（查找内容及查找结果）	
*	与任何数据的字符匹配	优*	优秀、优良
?	与任何单个字符或汉字匹配	?及格	不及格
[]	与方括号内任何单个字符或汉字匹配	[优良]	优秀、良好
-	与指定范围的任一个字符匹配。范围必须升序	[及-优]	及格、良好、优秀
!	匹配任何非方括号内的字符或汉字	[!车]床	机床、钻床
#	与任何单个数字字符匹配	6#	61、62、…

6. 表的复制

表的复制，通常在"导航窗格"的"表"列表框中进行，有两种方法。

（1）使用"复制"和"粘贴"命令复制表。

在数据库"导航窗格"的"表"列表框中，单击选择某张表，然后按下 Ctrl+C 组合键，再按下 Ctrl+V 组合键，弹出如图 9-24 所示的"粘贴表方式"对话框。

图 9-24　"粘贴表方式"对话框

在图 9-24 中，"粘贴选项"区有 3 个选项按钮，表示了 3 种"粘贴"结果，用户可根据需要选择其中的一种。

①"仅结构"：新表只具有表结构，没有记录。

②"结构和数据"：此项为默认选项，新表与原表完全一样，具有相同的结构和记录。

③"将数据追加到已有的表"：向已有的表追加从另一表复制的所有记录，已有的表名在"表名称"框中键入。

（2）通过"对象另存为"菜单复制表。

在数据库"导航窗格"的"表"列表框中，单击选择某
张表，执行"文件"选项卡中的"对象另存为"命令，打开
如图 9-25 所示的"另存为"对话框。该对话框默认另存文件
的方式为"表"，用户可选择一种保存类型，最后单击"确定"
按钮即可。

图 9-25　"另存为"对话框

7. 表的删除

如果数据库中的某表不再使用，可在数据库"导航窗格"的"表"列表框中将它们选中，
直接按下 Delete 键，或单击"开始"选项卡"剪贴板"组中的"剪切"按钮 [✂ 剪切]，或单击"开
始"选项卡"记录"组中的"删除"按钮 [✕ 删除▾]

注意：以上方式删除表时，不能打开其"数据表视图"窗口。

8. 表的重命名

在数据库中，如有需要可对表进行重新命名，方法是：在数据库"导航窗格"的"表"
列表框中，右击需重命名的表，从打开的快捷菜单中执行"重命名"命令，表的名称变成可编
辑状态，输入新的名称并确定。

9.6.4　数据的排序、索引与筛选

排序和索引的目的是为了让数据表在某个字段上有序地排列，使查询能更有效地进行。
而筛选则是按指定的条件将筛选出来的数据显示为新的数据表。

1. 排序

表的记录通常按记录输入的先后顺序排列，若要换一种排列方式，可对表进行排序（Sort）。
排序必须先确定字段，然后以升序或降序方式来重排记录。

注：备注型字段的排序只针对前 255 个字符，"OLE 对象"字段不能作为排序字段。

排序的依据如果是单个字段，称为单字段排序，反之称为多字段排序。

不同的字段类型，排序有所不同，具体规则如下：

（1）英文按字母顺序排序，大小写视为相同，升序时按 A～Z 排序，降序时按 Z～A 排
序。

（2）中文按拼音字母的顺序排序，升序时按 A～Z 排序，降序时按 Z～A 排序。

（3）数字按数字的大小排序，升序时从小到大排序，降序时从大到小排序。

（4）日期和时间字段，按日期的先后顺序排序，升序时按从前到后的顺序排序，降序时
按从后向前的顺序排序。

在 Access 中，还可以根据相邻的多个字段来排列记录的顺序，在使用多个字段进行排序
时，Access 先将第一个字段按照指定的顺序进行排序。当第一个字段中有相同值时，再根据
第二个字段中的内容进行排序，直到数据表中的数据全部排列好为止。

排序操作的方法是：打开某张表的"数据表视图"，这时"开始"选项卡"排序和筛选"
组中含有"升序"按钮 [🔼 升序] 和"降序"按钮 [🔽 降序]，只要在数据表中单击要排序的字段名，
然后单击排序按钮之一，排序就会立刻完成，排序字段名右侧出现"↑"或"↓"标志。

多个字段排序的方法与单字段的类似，只是要在排序之前选择相邻的多个字段。当改变
了数据表记录的排列顺序时，Access 将记住这个顺序，并且在关闭表时询问用户是否保存对
表的布局的更改，如果选择"是"，则在下次打开该表时，数据的排列顺序同关闭时相同，此

时，只要单击"开始"选项卡"排序和筛选"组中的"取消排序"按钮 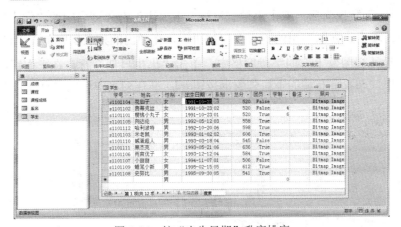 取消排序 ，数据表中记录的顺序恢复原样。

在保存数据表时，Access 将保存该排序次序，并在重新打开该表时，自动重新应用排序。

【例 9-7】按"出生日期"升序排列"学生"表。

排序的操作步骤如下：

①打开"cjglaccdb"数据库，在"导航窗格"的"表"列表框中双击"学生"表，进入该表"数据表视图"窗口。

②在"出生日期"字段中任意处单击，然后单击"开始"选项卡"排序和筛选"组中的"升序"按钮 升序 ，排序后的情况如图 9-26 所示。

图 9-26　按"出生日期"升序排序

2. 索引

与排序不同，记录在索引（Index）时不对表中的记录进行位置调整，如同书本中的目录一样，记录了索引关键字中的内容和所在记录的记录号。当表的记录较多时，利用索引可帮助用户更有效地查询数据，但创建索引需要额外的存储空间。

（1）索引的种类。

按功能分类，索引可分为以下几种：

● 唯一索引

每个记录的索引字段值都是唯一的，不允许相同。

● 普通索引

索引字段允许有相同的值。

● 主索引

同一表中允许创建多达 32 个索引，但只可以创建一个主索引，Access 将主索引字段作为当前排序字段。主索引必须是唯一索引，并且索引字段不允许出现 Null 值。

按字段数分类，索引可分为单字段索引和多字段索引两类。多字段索引指为多个字段联合创建的索引，其中允许包含的字段可多至 10 个。若要在索引查找时区分表中字段值相同的记录，必须创建包含多个字段的索引。

（2）创建索引。

即为字段设置索引属性，可以在表"设计视图"和"索引"窗口中创建索引，其中降序排序仅能在"索引"窗口中设置。表 9-7 列出了各种索引的创建方法。

表 9-7　在"表设计"视图和"索引"窗口创建索引的对照表

创建索引	表的设计视图	索引窗口	说明
无索引	字段"索引"属性为无	不为字段填写索引行	默认值
普通索引	字段"索引"属性选"有（有重复）"	为字段填写索引行，且"唯一索引"选"否"	
唯一索引	字段"索引"属性选"有（无重复）"	为字段填写索引行，且"唯一索引"选"是"	
主索引	在工具栏中单击"主键"按钮 🔑 。	为字段填写索引行，且"主索引"选"是"	

【例 9-8】按例 9-7 创建一个"出生日期"普通索引来重新排列次序。

操作步骤如下：

①打开"cjgl"数据库后，双击"导航窗格"下"表"对象列表中的"学生"表，在"开始"选项卡下，单击"视图"组的"视图"按钮 视图，在弹出的列表框中单击"设计视图"。

②在表"设计视图"上方的字段窗格中，单击"出生日期"行，在下面字段属性窗格中单击"索引"属性列表框右端的下拉列表框按钮 ▼ ，并在列表中选定"有（有重复）"选项，如图 9-27 所示。

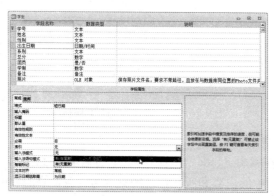

图 9-27　为"出生日期"字段设置索引属性

③关闭表"设计视图"并保存对表的设计，重新打开表即可显示与图 9-26 所示相同效果。

注：为显示与图 9-26 所示相同效果，需要取消已设置的其他索引，如设置的"学号"索引。

【例 9-9】为对"学生"表设置多字段索引，要求按"性别"升序排序、系别相同者按"出生日期"的降序排序。

操作步骤如下：

①打开"cjgl"数据库，在"导航窗格"窗格选择"学生"表，右击执行快捷菜单中的"设计视图"命令，打开表"设计视图"。

②打开表格工具"设计"选项卡，单击"显示/隐藏"组中的"索引"按钮 索引，显示索引窗口，如图 9-28 所示。

③在第一行"索引名称"处输入名称"xb"；在"字段名称"处选择"性别"为索引关键字；在"排序次序"处选择"升序"。

同样地，在第二行"索引名称"处输入名称"csrq"；在"字段名称"处选择"出生日期"为索引关键字；在

图 9-28　创建多字段索引

“排序次序”处选择“降序”。

④单击⊠按钮，关闭索引对话框，按下 Ctrl+W 组合键，关闭表“设计视图”窗口保存对表的设计，重新打开表，可显示如图 9-29 所示的排序效果。

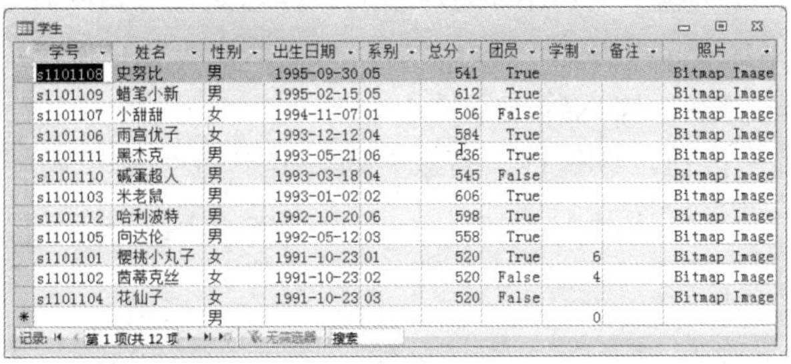

学号	姓名	性别	出生日期	系别	总分	团员	学制	备注	照片
s1101108	史努比	男	1995-09-30	05	541	True			Bitmap Image
s1101109	蜡笔小新	男	1995-02-15	05	612	True			Bitmap Image
s1101107	小甜甜	女	1994-11-07	01	506	False			Bitmap Image
s1101106	雨宫优子	女	1993-12-12	04	584	True			Bitmap Image
s1101111	黑杰克	男	1993-05-21	06	636	True			Bitmap Image
s1101110	碱蛋超人	男	1993-03-18	04	545	False			Bitmap Image
s1101103	米老鼠	男	1993-01-02	02	606	True			Bitmap Image
s1101112	哈利波特	男	1992-10-20	06	598	True			Bitmap Image
s1101105	向达伦	男	1992-05-12	03	558	True			Bitmap Image
s1101101	樱桃小丸子	女	1991-10-23	01	520	True	6		Bitmap Image
s1101102	茜蒂克丝	女	1991-10-23	02	520	False	4		Bitmap Image
s1101104	花仙子	女	1991-10-23	03	520	False			Bitmap Image
*		男					0		

图 9-29　按多字段排序后的“学生”表

注：不论“索引”对话框中索引的顺序如何，“数据表视图”窗口中显示的记录顺序总是按字段在表结构的顺序进行多字段排序。

（3）删除索引。

- 在“索引”对话框中选定并删除一行或多行。
- 在表“设计视图”窗口中，在字段的索引属性列表框选“无”。
- 取消主索引，在表“设计视图”窗口中选定主索引行，单击“主键”按钮。

3. 筛选

在 Access 中，筛选是让数据表中的记录仅仅显示满足条件的记录，而将不符合条件的记录隐藏起来。Access 提供了多种筛选方法，可以分为按选定内容筛选、使用筛选器筛选、按窗体筛选和高级筛选四种。

- “按选定内容筛选”就是将当前位置的内容作为条件进行筛选。
- “使用筛选器筛选”就是将选定的字段列中所有不重复的值以列表形式显示出来，供用户选择。
- “按窗体筛选”是在“按窗体筛选”对话框中指定条件进行筛选操作，适合筛选条件比较多的筛选。设置在同一行的条件之间是“与”的关系，设置在不同行的条件之间是“或”的关系。
- “高级筛选”可同时设置筛选条件和进行排序，需要编写较复杂的条件表达式。

【例 9-10】按选定内容对“学生”表记录进行筛选，显示 1995 年出生的所有学生。

操作步骤如下：

①双击打开“学生”表的“数据表视图”窗口。

②在“出生日期”字段列中，选定内容为“1995”（如果不选定，则表示选定的内容为该单元格中全部数据）。

③打开“开始”选项卡，单击“排序和筛选”组中的“选择”按钮 选择，在其弹出的列表中执行“开头是 XXX”命令，本例是“开头是 1995”，系统将会筛选出出生年份是 1995 年的所有学生。

如果执行“开头不是 1995”命令，则系统将会筛选出非 1995 年出生的所有学生。

单击“切换筛选”按钮 切换筛选，系统可在筛选结果和原始数据间进行切换。

【例 9-11】对“学生”表中的记录进行筛选，显示性别为“男”且总分小于等于 580 分的所有学生。

操作步骤如下：

①双击打开"学生"表的"数据表视图"窗口。

②单击"高级"按钮 ，弹出高级筛选列表框，执行"高级筛选/排序"，打开"筛选"对话框，如图9-30所示。

③按图9-30所示的内容，输入筛选条件。

④单击"切换筛选"按钮，或执行"高级"列表框中的"应用筛选/排序"，系统将会按设置条件筛选数据记录，结果如图9-31所示。

图 9-30　设置筛选条件

图 9-28　筛选后的数据记录

在图9-31中，性别和总分字段名右侧出现筛选标志 ，同时在记录浏览按钮组的右侧出现已筛选标志 。单击筛选标志 ，在弹出的"筛选"列表框中选择更改或清除筛选内容。单击已筛选标志 ，可在筛选结果和原始数据间进行显示切换。

【例9-12】使用"按窗体筛选"的方法完成例9-11。

操作步骤如下：

①双击打开"学生"表的"数据表视图"窗口。

②单击"高级"按钮 ，弹出高级筛选列表框，执行"按窗体筛选"命令，出现如图9-32所示的窗口。

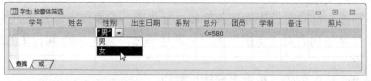

图 9-32　"按窗体筛选"窗口

③从"性别"下拉列表中选择"男"，在"总分"组合框中输入"<=580"。

④单击"切换筛选"按钮，结果如图9-31所示。

9.6.5　创建数据表关联

数据表关联是指在两个数据表中的相同域上的字段之间建立一对一、一对多或多对多的联系。数据表关联建立后，子表的记录指针与父表的记录指针保持联动。

Access为用户提供了一个"关系"窗口，方便用户创建、修改、查看表间关系。

1. 建立关系

要确定表之间的关系，具体操作步骤如下：

（1）打开要建立关系的数据库。

（2）打开"数据库工具"选项卡，单击"关系"组中的"关系"按钮，打开如图 9-33 所示的"关系"窗口。

（3）单击"显示表"按钮（或右击"关系"窗口空白处，执行快捷菜单中的"显示表"命令）。双击要添加的表的名称，然后关闭"显示表"对话框。

（4）选中某个数据表中要建立关联的字段（一般是主关键字），将其拖动到另一个相关表中的相关字段上（设置了"索引"属性的字段）。系统显示如图 9-34 所示的"编辑关系"对话框，可以对关系进行必要的设置。其中：

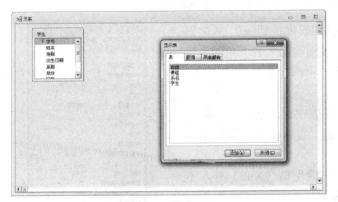

图 9-33　"关系"窗口

图 9-34　"编辑关系"对话框

● "实施参照完整性"

默认实施表之间的参照完整性。在数据库表中创建关系时，已实施的关系确保每一个在外键列中输入的值与相关主键列中的现有值相匹配。如果只选择此项时，则有以下规则：

更新时，在父表中，不允许更改与子表相关记录的关联字段值；删除时，不允许在父表中删除与子表相关的记录；插入时，不允许在子中表插入父表不存在的记录，但允许输入 Null 值。

● "级联更新相关字段"

若选中此项，则更改主表的主键值时，会自动更改子表中的对应数据。

● "级联删除相关字段"

若选中此项，则删除主表中的记录时，会自动删除子表中的对应记录。

（5）单击"创建"按钮，完成表间关系的定义。例如，在"cjgl.accdb"数据库中，将"学生"表中的"学号"字段拖到"成绩"表的"学号"字段上，设置参照完整性，单击"创建"按钮后出现如图 9-35 所示的关系连线。

关系线上对应"一"方的位置有一个"1"标记，对应"多"方的位置有一个"∞"标记。如果没有选择"实施参照完整性"选项，则关系线上就不会出现这两个标记。

（6）关闭"关系"窗口，系统提示是否保存该布局。不论是否保存，所创建的关系都已保存在数据库中了。再打开"学生"表时，每行记录的前面出现一个"+"号，单击该"+"号，出现一个显示该学生所有成绩的窗口，如图 9-36 所示，体现了两个表的关系。

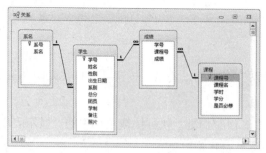

图 9-35 数据表"关系"窗口 　　　　图 9-36 "学生"表和"成绩"表的关系

注：如果未出现图 9-36 所示主表与子表的连接关系，可打开主表（如"学生"表）的"设计视图"窗口，单击表格工具"设计"选项卡下"显示/隐藏"按钮，打开"属性表"对话框，如图 9-37 所示。

单击"子数据表名称"行右侧下拉列表框按钮，从弹出的下拉列表中选择"表.成绩"。单击"设计视图"右下角的"数据表视图"按钮，就可看到图 9-36 所示的结果。

2. 设置参照完整性

Access 使用参照完整性来确保相关表中记录之间关系的有效性，防止意外地删除或更改相关数据。实施参照完整性后，必须遵守下列规则：

（1）在相关表的外部关键字段中，除空值（Null）外，不能有在主表的关键字段中不存在的数据。

（2）如果在相关表中存在匹配的记录，不能只删除主表中的这个记录。

图 9-37 "属性表"对话框

（3）如果某个记录有相关的记录，不能在主表中更改主关键字。

（4）如果需要 Access 为某个关系实施这些规则，在创建关系时应选中"实施参照完整性"复选框。如果出现了破坏参照完整性规则的操作，系统将自动出现禁止提示。

3. 联接类型

在创建关系或编辑关系时，可以设置联接的类型。在"编辑关系"对话框中，单击"联接类型"按钮，打开"联接属性"对话框，如图 9-38 所示，对话框中有 3 个单选项，分别对应关系运算中的 3 种联接：

图 9-38 "联接属性"对话框

（1）第 1 个选项：只包含来自两个表中联接字段相等的行，即对应于关系运算里的"自然联接"。

（2）第 2 个选项：包括"学生"中的所有记录和"成绩"中联接字段相等的那些记录，即对应于关系运算里的"左联接"。

（3）第 3 个选项：包括"成绩"中的所有记录和"学生"中联接字段相等的那些记录，

即对应于关系运算里的"右联接"。

4. 删除关系

建立的关系，如果要删除，具体操作步骤如下：

（1）关闭所有打开的表。

（2）打开"数据库工具"选项卡，单击"关系"组中的"关系"按钮 ，打开如图 9-33 所示的"关系"窗口。

（3）单击选中需要删除的关系连线，该联系变成粗实线，按 Delete 键，系统确认后即将选中的关系永久删除。

9.7　数据的查询

查询（Query）是按照一定的条件或要求对数据库中的数据进行检索或操作，查询的数据来源是表或其他查询。Access 将用户建立的查询规则，如查询的数据来源、输出或汇总字段、查询条件等作为查询对象保存起来，每次使用查询时，都是根据查询规则从数据源中最新相关信息生成一个动态的记录集。

1. 查询的种类

在 Microsoft Access 中查询有以下几种：选择查询、交叉表查询、参数查询、操作查询和 SQL 查询。其中操作查询又包括更新查询、删除查询、追加查询和生成表查询 4 种。

2. 创建查询的方法

在 Access 中提供两种方法创建查询：一是使用向导创建查询；二是使用查询设计器创建查询。Access 系统提供了 4 种查询设计向导，它们是简单查询向导、交叉表查询向导、查找重复项查询向导、查找不匹配项查询向导等。

另外，Access 也提供支持 SQL 语言查询的命令方式。

3. 查询的三种视图

每个查询都有三种视图，分别为查询设计视图、数据表视图和 SQL 视图。查询的三种视图是互相关联的一个有机的整体。其中，数据表视图是查询的结果，设计视图和 SQL 查询视图是查询设计的两种手段。

9.7.1　创建简单查询

简单查询（或称为选择查询）是查询中最重要、最常用的查询，它可以从一个或多个表中检索数据，同时还可对记录进行分组，对记录进行总计、计数、平均值及其他类型的合计计算。

1. 使用向导创建查询

可以从一个或多个表或查询中按指定字段检索数据，也可以对记录分组以及进行总计、计数、平均值、最大值及最小值计算，但不能通过设置条件来限制检索的记录。

【例 9-13】由"学生"、"成绩"和"课程"表中检索出具有学生姓名的成绩表，并按"系别"的升序排序。

操作步骤如下：

①打开"cjgl.accdb"数据库，打开"创建"选项卡，单击"查询"组中的"查询向导"

按钮 ，打开如图 9-39 所示的"新建查询"对话框。

②在该对话框中选择"简单查询向导"并单击"确定"按钮，出现如图 9-40 所示的"简单查询向导"对话框。

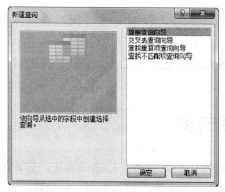

图 9-39　"新建查询"对话框

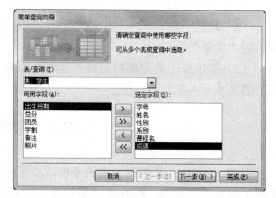

图 9-40　添加查询字段

③在"简单查询向导"对话框中，从"表/查询"下拉列表中选择"表：学生"。在"可用字段"列表中分别双击"学号"、"姓名"、"性别"和"系别" 4 个字段；然后再在"表/查询"下拉列表中选择"表：课程"，从"可用字段"列表中双击"课程名"字段；然后再在"表/查询"下拉列表中选择"表：成绩"，从"可用字段"列表中双击"成绩"字段。

④单击"下一步"按钮，保持系统默认的"明细"选项不变，如图 9-41 所示。

⑤单击"下一步"按钮，在"请为查询指定标题"文本框中指定查询的标题为"学生成绩查询"，然后选中"修改查询设计"选项，如图 9-42 所示。

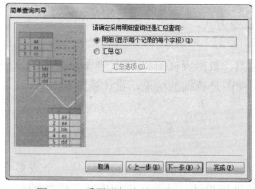

图 9-41　采用明细查询还是汇总查询

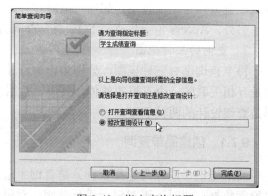

图 9-42　指定查询标题

⑥单击"完成"按钮，打开"学生成绩查询"设计视图，同时 Access 系统打开了查询工具"设计"选项卡，如图 9-43 所示。

⑦将"系别"的"排序"选项设置为"升序"，单击"结果"组中的"运行"按钮 ，系统显示"学生成绩查询：选择查询"数据表视图，如图 9-44 所示。

⑧关闭查询结果窗口后，系统提示是否保存查询设计，选择"是"，对查询进行保存。

2. 使用设计视图创建查询

使用简单查询向导可创建出一些简单的查询，但由于简单查询向导无法按条件限制以及设置记录排序等，在实际应用中大多数情况下都直接使用设计视图来创建查询。

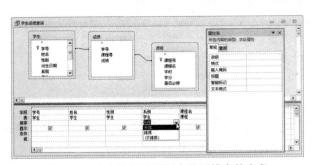

图 9-43　在查询设计视图中设置排序的字段

图 9-44　运行查询的结果

【例 9-14】由"学生"和"成绩"表中检索出学生成绩的平均值、最大值和最小值，查询结果按系别降序排序。

操作步骤如下：

①打开"cjglaccdb"数据库，单击"创建"选项卡"查询"组中的"查询设计"按钮，打开如图 9-45 所示的"查询 1"查询设计窗口，同时打开"显示表"对话框。

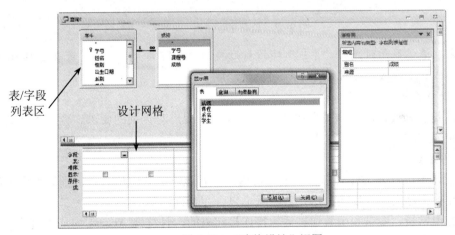

图 9-45　"查询设计"视图

②在"显示表"对话框中，分别双击"学生"和"成绩"数据表，将这两个表对象添加到"查询设计"视图中，如图 9-45 上部所示。

③分别从各表中选择查询要使用的字段，本例中将查询要使用的字段"学号"、"姓名"、"性别"、"系别"和"成绩"分别拖至下方"字段"单元格中，或直接依次双击所需的各字段。

④双击"成绩"表中的"成绩"字段两次，在查询"设计视图"的下方增加两个"成绩"字段。执行查询工具"设计"选项卡"显示/隐藏"组中的"总计"按钮（或在查询"设计视图"的下方窗格中，右击鼠标并执行快捷菜单中的"总计"命令），并分别在"总计"单元格中给成绩字段设置为"平均值"、"最大值"、"最小值"。

⑤设置"系别"字段为降序，最终查询设计如图 9-46 所示。

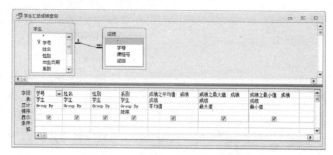

图 9-46　为查询设置汇总及排序

⑥按下 Ctrl+W 组合键，保存查询并将查询命名为“学生汇总成绩查询”。

⑦单击“运行”按钮（或单击“视图”按钮且选择“数据表视图”），该查询的运行结果如图 9-47 所示。

学号	姓名	性别	系别	成绩之平均值	成绩之最大值	成绩之最小值
s1101111	黑杰克	男	06	82.6666666666667	98	70
s1101112	哈利波特	男	06	85.25	90	80.5
s1101108	史努比	男	05	75.5	85.5	65.5
s1101109	蜡笔小新	男	05	95	98	92
s1101106	雨宫优子	女	04	58	58	58
s1101110	碱蛋超人	男	04	83.5	90.5	76.5
s1101104	花仙子	女	03	87.3333333333333	91.5	82
s1101105	向达伦	男	03	77	77	77
s1101102	茜蒂克丝	女	02	84.75	87	82.5
s1101103	米老鼠	男	02	82.5	86	76.5
s1101101	樱桃小丸子	女	01	83.5	93.5	73.5
s1101107	小甜甜	女	01	76.5	76.5	76.5

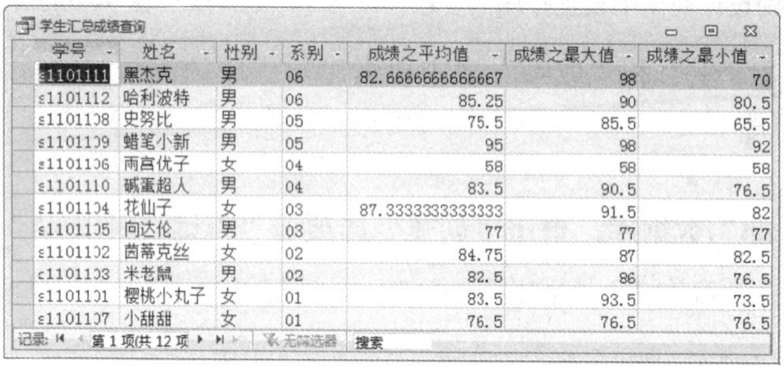

图 9-47　查询运行结果

注：如果在查询显示时想将“系别”字段标题换为“学院编号”显示，可在图 9-46 中将“系别”替换成如下形式：学院编号:[系别]。

3. 设置查询条件

查询条件是查询设计的一个重要组成部分，反映了用户对查询的要求。查询条件必须符合 Access 的正确语法。

（1）条件表达式

在查询设计中，查询条件对应一个逻辑表达式。若该表达式的值为真，则满足该条件的数据就包含在查询结果中，反之，这些数据就不包含在查询结果中。

表达式是由常量、变量和函数通过运算符连接起来的，且符合 Access 规范的数学式子，其运算的结果是一个“是/否”类型的数据。

（2）常量

在 Access 中，常量可分为如下几种情况：

- 数字型常量：可直接输入数值，如：12，-12，90.5。
- 文本型常量：用一对单（'）/双（"）引号括起来的文本，例如：'Name'，"钱多多"（也可直接输入文本，如：Name）。
- 日期型常量：用一对符号“#”括起来，例如：#82-10-1#（也可直接输入，如：82-10-1。）
- 是/否型常量：yes/no 或 true/false。

（3）运算算符

运算算符（简称运算符）表示在 Access 查询条件中可以使用的运算指令。运算符有如下几种。

- 算术运算符

+（加）、-（减）、*（乘）、/（除）、^（乘方）、\（整除）、Mod（求余数）。

- 关系运算符

=（等于）、<（小于）、<=（小于等于）、>（大于）、>=（大于等于）、<>（不等于）。

- 连接运算符

&表示将两个字符串连接为一个长字符串，如"abc"&"de"结果为"abcde"。

- 逻辑运算符

And（与）、Or（或）、Not（非或取反）、Xor（异或）、Eqv（等值）、Imp（蕴含）。

- Between A And B

用于指定 A 到 B 之间的范围，A 和 B 可使用数字型、日期型和文本型，如要查找分数在 60～70 之间的记录，则条件为 Between 60 And 70。

- In

指定一系列值的列表。如要查找课程号为 K01 和 K02 的记录，条件为 In(K01,K02)。

- Like

配合使用通配符进行限定查询。"？"表示一个字符，"*"表示任意个字符，"#"表示任何一个数字，"[]"表示在方括号中的任何单个字符。例如，查找"李"姓学生，条件可表示为：Like"李*"。

- Is Null（空），Is Not Null（不为空）

用于空值比较。

（4）函数

函数是一种能够完成某种特定操作的数据形式，函数的返回值称为函数值，函数调用的格式为：

函数名（[参数 1][，参数 2][，…]）

Access 提供了大量的内置函数（也称标准函数），例如：Date()函数可以获得系统当前的日期，该函数没有参数；又如：Year()函数可以获得指定日期中的年份，如 Year([出生日期])=1995。

利用"表达式生成器"可以查看 Access 中提供的运算符、常量和函数。单击查询工具"设计"选项卡"查询设置"组中的"生成器"按钮 ⚒生成器，可以打开"表达式生成器"对话框，如图 9-48 所示。

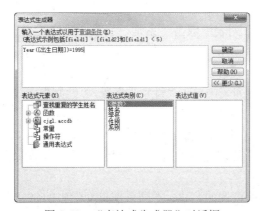

图 9-48　"表达式生成器"对话框

在"表达式生成器"对话框中，Access 提供了当前数据库中所有表或查询中的字段、窗体或报表中的各种控件，以及函数、常量、运算符和通用表达式，通过选择数据项和运算符，可以方便地构建表达式。

9.7.2　创建交叉表查询

交叉表查询是 Access 特有的一种选择查询，它可以使大量的数据以更直观的形式显示出来，可方便地对数据进行比较或分析，也可作为图表或报表的数据源。

交叉表查询将用于查询的字段分成两组，一组以行标题的方式显示在表格左边，一组以列标题的方式显示在表格顶端，在行和列交叉的地方显示对数据进行总计、平均、计数等的计算结果。

【例 9-15】使用向导创建交叉表查询，检索"学生"表不同系别不同性别的总分平均值和总的平均值。

操作步骤如下：

①打开"cjgl.accdb"数据库，然后单击"创建"选项卡"查询"组中的"查询向导"按钮，打开如图 9-39 所示的"新建查询"对话框。

②在对话框中选择"交叉表查询向导"，单击"确定"按钮，出现"交叉表查询向导"对话框（一），如图 9-49 所示。

③选择查询使用的数据表，本例是"学生"。单击"下一步"按钮，出现如图 9-50 所示"交叉表查询向导"对话框（二）。

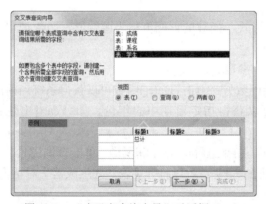
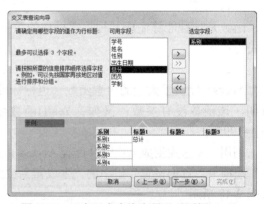

图 9-49　"交叉表查询向导"对话框（一）　　　图 9-50　"交叉表查询向导"对话框（二）

④在向导"可用字段"列表中双击"系别"字段，为交叉表选择行标题，所选定的字段将显示在查询结果的左端。单击"下一步"按钮，出现如图 9-51 所示"交叉表查询向导"对话框（三）。

⑤在向导"可用字段"列表中单击"性别"字段，"性别"字段将显示在查询结果的顶端。单击"下一步"按钮，出现如图 9-52 所示"交叉表查询向导"对话框（四）。

⑥确定交叉点的汇总信息，在此选择"总分"字段，在"函数"列表中选择"Avg"，并去掉"是，包括各行小计"的勾选。单击"下一步"按钮，出现如图 9-53 所示"交叉表查询向导"对话框（五）。

⑦在此对话框中，输入查询的名称：不同系别男女学生的总分平均值。选择"查看查询"，并单击"完成"按钮，得到查询结果如图 9-54 所示。

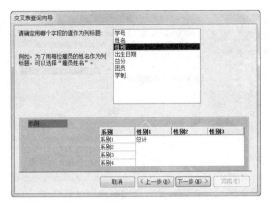

图 9-51　"交叉表查询向导"对话框（三）

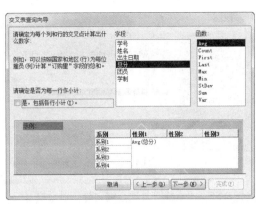

图 9-52　"交叉表查询向导"对话框（四）

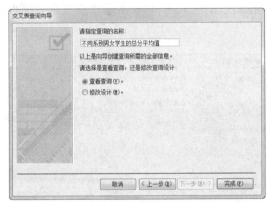

图 9-53　"交叉表查询向导"对话框（四）

图 9-54　交叉表查询结果

9.7.3　创建重复项或不匹配项查询

利用"查找重复项查询向导"，可以在一个表或查询中查找具有重复字段值的记录。而利用"查找不匹配项查询向导"，可以在一个表中查找在另一个表中没有相关记录的记录。

通过检查有重复项（或排除重复）的记录，用户可以判断这些数据是否正确，以便决定哪些是需要保存的，哪些是需要删除的。

【例 9-16】在"学生"表中增加一条与花仙子相同的记录。然后，使用向导创建重复项查询，查询姓名相同的记录。

操作步骤如下：

①打开"cjgl.accdb"数据库，在数据库"导航窗格"的"表"列表中，双击"学生"表，进入"数据表视图"窗口，并在表记录添加一条记录。新记录如下：

S11011113，花仙子，女，1992-6-18，06，600，False，4

②在如图 9-39 所示的"新建查询"对话框中选择"查找重复项查询向导"，单击"确定"按钮，出现"查找重复项查询向导"对话框（一），如图 9-55 所示。

③在此对话框中，要求确定查找重复的表或查询。选择"学生"表，并单击"下一步"按钮，出现如图 9-56 所示"查找重复项查询向导"对话框（二）。

④在此对话框中，要求确定可能包含重复信息的字段。选择"姓名"表，并单击"下一步"按钮，出现如图 9-57 所示"查找重复项查询向导"对话框（三）。

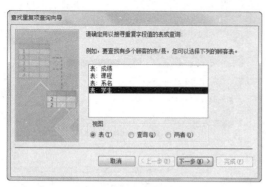
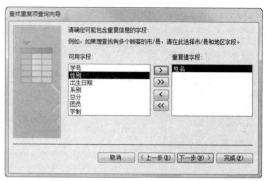

图 9-55　"查找重复项查询向导"对话框（一）　　图 9-56　"查找重复项查询向导"对话框（二）

⑤在此对话框中，要求确定查询是否显示除带有重复值的字段之外的其他字段。选择"学号"、"性别"和"系别"表，并单击"下一步"按钮，出现如图 9-58 所示"查找重复项查询向导"对话框（四）。

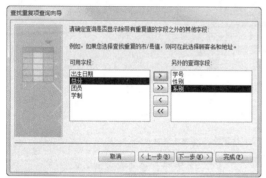

图 9-57　"查找重复项查询向导"对话框（三）　　图 9-58　"查找重复项查询向导"对话框（四）

⑥在此对话框中，要求输入查询的名称，本例查询的名称为"查找重复的学生姓名"。选中"查看结果"，并单击"完成"按钮，出现如图 9-59 所示查询结果。

提示：本题做完后，将添加的记录删除。

【例 9-17】在"课程"表中增加两条新记录，然后使用"查询向导"创建不匹配项查询，查询"成绩"表没被选修课程的信息。

图 9-59　查询重复项的结果

操作步骤如下：

①打开"cjgl.accdb"数据库，在数据库"导航窗格"的"表"列表中，双击"课程"表，进入"数据表视图"窗口，并在表记录添加两条记录，新记录如下：

K107，C 程序设计，54，3，Yes

K108，Java 程序设计，72，4，Yes

②打开如图 9-39 所示的"新建查询"对话框，在对话框中选择"查找不匹配项查询向导"。单击"确定"按钮，出现"查找不匹配项查询向导"对话框（一），如图 9-60 所示。

③在该对话框中，确定查询的表，本例选择"课程"表，单击"下一步"按钮，出现"查找不匹配项查询向导"对话框（二），如图 9-61 所示。

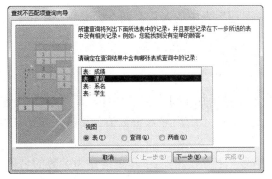

图 9-60　"查找不匹配项查询向导"对话框（一）

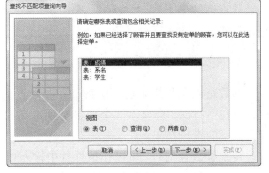

图 9-61　"查找不匹配项查询向导"对话框（二）

④在该对话框中，确定出现相关记录的表，本例选择"成绩"表，单击"下一步"按钮，出现"查找不匹配项查询向导"对话框（三），如图 9-62 所示。

⑤在此对话框中，确定两张表中出现的共同字段，并单击"匹配字段"按钮 <=>，本例选中"课程"和"成绩"表中相同的字段是"课程号"。单击"下一步"按钮，出现"查找不匹配项查询向导"对话框（四），如图 9-63 所示。

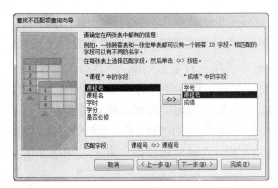

图 9-62　"查找不匹配项查询向导"对话框（三）

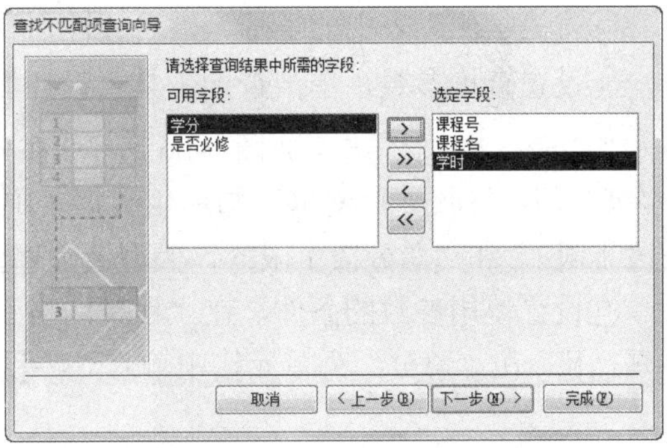

图 9-63　"查找不匹配项查询向导"对话框（四）

⑥在该对话框中，确定查询结果出现的字段名。选定查询结果中出现的字段后，单击"下一步"按钮，出现"查找不匹配项查询向导"对话框（五），如图 9-64 所示。

⑦在该对话框中，输入查询结果名称，本例为"查询课程表未选修的课程信息"，然后选中"查看结果"项，单击"完成"按钮，出现"查找不匹配项查询向导"结果，如图 9-65 所示。

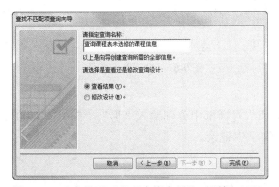

图 9-64　"查找不匹配项查询向导"对话框（五）

图 9-65　"查找不匹配项查询向导"结果

从查询结果上看，"成绩"表中学生未选修"课程"表中的课程有两个，分别是"C 程序设计"和"Java 程序设计"。

9.7.4 创建参数查询

参数查询又称为人机对话查询。参数查询在查询中增加了可变化的条件，即"参数"。参数查询在运行时，会显示一个或多个预定义的对话框，提示用户输入参数值，并根据该参数值得到相应的查询结果。

设置参数查询时，可以在条件行中输入以方括号"[]"括起的名字和短语作为参数的名称。参数允许有多个，也允许有不同的类别。

【例 9-18】创建一个参数查询，输入不同性别和不同总分段，查询"学生"表中记录。

操作步骤如下：

①打开"cjgl.accdb"数据库，单击"创建"选项卡"查询"组中的"查询设计"按钮，打开如图 9-45 所示的"查询设计"视图。

②在出现的"显示表"对话框中，双击"学生"表，将"学生"表添加到"查询设计"视图中，然后关闭"显示表"对话框。

③将"学生"表中的学号、姓名、性别和总分等 4 个字段添加到设计网格的字段行上。

④设置查询参数，单击查询工具"设计"选项卡"显示/隐藏"组中的"参数"按钮，显示"查询参数"对话框，如图 9-66 所示。在列表框中的第一行参数列输入"要查询的性别："，并在数据类型列选择"文本"（与所用数据表中的设计保持一致）；第二行和第三行分别输入"总分段下限："和"总分段上限："，类型选为"整型"。单击"确定"按钮关闭对话框。

⑤设置使用参数的条件，在"设计网格"中的"条件"行的"性别"列输入"[要查询的性别：]"，在"总分"列单元格中输入"">=[总分段下限:] And <[总分段上限:]"，如图 9-67 所示。

图 9-66 "查询参数"对话框

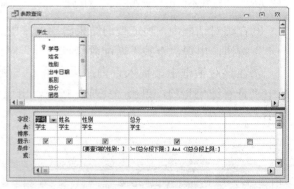

图 9-67 设置查询条件

注：对话参数要用"[]"括起来。

⑥单击"运行"按钮，在弹出的"输入参数值"对话框中分别输入"男"、"540"、"600"，则查询结果为"男"且总分介于 540～600 之间的学生记录。

9.7.5 创建操作查询

操作查询是一种可以实现对数据表的某种操作的查询，特点是对记录的成批操作，如实施对表的更新、删除、追加等操作,它能够提高管理数据的质量和效率。Access 提供的操作查询包括:生成表查询、更新查询、删除查询和追加查询。

1. 创建生成表查询

在 Access 的不少场合,查询可以与表一样使用,但查询毕竟不同于表。如果需要反复使用同一个查询从几个数据表中提取的数据,那么最好能把这个选择查询提出的数据存储为一个数据表,以提高查询的效率。

生成表查询是从一个或多个表的全部或部分数据中创建新数据表。

【例 9-19】创建一个生成表查询,以“学生”表、“课程”表和“成绩”表生成一个选修课程“数据库技术”的新表,如图 9-68 所示。

操作步骤如下:

①打开“cjgl.accdb”数据库,创建一个新查询并打开“查询设计”视图,在“显示表”对话框中选择“学生”表、“课程”表和“成绩”表,将其添加“查询设计”视图中。

②单击查询工具“设计”选项卡“查询类型”组中的“生成表”按钮,打开如图 9-69 所示的“生成表”对话框,在表名称处输入生成表的名称:数据库技术成绩表。

图 9-68 生成的“课程成绩”表   图 9-69 “生成表”对话框

在“生成表”对话框中还有两个选项,其中:

● 当前数据库:选择此选项,表示生成的表放在当前数据库中。

● 另一数据库:选择此选项,表示生成的表放在一个指定名称的数据库中。

③分别将“学生”表中的学号、姓名、性别,“课程”表中的课程名和“成绩”表中的成绩等字段添加到“查询设计”窗格中。将“课程名”字段“条件”行中的条件设置为:[课程名]="数据库技术",如图 9-70 所示。

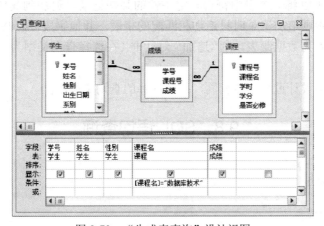

图 9-70 “生成表查询”设计视图

④单击“运行”按钮,生成一个新表“数据库技术成绩表”。

2．创建更新查询

利用更新查询可以成批更新表中符合条件的记录。

【例 9-20】创建一个更新查询，为"学生"表中是团员的学生总分增加 10 分。

操作步骤如下：

①打开"cjgl.accdb"数据库，创建一个新查询并打开"查询设计"视图，在"显示表"对话框中选择"学生"表，将其添加到"查询设计"视图中。

②单击查询工具"设计"选项卡"查询类型"组中的"更新"按钮，执行更新查询。

③分别将学号、姓名、总分和团员等 4 个字段添加到"查询设计"窗格中。在"条件"行中的条件设置为：[团员]=True（因"团员"字段为"是/否"型，这时条件可直接设置成：True）；在"总分"字段"更新"行中，设置更新表达式为：[总分]+10，如图 9-71 所示。

图 9-71　"更新查询"设计窗口

④单击"运行"按钮，更新"学生"表中团员学生的总分。

3．创建删除查询

利用删除查询，可以一次性地删除表中符合条件的多条记录。删除查询的创建过程类似更新查询，只是在第三步时选择查询类型为"删除查询"。

4．创建追加查询

利用追加查询可以将一个表中符合一定条件的某些记录，追加到其他表的尾部（两个表的结构应当相同，否则追加记录时只追加相匹配的字段，其他字段被忽略）。这种查询以查询设计视图中添加的表为数据源表，在"追加"对话框（在选择查询类型为"追加查询"时弹出）中选定的表为目标表。

几种操作查询的设计过程基本相同，只是选择的查询类型不同。

9.8　SQL 语句查询

9.8.1　SQL 概述

1．SQL 语言概述

SQL 最早是由 IBM 的圣约瑟研究实验室开发的一种查询语言，自推出以来得到了广泛的应用，目前几乎所有的关系型数据库都支持 SQL。SQL 包括三种主要程序设计语言类别的语句：数据定义语言（Data Definition Language，DLL）、数据操纵语言（Data Manipulation Language，DML）和数据控制语言（Data Control Language，DCL）。

结构化查询语言（Structure Query Language，SQL）是一种用于关系数据库管理系统中的主流语言，SQL 查询就是通过书写 SQL 语句（命令）来实现的。因此，Access 中所有的查询都可以认为是一个 SQL 命令查询。查询的设计视图并不能创建所有的查询，有些查询只能通过 SQL 语句来实现。

SQL 语句可以用来执行各种各样的操作，前面所讲的交互查询功能都有相应的 SQL 语句与之对应，用户可以在 SQL 视图中进行查阅。

SQL 查询除 9.7 节介绍的查询外，还有联合查询、传递查询、数据定义查询等几个特殊查询。

2. 常用的 SQL 语句

最常用的 SQL 语句有以下 7 个：

- SELECT：从一个或多个已存在的表中检索出符合条件的列或行。
- INSERT：向一个已有的表中增加一条记录。
- UPDATE：更新表中已有记录的一个或者多个字段的值。
- DELETE：从一个表中删除指定的记录。
- CREATE：创建表的结构。
- ALTER：修改表。
- DROP：删除一张表。

本书只介绍 SELECT、INSERT、UPDATE 和 DELETE 语句的使用方法，其他 SQL 语句请参阅有关书籍。

3. SQL 视图

SQL 视图是用于显示 SQL 语句或编辑 SQL 查询的窗口，在进行前面所讲的交互查询设计时，都可以通过 SQL 视图查看与之对应的 SQL 语句。SQL 视图的打开方法如下：

（1）打开"cjgl.accdb"数据库（任意一个数据库均可），在数据库"导航窗格"显示出"查询"列表。

（2）单击"创建"选项卡"查询"组中的"查询设计"按钮，打开查询"设计视图"窗口，关闭出现的"显示表"对话框。

（3）单击"结果"组中的"SQL 视图"按钮（或在查询"设计视图"窗口上部窗格中右击鼠标，执行快捷菜单中的"SQL 视图"命令，也可单击此时的 Access 窗口右下角的"设计视图"按钮），即可进入到 SQL 视图，如图 9-72 所示。

注：要进入 SQL 视图，用户也可打开已存在的任意一个查询，并执行"视图"菜单中的"SQL 视图"命令。

图 9-72　SQL 视图窗口

（4）在 SQL 视图窗口中输入用户所需的 SQL 语句，然后单击"结果"组中的"运行"按钮，执行此 SQL 命令。

注：SQL 命令运行后，如果要返回 SQL 视图，可右击鼠标，执行快捷菜单中的"SQL 视图"命令。

（5）根据需要，可以将 SQL 语句保存为一个查询对象，也可以直接关闭"SQL 视图"窗口。

9.8.2　SQL 查询语句

数据查询是数据库的核心操作，SQL 中使用 Select 语句实现数据查询功能，该语句具有灵活的使用方式和丰富的功能。下面介绍 Select 语句的使用方法。

1．Select 语句的语法格式

SELECT 命令的语法如下：

> SELECT [ALL | DISTINCT | TOP <数据表达式>[PERCENT]]
> [<别名>.]<目标列表达式列表＞[AS <替代内容>]|<表达式>(*)
> [INTO <新表名>]
> FROM<表名或查询 1＞[AS <别名 1>][，<表名或查询 2>] [AS <别名 2>]…
> [WHERE<条件表达式>
> [GROUPBY<列名 1>[HAVING|<条件表达式＞]]
> [UNION | UNION ALL <SELECT 语句>]
> [ORDER BY<列名 2>[ASC | DESC]][;]

SELECT 语句的含义是：根据 WHERE 子句中的条件表达式，从表中找出满足条件的记录，按 SELECT 子句中的目标列，选出记录中的字段形成一个查询结果表。INTO <新表名>子句表示将查询结果保存到新表中，如果有 ORDER BY 子句，则结果表要根据 ORDER BY 指定的列名 2 按升序（ASC）或降序（DESC）排序。GROUP BY 子句将结果表按列名 1 分组，分组的附加条件用 HAVING 短语给出。

其中：

①"[]"内的内容为可选项；"<>"内的内容为必选项；"[<>]"中的内容表示如果选择了"[]"，那么必须指定"<>"中的内容。如："[AS <替代内容>]"表示如果语句中有了"AS"，那么就必须指定"替代内容"；"|"表示"或"，即前后的两个值"二选一"。如"ASC|DESC"。

②书写语句时，"[]"和"<>"不能写。

③书写语句时，所有的字母、数字、标点等符号一律用英文半角（包括空格），大小写无所谓（语法描述中的大写只是为了利于读者阅读）。

④ALL 表示检索符合条件的所有记录，为缺省值。

⑤DISTINCT 表示去掉重复记录；TOP <数据表达式>[PERCENT]返回出现在由 ORDER BY 子句指定的起始和结束范围内的一定数量的记录。

⑥目标列表达式指定要查询的列，可以是列名、表达式或函数。SELECT 后如果没有指定目标列表达式，而用"*"表示，则表示要指定表中的所有列。

⑦FROM 子句指定要查询的数据出自哪张表，可以是一个表，也可以是多个表。

⑧UNION 表示连接另一张表（不要重复值），而 UNION ALL 则要重复值连接另一张表。

2．单表查询

单表查询仅涉及一个表的查询，是所有查询中最基本的一种查询。

（1）投影查询

这种查询是从表中选择需要的目标列，相当于关系代数中的投影运算。

SELECT 命令的语法如下：

SELECT [ALL | DISTINCT| TOP <数据表达式>[PERCENT]] <目标列表达式列表>

[AS <替代内容>]|<表达式>(*)

FROM ＜表名或查询 1＞

【例 9-21】在"学生"表中查询全体学生的详细信息。

SELECT * FROM 学生

在 SQL 视图窗口中输入 SQL 语句：SELECT * FROM 学生（或 SELECT * FROM 学生;），然后单击"结果"组中的"运行"按钮 ，可以看到查询结果。

其中，Select 语句中的"*"表示选择所有字段。

【例 9-22】在"学生"表中查询所有学生的学号、姓名和性别，学号以学生证号为新字段名。

SELECT 学号 AS 学生证号,姓名,性别 FROM 学生;

其中，语句中的 AS 子句的作用是改变查询结果的列标题。

【例 9-23】在"成绩"表中查询所有等候课程的课程号。

SELECT DISTINCT 课程号 FROM 成绩;

其中，DISTINCT 关键字用于去年查询结果中重复的记录。

【例 9-24】在"学生"表中查询所有学生的姓名、性别和年龄。

SELECT 姓名,性别,year(date())-year(出生日期) AS 年龄 FROM 学生;

（2）选择查询

选择查询是从表中选择出符合指定条件的记录，相当于关系代数中的选择运算。

SELECT 命令的语法如下：

SELECT [ALL | DISTINCT | TOP <数据表达式>[PERCENT]] <目标列表达式列表>

[AS <替代内容>]|<表达式>(*)

FROM ＜表名或查询 1＞WHERE <条件表达式>

其中，在 WHERE <条件表达式>中还可使用在 9.7.1 节介绍的常量、运算符及函数。

【例 9-25】在"学生"表中查找总分在 600 分以上的学生学号、姓名和总分，其中总分以入学成绩显示。

SELECT 学号,姓名,总分 AS 入学成绩 FROM 学生 WHERE 总分>600;

【例 9-26】查询"学生"表中系别号为"04"的女生。

SELECT 学号,姓名,性别,系别 FROM 学生 WHERE 性别="女" AND 系别="04";

运行结果，如图 9-73 所示。

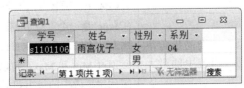

图 9-73　例 9-26 的运行结果

【例 9-27】查询"成绩"表中的考试成绩在 60～80 分之间的所有记录。

SELECT * FROM 成绩 WHERE 成绩 BETWEEN 60 AND 80;

【例 9-28】查询"成绩"表中选修号为 K101、K103 和 K105 的所有记录。

SELECT * FROM 成绩 WHERE 课程号 IN ("K101","K103","K105");

【例 9-29】查询"学生"表中的姓名中有"小"的所有学生，只显示姓名和性别字段。

SELECT 姓名,性别 FROM 学生 WHERE 姓名 like "*小*";

（3）排序查询

通过在 SELECT 命令中加入 ORDER BY 子句可控制行的显示顺序。ORDER BY 可以按升序（默认或 ASC）、降序（DESC）排列各行，也可以按多个列来排序。

ORDER BY 子句必须是 SELECT 命令中的最后一个子句。

【例 9-30】将"学生"表中的记录按"总分"字段降序排列。

SELECT* FROM 学生 ORDER BY 总分 DESC;

也可按查询结果中的字段顺序编号进行排序，如下面的语句可按性别升序排序。

SELECT 学号,姓名,性别,出生日期 FROM 学生 ORDER BY 3 ;

【例 9-31】查询"成绩"表中成绩排在前 5 名的记录。

SELECT TOP 5 * FROM 成绩 ORDER BY 成绩 DESC;

而下面语句，可显示查询结果的 10%记录数。

SELECT TOP 10 PERCENT * FROM 成绩 ORDER BY 成绩 DESC;

（4）分组查询

在 SELECT 语句中使用 GROUP BY 子句可以按照某一列的值进行分组。分组查询通常与 SQL 聚合函数一起使用，先按指定的数据项分组，再对各组进行合计，如计数、求和、求平均值等。如果未分组，则聚合函数将作用于整个表（或查询）。

在 Access 中，系统提供的聚合函数如表 9-8 所示。

表 9-8　Access 中部分聚合函数及用法

序号	函数名	功能	说明
1	Avg(expr)	计算在查询的指定字段中所包含的一组值的算术平均值	①在计算中，Avg 函数不能包含任何 Null 字段。 ②expr 是一个字符串表达式，包括表字段名、常量名或函数名（可以是固有的或用户自定义的函数，但不能是其他 SQL 聚合函数）
2	Count(expr)	计算查询中记录数	①expr 为一个字符串表达式，能够对字段执行计算，但是 Count 仅仅计算出记录的数目。记录中所存储的数值类型与计算无关。 ②Count 函数不统计包含 Null 字段的记录，除非 expr 是星号（*）通配符。 ③expr 中不能含有其他 SQL 聚合函数
3	Max(expr) 和 Min(expr)	计算出在查询的指定字段内的一组值中的最大和最小值	①expr 是一个字符串表达式，包含表字段名、常量或函数（不能是 SQL 聚合函数）。 ②通过 Min 和 Max，可以基于指定的聚合（或分组）来确定字段中的最小和最大值。如果没有指定聚合函数，将使用整个表
4	Sum(expr)	计算查询中指定字段中所包含的一组值的总和	①Sum 函数将忽略包含 Null 字段的记录。 ②expr 是一个字符串表达式，包括字段名、常量或函数（但不能有 SQL 聚合函数）

【例 9-32】统计"学生"表中的学生人数。

    Select Count(*) As 总人数 From 学生;

或

    Select Count ([学号]) From 学生

【例 9-33】统计"学生"表中总分在 560 分以上男女生的人数。

    Select 性别,Count(*) As 人数 From 学生 Where 总分>=560 Group By 性别;

查询结果如图 9-74 所示。

注：分组后还要按一定的条件对这些组进行筛选，则可以在 Group By 子句后加上 Having 短语来指定筛选条件。Having 短语必须和 Group By 子句同时使用。

【例 9-34】查询"成绩"表中选修了 3 门及 3 门以上课程的学生学号。

    Select 学号 As 选修三门课程以上的学生 From 成绩 Group By 学号 Having Count(*)>=3;

查询结果如图 9-75 所示。

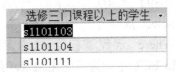

图 9-74 例 9-33 的查询结果   图 9-75 例 9-34 的查询结果

本例在查询时的执行过程是，先按 GROUP BY 子句中指定的学号对"成绩"进行分组，将学号相同的记录分为一组，然后用 HAVING 短语中的 COUNT()函数对每一组计数（即统计每名学生的选课门数），并将计数结果大于等于 3 的学号选出来，作为查询的结果。

【例 9-35】查询"成绩"表中选修了 2 门及 2 门以上课程且成绩≥90 分的学生学号。

    Select 学号 From 成绩 Where 成绩>=90 Group By 学号 Having Count(*)>=2;

说明：当 WHERE 子句、GROUP BY 子句和 HAVING 短语同时出现在一个查询语句中时，先执行 WHERE 子句，从表中选取符合条件的记录，再执行 GROUP BY 子句对选取的记录进行分组，然后执行聚合函数，最后再执行 HAVING 短语从分组结果中选取满足条件的组。

【例 9-36】在"成绩"表中，查询选修课程号为"K101"成绩的平均分。

    Select avg([成绩]) As 平均分 From 成绩 Where 课程号="K101";

【例 9-37】显示"成绩"平均分高于 60 分的学生的学号。

    Select 学号 From 成绩 Group By 学号 Having Avg([成绩])>=60;

【例 9-38】显示学生成绩的最低分大于 80，最高分小于 95 的学生的学号。

    Select 学号 From 成绩 Group By 学号 Having Min([成绩])>=80 and Max([成绩])<=95;

3. 多表查询

多表查询（也称为连接查询）同时涉及两个或多个表的数据，需要使用表的连接来实现若干个表数据的联合查询。

在一个查询中，当需要对两个或多个表连接时，可以指定连接列，在 WHERE 子句中给出连接条件，在 FROM 子句中指定要连接的表，其格式如下：

    SELECT …

    FROM ＜表名或查询 1＞[INNER JOIN | LEFT | RIGHT] [＜表名或查询 2＞]…

    ON ＜连接条件＞

…

[WHERE <条件表达式>

其中：

（1）INNER JOIN 称为内部连接，只要两个表的公共字段有匹配值，就将这两个表中的记录组合起来。

（2）通过 LEFT JOIN 操作可以创建一个左外部联接。左外部联接包含两个表中第一个（左）表中的所有记录，即使在第二个（右）表中没有匹配的记录值。左连接或右连接，通常用得较少。

（3）若已用 JOIN…ON 子句指定了连接，WHERE 子句中只需指定搜索条件，表示在已连接条件产生的记录中搜索记录，也可以省去 JOIN…ON 子句，一次性地在 WHERE 子句中指定连接条件和搜索条件，此时连接条件通常为内部连接。

（4）对于连接的多个表，为了区别是哪个表中的列，在连接条件中通过"表名.字段名"指定连接，如"课程.课程名"表示"课程"表的"课程名"列。

【例 9-39】显示所有学生的"课程名称"和"成绩"。

　　　Select 成绩.学号,课程.课程名,成绩.成绩 From 课程,成绩
　　　Where　课程.课程号=成绩.课程号;

在 SELECT 中，为了简化输入，允许在查询中使用表的别名，以缩写表名，我们可以在 SELECT 子句中为表定义一个临时别名，然后在查询中引用。例如，例 9-39 中的语句写成如下形式：

　　　Select B.学号,A.课程名,B.成绩 From 课程 A,成绩 B
　　　Where　A.课程号=B.课程号;

或

　　　Select B.学号,A.课程名,B.成绩 From 课程 As A,成绩 As B
　　　Where　A.课程号=B.课程号;

【例 9-40】用内部连接的方式显示所有学生的"课程名称"和"成绩"。

　　　Select 成绩.学号,课程.课程名,成绩.成绩
　　　From 课程 Inner Join 成绩 On　课程.课程号=成绩.课程号;

【例 9-41】用内部连接的方式显示课程号为"K105"的所有学生的"课程名称"和"成绩"。

　　　Select 成绩.学号,课程.课程名,成绩.成绩
　　　From 课程 Inner Join 成绩 On　课程.课程号=成绩.课程号
　　　Where 课程.课程号="K105";

【例 9-42】用左连接的方式显示所有学生的"课程名称"和"成绩"。

　　　Select 成绩.学号,课程.课程名,成绩.成绩
　　　From 课程 Left Join 成绩 On　课程.课程号=成绩.课程号;

查询结果如图 9-76 所示。

【例 9-43】用右连接的方式显示所有学生的"课程名称"和"成绩"。

　　　Select 成绩.学号,课程.课程名,成绩.成绩
　　　From 课程 Right Join 成绩 On　课程.课程号=成绩.课程号;

查询结果如图 9-77 所示。

学号	课程名	成绩
s1101101	高等数学	93.5
s1101102	高等数学	87
s1101103	高等数学	85
s1101104	高等数学	82
s1101108	高等数学	65.5
s1101103	计算机网络	76.5
s1101104	计算机网络	91.5
s1101109	计算机网络	92
s1101111	计算机网络	98
s1101112	计算机网络	80.5
s1101101	英语	73.5
s1101102	英语	82.5
s1101108	英语	85.5
s1101110	英语	76.5
s1101105	数据库技术	77
s1101106	数据库技术	58
s1101107	数据库技术	76.5
s1101110	数据库技术	90.5
s1101103	会计	86
s1101104	会计	88.5
s1101111	会计	80
s1101109	电子商务	98
s1101111	电子商务	70
s1101112	电子商务	90
	C程序设计	
	Java程序设计	

图 9-76　例 9-42 的查询结果

学号	课程名	成绩
s1101101	高等数学	93.5
s1101102	高等数学	87
s1101103	高等数学	85
s1101104	高等数学	82
s1101108	高等数学	65.5
s1101103	计算机网络	76.5
s1101104	计算机网络	91.5
s1101109	计算机网络	92
s1101111	计算机网络	98
s1101112	计算机网络	80.5
s1101101	英语	73.5
s1101102	英语	82.5
s1101108	英语	85.5
s1101110	英语	76.5
s1101105	数据库技术	77
s1101106	数据库技术	58
s1101107	数据库技术	76.5
s1101110	数据库技术	90.5
s1101103	会计	86
s1101104	会计	88.5
s1101111	会计	80
s1101109	电子商务	98
s1101111	电子商务	70
s1101112	电子商务	90

图 9-77　例 9-43 的查询结果

【例 9-44】显示“系别”为“01”的课程成绩平均分。

```
Select 成绩.课程号, Avg(成绩.成绩) As 平均分
From 学生,成绩
Where 学生.学号=成绩.学号 And 学生.系别="01" Group By 成绩.课程号;
```

4. 子查询

当一个查询是另一个查询的条件时，称之为子查询（或称为嵌套查询）。子查询最常用于 SQL 命令的 WHERE 子句中，子查询的结果必须有确定的值。

子查询的一般格式如下：

```
… WHERE [<表达式及比较运算符> [ANY | ALL | SOME] (SELECT 语句)]
|表达式 [NOT] IN (SELECT 语句)
|[NOT] EXISTS (SELECT 语句)
```

说明：可以在 SELECT 语句的字段列表中、在 WHERE 子句中或在 HAVING 子句中使用子查询来代替表达式。在子查询中，可以通过 SELECT 语句来提供要在 WHERE 或 HAVING 子句表达式中计算的一个或多个指定值。

其中：

（1）ANY 或 SOME，可以检索在主查询的记录中满足与子查询所检索出的任何记录进行比较的比较条件的记录。

ANY 和 SOME 谓词是同义词并可以被替换使用。

（2）使用 ALL，可以只检索出在主查询的记录中满足子查询所检索出的所有记录的比较条件的记录。ALL 比 ANY 或 SOME 的限制性更强。

（3）使用 IN，可以只检索出在主查询的记录中作为子查询的一部分记录而包含相同值的记录。

相应地，可以使用 NOT IN 仅检索出在主查询的记录中作为子查询的记录而不包含相同值的记录。

（4）使用[NOT]EXISTS，可以通过 True/False 比较来确定子查询是否返回了任何记录。

注：也可以在子查询中使用表名的别名来引用在子查询外部的 FROM 子句中列出的表。

【例 9-45】查询和学号为“s1101106”的学生同年出生的所有学生的学号、姓名和出生日期字段。

```
Select 学号,姓名,出生日期 From 学生
Where Year([出生日期])=(Select Year([出生日期]) From 学生 Where 学号="s1101106");
```

【例 9-46】查询“课程”表中没有学生选修的课程信息。

```
Select * From 课程
Where 课程号 Not In (Select Distinct 课程号 From 成绩);
```

【例 9-47】查询显示存在有 90 分以上考试成绩的课程，显示“课程号”字段。

```
Select Distinct 课程号 From 成绩
Where 成绩 In(Select 成绩 From 成绩 Where 成绩>90);
```

【例 9-48】查询比男生总分最低分高的女生姓名和总分。

```
Select 学号,姓名,总分,性别 From 学生
Where 总分>Any (Select 总分 From 学生 Where 性别='男') And 性别<> '男';
```

语句执行后，先执行子查询，找到所有男生的总分集合（520、606、558、541、612、545、636、598）；再使用量词>ANY，查询所有总分高于男生总分集合中任一个值的女生姓名和总分。查询结果如图 9-78 所示。

【例 9-49】查询高于女生总分最高分的男生姓名和总分。

```
Select Top 2 姓名,性别,总分 From 学生
Where 总分>All (Select 总分 From 学生 Where 性别='女')
And 性别= '男' Order By 总分 Desc;
```

语句执行后，女生的总分集合（520、520、584、506），总分最高分 584，因此查询比 584 高的总分可使用量词>ALL。查询结果如图 9-79 所示。

学号	姓名	总分	性别
s1101106	雨宫优子	584	女
*			男

图 9-78 例 9-48 的查询结果

姓名	性别	总分
黑杰克	男	636
蜡笔小新	男	612
*	男	

图 9-79 例 9-49 的查询结果

【例 9-50】查询总分大于 600 的学生选修课程成绩。

```
Select 成绩.* From 成绩 Where Exists
(Select * From 学生 Where 总分>=600 And 成绩.学号=学生.学号);
```

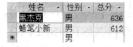

语句在执行后，首先在“学生”表中找出总分大于 600 的所有学生所对应的学号（s1101103、s1101109、s1101111），然后再找出“成绩”表中符合这些学号的记录。查询结果如图 9-80 所示。

学号	课程号	成绩
s1101103	K101	85
s1101103	K102	76.5
s1101103	K105	86
s1101109	K106	98
s1101109	K102	92
s1101111	K105	80
s1101111	K106	70
s1101111	K102	98
*		

图 9-80 例 9-50 的查询结果

5. 合并查询

在 SQL 查询中，可以将两个 SELECT 语句的查询结果通过合并运算（UNION）合并为一个查询结果。进行合并查询时，要求两个查询结果具有相同的字段个数，并且对应字段的数据类型也必须相同。合并查询的格式如下：

```
[TABLE 表 1]查询 1 UNION [ALL] [TABLE 表 2]查询 2 [UNION [ALL][TABLE 表 3]
查询 3 [ ... ]]
```

说明：

（1）默认情况下，使用 UNION 操作时不会返回重复的记录；但是，可以包含 ALL 谓词以确保返回所有记录。这样也会使查询运行得更快。

（2）可以在单个 UNION 操作中以任何组合方式合并两个或两个以上的查询、表和 SELECT 语句的结果。下面的示例将一个名为"新账户"的现有表和一个 SELECT 语句进行合并：

　　　　TABLE [新账户] UNION ALL

　　　　SELECT *FROM 客户 WHERE 订单总金额> 1000;

【例 9-51】查询系别号为"01"和"06"的学号，显示学号、姓名和性别。

　　　　Select 学号,姓名,性别 From 学生 Where 系别="01"

　　　　Union Select 学号,姓名,性别 From 学生 Where 系别="06";

6. SQL 的特定查询

在 Access 中，另外还有一类称为 SQL 特定查询的 SQL 查询，这些查询无法通过设计视图来完成，只能直接在 SQL 视图中键入 SQL 语句来完成。

（1）传递查询

Access 的传递查询是自己并不执行，而是传递给另一个数据库执行。

（2）数据定义查询

用于数据定义查询的 SQL 语句包括 CREATE TABLE、CREATE INDEX、ALTER TABLE、DROP 等 4 条，可分别用来创建表结构、创建索引、修改表结构和删除表。

传递查询和数据定义查询的使用本书不予介绍，读者如果感兴趣，可参考有关书籍。

9.8.3 SQL 的数据更新功能

在 SQL 中，数据更新语句主要有三种：INSERT INTO（对表中的记录进行添加）、UPDATE（更新记录）和 DELETE（删除记录）。

1. Insert Into 插入语句

插入数据分为两种格式，一种是插入单个记录，另一种是插入另一个子查询的结果。

（1）插入单个记录

语法格式如下：

　　　　Insert Into <表名> [(<字段名 1> [,<字段名 2>…]) Values (<常量 1>[,<常量 2>]…)

【例 9-52】将一个新学生记录"学号：s1101113；姓名：樱木花道；性别：男；出生日期：1994 年 3 月 5 日；学制：4"插入到"学生"表中。

　　　　INSERT INTO 学生 (学号,姓名,性别,出生日期,学制)

　　　　Values ("s1101113","樱木花道","男",#3/5/1994#,4);

（2）插入子查询结果

语法格式如下：

　　　　Insert Into<表名>[(<字段 1>[,<属性列 1>...]) 子查询

如下面语句：

　　　　Insert Into 成绩 Select 课程号 From 课程 Where 课程号="K107";

2. Update 更新（修改）语句

语法格式如下：

Update <表名> Set<字段名 1>=<表达式 1)[,<字段名 2>=<表达式 2>]...[Where<条件>]

【例 9-53】将学号为"s1101113"的学生的性别改为女。

Update 学生 Set 性别="女" Where 学号="s1101113";

3．Delete 删除语句

语法格式如下：

Delete From <表名>[Where<条件>]

其中，省略 Where 子句表示删除所有的记录。

【例 9-54】将学号为"s1101113"的学生记录删除。

Delete From 学生 Where 学号="s1101113";

9.9 数据的报表与打印输出

报表（Report）是 Access 专门为数据打印而设计的特殊窗体，它将数据库中的表、查询的数据进行汇总与打印，从而实现数据的格式化输出。报表主要有以下基本功能。

（1）从多个数据表中提取数据并进行比较、汇总和小计。

（2）可按分组生成数据，制作数据标签。

9.9.1 报表概述

1．报表的视图

Access 的报表操作提供了报表视图、打印预览视图、布局视图和设计视图等 4 种视图。报表视图用于显示报表；打印预览视图用于查看报表的页面数据输出形态；布局视图的界面与报表视图几乎一样，但是在该视图下可以移动各控件的位置，用于重新进行控件布局；设计视图用于创建和编辑报表的结构。

2．报表的结构

报表的"设计视图"窗口，如图 9-81 所示。从图中可以看出报表的结构由几个区域（节）组成，其中包括报表设计的 5 个基本节，如果需要对数据实现分组输出和分组统计，还会用到"组页眉"和"组页脚"两个节。报表所包含的每个节在设计视图中只显示一次，但在打印出来时，某些区域会根据实际情况重复多次。

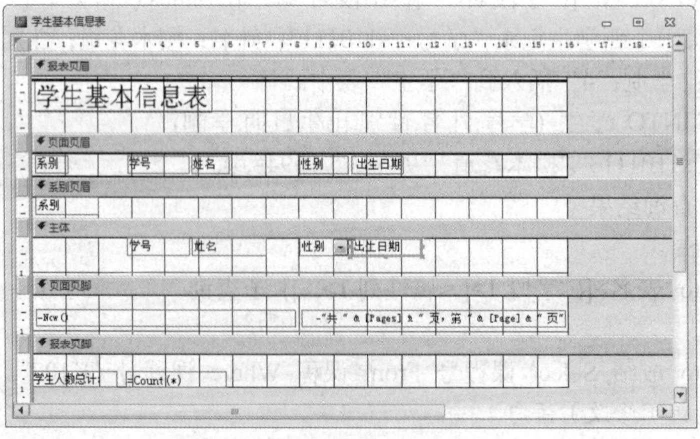

图 9-81 报表的"设计视图"窗口

表 9-9 列出了 7 种报表区域（节）具体的产生方法及作用。

表 9-9　报表节的建立及作用

节名	建立方法	输出次数	输出位置	说明
报表页眉	在"设计视图"中右击，执行快捷菜单中的"报表页眉/页脚"命令	整套报表一次	报表首页页面页眉上端	用于在报表的开头放置信息，如标题、日期或报表简介
页面页眉	自动生成，或在"设计视图"中右击，执行快捷菜单中的"页面页眉/页脚"命令	每页一次	每页的顶端	用于在每页的顶部放置信息，如标题、列标题、日期或页码
组页眉	在"设计视图"中右击，执行快捷菜单中的"排序与分组"命令（或单击报表设计工具"设计"选项卡"分组和汇总"组中的"排序与分组"按钮	每组一次	页面页眉后每组顶端	用于在记录组的开头放置信息，如组名称或组总计
主体	始终存在	每记录一次	报表、页面、组的页眉与页脚之间	用于包含报表的主要部分，通常包含绑定到记录源中字段的控件，也可包含未绑定控件，如用来标识字段内容的标签
组页脚	和"组页眉"一同产生，且指定有"在组页脚中显示小计"汇总项	每组一次	页面页脚前每组底端	用于在记录组的结尾放置信息，如组名称或组总计
页面页脚	和"页面页眉"一同产生	每页一次	每页的底端	用于在每页的底部放置信息，如页汇总、日期或页码
报表页脚	和"报表页眉"一同产生	整套报表一次	报表末页组页脚后，页面页脚前	用于在页面的底部放置信息，如页码、日期及总计

3. 报表的类型

报表主要分为 4 种类型：纵栏式报表、表格式报表、图表报表和标签报表。

（1）纵栏式报表

有时也称为窗体报表，一般是在一页中主体区域内以垂直方式显示一条或多条报表。纵栏式报表记录数据的字段标题信息与字段记录数据一起被放置在每页的主体区域内显示。纵栏式报表可以安排显示一条记录的区域，也可以同时显示一对多关系"多"端的多条记录的区域，甚至包括合计。

（2）表格式报表

表格式报表以整齐的行、列形式显示记录数据，通常一行显示一条记录，一页显示多行记录。表格式报表与纵栏式报表不同，其记录数据的字段标题信息不是被安排在每页的主体区域内显示，而是安排在页面页眉区域内显示。在表格式报表中可设置分组字段，分组显示统计数据。

（3）图表报表

图表报表是指在报表中包含图表显示的报表。报表中使用图表可以更直观地表示数据之间的关系。

（4）标签报表

标签报表是一种特殊类型的报表，在实际应用中，经常用到的物品标签、客户名片、信封等都可以使用标签报表来打印。

在 Access 2010 中不再含有较早版本中的图表报表，它将图表作为报表内容的一部分不再独立出来。

9.9.2 使用向导创建报表

在 Access 2010 中，可以使用报表、报表设计、空报表、报表向导和标签等 5 种方式设计报表。其中，"报表"可以创建当前查询或表中的数据的基本报表，可在该基本报表中添加功能，如分组或合计。

1. 使用"报表"创建报表

在 Access 实际应用过程中，为了提高报表的实际效率，对于一些简单的报表可以使用系统提供的生成工具生成，然后再根据需要进行修改。

【例 9-55】使用"报表"创建一个"课程信息"报表。

操作步骤如下：

①打开"cjgl.accdb"数据库，在"导航窗格"中双击"课程"表作为报表的数据源。

②打开"创建"选项卡，单击"报表"组中的"报表"按钮，屏幕显示系统自动生成的报表，如图 9-82 所示。

图 9-82　系统自动生成的报表

③单击"快速访问工具栏"中的"保存"按钮，打开"另存为"对话框，输入报表名称"课程信息"，并单击"确定"按钮，报表生成。

④由于生成的报表在一行中往往不能给出一条记录的全部信息，因此需要调整报表布局。单击需要调整列宽的字段，将光标定位在字段的分隔线上，鼠标指针变成↔，按住左键，左右拖动鼠标即可根据需要调整显示字段的宽度，如图 9-83 所示。

根据需要调整报表中每列的宽度，使一条记录的数据完整显示在一行中。

⑤保存修改后的报表，单击屏幕左上角的"视图"按钮，选择"打印预览"命令，Access 进入打印预览视图，此时，报表窗体上方的功能区切换为"打印预览"选项卡。

2. 使用"空报表"创建报表

"空报表"工具也是一种灵活、方便的创建报表方式。

【例 9-56】利用"成绩"和"课程"两张表，使用"空报表"创建一个"课程成绩"报表。

图 9-83 调整报表字段的宽度

操作步骤如下：

①打开"cjgl.accdb"数据库，在"导航窗格"中双击"课程"表作为报表的数据源。

②打开"创建"选项卡，单击"报表"组中的"空报表"按钮，屏幕直接显示报表的布局视图，如图 9-84 所示。

③在"字段列表"窗格中单击"显示所有表"，单击"成绩"表前面的"+"号，这时窗格中显示该表所包含的字段名称，如图 9-85 所示。

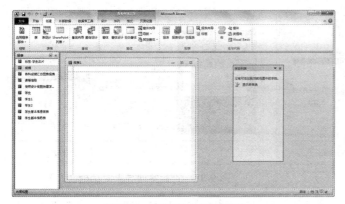

图 9-84 空报表的布局视图

图 9-85 "字段列表"窗格

同样，展开"课程"等相关表中的所有字段。

④双击报表所需要的字段，本例使用的字段为学号、课程号、课程名和成绩。

⑤最后显示的报表如图 9-86 所示，报表以"课程成绩"为名进行保存。

图 9-86 在"空报表"中添加相关的字段

3．使用"报表向导"创建报表

使用报表向导创建报表时，报表向导会提示输入相关的数据源、字段和报表版面格式等信息。根据向导提示可以完成大部分报表设计基本操作，加快了创建报表的过程。

使用"报表向导"创建报表的方法与步骤，请参考配套教材《大学计算机基础上机实践教程（第三版）——基于 Windows 7 和 Office 2010 环境》实验二十三中的相关内容，这里不再详述。

4．使用标签向导创建报表

标签向导可用于快速生成标签报表，根据需要打印形成学生通信录、学生准考证、信封标签等。

【例 9-57】使用标签向导创建报表，用于打印出学生名片，名片中包含有学号、姓名、系别号、总分等。

操作步骤如下：

①在打开的"cjgl.accdb"数据库窗口中，打开"创建"选项卡，单击"报表"组中的"标签"按钮 ，系统打开"标签向导"对话框（一），如图 9-87 所示。

②在"标签向导"对话框（一）中，根据需要，设置标签格式，本例选择 C2166。单击"下一步"按钮，系统弹出"标签向导"对话框（二），如图 9-88 所示。

图 9-87　"标签向导"对话框（一）　　　　　图 9-88　"标签向导"对话框（二）

③用户可根据向导的提示，设置标签中文字的字体名称、字体大小等。单击"下一步"按钮，系统弹出"标签向导"对话框（三），如图 9-89 所示。

④向导提示设计标签显示的内容，还可在"原型标签"中适当位置输入标题文字等来注释。单击"下一步"按钮，弹出"标签向导"对话框（四），如图 9-90 所示。

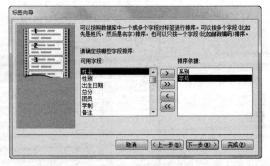

图 9-89　"标签向导"对话框（三）　　　　　图 9-90　"标签向导"对话框（四）

注：在图 9-89 所示的"标签向导"对话框（三）中，除输入注释文字和字段外，还可使用公式，如：=IIF([团员],"团员","群众")。

⑤向导提示设计标签显示的排序字段，本例排序字段为系别和学号。单击"下一步"按钮，弹出"标签向导"对话框（五），如图 9-91 所示。

⑥为标签命名为"学生名片"，单击"完成"按钮，完成报表的设计，系统即打开如图 9-92 所示的标签打印预览视图，也可进入设计视图进行修改。

图 9-91　"标签向导"对话框（五）　　　图 9-92　"打印预览"视图

9.9.3　使用"设计视图"创建报表

前面介绍的创建报表的各种方法，尽管容易掌握，但报表格式不能随心所欲，因此还要学习使用报表"设计视图"创建报表，以对报表做进一步的修改及美化。本书仅以一个实例说明利用"设计视图"建立报表的基本使用方法，其他功能请参考有关资料。

【例 9-58】使用"设计视图"创建以"学生"表为数据源的基本信息报表，设计的报表命名为"使用设计视图创建学生基本信息报表"。

操作步骤如下：

①在打开的"cjgl.accdb"数据库窗口中，打开"创建"选项卡，单击"报表"组中的"报表设计"按钮，系统弹出报表设计视图，如图 9-93 所示。

②若要丰富报表格式，右击"设计视图"，在弹出的快捷菜单中执行"报表页眉/页脚"命令，这时报表结构发生变化，如图 9-94 所示。

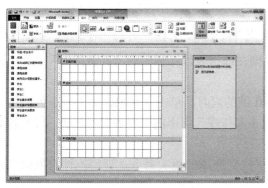

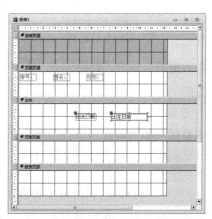

图 9-93　报表"设计视图"窗口　　　图 9-94　添加有"报表页眉/页脚"的报表设计视图

③选取字段。在图 9-94 中，单击"字段列表"窗格中的"显示所有表"，并展开"学生"表（若没有弹出"字段列表"窗格，可单击报表设计工具"设计"选项卡"工具"组中的"添加现有字段"按钮）。将鼠标指向字段列表中需要选择的字段，如"出生日期"字段，将其拖到报表"设计视图"中的任意位置，本例在主体节中。可见图中有两个"出生日期"的方框，第一个是字段标题（也可称为字段标签），第二个是字段内容（也可称为字段文本框），这两个方框刚拖入时是捆绑在一起的（即选择后，同时动作）。

先将这两个方框分离并重新安排它们的位置，即右击第一个方框，在弹出的快捷菜单中选择"剪切"命令，再将鼠标指向页面页眉节下面右击，在弹出的快捷菜单中选择"粘贴"命令（或直接按下 Ctrl+V 组合键）。

然后将第二个"出生日期"方框（已被分离了）直接拖到主体节合适的位置。再使用同样的操作，将报表要求选择的字段，如本例中使用的"学号"、"姓名"、"性别"等添加到报表相应的节中。

④添加标题。打开报表设计工具"设计"选项卡，单击"控件"组中的"标签"按钮 **Aa**。移动鼠标到"报表页眉"节中，按下鼠标画出一个方框，然后输入标题信息：学生基本信息报表。设置标题的文本大小为 16 磅，并调整到节中间。

⑤添加日期与时间。打开报表设计工具"设计"选项卡，单击"页眉/页脚"组中的"日期时间"按钮 日期和时间，弹出"日期和时间"对话框，如图 9-95 所示。

在该对话框中，选择一种日期格式和时间格式。单击"确定"按钮，则在报表"设计视图"的报表出现了"日期和时间函数"两个文本框，使用鼠标适当调整其位置，如图 9-96 所示。

图 9-95　"日期和时间"对话框

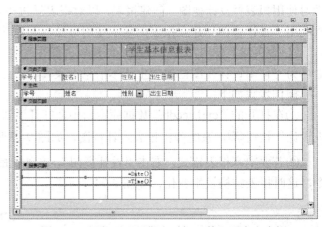

图 9-96　添加了"日期和时间函数"两个文本框

⑥添加页码。单击"页眉/页脚"组中的"页码"按钮，弹出"页码"对话框，如图 9-97 所示。选择一种页码格式，单击"确定"按钮，则在该报表设计视图的"页面页脚"节处出现"页码"文本框，如图 9-98 所示。

⑦调整控件布局。在报表各节中，按下 Shift 键的同时，单击各对象，如学号、姓名等。然后利用报表设计工具"排列"选项卡"调整大小和排序"组中的"对齐"等按钮，调整各对象的大小和位置。

与此同时，用户可以利用报表设计工具"格式"选项卡相关命令，调整控件对象的文本格式、形状填充色、形状轮廓等。

图 9-97 "页码"对话框

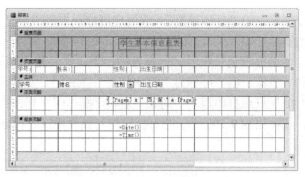

图 9-98 添加了"页码"文本框

⑧调整报表各节大小。可以使用鼠标指向各节的边缘处(报表中各个节上面的"横线"),鼠标指针变为✛时,上下拖动即可改变该节的高度。

⑨打开报表设计工具"设计"选项卡,单击"视图"命令列表中的"打印预览"命令,可以看到使用"设计视图"创建的报表设计效果。

9.9.4 报表的打印

在报表设计完成后,即可进行报表的打印。

1. 页面设置

通常在打印之前,应当对打印时的页面进行设置,其方法是打开报表设计工具"页面设置"选项卡,单击"页面布局"组中的"页面设置"按钮 🔲,系统弹出"页面设置"对话框。在"页面设置"对话框中对纸张大小、纸张边距以及打印布局选项和打印方向等进行调整。如果要建立多列报表,可以在"列"选项卡设置列数、列间距、列尺寸和列布局等参数,如图 9-99 所示。

图 9-99 "页面设置"对话框及三个选项卡界面

2. 打印设置

页面设置完毕后,执行"文件"选项卡中的"打印"命令,打开"打印"对话框,选择打印机、打印范围和打印份数,单击"确定"按钮后,即可打印报表,如图 9-100 所示。

注:如果在"数据表视图"中进行打印,可选择表中的记录进行部分打印。

3. 打印预览

完成页面设置后,执行"文件"选项卡"打印"

图 9-100 "打印"对话框

命令列表中的"打印预览"（或用户可以在报表"设计视图"中，用"打印预览"视图预览报表的实际打印效果），如图 9-101 所示。

如果报表记录很多，一页容纳不下，在"打印预览"视图方式下的最后一行有一个滚动条和页数指示框，可称为"打印翻页"工具栏，用户可进行翻页操作，如图 9-102 所示。

如果只想打印报表中的某一页，可操作图 9-102 中的翻页按钮，改变当前页号再启动打印机，或在如图 9-100 所示的"打印"对话框中进行控制。

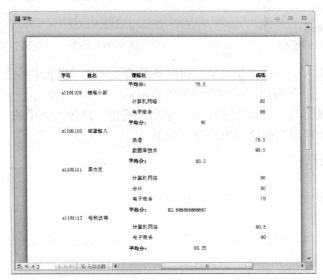

图 9-101　打印预览

图 9-102　报表"打印翻页"工具栏

9.10　数据的导入与导出

为了扩大数据服务与数据共享，Access 支持与其他数据库系统之间的数据交换，并提供了菜单命令来实施数据的导入、链接和导出等功能。数据的导入和导出是指当前数据库与其他数据库或外部数据源之间的数据复制。本节以"cjgl"数据库为例讲述数据的导入与导出。

9.10.1　Access 数据库间的导入与导出

1．数据库对象的导出

Access 数据库支持在库间导入导出任何对象，例如，将当前数据库对象"学生"表导出到另一数据库中。

【例 9-59】将"cjgl"数据库中的"学生"表导出到另外一个数据库中，表名命名为"xs"。

操作步骤如下：

①如果尚没有存放对象的数据库，则执行"文件"选项卡中的"新建"命令，创建一个空数据库，具体步骤请参考【例 9-1】，本例创建的空数据库文件为"cjgl-导出.accdb"。

②打开"cjgl.accdb"数据库，并在"导航窗格"中选中表对象"学生"表。

③打开"外部数据"选项卡，单击"导出"组中的"将所选对象导出到 Access 数据库"按钮 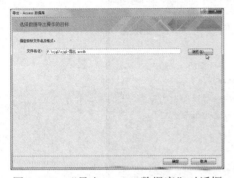，打开"导出-Access 数据库"对话框，如图 9-103 所示。

单击"浏览"按钮，在弹出的"保存文件"对话框中，选择要保存的数据库文件，本例是"cjgl-导出.accdb"。

单击"确定"按钮，系统弹出如图 9-104 所示"导出"对话框。在此对话框中的"将学生导出到"栏处，输入导出到的表名，如"xs"；在"导出表"栏处选择导出项的类型，单击"确定"按钮，完成"学生"表的导出。

| 图 9-103　"导出-Access 数据库"对话框 | 图 9-104　"导出"对话框 |

④任务完成后，打开"cjgl-导出.accdb"数据库，观察导出的结果。

2. 数据库对象的导入

除数据库对象可以导出外，用户也可以将其他数据库对象导入到当前数据库。

【例 9-60】将"cjgl.accdb"数据库中的"课程"表导入到"cjgl-导出.accdb"数据库中，表对象命名为"kc"。

①打开要接收对象的数据库，本例为"cjgl-导出.accdb"数据库。执行"外部数据"选项卡"导入并链接"组中的"导入 Access 数据库"按钮，弹出类似于图 9-103 的"获取外部数据-Access 数据库"对话框。在此对话框中，选择要导入数据的数据库文件，本例是"cjgl.accdb"。

单击"确定"按钮，系统弹出如图 9-105 所示"导入对象"对话框。

②该对话框具有相应于 Access 所有对象的 6 个选项卡，用户可在各选项卡中分别选定多个要导入的对象。单击"选项"按钮，可做进一步的导入选项设置。

③单击"确定"按钮，系统自动导入用户选定的一个或多个对象。

图 9-105　"导入对象"对话框

④单击数据库窗口中的"表对象"按钮，打开"表对象"窗口，对导入的"课程"表重新命名为"kc"。

9.10.2　Access 与 Excel 的数据交换

1. 数据库导出到 Excel

Access 提供了把数据库对象（数据表、查询、窗体、报表等）导出到 Excel 的功能。

【例 9-61】将 "cjg.accdbl" 数据库中的 "学生" 表导出成 Excel 文件。

操作步骤如下：

①打开 "cjgl.accdb" 数据库，并在 "导航窗格" 中选中 "学生" 数据表。

②打开 "外部数据" 选项卡，单击 "导出" 组中的 "导出到 Excel 电子表格" 按钮，打开 "导出-Excel 电子表格" 对话框，如图 9-106 所示。

图 9-106　"导出-Excel 电子表格" 对话框

在 "文件格式" 列表框中选择一个电子表格的格式 "Excel 工作簿（*.xls）"；在 "文件名" 处，选择好导出的 Excel 文件保存的位置，保持默认文件名 "学生"。单击 "确定" 按钮，则创建了文件 "学生.xlsx"。

2. 将 Excel 数据导入到数据库

Excel 工作簿可能包含多个工作表，但 Access 数据库一次仅能导入一个工作表的数据。在导入之前，要确保工作表中的数据满足数据清单要求，导入后即产生一个数据表对象。

【例 9-62】将 Excel 工作表 "成绩.xlsx" 导入到 "cjgl-导出.accdb" 数据库中。

操作步骤如下：

①打开 "cjgl-导出.accdb" 数据库，打开 "外部数据" 选项卡，单击 "导入并链接" 组中的 "导入 Excel 电子表格" 按钮，打开 "获取外部数据-Excel 电子表格" 对话框，如图 9-107 所示。在该对话框中，单击 "浏览" 按钮，弹出 "打开" 对话框，查找并打开文件 "成绩.xlsx"。单击 "确定" 按钮，打开 "导入数据表向导" 对话框（一），如图 9-108 所示。

②在 "导入数据表向导" 对话框（一）中，勾选 "第一行包含列标题" 复选框，单击 "下一步" 按钮，弹出 "导入数据表向导" 对话框（二），如图 9-109 所示。

③在 "导入数据表向导" 对话框（二）中，用户可修改有关的字段信息，如不做修改，则单击 "下一步" 按钮，弹出 "导入数据表向导" 对话框（三），如图 9-110 所示。

④在 "导入数据表向导" 对话框（三）中，用户可在新表设置 "主键"。主键设置完成后单击 "下一步" 按钮，弹出 "导入数据表向导" 对话框（四），如图 9-111 所示。

图 9-107　"导入 Excel 电子表格"对话框

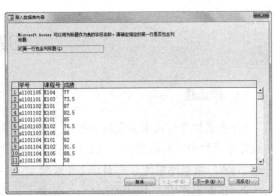

图 9-108　"导入数据表向导"对话框（一）

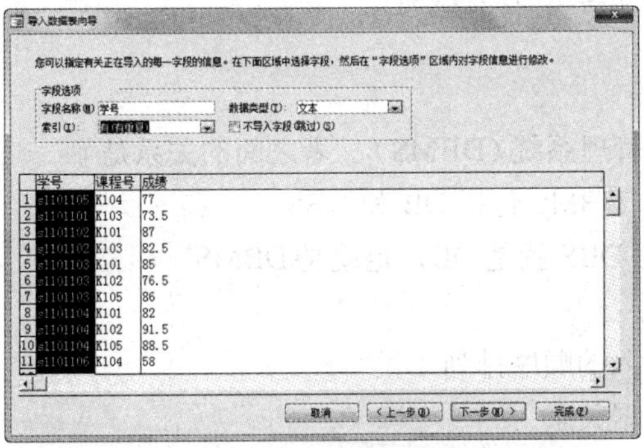

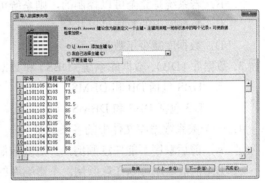

图 9-109　"导入数据表向导"对话框（二）

图 9-110　"导入数据表向导"对话框（三）

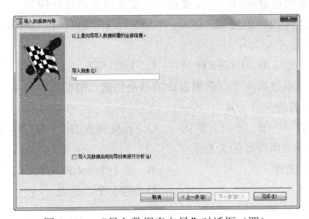

图 9-111　"导入数据表向导"对话框（四）

⑤在"导入数据表向导"对话框（四）中，用户可为导入的表进行命名，本例为 cj。单击"完成"按钮，导入数据操作完成。

⑥导入数据成功后，在"导航窗格"中出现"cj"表，可查看导入的效果。

9.10.3　Access 与文本文件的数据交换

Access 支持从表、查询、窗体或报表对象导出数据到文本文件中，也支持将特定格式的文本文件导入生成数据表。其操作步骤与 Excel 文件的导入导出基本相似，具体操作请根据向导提示，参照 Excel 文件的导入导出步骤进行。

习题 9

一、单选题

1．在数据管理技术的发展过程中，经历了人工管理阶段、文件系统阶段和数据库系统阶段。在这几个阶段中，数据独立性最高的是（　　　）阶段。

　　A．数据库系统　　　　B．文件系统　　　　C．人工管理　　　　D．数据项管理

2．在数据库中，下列说法（　　　）是不正确的。

　　A．数据库避免了一切数据冗余和重复

　　B．若系统是完全可以控制的，则系统可确保更新时的一致性

　　C．数据库中的数据可以共享

　　D．数据库减少了数据冗余

3．数据库（DB）、数据库系统（DBS）和数据库管理系统（DBMS）三者之间的关系是（　　　）。

　　A．DBS 包括 DB 和 DBMS　　　　　　　B．DBMS 包括 DB 和 DBS

　　C．DB 包括 DBS 和 DBMS　　　　　　　D．DBS 就是 DB，也就是 DBMS

4．一个关系数据库文件中的各条记录（　　　）。

　　A．前后顺序不能任意颠倒，一定要按照输入的顺序排列

　　B．前后顺序可以任意颠倒，不影响库的数据关系

　　C．前后顺序可以任意颠倒，但排列顺序不同，统计处理的结果就可能不同

　　D．前后顺序不能任意颠倒，一定要按照关键字段值的顺序排列

5．SQL 语言的数据库操纵语句 SELECT、INSERT、UPDATE 和 DELETE 等。其中最重要的，也是使用最频繁的语句是（　　　）。

　　A．SELECT　　　　B．INSERT　　　　C．UPDATE　　　　D．DELETE

6．规范化理论是关系数据库进行逻辑设计的理论依据。根据这个理论，关系数据库中的关系必须满足：其每一属性都是（　　　）。

　　A．互不相关的　　　B．不可分解的　　　C．长度可变的　　　D．互相关联的

7．关系数据库系统中所管理的关系是（　　　）。

　　A．一个 accdb 文件　　　　　　　　　B．若干个 accdb 文件

　　C．一个二维表　　　　　　　　　　　D．若干个二维表

8．数据模型反映的是（　　　）。

　　A．事物本身的数据和相关事物之间的联系

　　B．事物本身所包含的数据

　　C．记录中所包含的全部数据

　　D．记录本身的数据和相关关系

9．能够使用"输入掩码向导"创建输入掩码的字段类型是（　　　）。

　　A．数字和日期/时间　　　　　　　　　B．文本和货币

　　C．文本和日期/时间　　　　　　　　　D．数字和文本

10．Access 数据库表中的字段可以定义有效性规则，有效性规则是（　　　）。

　　A．控制符　　　　B．文本　　　　C．条件　　　　D．前三种说法都不对

11. 用二维表来表示实体及实体之间联系的数据模型是（　　　）。

    A. 实体-联系模型　B. 层次模型　　　C. 网状模型　　　　　D. 关系模型

12. 有关字段属性，以下叙述错误的是（　　　）。

    A. 字段大小可用于设置文本、数字或自动编号等类型字段的最大容量

    B. 可对任意类型的字段设置默认值属性

    C. 有效性规则属性是用于限制此字段输入值的表达式

    D. 不同的字段类型，其字段属性有所不同

13. 在数据库中能够唯一地标识一个元组的属性或属性的组合称为（　　　）。

    A. 记录　　　　　　B. 字段　　　　　C. 域　　　　　　　　D. 关键字

14. Access 的数据库类型是（　　　）。

    A. 层次数据库　　B. 网状数据库　　C. 关系数据库　　　　D. 面向对象数据库

15. 如果一张数据表中含有照片，那么"照片"这一字段的数据类型通常为（　　　）。

    A. 备注　　　　　　B. 超链接　　　　C. OLE 对象　　　　　D. 文本

16. 字段名可以是任意想要的名字，最多可达（　　　）个字符。

    A. 16　　　　　　　B. 32　　　　　　C. 64　　　　　　　　D. 128

17. 以下关于主关键字的说法，错误的是（　　　）。

    A. 使用自动编号是创建主关键字最简单的方法

    B. 作为主关键字的字段中允许出现 Null 值

    C. 作为主关键字的字段中不允许出现重复值

    D. 不能确定任何单字段的值的唯一性时，可以将两个或更多的字段组合成为主关键字

18. Access 提供的筛选记录的常用方法有四种，以下（　　　）不是常用的。

    A. 按选定内容筛选　　　　　　　　B. 内容排除筛选

    C. 按窗体筛选　　　　　　　　　　D. 高级筛选/排序

19. 以下叙述中，正确的是（　　　）。

    A. Access 只能使用菜单或对话框创建数据库应用系统

    B. Access 不具备程序设计能力

    C. Access 只具备了模块化程序设计能力

    D. Access 具有面向对象的程序设计能力，并能创建复杂的数据库应用系统

20. 使用表设计器来定义表的字段时，以下（　　　）可以不设置内容。

    A. 字段名称　　　B. 数据类型　　　C. 说明　　　　　　　D. 字段属性

21. 在 Access 中，"文本"数据类型的字段最大为（　　　）个字节。

    A. 64　　　　　　　B. 128　　　　　　C. 255　　　　　　　　D. 256

22. Access 中表和数据库的关系是（　　　）。

    A. 一个数据库可以包含多个表　　　B. 一个表只能包含两个数据库

    C. 一个表可以包含多个数据库　　　D. 一个数据库只能包含一个表

23. 假设数据库中表 A 与表 B 建立了"一对多"关系，表 B 为"多"的一方，则下述说法中正确的是（　　　）。

    A. 表 A 中的一个记录能与表 B 中的多个记录匹配

    B. 表 B 中的一个记录能与表 A 中的多个记录匹配

    C. 表 A 中的一个字段能与表 B 中的多个字段匹配

    D．表 B 中的一个字段能与表 A 中的多个字段匹配

24．数据表中的"行"称为（　　　）。

    A．字段　　　　　　　B．数据　　　　　　　C．记录　　　　　　　D．数据视图

25．在关于输入掩码的叙述中，错误的是（　　　）。

    A．在定义字段的输入掩码时，既可以使用输入掩码向导，也可以直接使用字符

    B．定义字段的输入掩码，是为了设置密码

    C．输入掩码中的字符"0"表示可以选择输入数字 0~9 之间的一个数

    D．直接使用字符定义输入掩码时，可以根据需要将字符组合起来

26．下面说法中，错误的是（　　　）。

    A．文本型字段，最长为 255 个字符

    B．要得到一个计算字段的结果，仅能运用总计查询来完成

    C．在创建一对一关系时，要求两个表的相关字段都是主关键字

    D．创建表之间的关系时，正确的操作是关闭所有打开的表

27．Access 提供的数据类型中不包括（　　　）。

    A．备注　　　　　　　B．文字　　　　　　　C．货币　　　　　　　D．日期/时间

28．在已经建立的数据表中，若在显示表中内容时使某些字段不能移动显示位置，可以使用的方法是（　　　）。

    A．排序　　　　　　　B．筛选　　　　　　　C．隐藏　　　　　　　D．冻结

29．将两个关系拼接成一个新的关系，生成的新关系中包含满足条件的元组，这种操作称为（　　　）。

    A．选择　　　　　　　B．投影　　　　　　　C．联接　　　　　　　D．并

30．如果表 A 中的一条记录与表 B 中的多条记录相匹配，且表 B 中的一条记录与表 A 中的多条记录相匹配，则表 A 与表 B 存在的关系是（　　　）。

    A．一对一　　　　　　B．一对多　　　　　　C．多对一　　　　　　D．多对多

31．利用 Access 创建的数据库文件，其扩展名为（　　　）。

    A．.ADP　　　　　　　B．.DBF　　　　　　　C．.MDB　　　　　　　D．.ACCDB

32．下面关于 Access 表的叙述中，错误的是（　　　）。

    A．在 Access 表中，可以对备注型字段进行"格式"属性设置

    B．若删除表中含有自动编号型字段的一条记录后，Access 不会对表中自动编号型字段重新编号

    C．创建表之间的关系时，应关闭所有打开的表

    D．可在 Access 表的设计视图"说明"列中，对字段进行具体的说明

33．在 Access 表中，可以定义 3 种主关键字，它们是（　　　）。

    A．单字段、双字段和多字段　　　　　　B．单字段、多字段和自动编号

    C．单字段、多字段和自动编号　　　　　　D．双字段、多字段和自动编号

34．在表设计视图中设计"学生信息"表时，其"姓名"字段设计为文本型，字段大小为 10，则在输入学生信息时"姓名"字段可输入汉字数和字符数分别为：

    A．5，5　　　　　　　B．5，10　　　　　　　C．10，10　　　　　　　D．10，20

35．不属于 Access 对象的是（　　　）。

    A．表　　　　　　　　B．文件夹　　　　　　C．窗体　　　　　　　D．查询

36. 表的组成内容包括（　　）。
    A．查询和字段　　B．字段和记录　　C．记录和窗体　　D．报表和字段
37. 在"数据表视图"中，不能（　　）。
    A．修改字段的输入掩码　　　　　B．修改字段的名称
    C．删除一个字段　　　　　　　　D．删除一条记录
38. 数据类型是（　　）。
    A．字段的另一种说法
    B．决定字段能包含哪类数据的设置
    C．一类数据库应用程序
    D．一类用来描述 Access 表向导允许从中选择的字段名称
39. 排序时如果选取了多个字段，则输出结果是（　　）。
    A．按设定的优先次序进行排序　　B．按最右边的列开始排序
    C．按从左向右优先次序依次排序　D．无法进行排序
40. 在使用报表设计器设计报表时，如果要统计报表中某个字段的全部数据，应将计算表达式放在（　　）。
    A．组页眉/组页脚　　　　　　　　B．页面页眉/页面页脚
    C．报表页眉/报表页脚　　　　　　D．主体
41. 在查询中，默认的字段显示顺序是（　　）。
    A．在表的"数据表视图"中显示的顺序
    B．添加时的顺序
    C．按照字母顺序
    D．按照文字笔画顺序
42. 在课程表中要查找课程名称中包含"计算机"的课程，对应"课程名称"字段的正确准则表达式是（　　）。
    A．"计算机"　　　　　　　　　　B．"*计算机*"
    C．Like "*计算机*"　　　　　　　D．Like "计算机"
43. 建立一个基于"学生"表的查询,要查找"出生日期"(数据类型为日期/时间型)在 1980-06-06 和 1980-07-06 间的学生，在"出生日期"对应列的"准则"行中应输入的表达式是（　　）。
    A．between 1980-06-06 and 1980-07-06
    B．between #1980-06-06# and #1980-07-06#
    C．between 1980-06-06 or 1980-07-06
    D．between #1980-06-06# or #1980-07-06#
44. 以下关于查询的叙述正确的是（　　）。
    A．只能根据数据库表创建查询
    B．只能根据已建查询创建查询
    C．可以根据数据库表和已建查询创建查询
    D．不能根据已建查询创建查询
45. 以下不属于操作查询的是（　　）。
    A．交叉表查询　　B．更新查询　　C．删除查询　　D．生成表查询
46. Access 支持的查询类型有（　　）。

  A．选择查询、交叉表查询、参数查询、SQL 查询和操作查询

  B．基本查询、选择查询、参数查询、SQL 查询和操作查询

  C．多表查询、单表查询、交叉表查询、参数查询和操作查询

  D．选择查询、统计查询、参数查询、SQL 查询和操作查询

47．在 SQL 查询中使用 WHERE 子句指出的是（ ）。

  A．查询目标 B．查询结果 C．查询视图 D．查询条件

48．书写查询准则时，日期值应该用（ ）括起来。

  A．括号 B．双引号 C．半角的井号（#） D．单引号

49．将表 A 的记录复制到表 B 中，且不删除表 B 中的记录，可以使用的查询是（ ）。

  A．删除查询 B．生成表查询 C．追加查询 D．交叉表查询

50．下面显示的是查询设计视图的设计网格部分，从下图所示的内容中，可以判断要创建的查询是（ ）。

  A．删除查询 B．追加查询 C．生成表查询 D．更新查询

51．下图是使用查询设计器完成的查询，与该查询等价的 SQL 语句是（ ）。

  A．select 学号,数学 from sc where 数学>(select avg(数学) from sc)

  B．select 学号 where 数学>(select avg(数学) from sc)

  C．select 数学 avg(数学) from sc

  D．select 数学>(select avg(数学) from sc)

52．要覆盖数据库中已存在的表，可使用的查询是（ ）。

  A．删除查询 B．生成表查询 C．追加查询 D．更新查询

53．在创建交叉表查询时，列标题字段的值显示在交叉表的位置是（ ）。

  A．第一行 B．第一列 C．上面若干行 D．左面若干列

54．在 Access 中已建立了"学生"表，表中有学号、姓名、性别、入学成绩等字段。执行如下的 SQL 语句：

  Select 性别,avg(入学成绩) From 学生 Group by 性别

其结果是（ ）。

　　A．计算并显示所有学生的性别和入学成绩的平均值

　　B．按性别分组计算并显示性别和入学成绩的平均值

　　C．计算并显示所有学生的入学成绩的平均值

　　D．按性别分组计算并显示所有学生的入学成绩的平均值

55．在 Access 中，查询的数据源可以是（　　　）。

　　A．表　　　　　　　B．查询　　　　　　C．表和查询　　　　D．表、查询和报表

56．要在文本框中显示当前日期和时间，应当设置文本框的控件来源属性为（　　　）。

　　A．=Date()　　　　B．=Time()　　　　C．=Now()　　　　D．=Year()

57．如果在查询的条件中使用了通配符方括号"[]"，它的含义是（　　　）。

　　A．通配任意长度的字符　　　　　　　B．通配不在括号内的任意字符

　　C．通配方括号内列出的任意一个字符　D．错误的使用方法

58．在显示具有（　　　）关系的表或查询中的数据时，子窗体特别有效。

　　A．一对一　　　　　B．一对多　　　　　C．多对多　　　　　D．复杂

59．假设某数据库表中有一个姓名字段，查找姓李的记录的准则是（　　　）。

　　A．Not "李*"　　　　　　　　　　　　B．Like "李"

　　C．Left([姓名],1)= "李"　　　　　　　D．"李"

60．在 Access 报表"设计视图"中，文本框的"控件来源"属性一般设置为（　　　）开头的计算表达式。

　　A．字母　　　　　　B．等号（=）　　　C．括号　　　　　　D．双引号

二、填空题

1．数据管理技术大致经历了人工管理、文件管理、_____等 3 个阶段。

2．当前常用的数据模型有网状模型、层次模型和_____模型。

3．在表对象窗口中，可以看到 Access 提供了"使用设计器创建表"、"使用向导创建表"和"_____"三种方式，通过它们都可以创建表。

4．在 Access 中可以定义三种主关键字：自动编号、单字段及_____。

5．Access 提供了两种字段数据类型用于保存字符文本和数字等数据，这两种类型是：文本和_____。

6．参照完整性是一个准则系统，Access 使用这个系统用来确保相关表中的记录之间_____的有效性，并且不会因意外而删除或更改相关数据。

7．在关系数据库模型中，二维表的列称为属性，二维表的行称为_____。

8．Access 数据库包括表、查询、窗体、报表、_____和模块共六个基本对象。

9．在关系数据库的基本操作中，从表中取出满足条件的元组的操作称为_____。

10．在 Access 中，数据类型主要包括：自动编号、文本、备注、数字、日期/时间、_____、是/否、OLE 对象、超链接和查询向导等。

11．操作查询共有 4 种类型，分别是删除查询、_____、追加查询和生成表查询。

12．根据对数据源操作方式和结果的不同，查询可以分为 5 类：选择查询、交叉表查询、_____、操作查询和 SQL 查询。

13．SQL 查询就是用户使用 SQL 语句来创建的一种查询。SQL 查询主要包括_____、传递查询、数据定义查询和子查询等 4 种。

14. 创建分组统计查询时，总计项应选择_____。

15. 若要查找最近 20 天之内参加工作的职工记录，查询准则为_____。

16. 创建交叉表查询时，必须对行标题和_____进行分组（Group By）操作。

17. 报表主要分为纵栏式报表、表格式报表和_____报表等 3 种。

18. 报表由多个部分组成，每个部分称为一个_____。

三、判断题

1. 在关系数据模型中，实体与实体之间的联系统一用二维表表示。　　　　　（　　）

2. 投影操作是对表进行水平方向的分割。　　　　　　　　　　　　　　　（　　）

3. 在一个关系中不可能出现两个完全相同的元组是通过实体完整性规则实现的。（　　）

4. 一对一的关系可以合并，多对多的关系可拆成两个一对多的关系，因此，表间关系可以都定义为一对多的关系。　　　　　　　　　　　　　　　　　　　　　　　　　（　　）

5. 对一个关系做选择操作后，新关系的元组个数小于或等于原来关系的元组个数。（　　）

6. 在数据库表中建立关系时，若是选择了"实施参照完整性"，则改变主表的主键内容时，关系表中的相关连接字段的值会随之改变。　　　　　　　　　　　　　　　（　　）

7. 创建表时，将年龄字段值限制在 18～25 岁之间。这种约束属于参照完整性约束。（　　）

8. 通过"数据表视图"方式建立的表结构既可说明表中字段的名称，也可说明每个字段的数据类型和字段属性。　　　　　　　　　　　　　　　　　　　　　　　　　（　　）

9. 修改表结构在设计视图中完成，编辑表记录只能在数据表视图中完成。　　（　　）

10. 格式属性用来决定数据的显示方式和打印方式，既改变数据输出的形式，也改变数据的存储格式。　　　　　　　　　　　　　　　　　　　　　　　　　　　　　　（　　）

11. 任何数据类型的字段都可以建立索引以提高数据检索效率。　　　　　　（　　）

12. 在 Access 中，不仅可以按一个字段排序记录，也可以按多个字段排序记录。（　　）

13. 可以根据表来建立查询，但不可以根据某一个查询来建立新的查询。　　（　　）

14. "SQL 视图"用来显示与"设计视图"等效的 SQL 语句。　　　　　　　（　　）

15. 查询的"数据表"视图看起来很像表，它们之间是没有什么差别的。　　（　　）

16. 使用选择查询可以从一个或多个表或查询中检索数据，可以对记录组或全部记录进行求总计、计数等汇总运算。　　　　　　　　　　　　　　　　　　　　　　　　（　　）

17. 使用查询"设计视图"中的"条件"行，可以对查询中的全部记录或记录组计算一个或多个字段的统计值。使用"总计"行，可以添加影响计算结果的条件表达式。　　　（　　）

18. 建立交叉表查询的方法有两种：使用交叉表查询向导和使用"设计"视图。（　　）

19. 使用向导建立交叉表查询时，使用的字段可以属于不同的表或查询。　　（　　）

20. 执行参数查询时，系统显示所需参数的对话框，由用户输入相应的参数值。（　　）

21. 查询在运行过程中对原始表不能做任何修改。　　　　　　　　　　　　（　　）

22. 操作查询是指在一个操作中只能更改一条记录的查询。　　　　　　　　（　　）

23. Access 中的查询准则主要有函数和表达式 2 种。　　　　　　　　　　　（　　）

24. 多表查询时，可以在 Join 中建立连接条件，也可以在 Where 中建立连接条件。（　　）

25. 在进行数据查询时，不能指定查询结果的标题，只能用字段名作标题。　（　　）

26. 可以将查询结果送入一个新表中。　　　　　　　　　　　　　　　　　　（　　）

27. 当用 SELECT 进行查询时，结果可以是字段值，也可以是统计值。　　　（　　）

28．报表主要是用来输入数据的。　　　　　　　　　　　　　　（　　）

29．报表与它基于的表或者查询不相互作用。　　　　　　　　　（　　）

30．在报表中不能对原始数据进行比较、汇总和小计。　　　　　（　　）

31．在报表中可以嵌入图片。　　　　　　　　　　　　　　　　（　　）

32．报表只能显示现有数据，不能够进行计算和汇总。　　　　　（　　）

33．在报表中用户可以进行排序但不能进行分组操作。　　　　　（　　）

34．一个报表中可以仅包含一个"报表页眉"节。　　　　　　　（　　）

35．报表能够改变数据库中的基本数据。　　　　　　　　　　　（　　）

36．"自动编号"类型数据由系统自动生成，不能由用户手动输入。（　　）

37．主键要求列中的值是唯一值。　　　　　　　　　　　　　　（　　）

38．生成表查询所建立的新表随查询数据的变化而动态更新。　　（　　）

39．对 Access 中的表进行排序，不会改变该表在磁盘中的存储顺序。（　　）

40．更改表视图中数据显示的列宽对数据在其他应用中显示有影响。（　　）

参考答案

一、单选题

01-05　AAABA　　　06-10　BDACC　　　11-15　DBDCC　　　16-20　CBBDC

21-25　CAACB　　　26-30　BBDCD　　　31-35　DCCCB　　　36-40　BABAA

41-45　BCBCA　　　46-50　ADCCB　　　51-55　ADABC　　　56-60　CCBCB

二、填空题

1．数据库系统管理　2．关系　　　3．通过输入数据创建表　4．多字段

5．备注或备注型　　6．关系　　　7．元组或记录　　　　8．宏

9．选择　　　　　10．货币　11．更新查询　　　　12．参数查询

13．联合查询　　　14．Group By

15．Between Date() And Date()-20 或 Between Date()-20 And Date()或>Date()-20

16．列标题　　　　17．标签　　18．节

三、判断题

01．√　　02．×　　03．×　　04．√　　05．√　　06．√　　07．×　　08．√　　09．×　　10．×

11．×　　12．√　　13．×　　14．×　　15．√　　16．×　　17．√　　18．√　　19．√　　20．√

21．×　　22．√　　23．√　　24．√　　25．√　　26．×　　27．×　　28．×　　29．√　　30．×

31．√　　32．√　　33．√　　34．×　　35．√　　36．×　　37．√　　38．×　　39．√　　40．×

参考文献

[1] June Jamrich Parsons, Dan Oja .New Perspectives on Computer Concepts 11th Edition. Thomson Course Technology，2007.

[2] （美）Behrouz A.Forouzan 著，刘艺，段立，钟维亚译．计算机科学导论[M]．北京：机械工业出版社，2004.

[3] 裘正定．计算机硬件技术基础[M]．北京：高等教育出版社，2007.

[4] 殷洪龙，周航，方悦．Windows 7 入门与提高[M]．北京：高等教育出版社，2007.

[5] 卢湘鸿．计算机应用基础（第 7 版）（Windows 7 与 Office 2007 环境）[M]．北京：清华大学出版社，2011.

[6] 何振林，罗奕．大学计算机基础（第 2 版）[M]．北京：中国水利水电出版社，2012.

[7] 宋翔．Word 排版之道[M]．北京：电子工业出版社，2009.

[8] 林福宗．多媒体技术基础（第 3 版）[M]．北京：清华大学出版社，2009.

[9] 缪亮，郭刚．CorelDRAW 平面设计基础与上机指导[M]．北京：清华大学出版社，2011.

[10] 郑阿奇．Photoshop 实用教程[M]．北京：电子工业出版社，2008.

[11] 崔丹丹，汪洋，缪亮，白香芳．Flash CS5 动画制作实用教程[M]．北京：清华大学出版社，2012.

[12] 胡增顺，王玉华．PowerPoint 多媒体课件制作实验与实践（配光盘）[M]．北京：清华大学出版社，2013.

[13] 陈鸣．计算机网络：原理与实践[M]．北京：高等教育出版社，2013.

[14] 王春海，朱书敏．数据恢复实用技术[M]．北京：电子工业出版社，2008.

[15] 邓吉，罗诗尧等．黑客攻防实战入门（第 2 版）[M]．北京：电子工业出版社，2008.

[16] 张怀中．常用工具软件实用教程[M]．北京：中国水利水电出版社，2007.

[17] 陈薇薇，巫张英．Access 基础与应用教程（2010 版）[M]．北京：人民邮电出版社，2013.

[18] （美）Roger Jennings 著，李光杰，周姝嫣，张若飞译．深入 Access 2010[M]．北京：中国水利水电出版社，2012.

[19] 何振林，赵亮．Visual FoxPro 程序设计教程[M]．北京：中国水利水电出版社，2011.